# 机床电气安装与调试技术（第2版）

主　编　范次猛
副主编　汤闹璐

北京理工大学出版社
BEIJING INSTITUTE OF TECHNOLOGY PRESS

## 内容简介

本书是依据教育部最新公布的职业学校专业教学标准中机电技术应用专业标准，并参照相关国家职业标准和行业职业技能鉴定规范编写而成。

本书主要内容包括：三相异步电动机基本控制电路的安装与调试、双速异步电动机控制电路的安装与调试、绕线转子异步电动机控制电路的安装与调试、典型机床控制电路的调试与检修等。采用项目化的形式，对电气控制线路安装与调试的知识与技能进行整合构建，每个任务中都附有任务拓展和思考与练习，便于自学。

本书可作为职业院校、技工学校机电技术应用专业、电气运行与控制专业和电气技术专业等的教学用书。



图书在版编目（CIP）数据

机床电气安装与调试技术 / 范次猛主编. —2版. —北京：北京理工大学出版社，2019.11（2021.1重印）

ISBN 978-7-5682-7780-8

Ⅰ.①机…　Ⅱ.①范…　Ⅲ.①机床-电气设备-设备安装　②机床-电气设备-调试方法　Ⅳ.①TG502.34

中国版本图书馆CIP数据核字（2019）第240626号

出版发行 / 北京理工大学出版社有限责任公司
社　　址 / 北京市海淀区中关村南大街5号
邮　　编 / 100081
电　　话 / （010）68914775（总编室）
（010）82562903（教材售后服务热线）
（010）68948351（其他图书服务热线）
网　　址 / http：//www.bitpress.com.cn
经　　销 / 全国各地新华书店
印　　刷 / 定州市新华印刷有限公司
开　　本 / 787毫米 × 1092毫米　1/16
印　　张 / 17.5
字　　数 / 407千字
版　　次 / 2019年11月第2版　2021年1月第2次印刷
定　　价 / 44.00元

责任编辑 / 陈莉华
文案编辑 / 陈莉华
责任校对 / 周瑞红
责任印制 / 边心超

图书出现印装质量问题，请拨打售后服务热线，本社负责调换

# 前言

FOREWORD

本书在编写过程中进行了大量的企业调研，邀请许多企业专家参与了典型职业活动分析，并在职业教育专家的指导下将典型职业活动转化为学习领域课程，突破了以往学科体系教材编写理念。本书在编写过程中以能力为本位，以工作过程为导向，以项目为载体，以实践为主线，本着符合行业企业需求，紧密结合生产实际，跟踪先进技术，强化应用，注重实践的原则设计应用项目，在任务实施过程中强调技能、知识要素与情感态度价值观要素相融合。

本书项目一以 7 个任务引领学习三相异步电动机基本控制电路的安装与调试，包括常用低压电器的功能、结构、使用和维修，单向点动控制电路、单向连续运转控制电路、正反转控制电路、自动往返控制电路、顺序控制电路、降压起动控制电路、制动控制电路等；项目二以 2 个任务引领学习双速异步电动机控制电路的安装与调试，包括按钮接触器控制的双速电动机控制电路、时间继电器控制的双速电动机控制电路；项目三以 3 个任务引领学习绕线转子异步电动机控制电路的安装与调试，包括转子串联电阻起动控制电路、凸轮控制器控制电路、频敏变阻器起动控制电路；项目四以 5 个任务引领学习典型机床控制电路的调试与检修，包括 CA6140 型车床、M7130 型平面磨床、Z3040 型摇臂钻床、X62W 型万能铣床、T68 型卧式镗床等。

本书由江苏省无锡交通高等职业技术学校范次猛担任主编，并完成全书的统稿工作；镇江高等职业技术学校汤闸璐担任副主编。全书共分 4 个项目，项目一、项目三由范次猛编写，项目二、项目四由汤闸璐编写。苏州工业园区工业技术学校苏建老师对本书的编写提供了大量的帮助。

由于编者学识和水平有限，书中难免存在缺点和错误，恳请同行和使用本书的广大读者批评指正。

编　者

CONTENTS

# 项目一

# 安装与调试三相异步电动机基本控制电路

## 项目描述

日常生活中各种各样的家用电器为人们创造了便利和舒适的生活，工业生产中各种各样的生产机械减轻了操作者的劳动强度，提高了生产效率，带来了经济效益。电风扇、洗衣机等家用电器的运转，工业生产中使用的车床、钻床、起重机等各种生产机械的运转都是通过电动机来拖动的。显然，不同的家用电器和不同的生产机械，其工作性质和加工工艺不同，使得它们对电动机的控制要求不同。要使电动机按照人们的要求正常地运转，就要有相应的控制电路来控制它，图 1-0-1 所示是某机械电气控制柜。

三相异步电动机是生产实践中应用最广泛的一种电机，按其结构不同可分为鼠笼式和绕线式两种，其中鼠笼式异步电动机的基本控制电路有：点动控制电路、单向连续运转控制电路、正反转控制电路、自动往返控制电路、顺序控制电路、降压起动电路、制动控制电路等，本项目将重点学习鼠笼式异步电动机的控制方法，学会安装、调试与检修鼠笼式异步电动机常用控制电路。

图 1-0-1 某机械电气控制柜

## 教学目标

### 知识目标

（1）了解鼠笼式异步电动机基本控制电路的工作原理。

（2）了解本项目所用低压电器的结构、工作原理、使用方法，熟悉图形符号、文字符号、型号的含义。

（3）能识读鼠笼式异步电动机基本控制电路的安装图、接线图和原理图。

（4）掌握板前布线和线槽布线的工艺要求。

（5）了解电气控制电路故障排除的一般方法。

### 技能目标

（1）能识别本项目所用低压电器，并能正确安装与使用。

（2）能独立完成鼠笼式异步电动机基本控制电路的安装与调试。

（3）能排除基本电气控制电路的一般故障。

### 学习和工作能力目标

（1）通过由简单到复杂多个任务的学习，逐步培养学生具备电路安装与调试的基本能力。

（2）通过反复的识图训练，提高学生识读电气原理图的能力。

（3）具备查阅手册等工具书和设备铭牌、产品说明书、产品目录等资料的能力。

（4）激发学习兴趣和探索精神，掌握正确的学习方法。

（5）培养学生的自学能力，与人沟通能力。

（6）培养学生的团队合作精神，形成优良的协作能力和动手能力。

### 安全规范

（1）穿戴好安全防护用具，严禁穿凉鞋、背心、短裤、裙装进入实训场所。

（2）使用绝缘工具，并认真检查工具绝缘是否良好。

（3）停电作业时，必须先验电，确认无误后方可工作。

（4）带电作业时，必须在教师的监护下进行。

（5）树立安全和文明生产意识。

# 任务一　安装与调试三相异步电动机单向点动控制电路

## 任务描述

三相异步电动机单向运转控制电路是三相异步电动机控制系统中最为简单的控制电路。有点动控制电路和连续运转控制电路之分。所谓点动控制，就是按下按钮电动机就运转，松开按钮电动机就停止的运动方式。它是一种短时断续控制方式，主要应用于设备的快速移动和校正装置。

某车间需安装一台台式钻床，如图 1-1-1 所示。现在要为此钻床安装点动控制电路，要求三相异步电动机采用接触器 – 继电器控制，点动运行，设置短路、欠压和失压保护，电气原理图如图 1-1-2 所示。电动机的型号为 YS6324，额定电压为 380 V，额定功率为 180 W，额定电流为 0.65 A，额定转速为 1 440 r/min。完成台式钻床点动运行控制电路的安装、调试，并进行简单故障排查。

图 1-1-1　台式钻床外形图

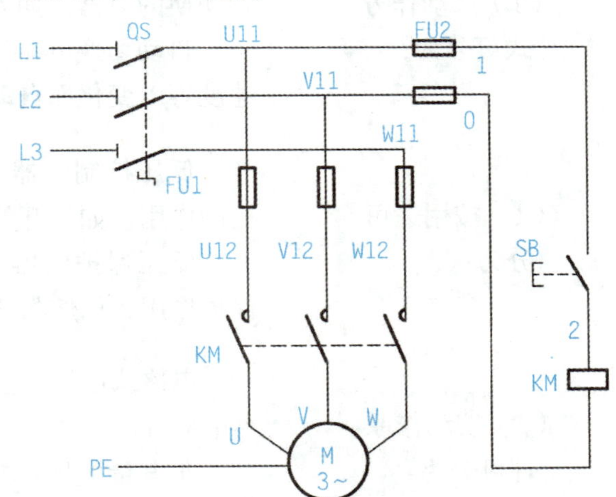


图 1-1-2　单向点动控制电路原理图

## 任务目标

（1）会正确识别、选用、安装、使用常用低压电器（刀开关、组合开关、自动空气开关、交流接触器、按钮、熔断器），熟悉它们的功能、基本结构、工作原理及型号意义，熟记它们的图形符号和文字符号。

（2）会正确识读电动机点动控制电路原理图，会分析其工作原理。

（3）会选用元件和导线，掌握控制电路安装要领。

（4）会安装、调试三相异步电动机单向点动控制电路。

（5）能根据故障现象对三相异步电动机单向点动控制电路的简单故障进行排查。

知识准备

## 一、低压电器相关知识

凡是根据外界特定的信号或要求，自动或手动接通和断开电路，断续或连续地改变电路参数，实现对电路或非电现象的切换、控制、保护、检测和调节的电气设备均称为电器。根据工作电压的高低，电器可分为高压电器和低压电器。低压电器通常是指工作在交流电压小于 1 200 V、直流电压小于 1 500 V 的电路中起通断、保护、控制或调节作用的电器。低压电器作为基本器件，广泛应用于输配电系统和电力拖动系统中，在工农业生产、交通运输和国防工业中起着极其重要的作用。

### 1. 低压电器的分类

低压电器种类繁多，分类方法有很多种。

（1）按动作方式可分为：

非自动切换电器：依靠外力（如人工）直接操作来进行切换的电器，如刀开关、按钮开关等。

自动切换电器：依靠指令或物理量（如电流、电压、时间、速度等）变化而自动动作的电器，如接触器、继电器等。

（1）按用途可分为：

低压控制电器：主要在低压配电系统及动力设备中起控制作用，如刀开关、自动空气开关等。

低压保护电器：主要在低压配电系统及动力设备中起保护作用，如熔断器、热继电器等。

（3）按动作原理可分为：

电磁式电器：它是根据电磁铁的原理工作的，如接触器、继电器等。

非电量电器：它是依靠外力（人力或机械力）或某种非电量的变化而动作的电器，如行程开关、按钮等。

### 2. 低压电器的基本结构与特点

低压电器一般都有两个基本部分：一个是感受部分，它感受外界的信号，做出有规律的反应，在自动切换电器中，感受部分大多由电磁机构组成，在非自动切换电器中，感受部分通常为操作手柄等；另一个是执行部分，如触点连同灭弧系统，它根据指令进行电路的接通或断开。

## 二、电气图形符号和文字符号

电气图是用电器图形绘制的图，用来描述电气控制设备结构、工作原理和技术要求的图，它必须采用符合国家电气制图标准及国际电工委员会（IEC）颁布的有关文件要求，用统一标准的图形符号、文字符号及规定的画法绘制。

### 1．电气图中的图形符号

图形符号通常是指用于图样或其他文件表示一个设备或概念的图形、标记或字符。图形符号由符号要素、一般符号及限定符号构成。

（1）符号要素。

符号要素是一种具有确定意义的简单图形，必须同其他图形组合才能构成一个设备或概念的完整符号。例如，三相异步电动机是由定子、转子及各自的引线等几个符号要素构成的，这些符号要求有确切的含义，但一般不能单独使用，其布置也不一定与符号所表示设备的实际结构相一致。

（2）一般符号。

一般符号是指用于表示同一类产品和此类产品特性的一种很简单的符号，它们是各类元器件的基本符号。例如，一般电阻器、电容器和具有一般单向导电性的二极管的符号。一般符号不但广义上代表各类元器件，也可以表示没有附加信息或功能的具体元件。

（3）限定符号。

限定符号是用以提供附加信息的一种加在其他符号上的符号。例如，在电阻器一般符号的基础上，加上不同的限定符号就可组成可变电阻器、光敏电阻器、热敏电阻器等具有不同功能的电阻器。也就是说使用限定符号以后，可以使图形符号具有多样性。

限定符号一般不能单独使用。一般符号有时也可以作为限定符号。例如，电容器的一般符号加到二极管的一般符号上就构成变容二极管的符号。

**图形符号的几点注意事项：**

（1）所有符号均应是无电压、无外力作用下的正常状态。例如，按钮未按下、闸刀未合闸等。

（2）在图形符号中，某些设备元件有多个图形符号，在选用时，应该尽可能选用优选型。在能够表达其含义的情况下，尽可能采用最简单形式，在同一图中使用时，应采用同一形式。图形符号的大小和线条的粗细应基本一致。

（3） 为适应不同需求，可将图形符号根据需要放大和缩小，但各符号相互间的比例应该保持不变。图形符号绘制时方位不是强制的，在不改变符号本身含义的前提下，可将图形符号根据需要旋转或成镜像放置。

（4） 图形符号中导线符号可以用不同宽度的线条表示，以突出和区分某些电路或连接线。一般常将电源或主信号导线用加粗的实线表示。

### 2. 电气图中的文字符号

电气图中的文字符号是用于标明电气设备、装置和元器件的名称、功能、状态和特征的，可在电气设备、装置和元器件上或其近旁使用，以表明电气设备、装置和元器件种类的字母代码和功能字母代码。电气技术中的文字符号分为基本文字符号和辅助文字符号。

（1）基本文字符号。基本文字符号分为单字母符号和双字母符号两种。

单字母符号是用拉丁字母将各种电气设备、装置和元器件划分为 23 大类，每一类用一个字母表示。例如，“R”代表电阻器，“M”代表电动机，“C”代表电容器等。

双字母符号是由一个表示种类的单字母符号与另一字母组成，并且是单字母符号在前，另一字母在后。双字母中在后的字母通常选用该类设备、装置和元器件的英文名词的首位字母，这样，双字母符号可以较详细和更具体地表述电气设备、装置和元器件的名称。例如，“RP”代表电位器，“RT”代表热敏电阻，“MD”代表直流电动机，“MC”代表笼型异步电动机。

（2）辅助文字符号。辅助文字符号是用以表示电气设备、装置和元器件以及线路的功能、状态和特征的，通常也是由英文单词的前一两个字母构成的。例如，“DC”代表直流（Direct Current），“IN”代表输入（Input），“S”代表信号（Signal）。

辅助文字符号一般放在单字母文字符号后面，构成组合双字母符号。例如，“Y”是电气操作机械装置的单字母符号，“B”是代表制动的辅助文字符号，“YB”代表制动电磁铁的组合符号。辅助文字符号也可单独使用，例如“ON”代表闭合，“N”代表中性线。

## 三、电气图的分类与作用

电气图包括电气原理图、电气安装图、电气互连图等。

### 1. 电气原理图

电气原理图是说明电气设备工作原理的线路图。在电气原理图中并不考虑电气元件的实际安装位置和实际连线情况，只是把各元件按接线顺序用符号展开在平面图上，用直线将各元件连接起来。图 1-1-3 为 CA6140 型车床电气原理图。

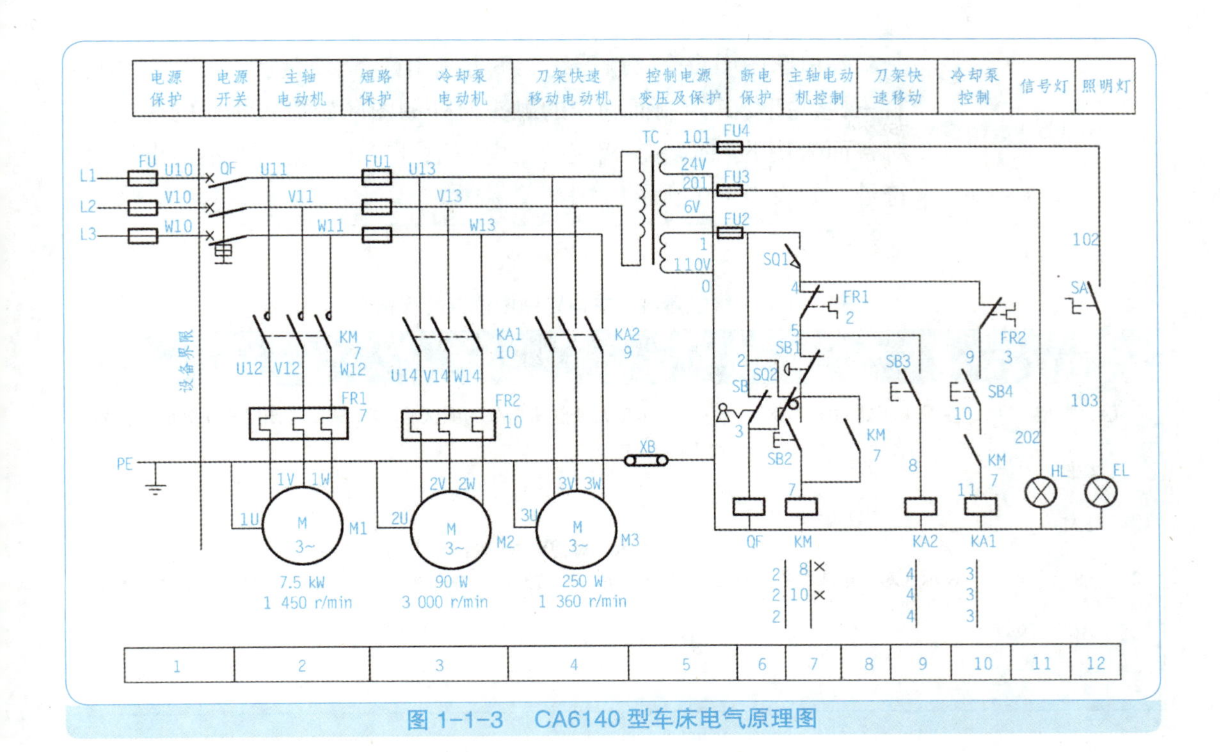

图 1-1-3　CA6140 型车床电气原理图

在阅读和绘制电气原理图时应注意以下几点：

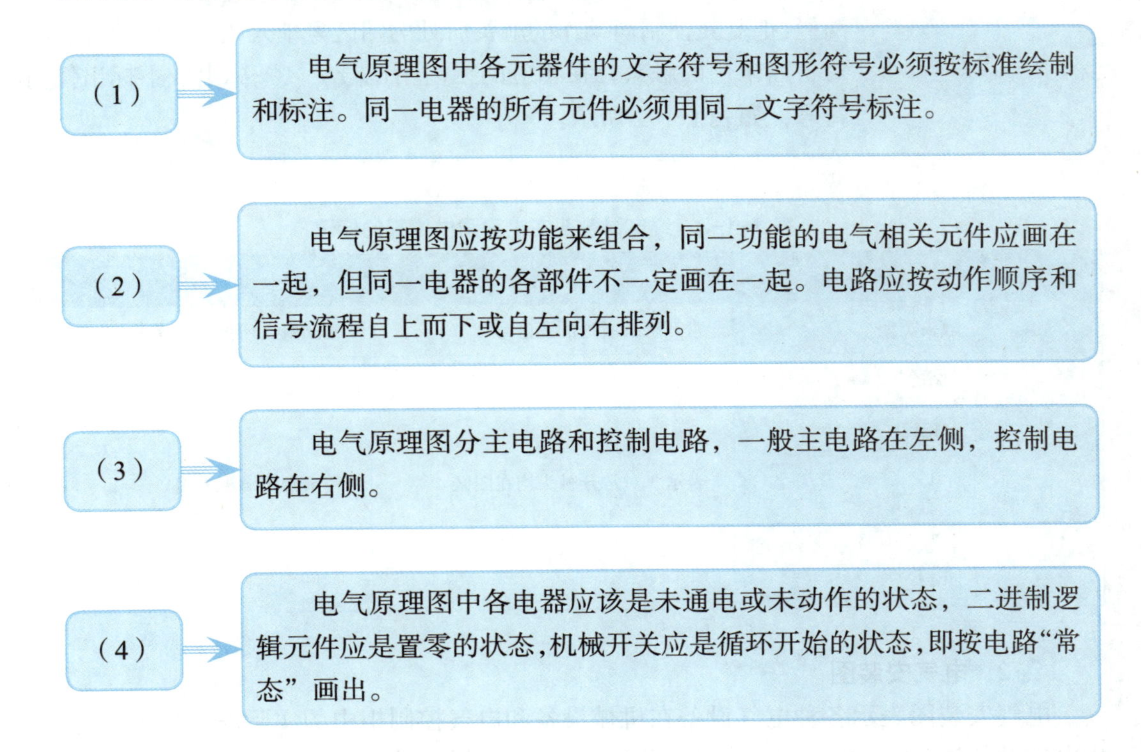

（1）电气原理图中各元器件的文字符号和图形符号必须按标准绘制和标注。同一电器的所有元件必须用同一文字符号标注。

（2）电气原理图应按功能来组合，同一功能的电气相关元件应画在一起，但同一电器的各部件不一定画在一起。电路应按动作顺序和信号流程自上而下或自左向右排列。

（3）电气原理图分主电路和控制电路，一般主电路在左侧，控制电路在右侧。

（4）电气原理图中各电器应该是未通电或未动作的状态，二进制逻辑元件应是置零的状态，机械开关应是循环开始的状态，即按电路“常态”画出。

（5）

在电路图中每个接触器线圈下方画出两条竖直线，分成左、中、右三栏，把受其控制而动作的触头所处的图区号填入相应的栏内，对备而未用的触头，在相应的栏内用记号“×”标出或不标出任何符号，如表 1-1-1 所示。

表 1-1-1 接触器触头在电路图中位置的标记

| 栏目 | 左栏 | 中栏 | 右栏 |
|---|---|---|---|
| 触头类型 | 主触头所处的图区号 | 辅助常开触头所处的图区号 | 辅助常闭触头所处的图区号 |
| 举例<br>KM<br>2 | 8 | ×<br>2 | 10 | ×<br>2 | | | 表示 3 对主触头均在图区 2 | 表示一对辅助常开触头在图区 8，另一对常开触头在图区 10 | 表示 2 对辅助常闭触头未用 |

（6）

在电路图中每个继电器线圈下方画出一条竖直线，分成左、右两栏，把受其控制而动作的触头所处的图区号填入相应的栏内。同样，对备而未用的触头，在相应的栏内用记号“×”标出或不标出任何符号，如表 1-1-2 所示。

表 1-1-2 继电器触头在电路图中位置的标记

| 栏目 | 左栏 | 右栏 |
|---|---|---|
| 触头类型 | 常开触头所处的图区号 | 常闭触头所处的图区号 |
| 举例<br>KA2<br>4 |<br>4 |<br>4 | | 表示 3 对常开触头均在图区 4 | 表示常闭触头未用 |

### 2. 电气安装图

电气安装图表示各种电气设备在机械设备和电气控制柜中的实际安装位置。它将提供电气设备各个单元的布局和安装工作所需数据的图样。例如，电动机要和被拖动的机械装置在一起，行程开关应画在获取信息的地方，操作手柄应画在便于操作的地方，一般电气元件应放在电气控制柜中。图 1-1-4 为 CA6140 型车床控制盘电器位置图，图 1-1-5 为 CA6140 型车床电气设备安装位置图。

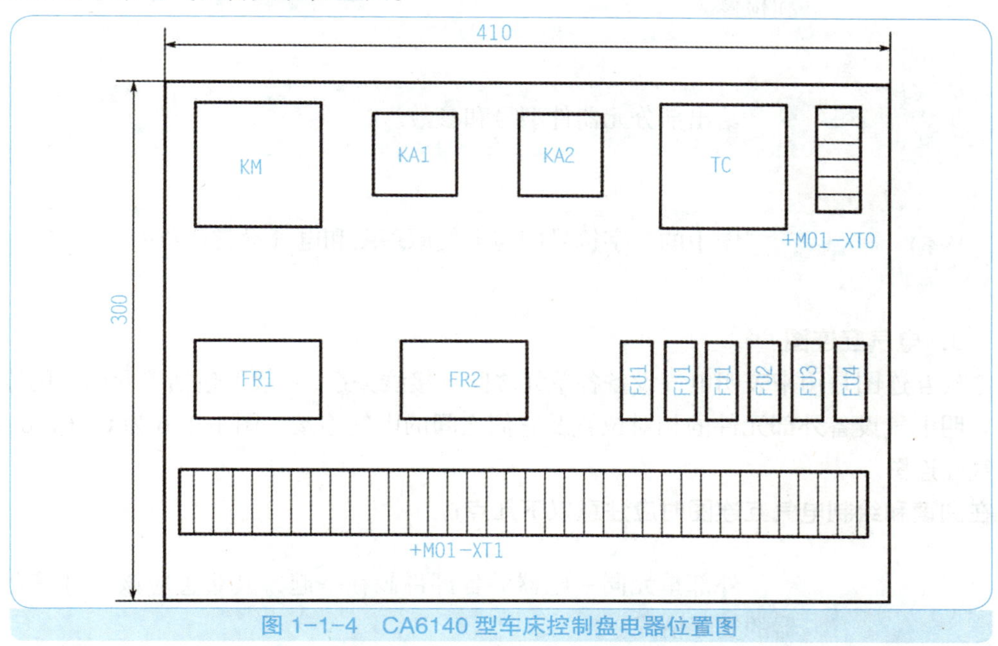


图 1-1-4　CA6140 型车床控制盘电器位置图

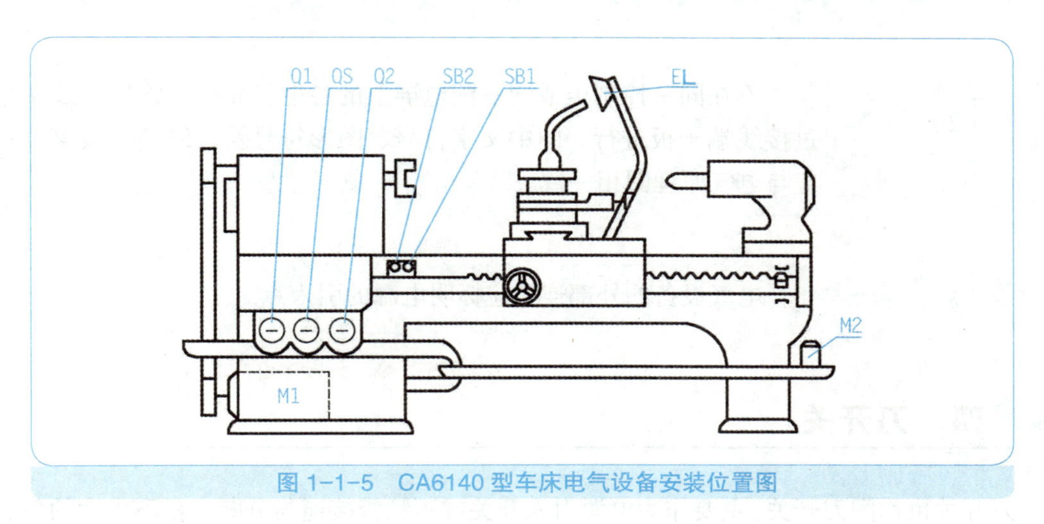


图 1-1-5　CA6140 型车床电气设备安装位置图

**在阅读和绘制电气安装图时应注意以下几点：**

（1）按电气原理图要求，应将动力、控制和信号电路分开布置，并各自安装在相应的位置，以便于操作和维护。

（2） 电气控制柜中各元件之间，上、下、左、右之间的连线应保持一定间距，并且应考虑器件的发热和散热因素，应便于布线、接线和检修。

（3） 给出部分元器件型号和参数。

（4） 图中的文字符号应与电气原理图和电气设备清单一致。

### 3．电气互连图

电气互连图是用来表明电气设备各单元之间的接线关系，一般不包括单元内部的连接，着重表明电气设备外部元件的相对位置及它们之间的电气连接。图 1-1-6 为 CA6140 型车床电气互连图。

**在阅读和绘制电气互连图时应注意以下几点：**

（1） 外部单元同一电器的各部件画在一起，其布置应该尽量符合电器的实际情况。

（2） 不在同一控制柜或同一配电屏上的各电气元件的连接，必须经过接线端子板进行。图中文字符号、图形符号及接线端子板编号，应与电气原理图相一致。

（3） 电气设备的外部连接应标明电源的引入点。

## 四、刀开关

刀开关也称闸刀开关，主要作为电源引入开关或不频繁接通与分断容量不太大的负载。

刀开关较为专业的名字是负荷开关，它属于手动控制电器，是一种结构最简单且应用最广泛的低压电器，它不仅可以作为电源的引入开关，也可用于小容量的三相异步电动机不频繁地起动或停止的控制。

### 1．刀开关的结构

刀开关又有开启式负荷开关和封闭式负荷开关之分，它的结构示意图和符号如图 1-1-7 所示。

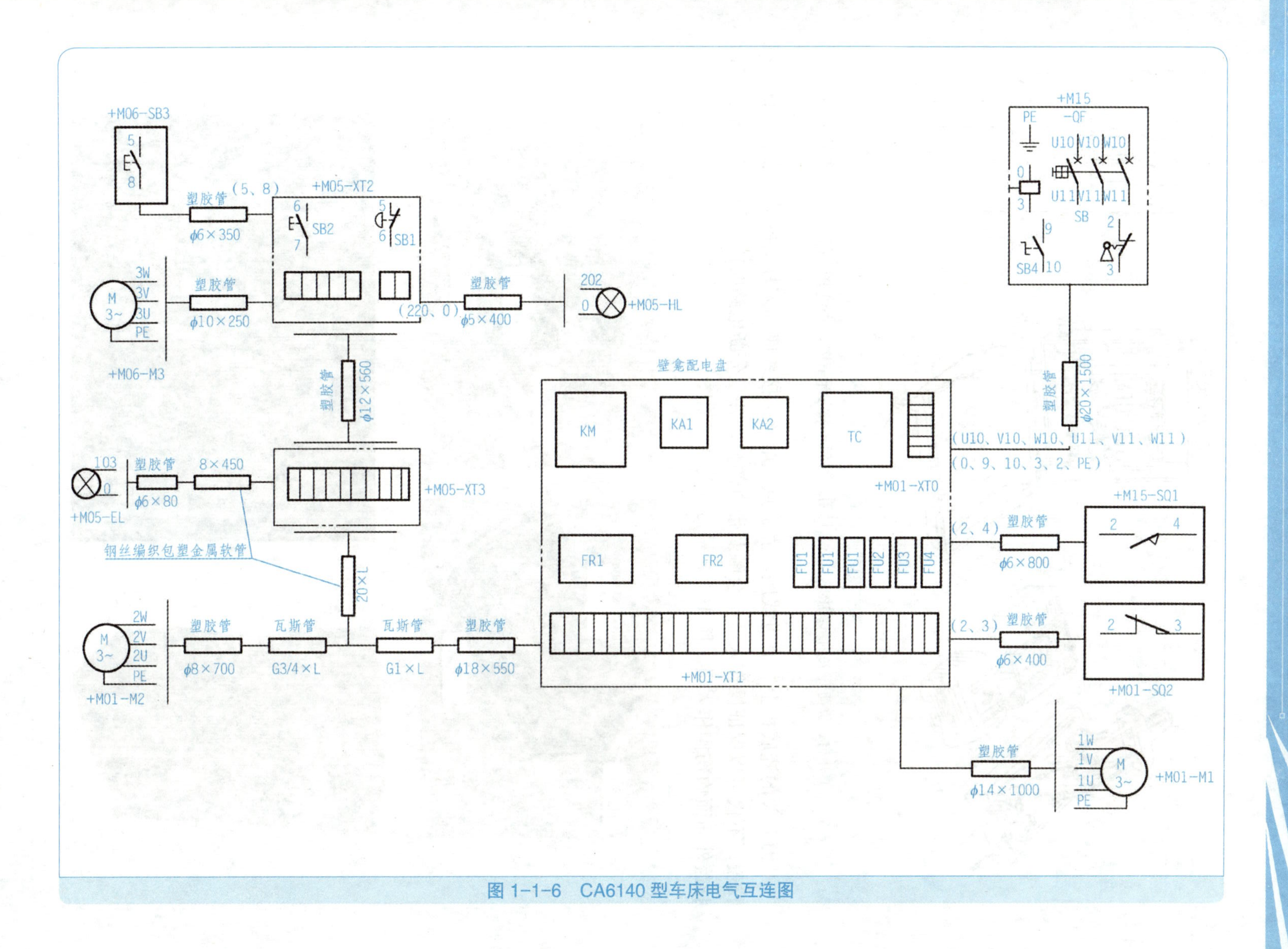


图 1-1-6　CA6140 型车床电气互连图

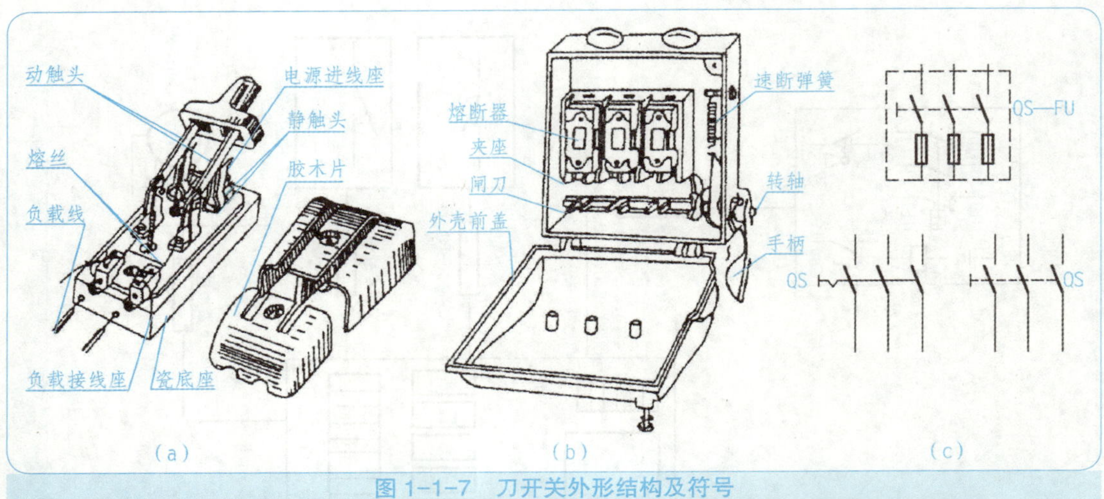


图 1-1-7 刀开关外形结构及符号

（a）开启式负荷开关内部结构；（b）封闭式负荷开关内部结构；（c）图形符号与文字符号

刀开关的瓷底板上装有进线座、静触点、熔丝、接线座和刀片式的动触点，外面装有胶盖，不仅可以保证操作人员不会触及带电部分，并且分断电路时产生的电弧也不会飞出胶盖外面而灼伤操作人员。图 1-1-8 是刀开关的实物图。

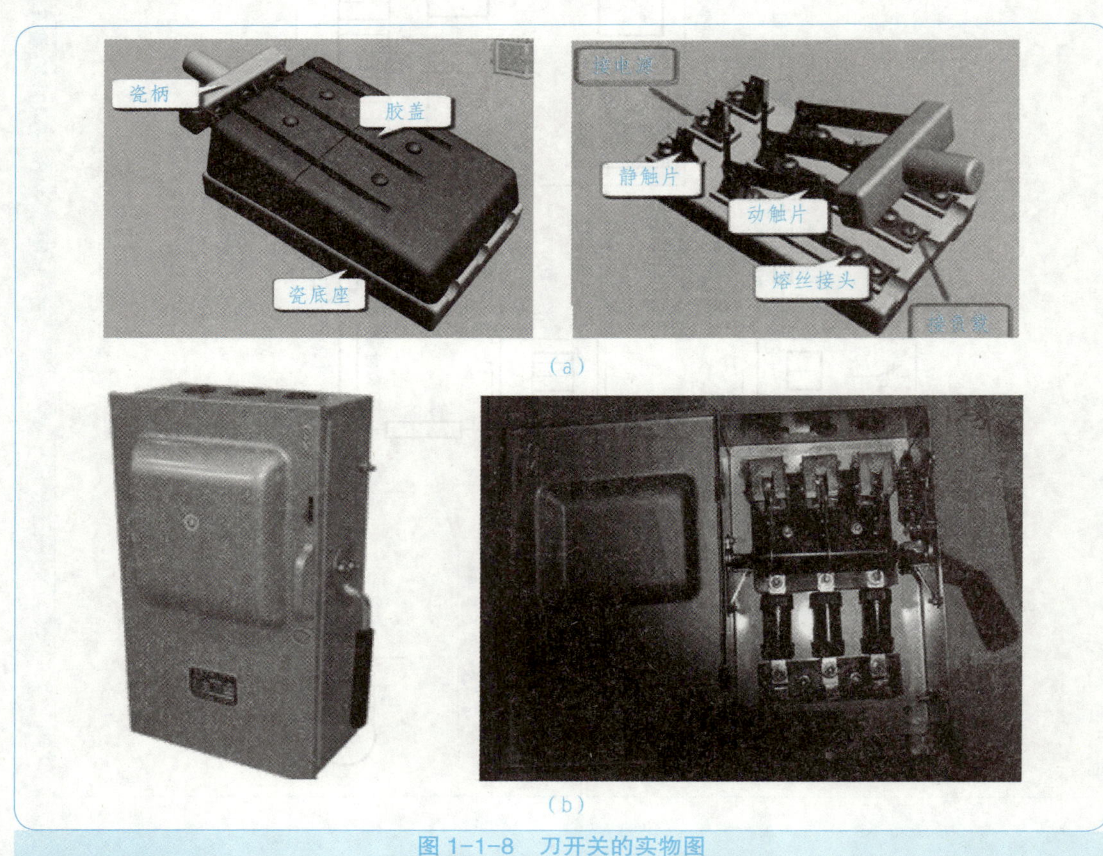


图 1-1-8 刀开关的实物图

(a) 开启式负荷开关； (b) 封闭式负荷开关

### 2. 刀开关的选择与使用

1）刀开关的选择

（1）用于照明或电热负载时，负荷开关的额定电流等于或大于被控制电路中各负载额定电流之和。

（2）用于电动机负载时，开启式负荷开关的额定电流一般为电动机额定电流的 3 倍；封闭式负荷开关的额定电流一般为电动机额定电流的 1 ～ 5 倍。

2）刀开关的使用

（1）负荷开关应垂直安装在控制屏或开关板上使用。

（2）对负荷开关接线时，电源进线和出线不能接反。开启式负荷开关的上接线端应接电源进线，负载则接在下接线端，便于更换熔丝。

（3）封闭式负荷开关的外壳应可靠地接地，防止意外漏电使操作者发生触电事故。

（4）更换熔丝应在开关断开的情况下进行，且应更换与原规格相同的熔丝。

### 3. 刀开关的型号含义

刀开关的型号含义如图 1-1-9 所示。HK 系列开启式负荷开关的主要技术参数见表 1-1-3。

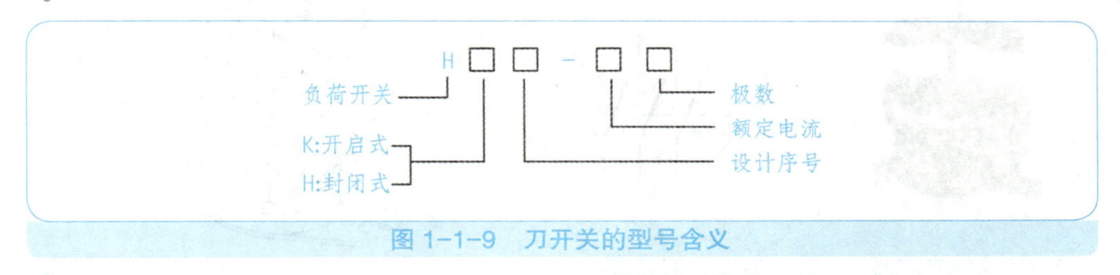


图 1-1-9　刀开关的型号含义

表 1-1-3　HK 系列开启式负荷开关的主要技术参数

| 型号 | 极数 | 额定电流 / A | 额定电压 / V | 可控制电动机最大容量 /kW | | 配用熔丝规格 | | | |
|---|---|---|---|---|---|---|---|---|---|
| | | | | | | 熔丝成分 /% | | | 熔丝线径 /mm |
| | | | | 200 V | 380 V | 铅 | 锡 | 锑 | |
| HK1-15 | 2 | 15 | 220 | — | — | 98 | 1 | 1 | 1.45 ~ 1.59 |
| HK1-30 | 2 | 30 | 220 | — | — | | | | 2.30 ~ 2.52 |
| HK1-60 | 2 | 60 | 220 | — | — | | | | 3.36 ~ 4.00 |
| HK1-15 | 3 | 15 | 380 | 1.5 | 2.2 | | | | 1.45 ~ 1.59 |
| HK1-30 | 3 | 30 | 380 | 3.0 | 4.0 | | | | 2.30 ~ 2.52 |
| HK1-60 | 3 | 60 | 380 | 4.5 | 5.5 | | | | 3.36 ~ 4.00 |

## 五、组合开关

组合开关又称转换开关，它的作用与刀开关的作用基本相同，只是比刀开关少了熔丝，常用于工厂，很少用在家庭生活中。它的种类很多，有单极、双极、三极和四极等多种。常用的是三极的组合开关，其外形、符号如图 1-1-10 所示。

### 1. 组合开关的结构与工作原理

组合开关的结构如图 1-1-11 所示。组合开关由三个分别装在三层绝缘件内的双断点桥式动触片、与盒外接线柱相连的静触点、绝缘方轴、手柄等组成。动触片装在附有手柄的绝缘方轴上，方轴随手柄而转动，于是动触片随方轴转动并变更与静触片分、合的位置。

组合开关常用来作电源的引入开关，起到设备和电源间的隔离作用，但有时也可以用来直接起动和停止小容量的电动机，接通和断开局部照明电路。

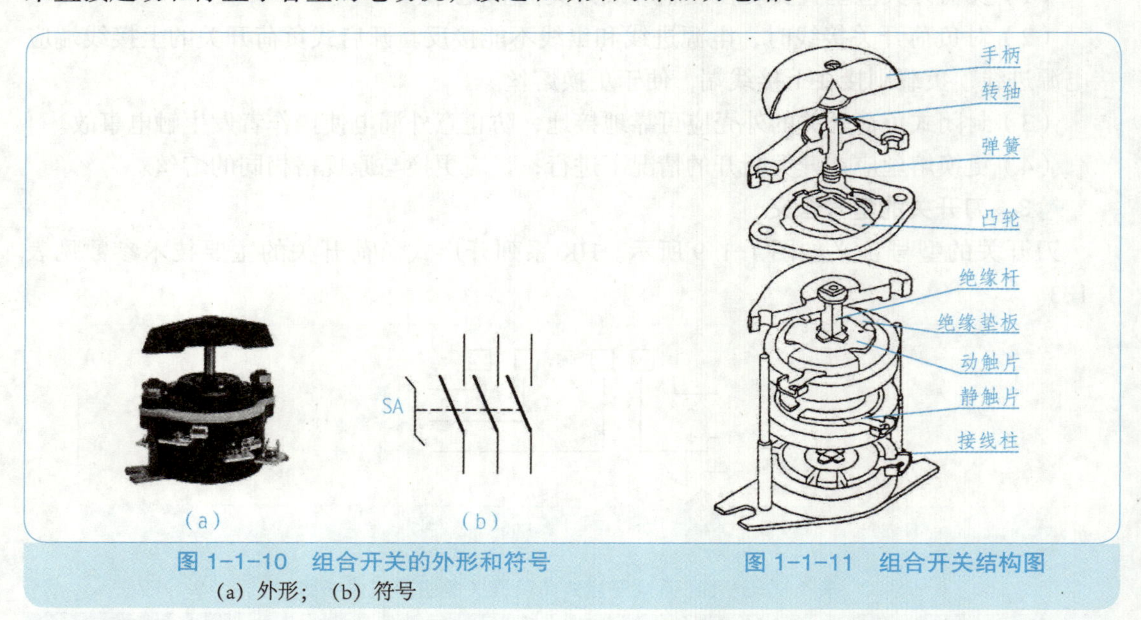


图 1-1-10 组合开关的外形和符号

(a) 外形；(b) 符号

图 1-1-11 组合开关结构图

### 2. 组合开关的选择与使用

#### 1）组合开关的选择

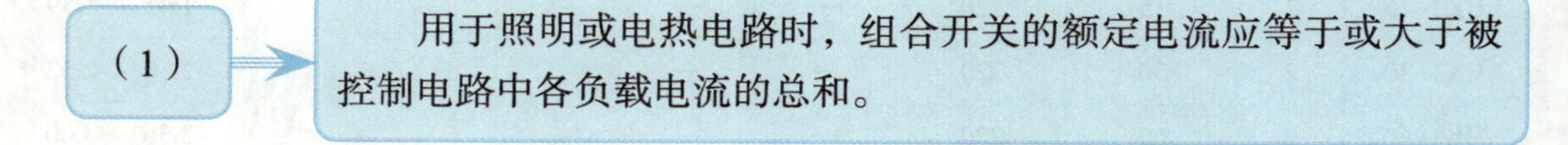

（1） 用于照明或电热电路时，组合开关的额定电流应等于或大于被控制电路中各负载电流的总和。

（2） 用于电动机电路时，组合开关的额定电流一般取电动机额定电流的 1.5 ～ 2.5 倍。

#### 2）组合开关的使用

（1） 组合开关的通断能力较低，当用于控制电动机作可逆运转时，必须在电动机完全停止转动后，才能反向接通。

（2）当操作频率过高或负载的功率因数较低时，转换开关要降低容量使用，否则会影响开关寿命。

### 3. 组合开关的型号含义

组合开关的型号含义如图 1-1-12 所示。HZ10 系列组合开关的技术参数见表 1-1-4。

表 1-1-4　HZ10 系列组合开关主要技术参数

| 型号 | 额定电压 /V | 额定电流 /A | | 380 V 时可控制电动机的功率 /kW |
|---|---|---|---|---|
| | | 单极 | 三极 | |
| HZ10–10 | DC 220 V 或 AC 380 V | 6 | 10 | 1 |
| HZ10–25 | | — | 25 | 3.3 |
| HZ10–60 | | — | 60 | 5.5 |
| HZ10–100 | | — | 100 | — |

### 4. 组合开关的检测

组合开关位于同一个水平面上的两个静触点是一对静触点。当手柄位于水平位置（见图 1-1-10）时，三对触点都是断开的；当手柄位于垂直位置时，三对触点都是接通的（见图 1-1-13）。

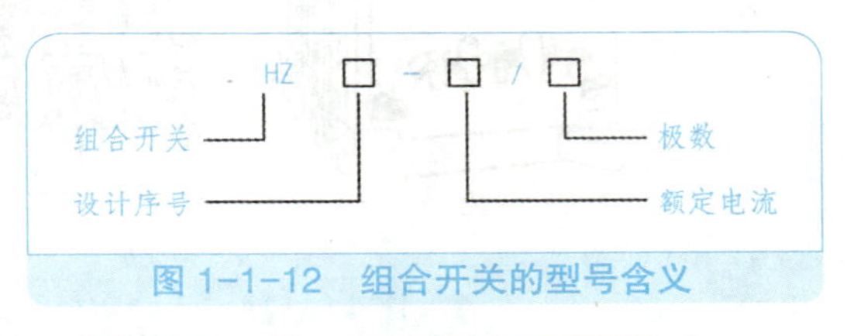


图 1-1-12　组合开关的型号含义

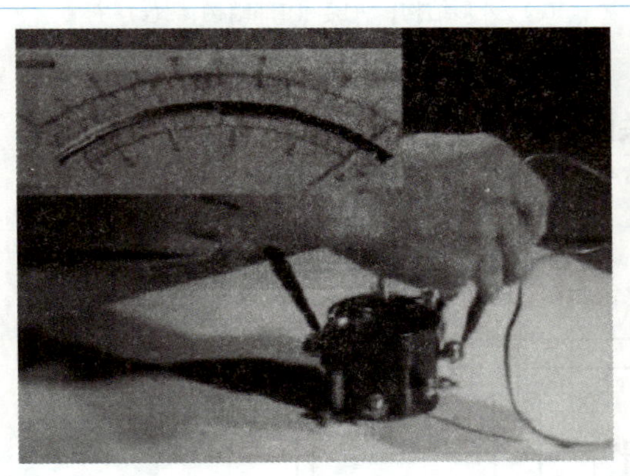

图 1-1-13　组合开关检测示意图

## 六、自动空气开关

自动空气开关又称自动开关或自动空气断路器。它既是控制电器，同时又具有保护电器的功能。当电路中发生短路、过载、失压等故障时，能自动切断电路。在正常情况下也可用作不频繁地接通和断开电路或控制电动机。它的外形、结构示意图和符号，如图 1-1-14 所示。

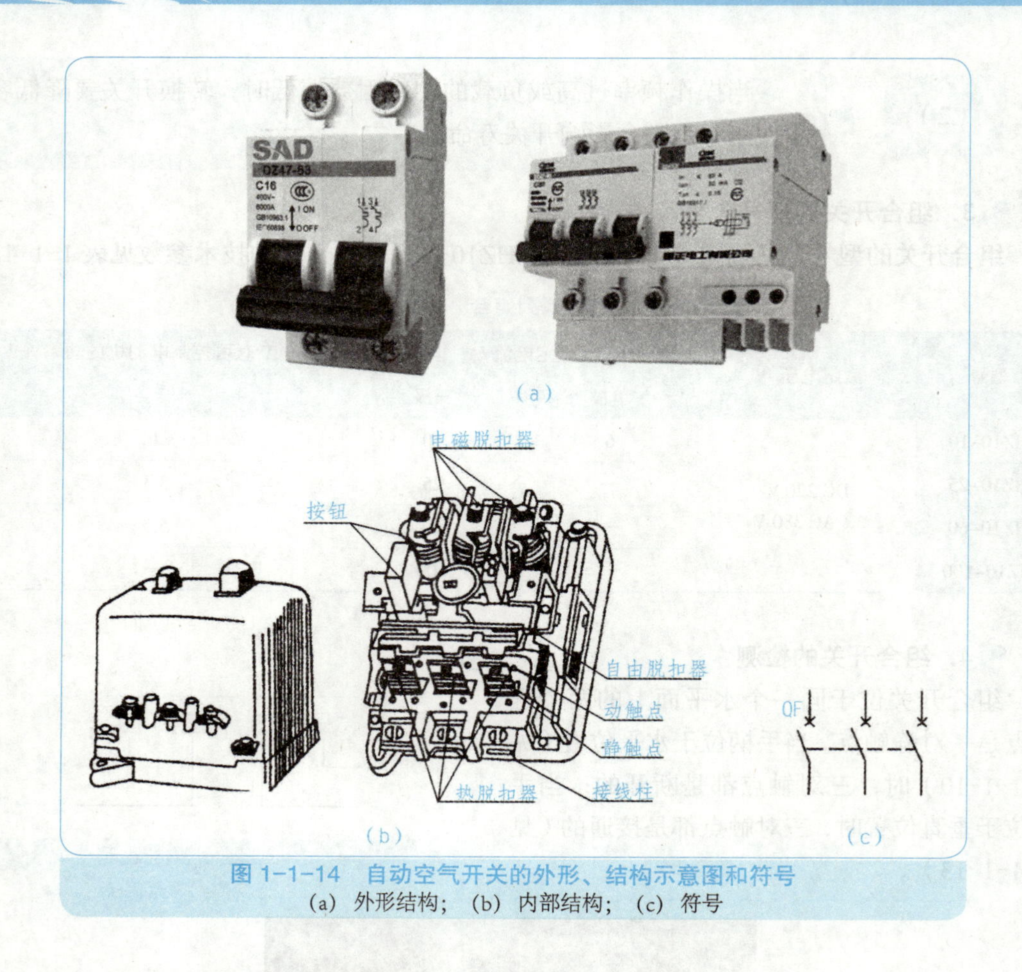


图 1-1-14 自动空气开关的外形、结构示意图和符号

(a) 外形结构；(b) 内部结构；(c) 符号

### 1. 自动空气开关的工作原理

图 1-1-15 是自动空气开关的动作原理示意图。

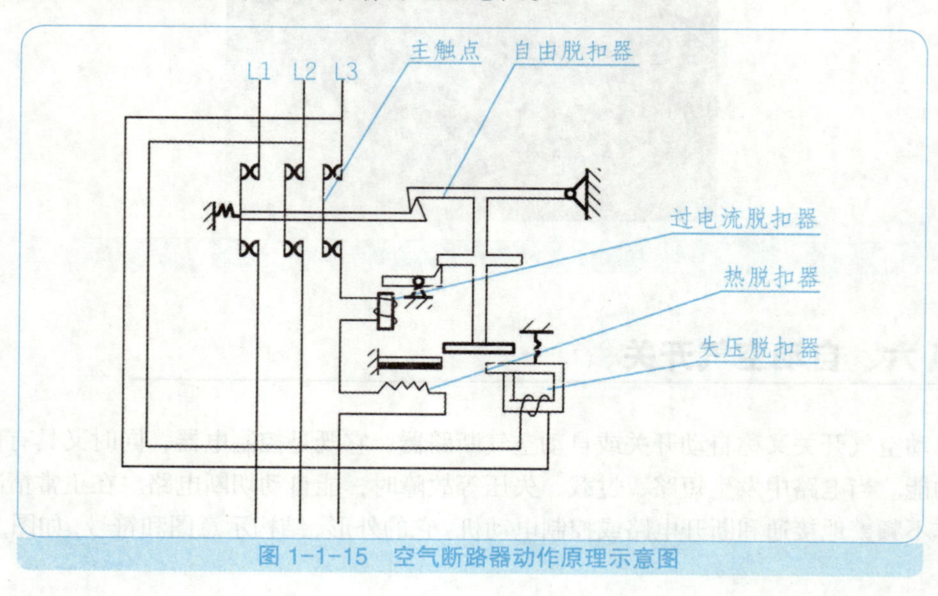


图 1-1-15 空气断路器动作原理示意图

开关的主触点是靠操作机构手动或电动开闸的，并且自由脱扣机构将主触点锁在合闸位置上。如果电路发生故障，自由脱扣机构在有关脱扣器的推动下动作，使钩子脱开。于是主触点在弹簧作用下迅速分断。过电流脱扣器的线圈和热脱扣器的热元件与主电路串联，失压脱扣器的线圈与电路并联。当电路发生短路或严重过载时，过电流脱扣器的衔铁被吸合，使自由脱扣机构动作。当电路过载时，热脱扣器的热元件产生的热量增加，使双金属片向上弯曲，推动自由脱扣机构动作。当电路失压时，失压脱扣器的衔铁释放，也使自由脱扣机构动作。

自动空气开关广泛应用于低压配电电路上，也用于控制电动机及其他用电设备。

### 2. 自动空气开关的选择和使用

1）自动空气开关的选择

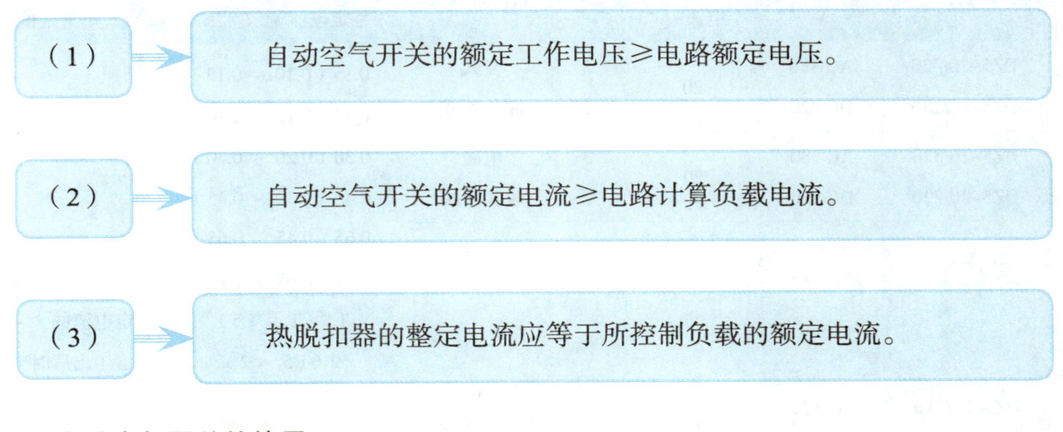

（1）
自动空气开关的额定工作电压≥电路额定电压。
（2）
自动空气开关的额定电流≥电路计算负载电流。
（3）
热脱扣器的整定电流应等于所控制负载的额定电流。


2）自动空气开关的使用

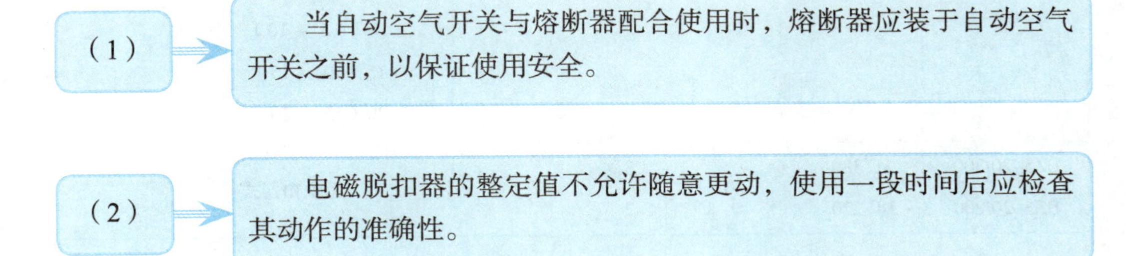

（1）
当自动空气开关与熔断器配合使用时，熔断器应装于自动空气开关之前，以保证使用安全。
（2）
电磁脱扣器的整定值不允许随意更动，使用一段时间后应检查其动作的准确性。


（3）自动空气开关在分断短路电流后，应在切除前级电源的情况下及时检查触头。如有严重的电灼痕迹，可用干布擦去；若发现触头烧毛，可用砂纸或细锉小心修整。

### 3. 自动空气开关的型号含义

自动空气开关的型号含义如图 1-1-16 所示。表 1-1-5 为 DZ5-20 型自动空气开关的技术参数。

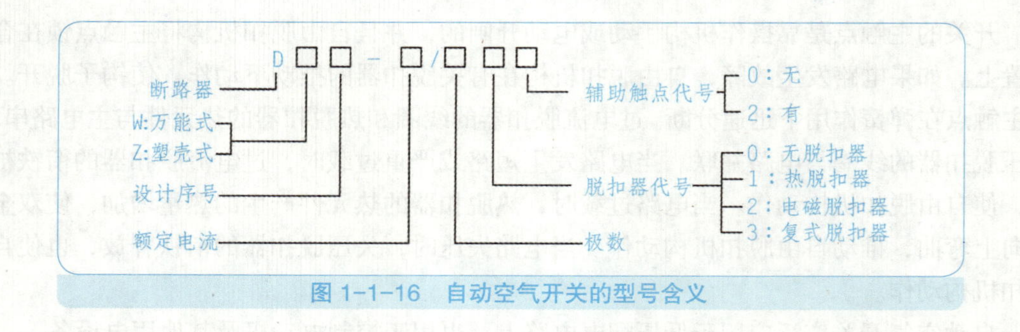


图 1-1-16 自动空气开关的型号含义

表 1-1-5 DZ5-20 型自动空气开关主要技术参数

<table>
<tr><th>型号</th><th>额定电压 /V</th><th>主触头额定电流 /A</th><th>极数</th><th>脱扣器形式</th><th>热脱扣器额定电流（括号内为整定电流调节范围）/A</th><th>电磁脱扣器瞬时动作整定值 /A</th></tr>
<tr><td>DZ5-20/330<br>DZ5-20/230</td><td>AC 380<br>DC 220</td><td>20</td><td>3<br>2</td><td>复式<br>脱扣器式</td><td rowspan="3">0.15（0.10 ~ 0.15）<br>0.20（0.15 ~ 0.20）<br>0.30（0.20 ~ 0.30）<br>0.45（0.30 ~ 0.45）<br>0.65（0.45 ~ 0.65）<br>1（0.65 ~ 1）<br>1.5（1 ~ 1.5）<br>2（1.5 ~ 2）<br>3（2 ~ 3）<br>4.5（3 ~ 4.5）<br>6.5（4.5 ~ 6.5）<br>10（6.5 ~ 10）<br>15（10 ~ 15）<br>20（15 ~ 20）</td><td rowspan="3">为电磁脱扣器额定电流的 8 ~ 12 倍（出厂时整定于 10 倍）</td></tr>
<tr><td>DZ5-20/320<br>DZ5-20/220</td><td>AC 380<br>DC 220</td><td>20</td><td>3<br>2</td><td>电磁<br>脱扣器式</td></tr>
<tr><td>DZ5-20/310<br>DZ5-20/210</td><td>AC 380<br>DC 220</td><td>20</td><td>3<br>2</td><td>热脱扣器式</td></tr>
<tr><td>DZ5-20/300<br>DZ5-20/200</td><td>AC 380<br>DC 220</td><td>20</td><td>3<br>2</td><td colspan="3">无脱扣器式</td></tr>
</table>

## 七、按钮

按钮是一种手动电器，通常用来接通或断开小电流控制的电路。它不直接去控制主电路的通断，而是在控制电路中发出“指令”去控制接触器、继电器等电器，再由它们去控制主电路。

按钮一般由按钮帽、复位弹簧、桥式动触头、静触头、支柱连杆及外壳等部分组成。

按钮根据触点结构的不同，可分为常开按钮、常闭按钮，以及将常开和常闭封装在一起的复合按钮等几种。图 1-1-17 为按钮结构示意图及符号。

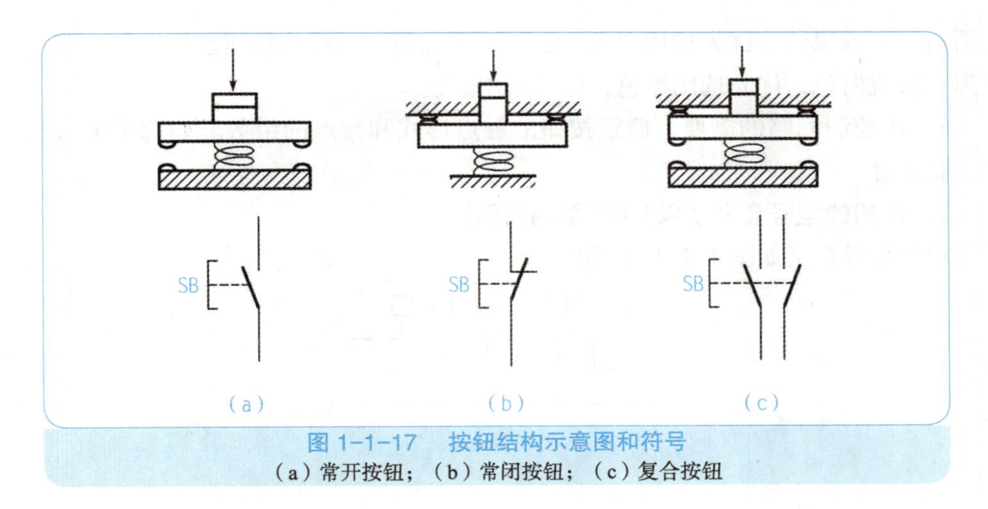


图 1-1-17　按钮结构示意图和符号
（a）常开按钮；（b）常闭按钮；（c）复合按钮

### 1. 按钮的工作原理

图 1-1-17（a）为常开按钮，平时触点分开，手指按下时触点闭合，松开手指后触点分开，常用作起动按钮。图 1-1-17（b）为常闭按钮，平时触点闭合，手指按下时触点分开，松开手指后触点闭合，常用作停止按钮。图 1-1-17（c）为复合按钮，一组为常开触点，一组为常闭触点，手指按下时，常闭触点先断开，继而常开触点闭合，松开手指后，常开触点先断开，继而常闭触点闭合。

除了这种常见的直上直下的操作形式即揿钮式按钮之外，还有自锁式、紧急式、钥匙式和旋钮式按钮，图 1-1-18 所示为这些按钮的外形图。

图 1-1-18　各种按钮的外形图

其中紧急式表示紧急操作，按钮上装有蘑菇形钮帽，颜色为红色，一般安装在操作台（控制柜）明显位置上。

按钮主要用于操纵接触器、继电器或电气联锁电路，以实现对各种运动的控制。

### 2. 按钮的选用

（1）根据使用场合和具体用途选择按钮的种类。如：嵌装在操作面板上的按钮可选用开启式；需显示工作状态的选用光标式；需要防止无关人员误操作的重要场合宜选用钥匙式；在有腐蚀性气体处要用防腐式。

（2）按工作状态指示和工作情况的要求，选择按钮和指示灯的颜色。如：起动按钮可选用白、灰或黑色，优先选用白色，也可选用绿色。急停按钮应选用红色。停止按钮可选用黑、灰或白色，优先选用黑色，也可选用红色。

（3）按控制回路的需要，确定按钮的触点形式和触点的组数。如选用单联钮、双联钮和三联钮等。

### 3. 按钮的型号含义（以 LAY1 系列为例）

按钮的型号含义如图 1-1-19 所示。

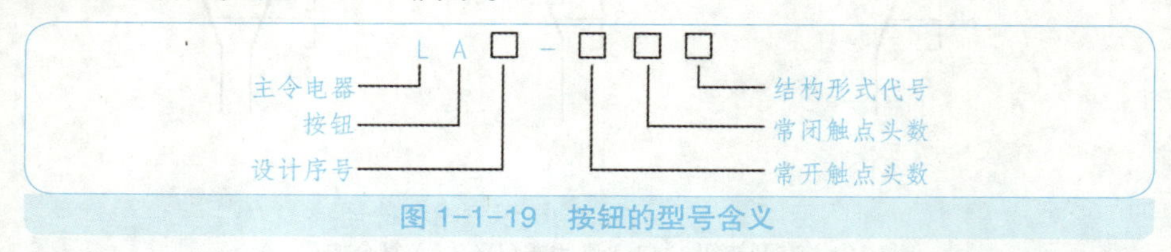


图 1-1-19 按钮的型号含义

## 八、熔断器

熔断器是一种广泛应用的最简单有效的保护电器。常在低压电路和电动机控制电路中起过载保护和短路保护的作用。它串联在电路中，当通过的电流大于规定值时，使熔体熔化而自动分断电路。

熔断器一般可分为瓷插式熔断器、螺旋式熔断器、无填料封闭管式熔断器、有填料封闭管式熔断器、快速熔断器和自复式熔断器等，其外形和符号如图 1-1-20 所示。

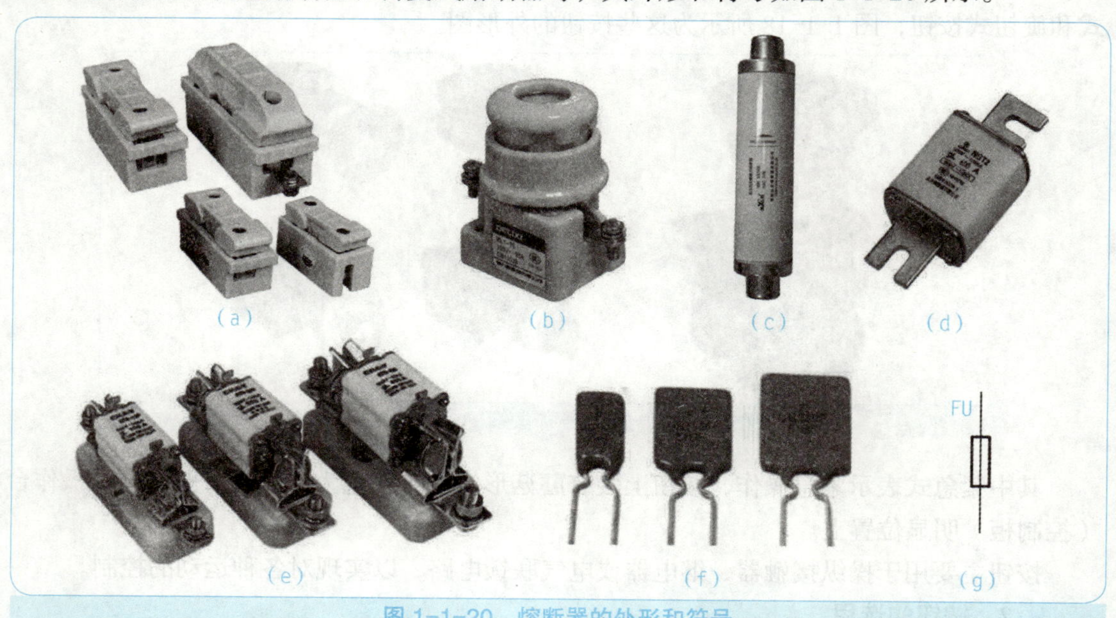


图 1-1-20 熔断器的外形和符号

（a）瓷插式熔断器；（b）螺旋式熔断器；（c）无填料封闭管式熔断器；(d) 快速熔断器；（e）有填料封闭管式熔断器；（f）自复式熔断器；（g）符号

### 1. 熔断器的工作原理

熔断器主要由熔体、安装熔体的熔管和熔座三部分组成，主要元件是熔体，它是熔断器的核心部分，常做成丝状或片状。在小电流电路中，常用铅锡合金和锌等低熔点金属做成圆截面熔丝；在大电流电路中则用银、铜等较高熔点的金属做成薄片，便于灭弧。

熔断器使用时应当串联在所保护的电路中。电路正常工作时，熔体允许通过一定大小的电流而不熔断，当电路发生短路或严重过载时，熔体温度上升到熔点而熔断，将电路断开，从而保护了电路和用电设备。

### 2. 熔断器的选择与使用

#### 1）熔断器的选择

选择熔断器时，主要是正确选择熔断器的类型和熔体的额定电流。

（1）应根据使用场合选择熔断器的类型。电网配电一般用管式熔断器；电动机保护一般用螺旋式熔断器；照明电路一般用瓷插式熔断器；保护可控硅元件则应选择快速熔断器。

（2）熔体额定电流的选择。

对于变压器、电炉和照明等负载，熔体的额定电流应略大于或等于负载电流。

对于输配电电路，熔体的额定电流应略大于或等于电路的安全电流。

对电动机负载，熔体的额定电流应等于电动机额定电流的 1.5 ～ 2.5 倍。

#### 2）熔断器的使用

（1）对不同性质的负载，如照明电路、电动机电路的主电路和控制电路等，应分别保护，并装设单独的熔断器。

（2）安装螺旋式熔断器时，必须注意将电源线接到瓷底座的下接线端（即低进高出的原则），如图 1-1-21 所示，以保证安全。

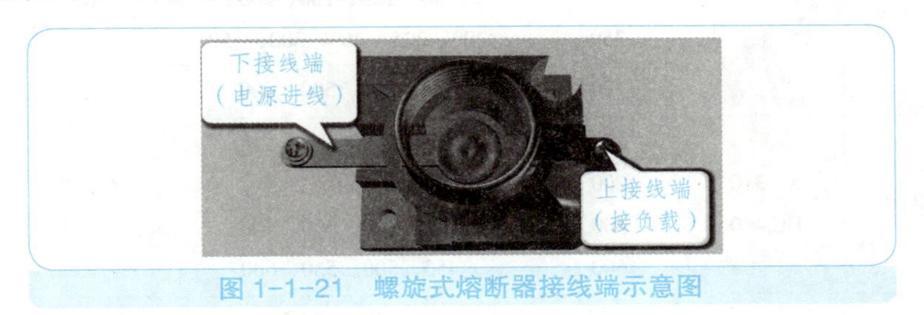

图 1-1-21　螺旋式熔断器接线端示意图

（3）瓷插式熔断器安装熔丝时，熔丝应顺着螺钉旋紧方向绕过去，同时应注意不要划伤熔丝，也不要把熔丝绷紧，以免减小熔丝截面尺寸或插断熔丝。

（4）更换熔体时应切断电源，并应换上相同额定电流的熔体。

### 3. 熔断器的型号含义

熔断器的型号含义如图 1-1-22 所示。常见低压熔断器的主要技术参数如表 1-1-6 所示。

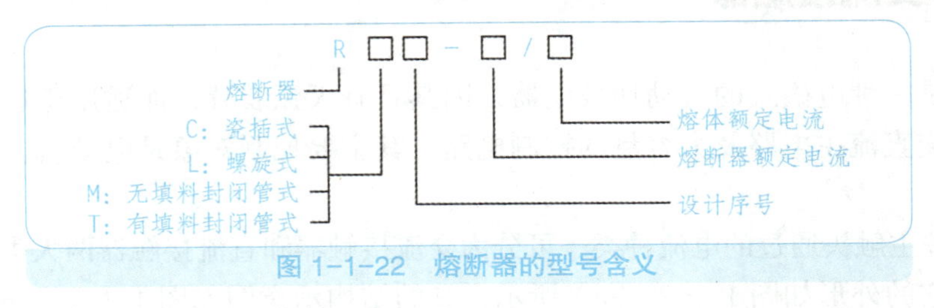

图 1-1-22　熔断器的型号含义

表 1-1-6 常见低压熔断器的主要技术参数

| 类别 | 型号 | 额定电压 /V | 额定电流 /A | 熔体额定电流等级 /A | 极限分辨能力 /kA | 功率因数 |
|---|---|---|---|---|---|---|
| 瓷插式熔断器 | RC1A | 380 | 5 | 2、5 | 0.25 | 0.8 |
| | | | 10 | 2、4、6、10 | 0.5 | |
| | | | 15 | 6、10、15 | 1.5 | 0.7 |
| | | | 30 | 20、25、30 | | |
| | | | 60 | 40、50、60 | 3 | 0.6 |
| | | | 100 | 80、100 | | |
| | | | 200 | 120、150、200 | | |
| 螺旋式熔断器 | RL1 | 500 | 15 | 2、4、6、10、15 | 2 | ≥ 0.3 |
| | | | 60 | 20、25、30、35、40、50、60 | 3.5 | |
| | | | 100 | 60、80、100 | 20 | |
| | | | 200 | 100、125、150、200 | 50 | |
| | RL2 | 500 | 25 | 2、4、6、10、15、20、25 | 1 | |
| | | | 60 | 25、35、50、60 | 2 | |
| | | | 100 | 80、100 | 3.5 | |
| 无填料封闭管式熔断器 | RM10 | 380 | 15 | 6、10、15 | 1.2 | 0.8 |
| | | | 60 | 15、20、25、35、45、60 | 3.5 | 0.7 |
| | | | 100 | 60、80、100 | 10 | 0.35 |
| | | | 200 | 100、125、160、200 | | |
| | | | 350 | 200、225、260、300、350 | | |
| | | | 600 | 350、430、500、600 | 12 | 0.35 |
| 有填料封闭管式熔断器 | RT0 | AC 380<br>DC 440 | 100 | 30、40、50、60、100 | AC 50<br>DC 25 | > 0.3 |
| | | | 200 | 120、150、200 | | |
| | | | 400 | 250、300、350、400 | | |
| | | | 600 | 450、500、550、600 | | |
| 快速熔断器 | RLS2 | 500 | 30 | 16、20、25、30 | 50 | 0.1 ~ 0.2 |
| | | | 63 | 35、(45)、50、63 | | |
| | | | 100 | (75)、80、(90)、100 | | |

## 九、交流接触器

接触器是一种电磁式的自动切换电器，因其具有灭弧装置，而适用于远距离频繁地接通或断开交直流主电路及大容量的控制电路。其主要控制对象是电动机，也可控制其他负载。

接触器按主触头通过的电流种类，可分为交流接触器和直流接触器两大类。以交流接触器为例，它的外形如图 1-1-23（a）所示，它的结构示意图如图 1-1-23（b）所示，符号如图 1-1-23（c）所示。

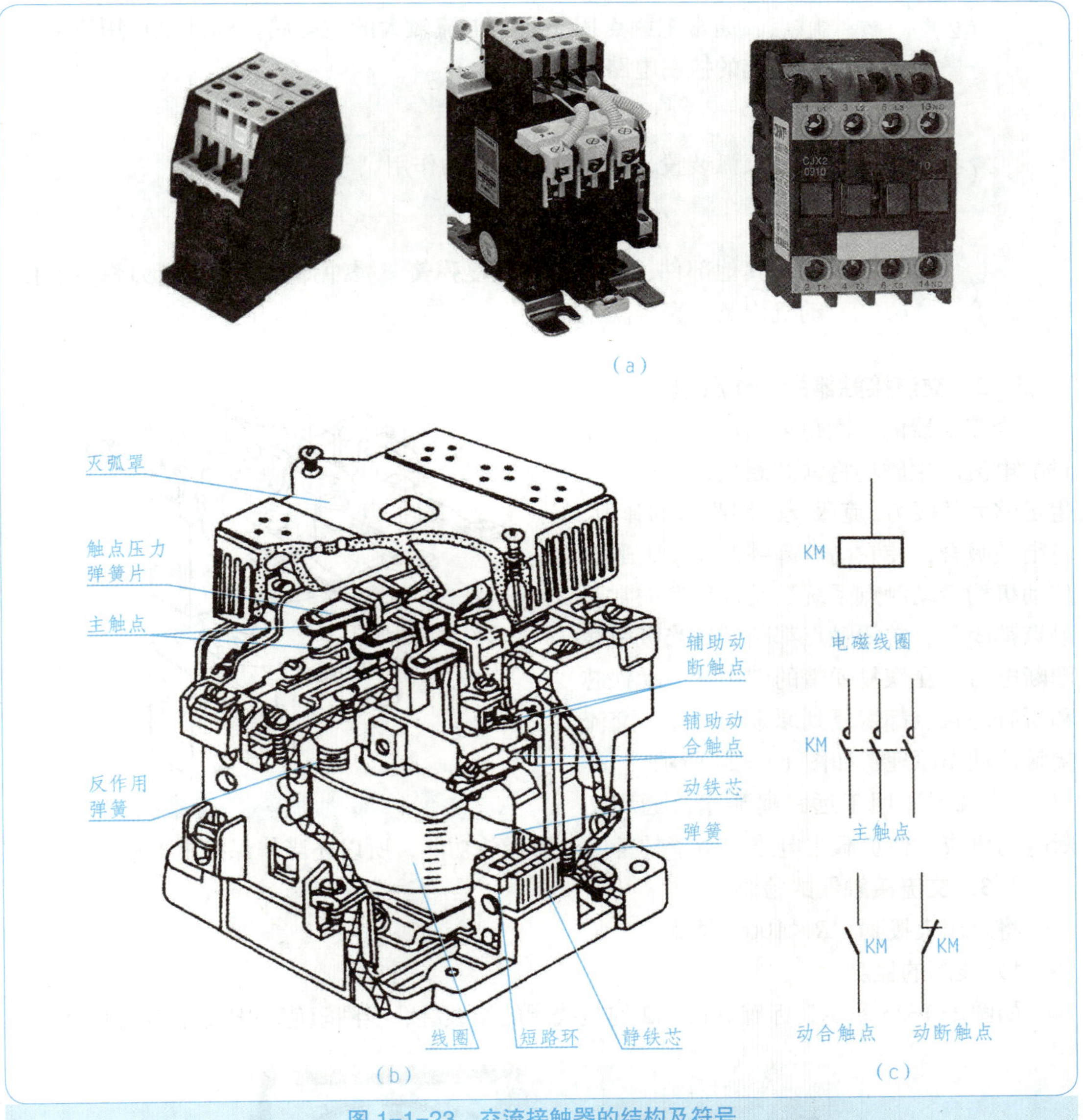


图 1-1-23　交流接触器的结构及符号

(a) 交流接触器外形；(b) 内部结构；(c) 符号

### 1. 交流接触器的结构

交流接触器由以下四部分组成：

（1）　电磁系统，用来操作触头闭合与分断。它包括静铁芯、吸引线圈、动铁芯（衔铁）。铁芯用硅钢片叠成，以减少铁芯中的铁损耗，在铁芯端部极面上装有短路环，其作用是消除交流电磁铁在吸合时产生的振动和噪声。

（2） 触点系统，起着接通和分断电路的作用。它包括主触点和辅助触点。通常主触点用于通断电流较大的主电路，辅助触点用于通断小电流的控制电路。

（3） 灭弧装置，起着熄灭电弧的作用。

（4） 其他部件，主要包括恢复弹簧、缓冲弹簧、触点压力弹簧、传动机构及外壳等。

### 2. 交流接触器的工作原理

当接触器的线圈得电以后，线圈中流过的电流产生磁场将铁芯磁化，使铁芯产生足够大的吸力，克服反作用弹簧的弹力，将衔铁吸合，使它向着静铁芯运动，通过传动机构带动触点系统运动，所有的常开触点都闭合，常闭触点都断开。当吸引线圈断电后，在恢复弹簧的作用下，动铁芯和所有的触点都恢复到原来的状态。交流接触器动作原理图如图 1-1-24 所示。

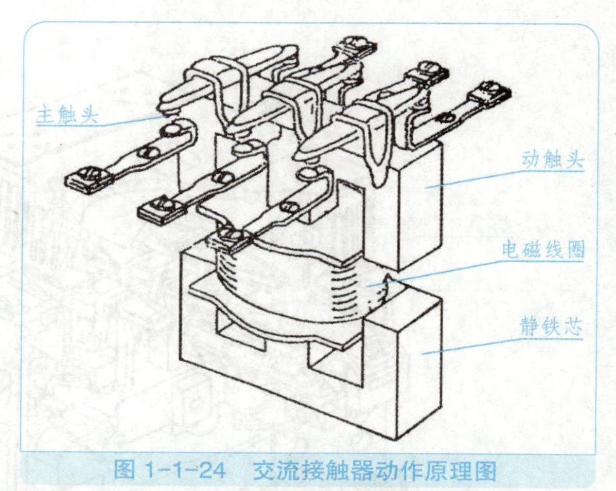

图 1-1-24 交流接触器动作原理图

接触器适用于远距离频繁接通和切断电动机或其他负载主电路，由于具备低电压释放功能，所以还当作保护电器使用。

### 3. 交流接触器的检测

将万用表拨到“$R\times100$”挡。

**1）线圈的检测**

如图 1-1-25 所示，标有 A1、A2 的是线圈的接线柱，线圈阻值一般正常值为几百欧。

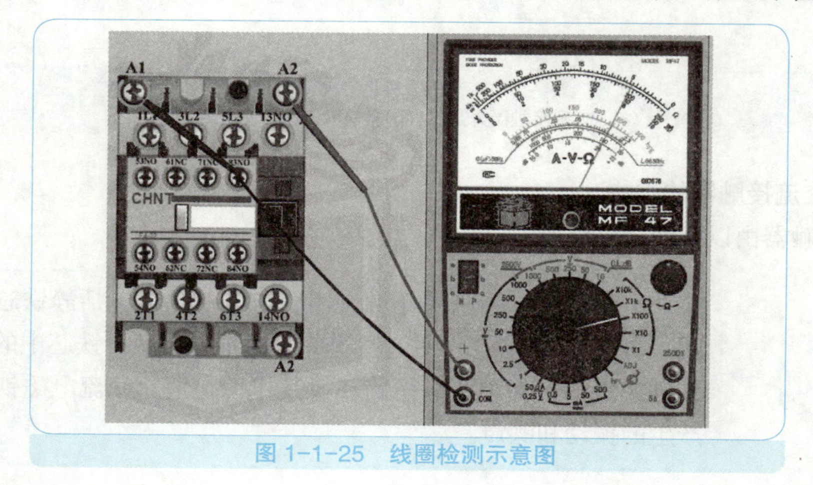

图 1-1-25 线圈检测示意图

2）主触头检测

主触头是常开触头，平时处于断开状态，如图 1-1-26（a）所示，检测时按下试吸合按钮，触头接通，如图 1-1-26（b）所示。

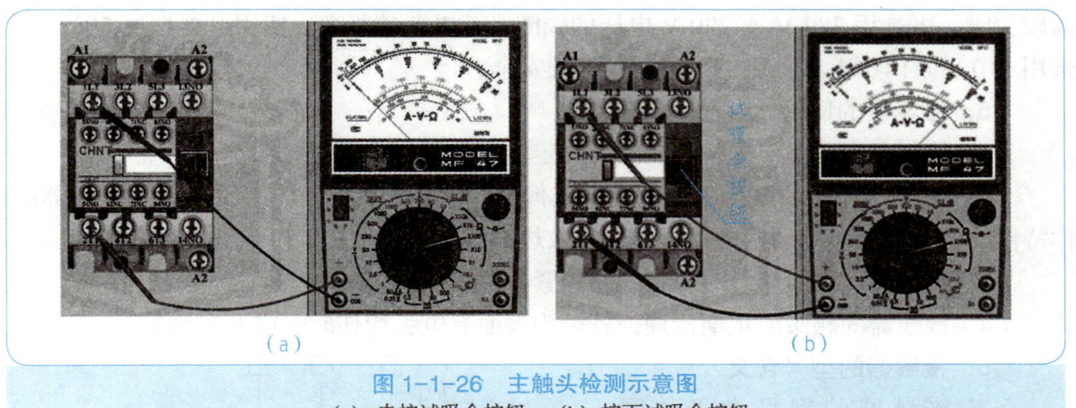


图 1-1-26 主触头检测示意图

(a) 未按试吸合按钮；(b) 按下试吸合按钮

3）辅助触头检测

常开辅助触头的检测方法与主触头的检测方法相同。常闭辅助触头平时处于接通状态，如图 1-1-27（a）所示，检测时按下试吸合按钮，触头断开，如图 1-1-27（b）所示。

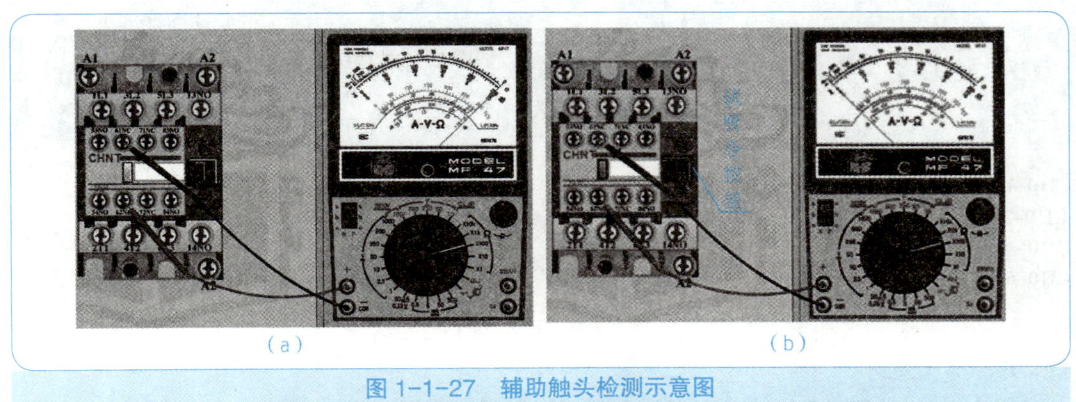


图 1-1-27 辅助触头检测示意图

(a) 未按试吸合按钮；(b) 按下试吸合按钮

### 4. 交流接触器的选择

1）接触器类型的选择

接触器的类型有交流和直流两类，应根据接触器所控制负载性质选择接触器的类型。通常交流负载选用交流接触器，直流负载选用直流接触器，如果控制系统中主要是交流负载，而直流负载容量较小时，也可用交流接触器控制直流负载，但触头的额定电流应适当选大一些。

2）接触器操作频率的选择

操作频率是指接触器每小时通断的次数。当通断电流较大及通断频率较高时，会使触头过热甚至熔焊。接触器若使用在频繁起动、制动及正反转的场合，应将接触器主触头的额定电流降低一个等级使用。

3）接触器额定电压和额定电流的选择

（1）接触器主触点的额定电流（或电压）应大于或等于负载电路的额定电流（或电压）。

（2）吸引线圈的额定电压，则应根据控制回路的电压来选择。当电路简单、使用电器较少时，可选用 380 V 或 220 V 电压的线圈；若电路较复杂、使用电器超过 5 个时，可选用 110 V 及以下电压等级的线圈，以保证安全。

### 5．接触器的使用

（1）接触器安装前应先检查线圈的额定电压是否与实际需要相符。

（2）接触器的安装多为垂直安装，其倾斜角不得超过 5°，否则会影响接触器的动作特性；安装有散热孔的接触器时，应将散热孔放在上下位置，以降低线圈的温升。

（3）接触器安装与接线时应将螺钉拧紧，以防振动松脱。

（4）接线器的触头应定期清理，若触头表面有电弧灼伤时，应及时修复。

### 6．接触器的型号含义

交流接触器的型号含义如图 1-1-28 所示。常用 CJ10 系列交流接触器的技术数据见表 1-1-7。

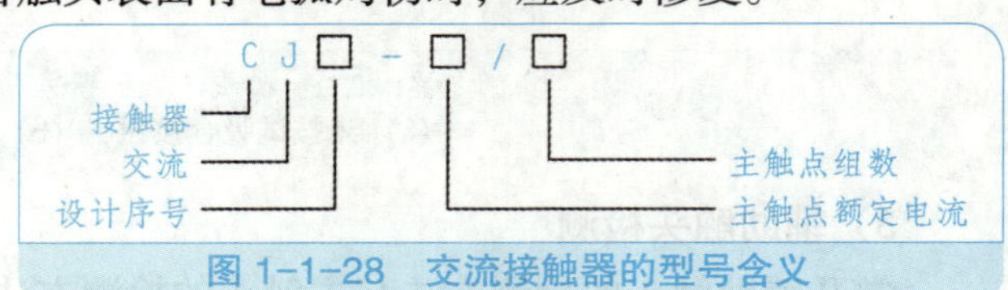

图 1-1-28 交流接触器的型号含义

表 1-1-7 常用 CJ10 系列交流接触器的技术数据

| 型号 | 触头额定电压 /V | 主触头 | | 辅助触头 | | 线圈电压 /V | 线圈功率 /W | 可控制三相异步电动机的最大功率 /kW | | 额定操作频率 /（次·$h^{-1}$） |
|---|---|---|---|---|---|---|---|---|---|---|
| | | 额定电流 /A | 对数 | 额定电流 /A | 对数 | | | 220 V | 380 V | |
| CJ10-10<br>CJ10-20<br>CJ10-40<br>CJ10-60 | 380 | 10<br>20<br>40<br>60 | 3<br>3<br>3<br>3 | 5 | 均为 2 常开、2 常闭 | 可为 36 110 220 380 | 11<br>22<br>32<br>70 | 2.2<br>5.5<br>11<br>17 | 4<br>10<br>20<br>30 | ≤ 600 |

## 十、三相笼型异步电动机单向点动控制电路

点动是指按下按钮时电动机转动，松开按钮时电动机停止。这种控制是最基本的电气控制，在很多机械设备的电气控制电路上，特别是在机床电气控制电路上得到广泛应用。如图 1-1-29 所示为单向点动控制电路原理图，它由主电路图 1-1-29（a）和控制电路图 1-1-29（b）两部分组成，主电路和控制电路共用三相交流电源。图中 L1、L2、L3 为三相交流电源电路，QF 为电源开关，FU1 为主电路的熔断器，FU2 为控制电路的熔断器，KM 为接触器，SB 为按钮，M 为三相笼型异步电动机。点动控制的操作及动作过程如下：

首先合上电源开关 QF，接通主电路和控制电路的电源。

按下按钮 SB → SB 常开触头接通→接触器 KM 线圈通电→接触器 KM（常开）主触头接通→电动机 M 通电起动并进入工作状态。

松开按钮 SB → SB 常开触头断开→接触器 KM 线圈断电→接触器 KM 主触头（常开）断开→电动机 M 断电并停止工作。

由上述可见，当按下按钮 SB（应按到底且不要放开）时，电动机 M 转动；松开按钮 SB 时，电动机 M 停止。

熔断器 FU1 为主电路的短路保护，熔断器 FU2 为控制电路的短路保护。

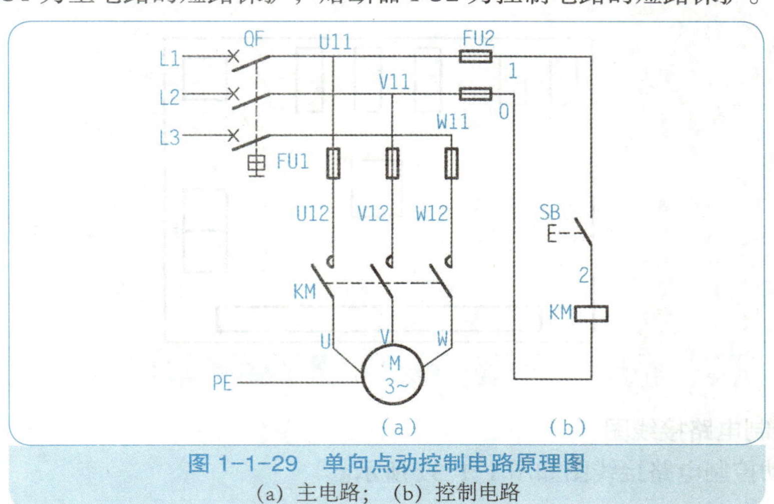


图 1-1-29　单向点动控制电路原理图

(a) 主电路；(b) 控制电路

## 任务实施

## 一、工作准备

### 1. 工具、仪表与材料准备

（1）完成本任务所需工具与仪表为：螺钉旋具、尖嘴钳、斜口钳、剥线钳、万用表等。

（2）完成本任务所需材料明细表如表 1-1-8 所示。

表 1-1-8　单向点动控制电路电气元件明细表

| 序号 | 代号 | 名称 | 型号 | 规格 | 数量 |
|---|---|---|---|---|---|
| 1 | M | 三相交流异步电动机 | YS6324 | 380 V，180 W，0.65 A，1 440 r/min | 1 |
| 2 | QF | 自动空气开关 | DZ47-63 | 380 V，25 A，整定 20 A | 1 |
| 3 | FU1 | 熔断器 | RL1-60/25A | 500 V，60 A，配 25 A 熔体 | 3 |
| 4 | FU2 | 熔断器 | RT18-32 | 500 V，配 2 A 熔体 | 2 |
| 5 | KM | 交流接触器 | CJX-22 | 线圈电压 220 V，20 A | 1 |
| 6 | SB | 按钮 | LA-18 | 5 A | 2 |
| 7 | XT | 端子板 | TB1510 | 600 V，15 A | 1 |
| 8 |  | 控制板安装套件 |  |  | 1 |

### 2. 绘制电气元件布置图

布置图是把电气元件安装在组装板上的实际位置，采用简化的外形符号（如正方形、矩形、网形）绘制的一种简图，主要用于电气元件的布置和安装。图中各电气元件的文字符号，必须与原理图、接线图相一致。图 1-1-30 就是与原理图 1-1-29 相对应的电气元件布置图。

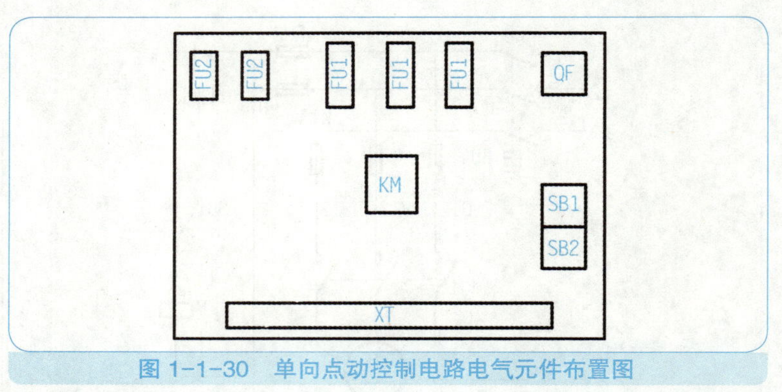


图 1-1-30 单向点动控制电路电气元件布置图

### 3. 绘制电路接线图

单向点动控制电路接线图如图 1-1-31 所示。

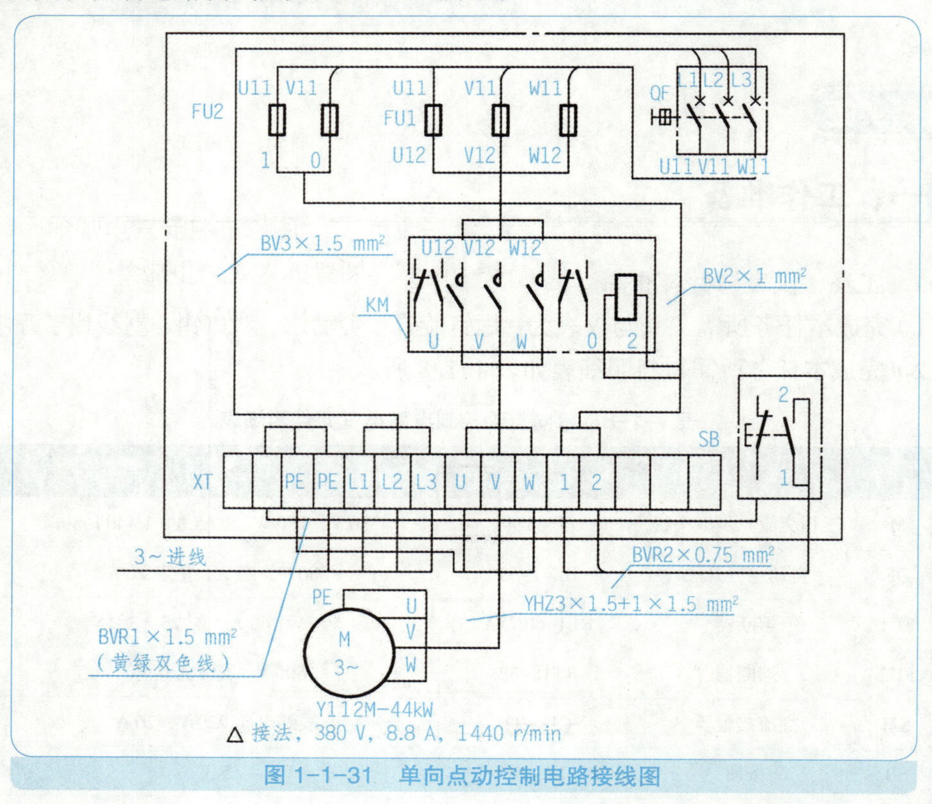


图 1-1-31 单向点动控制电路接线图

## 二、安装、调试步骤及工艺要求

### 1. 检测电气元件

根据表 1-1-8 配齐所用电气元件，其各项技术指标均应符合规定要求，目测其外观无损坏，手动触头动作灵活，并用万用表进行质量检验，如不符合要求，则予以更换。

### 2. 安装电路

#### 1）安装电气元件

工艺要求：

（1）电源开关、熔断器的受电端子在控制板外侧。

（2）各元件的安装位置整齐、匀称、间距合理，便于元件的更换。

（3）元件紧固时用力均匀，紧固程度适当。

根据图 1-1-30 元件布置图，安装电气元件，并贴上醒目的文字符号。其排列位置、相互距离应符合要求。紧固力适当，无松动现象。安装好元件的电路板（组装板、控制板）如图 1-1-32 所示。

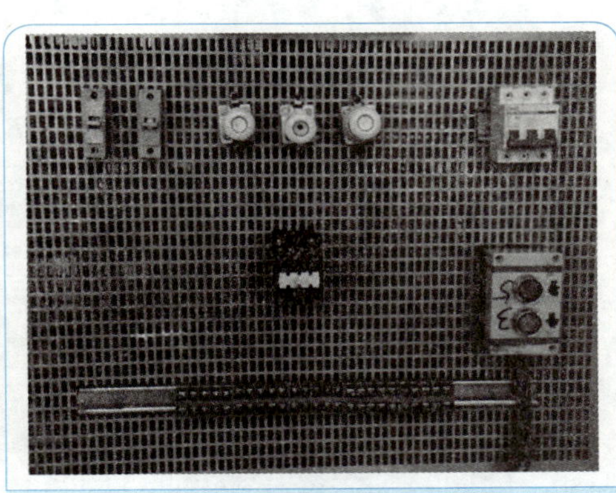

图 1-1-32　元件安装后的组装板

#### 2）布线

机床电气控制电路的布线方式一般有两种：一种是采用板前明线布线（明敷），另一种是采用线槽布线（明、暗敷结合）。本任务采用板前布线方式，线槽布线在后面介绍。

板前明线布线时布线工艺要求：

（1）布线通道尽可能少，同路并行导线按主电路、控制电路分类集中、单层密布、紧贴安装面板。

（2）同一平面的导线应高低一致，不得交叉。

（3）布线应横平竖直分布均匀，变换方向时应垂直。

（4）导线的两端应套上号码管。

（5）所有导线中间不得有接头。

（6）导线与接线端子连接时不得压绝缘层，不得反圈及裸露金属部过长。

（7）一个接线端子上的导线不得多于 2 根，端子排端子接线只允许 1 根。

（8）软导线与接线端子连接时必须压接冷压端子。冷压端子如图 1-1-33 所示。

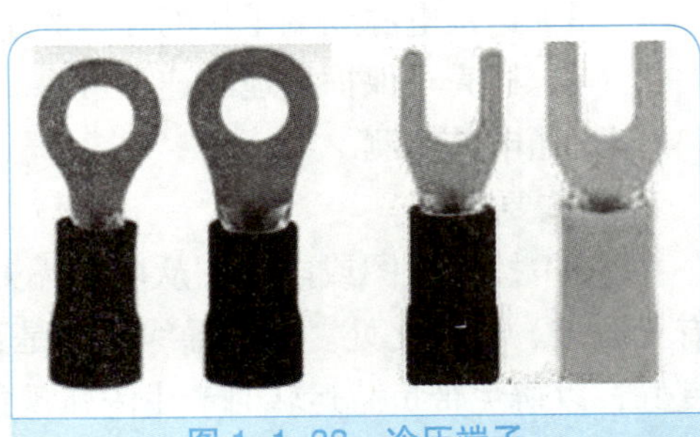

图 1-1-33　冷压端子

（9）布线时应以接触器为中心，由里向外、由低到高，先电源电路、再控制电路后主电路进行，以不妨碍后续布线为原则。

根据图 1-1-29 和图 1-1-31 布线，电源电路布线后的控制板如图 1-1-34 所示。

控制电路布线后的控制板如图 1-1-35 所示。

图 1-1-34 电源电路布线后的控制板

图 1-1-35 控制电路布线后的控制板

主电路布线后的控制板如图 1-1-36 所示。

完成布线后的控制板如图 1-1-37 所示。

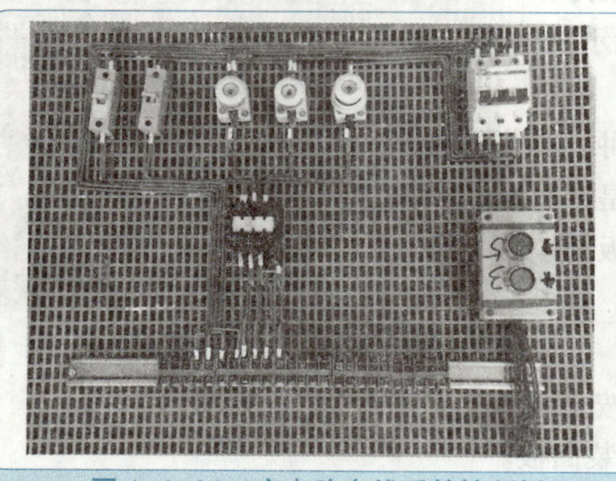

图 1-1-36 主电路布线后的控制板

图 1-1-37 完成布线后的控制板

3）安装电动机

（1）电动机的固定必须牢固。

（2）控制板必须安装在操作时能看到电动机的地方，以保证操作安全。

（3）连接电源到端子排的导线和主电路到电动机的导线。

（4）机壳与保护接地的连接可靠。

4）通电前检测

工艺要求：

（1）按接线图或电路图从电源端开始，逐段核对接线及接线端子处线号是否正确，有无漏接、错接之处。检查导线接点是否符合要求，压接是否牢固。同时注意接点接触应良好，以避免带负载运转时产生闪弧现象。

（2）用万用表检查电路的通断情况。检查时，应选用倍率适当的电阻挡，并进行校零，以防发生短路故障。对控制电路的检查（断开主电路），可将表棒搭在 U11、V11 端线上，读数应为∞。按下 SB 时，读数应为接触器线圈的直流电阻值。然后断开控制电路，再检查主电路有无开路和短路现象，此时，可用手动来代替接触器进行检查。

（3）用兆欧表检查电路的绝缘电阻的阻值，应不得小于 1 MΩ。

### 3. 通电试车

**特别提示：**

通电试车前要检查安全措施，试车时要遵守安全操作规程，出现故障时要停电检查。

（1）为保证人身安全，在通电试车时，要认真执行安全操作规程的有关规定，一人监护，一人操作。试车前，应检查与通电试车有关的电气设备是否有不安全的因素存在，若检查出应立即整改，然后方能试车。

（2）通电试车前，必须征得老师同意，并由指导教师接通三相电源，同时在现场监护。学生合上电源开关后，用测电笔检查熔断器出线端，氖管亮说明电源接通。按下 SB，观察接触器情况是否正常，是否符合电路功能要求，元器件的动作是否灵活，有无卡阻及噪声过大等现象，电动机运行情况是否正常等。但不得对电路接线是否正确进行带电检查。观察过程中，若发现有异常现象，应立即停车。当电动机运转平稳后，用钳形电流表测量三相电流是否平衡。

（3）试车成功率以通电后第一次按下按钮时计算。

（4）出现故障后，学生应独立进行检修。若需带电检查时，教师必须在现场监护。检修完毕后，如需要再次试车，教师也应该在现场监护，并做好时间记录。

（5）试车完毕，应遵循停转、切断电源、拆除三相电源、拆除电动机的顺序。

### 4. 整理现场

整理现场工具及电气元件，清理现场，根据工作过程填写任务书，整理工作资料。

## 三、注意事项

（1）所用元器件在安装到控制电路板前一定要检查质量，避免正确安装电路后，发现电路却没有正常的功能，若再拆装，则给实训过程造成不必要的麻烦或造成元器件的损伤。

（2）电源进线应接在螺旋式熔断器的下接线桩上，出线则应接在上接线座上。

（3）按钮内接线时，用力不要过猛，以防螺钉打滑。

（4）安装完毕的控制电路必须经过认真检查后才允许通电试车，以防止错接、漏接，避免造成不能正常运转或短路事故。

（5）试车时要先接负载端，后接电源端。

（6）要做到安全操作和文明生产。

## 任务评价

学生完成本任务的考核评价细则见评分记录表 1-1-9。

表 1-1-9 技能训练考核评分记录表

| 评价项目 | 评价内容 | 配分 | 评 分 标 准 | 得分 |
|---|---|---|---|---|
| 识读电路图 | （1）正确识读点动控制电路中的电气元件；<br>（2）能正确分析该电路的工作原理 | 15 | （1）不能正确识读电气元件，每处扣 3 分；<br>（2）不能正确分析该电路工作原理扣 5 分 | |
| 装前检查 | 检查电气元件质量完好 | 5 | 电气元件漏检或错检，每处扣 1 分 | |
| 安装元件 | （1）按布置图安装电气元件；<br>（2）安装电气元件牢固、整齐、匀称、合理 | 15 | （1）不按布置图安装扣 15 分；<br>（2）元件安装不牢固，每只扣 3 分；<br>（3）元件安装不整齐、不均匀、不合理，每只扣 2 分；<br>（4）损坏元件扣 15 分 | |
| 布线 | （1）接线紧固、无压绝缘、无损伤导线绝缘或线芯；<br>（2）按照电路图接线，思路清晰 | 20 | （1）不按电路图接线扣 20 分；<br>（2）布线不符合要求：<br>对主电路，每根扣 4 分；<br>对控制电路，每根扣 2 分；<br>（3）接点不符合要求，每个接点扣 1 分；<br>（4）损伤导线绝缘或线芯，每根扣 5 分；<br>（5）漏装或套错编码套管，每个扣 1 分 | |
| 通电前检查 | （1）自查电路；<br>（2）仪器、仪表使用正确 | 10 | （1）漏检，每处扣 2 分；<br>（2）万用表使用错误，每次扣 3 分 | |
| 通电试车 | 在安全规范操作下，通电试车一次成功 | 20 | （1）第一次试车不成功，扣 10 分；<br>（2）第二次试车不成功，扣 20 分 | |
| 故障排查 | （1）仪器、仪表使用正确；<br>（2）在安全规范操作下，故障一次排除 | 10 | （1）第一次故障排查不成功，扣 5 分；<br>（2）第二次故障排查不成功，扣 10 分 | |
| 资料整理 | 资料书写整齐、规范 | 5 | 任务单填写不完整，扣 2 ~ 5 分 | |
| 安全文明生产 | 违反安全文明生产规程扣 2 ~ 40 分 | | | |
| 定额时间 2 h | 每超时 5 min 以内以扣 3 分计算，但总扣分不超过 10 分 | | | |
| 备 注 | 除定额时间外，各情境的最高扣分不应超过配分数 | | | |
| 开始时间 | | 结束时间 | | 总得分 |

## 任务拓展

### 手动正转控制电路

正转控制电路只能控制电动机单向起动和停止，并带动生产机械的运动部件朝一个方向旋转或运动。手动正转控制电路是通过低压开关来控制电动机单向起动和停止。在工厂中常被用来控制三相电风扇和砂轮机等设备。图 1-1-38 所示是砂轮机控制电路图，由图很容易看出砂轮机控制电路是由三相电源 L1、L2、L3，熔断器 FU，低压断路器 QF 和三相交流异步电动机 M 构成的。低压断路器集控制、保护于一身，电流从三相电源经熔断器、低压断路器流入电动机，电动机则带动砂轮机运转。

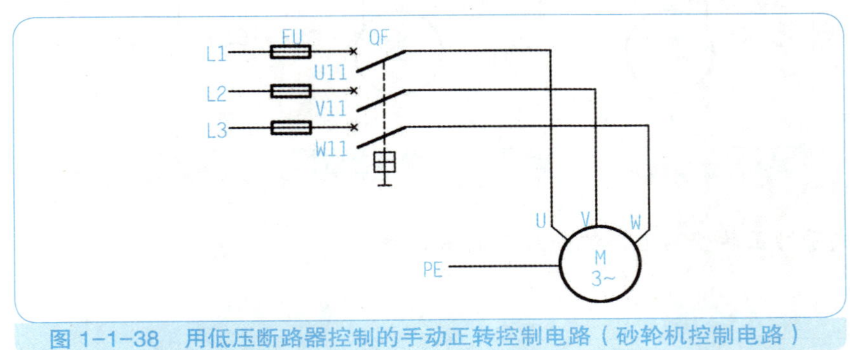


图 1-1-38 用低压断路器控制的手动正转控制电路（砂轮机控制电路）

请完成上述电路的安装与调试。

## 思考与练习

1．交流接触器有什么用途？其型号 CJ20-60 的含义是什么？

2．图 1-1-39 所示电路能否正常起动？为什么？

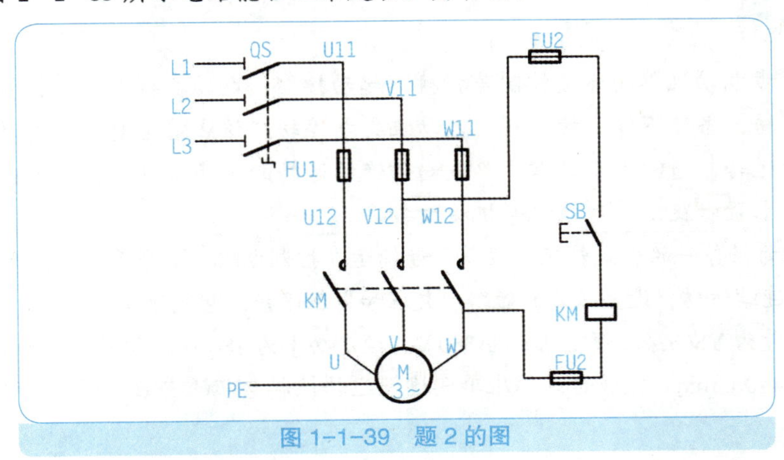


图 1-1-39 题 2 的图

3. 图 1-1-40 中，组合开关在图（a）和图（b）中所起的作用有什么不同？

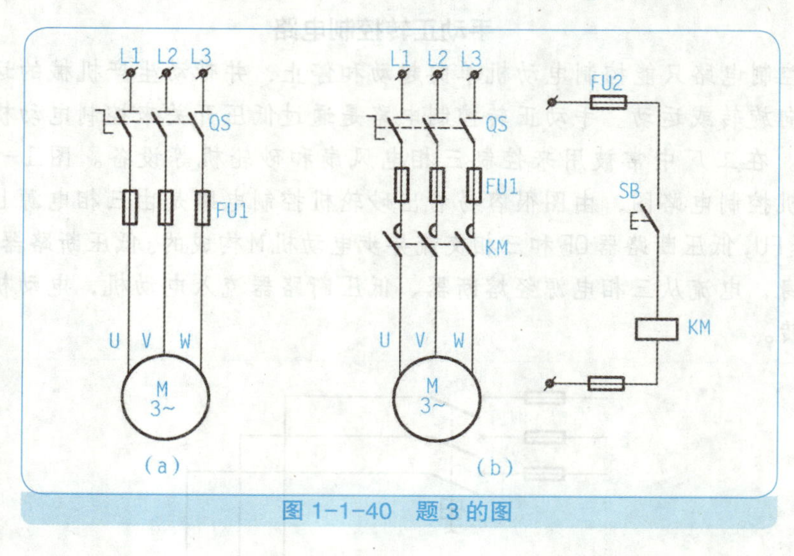


图 1-1-40　题 3 的图

4. 完成手动正转控制电路的安装与调试。

# 任务二　安装与检修三相异步电动机单向连续运转控制电路

## 任务描述

三相异步电动机单向连续控制是指按下起动按钮，电动机得电运转，松开按钮电动机继续运转，当按下停止按钮时，电动机失电停转。该线路主要控制电动机朝一个方向作连续运转，通常用于只需要单方向作连续运转的小功率电动机的控制。如：小型通风机、水泵以及皮带运输机等机械设备。

现要求为任务一的台式钻床安装单向连续运转控制电路，要求采用接触器－继电器控制，单向连续运转，设置必要的短路、欠压和失压保护，电气原理图如图 1-2-1 所示。电动机的型号为 YS6324，额定电压为 380 V，额定功率为 180 W，额定电流为 0.65 A，额定转速为 1 440 r/min。完成台式钻床单向连续运转控制电路的安装、调试，并进行简单故障排查。

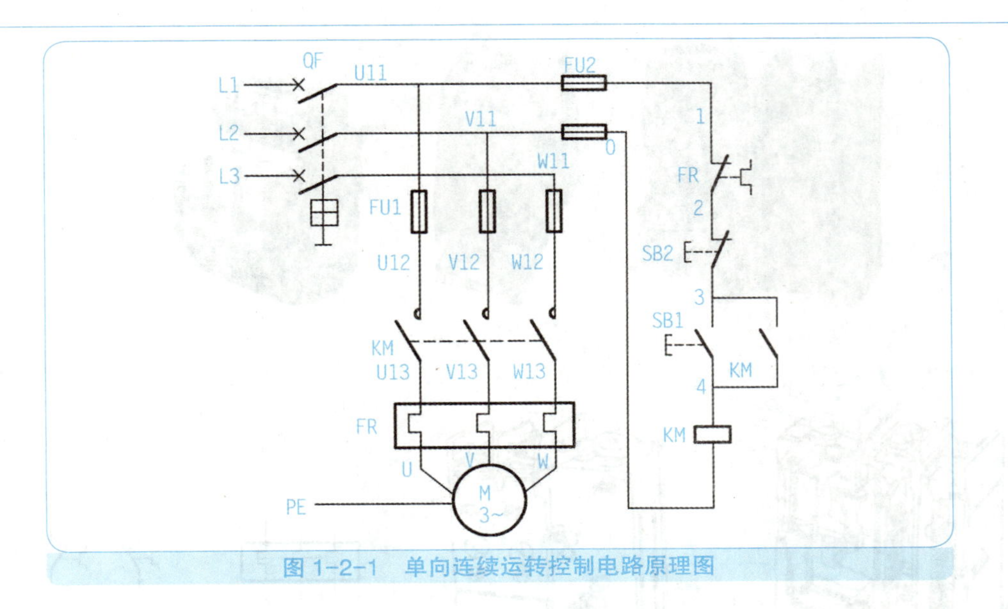


图 1-2-1　单向连续运转控制电路原理图

## 能力目标

（1）会正确识别、选用、安装、使用热继电器，熟悉它的功能、基本结构、工作原理及型号意义，熟记它的图形符号和文字符号。

（2）会正确识读三相异步电动机单向连续运转控制电路原理图，能分析其工作原理。

（3）能正确检测常用热继电器。

（4）会安装、调试三相异步电动机单向连续运转控制电路。

（5）能根据故障现象对三相异步电动机单向连续运转控制电路的简单故障进行排查。

## 知识准备

### 一、热继电器

电动机在实际运行中，常会遇到过载情况，但只要过载不严重、时间短，绕组不超过允许的温升，这种过载是允许的。但如果过载情况严重、时间长，则会加速电动机绝缘的老化，缩短电动机的使用年限，甚至烧毁电动机，因此必须对电动机进行过载保护。

热继电器是一种利用流过继电器的电流所产生的热效应而反时限动作的保护电器，它主要用作电动机的过载保护、断相保护、电流不平衡运行及其他电气设备发热状态的控制。

热继电器有两相结构、三相结构、三相带断相保护装置等三种类型。其外形结构、内部结构、图形符号如图 1-2-2 所示。

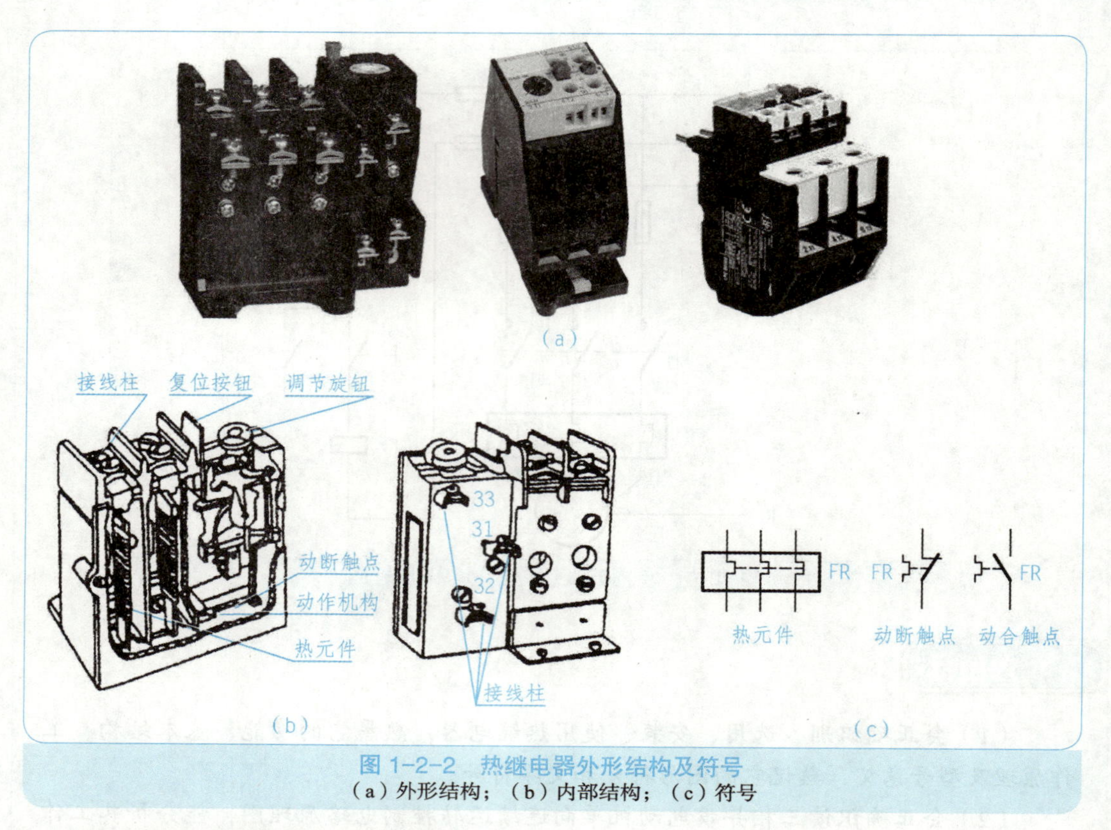


图 1-2-2 热继电器外形结构及符号
(a) 外形结构；(b) 内部结构；(c) 符号

### 1. 热继电器的结构和工作原理

热继电器主要由双金属片、热元件、动作机构、触点系统、整定调整装置等部分组成。从结构上看，热继电器的热元件由两极（或三极）双金属片及缠绕在外面的电阻丝组成。双金属片由热膨胀系数不同的金属片压合而成，使用时，电阻丝直接反映电动机的定子回路电流。复位按钮是热继电器动作后进行手动复位的按钮，可以防止热继电器动作后，因故障未被排除而电动机又起动而造成更大的事故。

热继电器动作原理示意图如图 1-2-3 所示。

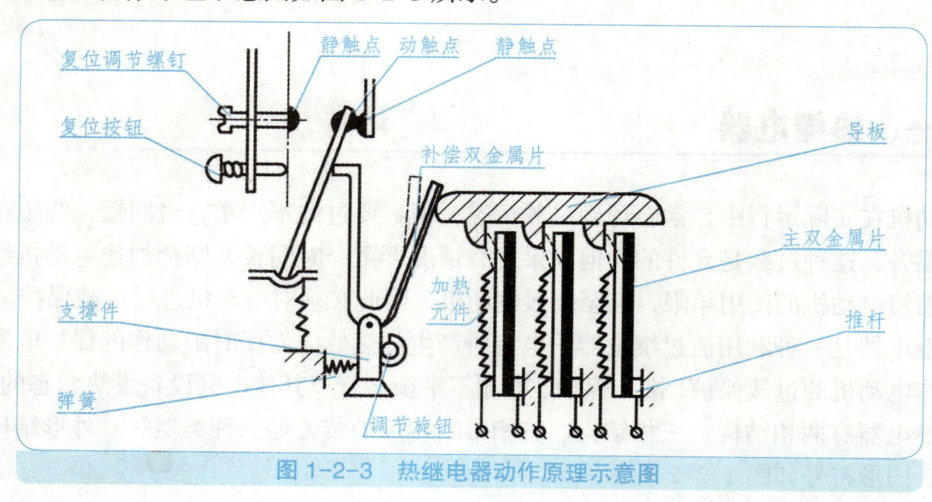


图 1-2-3 热继电器动作原理示意图

使用时，将热继电器的三相热元件分别串接在电动机的三相主电路中，动断触点串接在控制电路的接触器线圈回路中。当电动机过载时，流过电阻丝（热元件）的电流增大，电阻丝产生的热量使金属片弯曲，经过一定时间后，弯曲位移增大，因而脱扣，使其动断触点断开，动合触点闭合，使接触器线圈断电，接触器触点断开，将电源切除起保护作用。

热继电器触点动作切断电路后，电流为零，则电阻丝不再发热，双金属片冷却到一定值时恢复原状。于是动合和动断触点可以复位。另外也可通过调节螺钉，使触点在动作后不自动复位，而必须按动复位按钮才能使触点复位。这很适用于某些要求故障未排除而防止电动机再起动的场合。不能自动复位对检修时确定故障范围也是十分有利的。

热继电器的工作电流可以在一定范围内调整，称为整定。整定电流值应是被保护电动机的额定电流值，其大小可以通过旋动整定电流旋钮来实现。由于热惯性，热继电器不会瞬间动作，因此它不能用作短路保护。但也正是这个热惯性，使电动机起动或短时过载时，热继电器不会误动作。

### 2. 热继电器的型号

热继电器型号含义如图 1-2-4 所示。JR36 系列热继电器的主要技术数据见表 1-2-1。

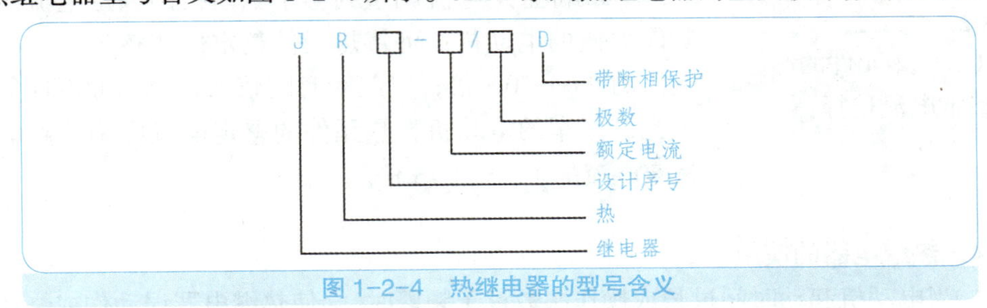


图 1-2-4　热继电器的型号含义

表 1-2-1　JR36 系列热继电器的主要技术数据

| 热继电器型号 | 热继电器额定电流 /A | 热元件 | |
|---|---|---|---|
| | | 热元件额定电流 /A | 电流调节范围 /A |
| JR36-20 | 20 | 2.4 | 1.5 ~ 2.4 |
| | | 3.5 | 2.2 ~ 3.5 |
| | | 5 | 3.2 ~ 5 |
| | | 7.2 | 4.5 ~ 7.2 |
| | | 11 | 6.8 ~ 11 |
| | | 16 | 10 ~ 16 |
| | | 22 | 14 ~ 22 |
| JR36-32 | 32 | 16 | 10 ~ 16 |
| | | 22 | 14 ~ 22 |
| JR36-32 | 32 | 32 | 20 ~ 32 |
| JR36-63 | 63 | 22 | 14 ~ 32 |
| | | 32 | 20 ~ 32 |
| | | 45 | 28 ~ 45 |
| | | 63 | 40 ~ 63 |
| JR36-160 | 160 | 63 | 40 ~ 63 |
| | | 85 | 53 ~ 85 |
| | | 120 | 75 ~ 120 |
| | | 160 | 100 ~ 160 |

### 3. 热继电器的选用

（1）类型的选择：

热继电器的类型选择主要根据电动机定子绕组的连接方式来确定，对Y连接的电动机可选两相或三相结构的热继电器，一般采用两相结构的热继电器，即在两相主电路中串接热元件；当电源电压的均衡性和工作环境较差或多台电动机的功率差别较显著时，可选择三相结构的热继电器。对于三相感应电动机，定子绕组为△连接的电动机必须采用带断相保护的热继电器。

（2）额定电流的选择：

热继电器的额定电流应大于电动机的额定电流。

（3）热元件的整定电流选择：

一般将整定电流调整到等于电动机的额定电流；对过载能力差的电动机，可将热元件整定值调整到电动机额定电流的 0.6 ～ 0.8 倍；对起动时间较长，拖动冲击性负载或不允许停车的电动机，热元件的整定电流应调节到电动机额定电流的 1.1 ～ 1.15 倍。

### 4. 热继电器的使用

（1）当电动机起动时间过长或操作次数过于频繁时，会使热继电器误动作或烧坏电器，故这种情况一般不用热继电器作过载保护。

（2）当热继电器与其他电器安装在一起时，应将它安装在其他电器的下方，以免其动作特性受到其他电器发热的影响。

（3）热继电器出线端的连接导线应选择合适。若导线过细，则热继电器可能提前动作；若导线太粗，则热继电器可能滞后动作。

### 5. 热继电器的检测

将万用表打在“$R\times10$”挡，调零。

1）热元件主接线柱的检测

通过表笔接触主接线柱的任意两点，由于热元件的电阻值比较小，几乎为零，测得的电阻若为零，说明两点是热元件的一对接线柱，热元件完好；若为无穷大，说明这两点不是热元件的一对接线柱或热元件损坏。检测示意图如图 1-2-5 所示。

2）动断、动合接线柱检测

将万用表搭在一对接线柱上，若指针打到零，说明是一对动断接线柱；如果指针不动，则可能是一对动合接线柱。若要确定，须拨动机械按键，模拟继电器动作。

拨动机械按键，指针从无穷大指向零，则为一对动合触点；若指针从零指向无穷大，则为一对动断触点；如果不动，则不是一对触点，或者触点损坏。测量示意图如图 1-2-6 所示。

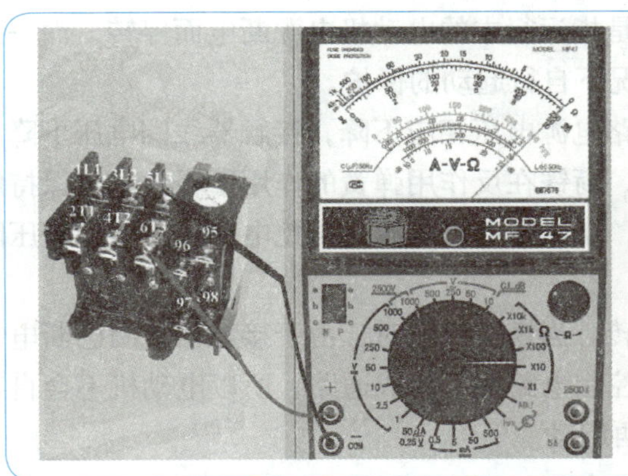


图 1-2-5　热元件主接线柱检测示意图

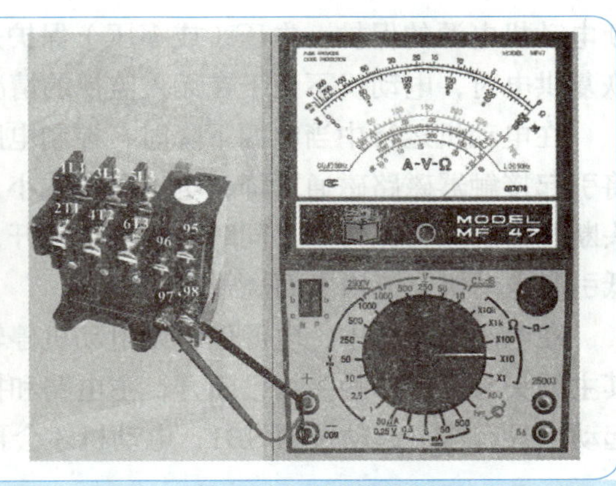


图 1-2-6　动断触点测量示意图

## 二、三相笼型异步电动机单向连续运转控制电路

各种机械设备上，电动机最常见的一种工作状态是单向连续运转。图 1-2-7 为电动机单向连续运转控制电路。图中 L1、L2、L3 为三相交流电源，QF 为电源开关，FU1、FU2 分别为主电路与控制电路的熔断器，KM 为接触器，SB2 为停止按钮，SB1 为起动按钮，FR 为热继电器，M 为三相异步电动机。

其动作过程如下：

首先合上电源开关 QF，接通主电路和控制电路的电源。

1）起动

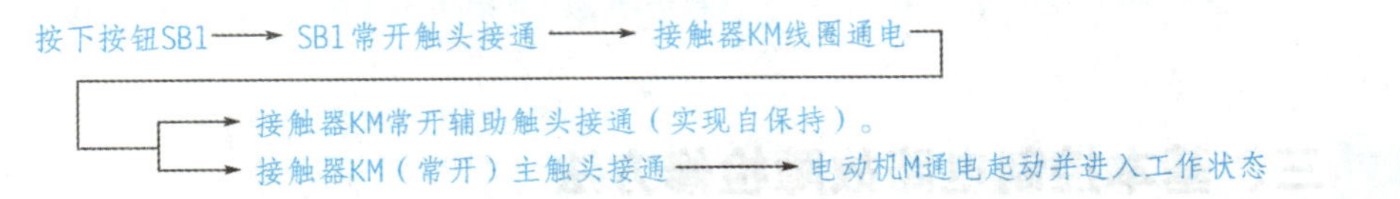


当接触器 KM 常开辅助触头接通后，即使松开按钮 SB1 仍能保持接触器 KM 线圈通电，所以此常开辅助触头称为自保持触头。

2）停止

3）控制电路的保护环节

（1）短路保护。由熔断器 FU1、FU2 分别实现主电路与控制电路的短路保护。

（2）过载保护。当电动机出现长期过载时，串接在电动机定子电路中热继电器 FR 的发热元件使双金属片受热弯曲，经联动机构使串接在控制电路中的常闭触头断开，切断接触器 KM 线圈电路，KM 触头复位，其中主触头断开电动机的电源、常开辅助触头断开自保持电路，使电动机长期过载时自动断开电源，从而实现过载保护。

（3）欠压和失压保护。欠压保护是指当电动机电源电压降低到一定值时，能自动切断电动机电源的保护；失压（或零压）保护是指运行中的电动机电源断电而停转，而一旦恢复供电时，电动机不至于在无人监视的情况下自行起动的保护。

在电动机运行中当电源下降时，控制电路电源电压相应下降，接触器线圈电压下降，将引起接触器磁路磁通下降，电磁吸力减小，衔铁在反作用弹簧的作用下释放，自保持触头断开（解除自保持），同时主触头也断开，切断电动机电源，避免电动机因电源电压降低引起电动机电流增大而烧毁电动机。

在电动机运行中，电源停电则电动机停转。当恢复供电时，由于接触器线圈已断电，其主触头与自保持触头均已断开，主电路和控制电路都不构成通路，所以电动机不会自行起动。只有按下起动按钮 SB1，电动机才会再起动。

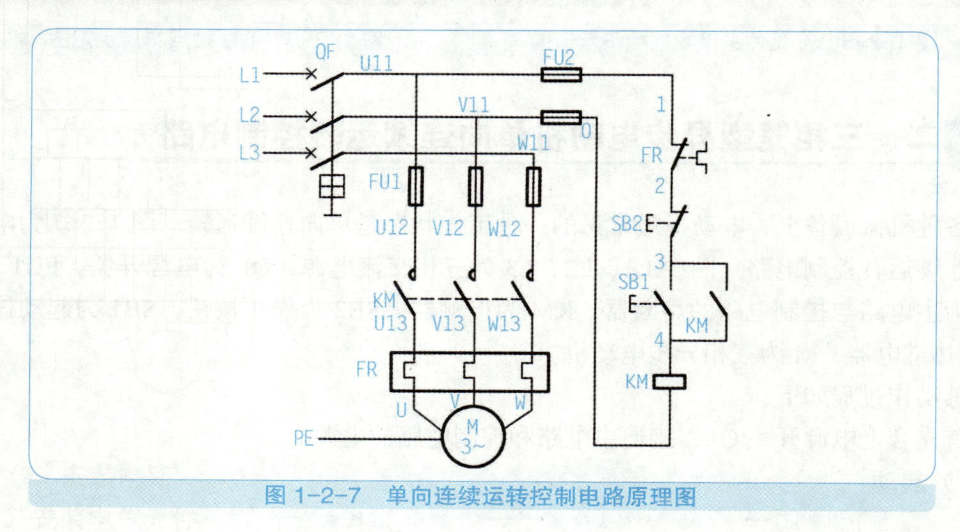


图 1-2-7 单向连续运转控制电路原理图

## 三、基本控制电路故障检修方法

### 1. 通电试验法

通电试验法是在不扩大故障范围，不损坏电气设备和机械设备的前提下，对电路进行通电试验，通过观察电气设备和电气元件的动作，看它是否正常，各控制环节的动作程序是否符合要求，找出故障发生部位或回路。

### 2. 逻辑分析法

逻辑分析法是根据电气控制电路的工作原理、控制环节的动作程序以及它们之间的联系，结合故障现象作具体的分析，迅速地缩小故障范围，从而判断故障所在。这种方法是一种以准为前提，以快为目的的检查方法，特别适用于对复杂电路的故障检查。

### 3. 测量法

测量法是利用电工工具和仪表（如测电笔、万用表、钳形电流表、兆欧表等）对电路进行带电或断电测量，是查找故障点的有效方法。主要包括电压分阶测量法和电阻分阶测量法。

1）电压分阶测量法

以检修图 1-2-8 控制电路为例，说明电压分阶测量法。检修时，应两人配合，一人测量，一人操作按钮，但是操作人必须听从测量人口令，不得擅自操作，以防发生触电事故。

（1）断开控制电路中主电路，然后接通电源。

（2）按下 SB1，若接触器 KM 不吸合，说明控制电路有故障。

（3）将万用表转换开关旋到交流电压 500 V 挡位。

（4）按图 1-2-9 所示，用万用表测量 0 和 1 两点间电压。若没有电压或电压很低，则检查熔断器 FU2；若有 380 V 电压，说明控制电路的电源电压正常，则进行下一步操作。

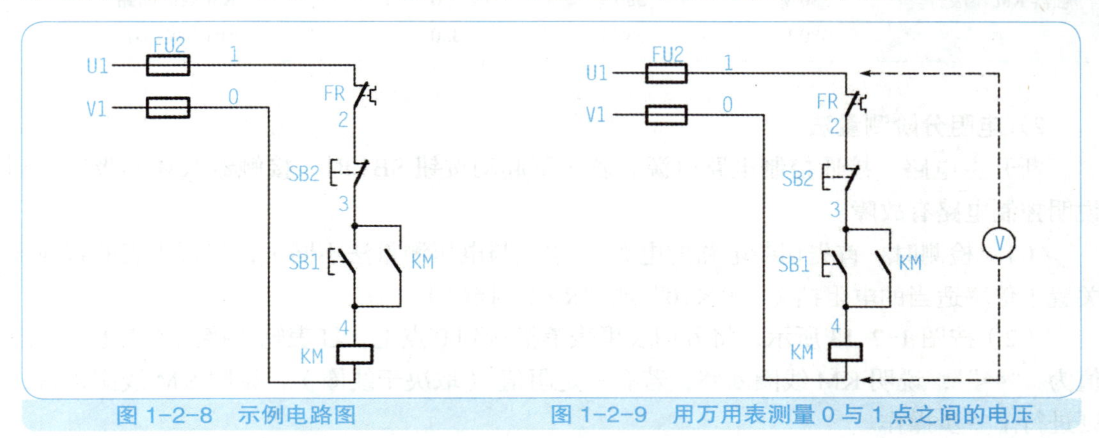


图 1-2-8　示例电路图　　图 1-2-9　用万用表测量 0 与 1 点之间的电压

（5）按图 1-2-10 所示，将万用表黑表笔搭接到 0 点上，红表笔搭接到 2 点上，若没有电压，说明热继电器 FR 的常闭触头有问题；若有 380 V 电压，说明 FR 的常闭触头正常，则进行下一步操作。

（6）按图 1-2-11 所示，将万用表黑表笔搭接到 0 点上，红表笔搭接到 3 点上。若没有电压，说明停止按钮 SB2 触头有问题；若有 380 V 电压，说明 SB2 触头正常，则进行下一步操作。

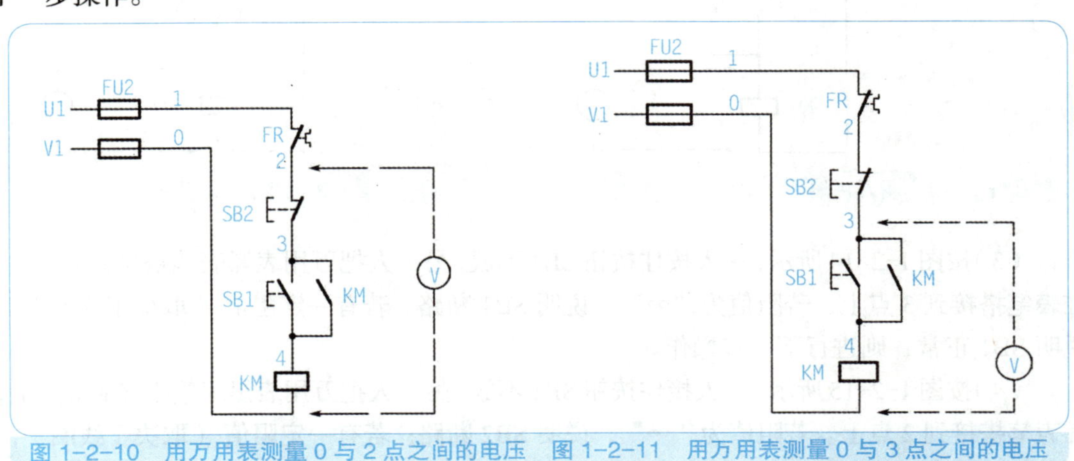


图 1-2-10　用万用表测量 0 与 2 点之间的电压　图 1-2-11　用万用表测量 0 与 3 点之间的电压

（7）一人按住按钮 SB1 不放，另一人把万用表黑表笔搭接到 0 点上，红表笔搭接到

4 点上，如图 1-2-12 所示。若没有电压，说明起动按钮 SB1 有问题；若有 380 V 电压，说明 KM 线圈断路。

测量结果如表 1-2-2 所示。表中符号“×”表示不需再测量。

表 1-2-2 电压测量方法测量故障点

| 故障现象 | 0—2 | 0—3 | 0—4 | 故障点 |
|---|---|---|---|---|
| 按下 SB1 时，接触器 KM 不吸合 | 0 | × | × | FR 常闭触头接触不良 |
| | 380 V | 0 | × | SB2 常闭触头接触不良 |
| | 380 V | 380 V | 0 | KM 线圈断路 |
| | 380 V | 380 V | 380 V | SB1 接触不良 |

2）电阻分阶测量法

断开主电路，接通控制电路电源。若按下起动按钮 SB1 时，接触器 KM 不吸合，则说明控制电路有故障。

（1）检测时，首先切断电路的电源（这点与电压测量法不同），将万用表的转换开关置于倍率适当的电阻挡（“*R*×10”或“*R*×1”挡位）。

（2）按图 1-2-13 所示，将万用表黑表笔搭接到 0 点上，红表笔搭接到 4 点上，若阻值为“∞”，说明 KM 线圈断路；若有一定阻值（取决于线圈），说明 KM 线圈正常，则进行下一步操作。

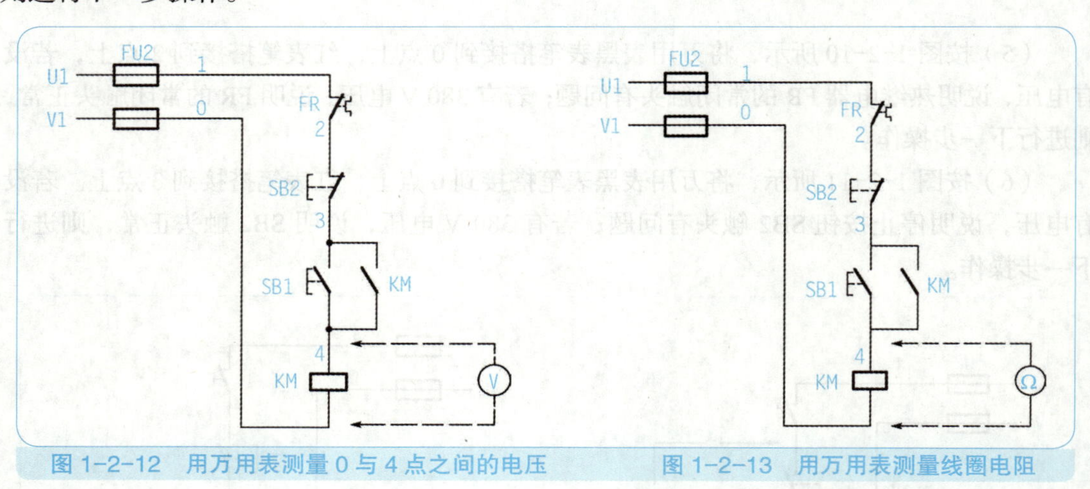


图 1-2-12 用万用表测量 0 与 4 点之间的电压　　图 1-2-13 用万用表测量线圈电阻

（3）按图 1-2-14 所示，一人按住按钮 SB1 不放，另一人把万用表黑表笔搭接到 0 点上，红表笔搭接到 3 点上，若阻值为“∞”，说明 SB1 断路。若有一定阻值（取决于线圈），说明 SB1 正常，则进行下一步操作。

（4）按图 1-2-15 所示，一人接住按钮 SB1 不放，另一人把万用表黑表笔搭接到 0 点上，红表笔搭接到 2 点上。若阻值为“∞”，说明 SB2 断路；若有一定阻值（取决于线圈），说明 SB2 正常。问题有可能出现在热继电器 FR 的辅助常闭触头上。可以采用同样方式测量 0 与 1 之间的电阻值，进行准确判断。

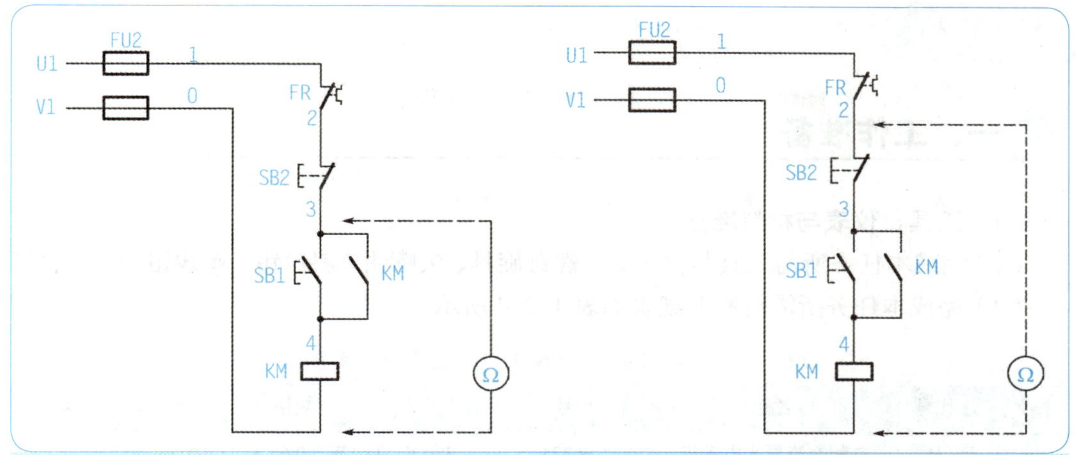


图 1-2-14 用万用表测量 0 与 3 点之间的电阻 图 1-2-15 用万用表测量 0 与 2 点之间的电阻

测量结果如表 1-2-3 所示。

表 1-2-3 电阻测量法查找故障点

| 故障现象 | 1—2 | 1—3 | 0—4 | 故障点 |
| --- | --- | --- | --- | --- |
| 按下 SB1 时，KM 不吸合 | ∞ | × | × | FR 常闭触头接触不良 |
| | 0 | ∞ | × | SB2 常闭触头接触不良 |
| | 0 | 0 | ∞ | KM 线圈断路 |
| | 0 | 0 | *R* | SB1 接触不良 |
| 注：*R* 为接触器 KM 线圈的电阻值。 | | | | |

用电阻分段测量方法时，如果为便利或为判断是触头问题还是线路问题，可以直接测量电气元件触头的电阻值。此时测量的电阻值应为“0”，否则说明触头有问题；如果阻值为“0”，说明是线路接触不良或断线。

以上是用测量法查找确定控制电路的故障点，对于主电路的故障点，结合图 1-2-7 说明如下：

首先测量接触器电源端的 U12-V12、U12-W12、W12-V12 之间的电压。若均为 380 V，说明 U12、V12、W12 三点至电源无故障，可进行第二步测量。否则可再测量 U11-V11、U11-W11、W11-V11 顺次至 L1-L2、L2-L3、L3-L1，直到发现故障。

其次断开主电路电源，用万用表的电阻挡（一般选“*R*×10”以上挡位）测量接触器负载端 U13-V13、U13-W13、W13-V13 之间的电阻，若电阻均较小（电动机定子绕组的直流电阻），说明 U13、V13、W13 三点至电动机无故障，可判断为接触器主触头有故障。否则可再测量 U-V、U-W、W-V 到电动机接线端子处，直到发现故障。

在实际维修中，由于控制线路的故障多种多样，就是同一故障现象，发生的故障部位也不一定一样，因此在检修故障时要灵活运用这几种方法，力求迅速、准确地找出故障点，查明原因，及时处理。

还应当注意积累经验、熟悉控制电路的原理，这对准确、迅速判别故障和处理故障都有着很大帮助。故障检修还有其他方法，将在后续任务中介绍。

任务实施

## 一、工作准备

### 1. 工具、仪表与材料准备

（1）完成本任务所需工具与仪表为：螺钉旋具、尖嘴钳、斜口钳、剥线钳、万用表等。

（2）完成本任务所需材料明细表如表 1-2-4 所示。

表 1-2-4 单向连续运转控制电路电气元件明细表

| 序号 | 代号 | 名称 | 型号 | 规格 | 数量 |
|---|---|---|---|---|---|
| 1 | M | 三相交流异步电动机 | YS6324 | 380 V，180 W，0.65 A，1 440 r/min | 1 |
| 2 | QF | 自动空气开关 | DZ47-63 | 380 V，25 A，整定 20 A | 1 |
| 3 | FU1 | 熔断器 | RL1-60/25A | 500 V，60 A，配 25 A 熔体 | 3 |
| 4 | FU2 | 熔断器 | RT18-32 | 500V，配 2 A 熔体 | 2 |
| 5 | KM | 交流接触器 | CJX-22 | 线圈电压 220 V，20 A | 1 |
| 6 | SB | 按钮 | LA-18 | 5 A | 2 |
| 7 | FR | 热继电器 | JR16-20/3 | 三相，20 A，整定电流 1.55 A | 1 |
| 8 | XT | 端子板 | TB1510 | 600 V，15 A | 1 |
| 9 | | 控制板安装套件 | | | 1 |

### 2. 绘制电气元件布置图

根据原理图绘制电气元件布置图，如图 1-2-16 所示。

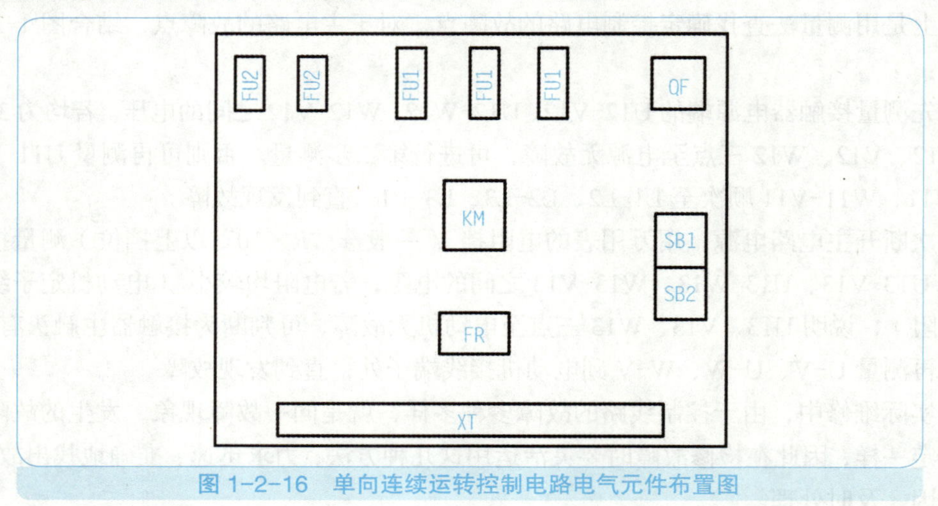


图 1-2-16 单向连续运转控制电路电气元件布置图

### 3. 绘制电路接线图

单向连续运转控制电路接线图如图 1-2-17 所示。

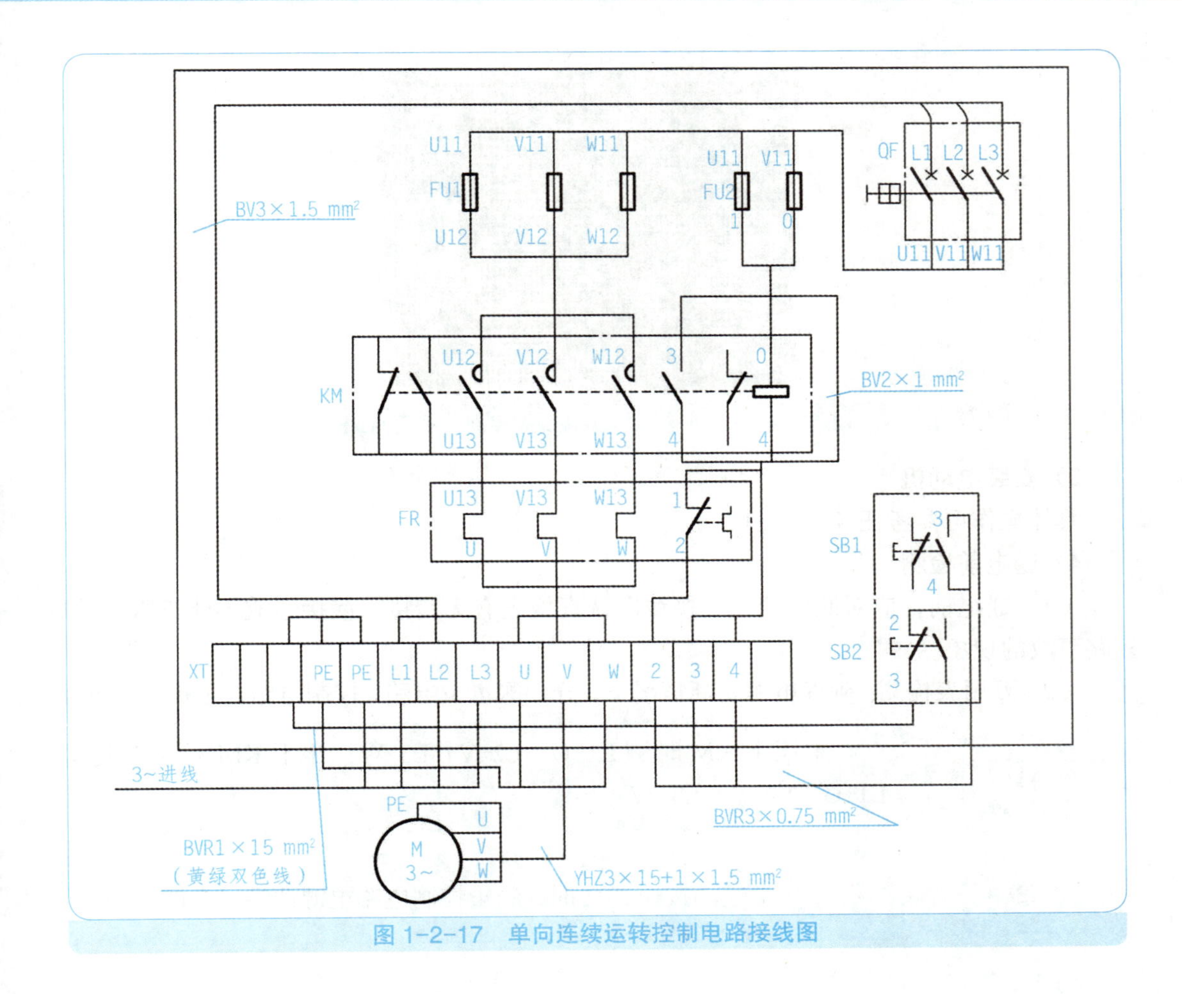


图 1-2-17　单向连续运转控制电路接线图

## 二、安装、调试步骤及工艺要求

### 1. 检测电气元件

根据表 1-2-4 配齐所用电气元件，其各项技术指标均应符合规定要求，目测其外观无损坏，手动触头动作灵活，并用万用表进行质量检验，如不符合要求，则予以更换。

### 2. 安装电路

**1）安装电气元件**

在控制板上按图 1-2-16 安装电气元件。各元件的安装位置整齐、匀称、间距合理、便于元件的更换，元件紧固时用力适当，无松动现象。工艺要求参照任务一，实物布置图如图 1-2-18 所示。

**2）布线**

在控制板上按照图 1-2-7 和图 1-2-17 进行板前布线，并在导线两端套编码套管和冷压接线头。板前明线配线的工艺要求请参照任务一。

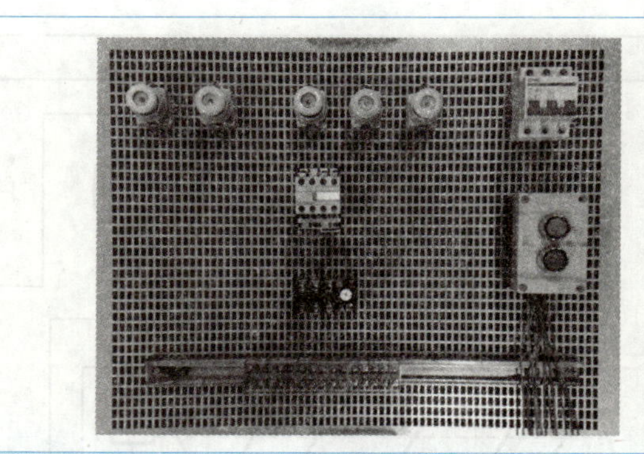

图 1-2-18 单向连续运转控制电路实物布置图

3）安装电动机

具体操作可参考任务一。

4）通电前检测

（1）通电前，应对照原理图、接线图认真检查有无错接、漏接造成不能正常运转或短路事故的现象。

（2）万用表检测：确保电源切断情况下，分别测量主电路、控制电路，通断是否正常。

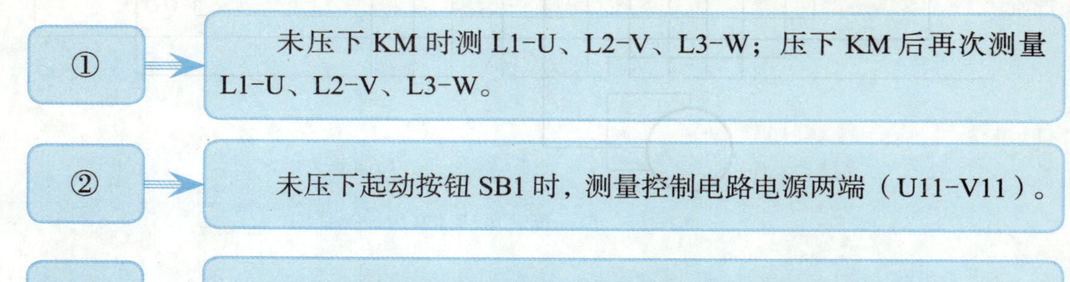

①
未压下 KM 时测 L1-U、L2-V、L3-W；压下 KM 后再次测量 L1-U、L2-V、L3-W。
②
未压下起动按钮 SB1 时，测量控制电路电源两端（U11-V11）。
③
压下起动按钮 SB1 后，测量控制电路电源两端（U11-V11）。


3．通电试车

**特别提示：**

通电试车前要检查安全措施，试车时要遵守安全操作规程，出现故障时要停电检查。

为保证人生安全，在通电试车时，要认真执行安全操作规程的有关规定，一人监护，一人操作。试车前，应检查与通电试车有关的电气设备是否有不安全的因素存在，若检查出应立即整改，然后方能试车。

热继电器的整定值，应在不通电时预先整定好，并在试车时校正，检查熔体规格是否符合要求。在指导教师监护下进行，根据电路图的控制要求独立测试。观察电动机有无震动及异常噪声，若出现故障及时断电查找排除。

4．整理现场

整理现场工具及电气元件，清理现场，根据工作过程填写任务书，整理工作资料。

## 三、注意事项

（1）电动机及按钮的金属外壳必须可靠接地。按钮内接线时，用力不可过猛，以防螺钉打滑。接至电动机的导线，必须穿在导线通道内加以保护，或采用坚韧的四芯橡皮线或塑料护套线进行临时通电校验。

（2）接触器 KM 的自锁触头应并接在起动按钮 SB1 两端，停止按钮 SB2 应串接在控制电路中；热继电器 FR 的热元件应串接在主电路中，它的常闭触头应串接在控制电路中。

（3）热继电器的整定电流应按电动机的额定电流自行调整，绝对不允许弯折双金属片。

（4）热继电器因电动机过载动作后，若需再次起动电动机，必须待热元件冷却并且热继电器复位后才可进行。

（5）编码套管套装要正确。

（6）安装完毕的控制电路板，必须经过认真检查后，才允许通电试车，以防止错接、漏接，造成不能正常运转或短路事故。

（7）起动电动机时，在按下起动按钮 SB1 的同时，手还必须按在停止按钮 SB2 上，以保证万一出现故障时，可立即按下 SB2 停车，防止事故的扩大。

（8）要做到安全操作和文明生产。

## 任务评价

学生完成本任务的考核评价细则见评分记录表 1-2-5。

表 1-2-5 技能训练考核评分记录表

| 评价项目 | 评价内容 | 配分 | 评 分 标 准 | 得分 |
|---|---|---|---|---|
| 识读电路图 | （1）正确识读单向连续运转控制电路中的电气元件；<br>（2）能正确分析该电路的工作原理 | 15 | （1）不能正确识读电气元件，每处扣 3 分；<br>（2）不能正确分析该电路工作原理扣 5 分 | |
| 装前检查 | 检查电气元件质量完好 | 5 | 电气元件漏检或错检，每处扣 1 分 | |
| 安装元件 | （1）按布置图安装电气元件；<br>（2）安装电气元件牢固、整齐、匀称、合理 | 15 | （1）不按布置图安装扣 15 分；<br>（2）元件安装不牢固，每只扣 3 分；<br>（3）元件安装不整齐、不均匀、不合理，每只扣 2 分；<br>（4）损坏元件扣 15 分 | |
| 布线 | （1）接线紧固、无压绝缘、无损伤导线绝缘或线芯；<br>（2）按照电路图接线，思路清晰 | 20 | （1）不按电路图接线扣 20 分；<br>（2）布线不符合要求：<br>对主电路，每根扣 4 分；<br>对控制电路，每根扣 2 分；<br>（3）接点不符合要求，每个接点扣 1 分；<br>（4）损伤导线绝缘或线芯，每根扣 5 分；<br>（5）漏装或套错编码套管，每个扣 1 分 | |

续表

| 评价项目 | 评价内容 | 配分 | 评 分 标 准 | 得分 |
|---|---|---|---|---|
| 通电前检查 | （1）自查电路；<br>（2）仪器、仪表使用正确 | 10 | （1）漏检，每处扣 2 分；<br>（2）万用表使用错误，每次扣 3 分 | |
| 通电试车 | 在安全规范操作下，通电试车一次成功 | 20 | （1）第一次试车不成功，扣 10 分；<br>（2）第二次试车不成功，扣 20 分 | |
| 故障排查 | （1）仪器、仪表使用正确；<br>（2）在安全规范操作下，故障一次排除 | 10 | （1）第一次故障排查不成功，扣 5 分；<br>（2）第二次故障排查不成功，扣 10 分 | |
| 资料整理 | 资料书写整齐、规范 | 5 | 任务单填写不完整扣 2～5 分 | |
| 安全文明生产 | 违反安全文明生产规程扣 2～40 分 | | | |
| 定额时间 2 h | 每超时 5 min 以内以扣 3 分计算，但总扣分不超过 10 分 | | | |
| 备 注 | 除定额时间外，各情境的最高扣分不应超过配分数 | | | |
| 开始时间 | | 结束时间 | | 总得分 |

## 任务拓展

### 点动与连续混合正转控制电路

机床设备在正常工作时，一般需要电动机处在连续运转状态。但在试车或调整刀具与工件的相对位置时，又需要电动机能点动控制，实现这种工艺要求的电路是点动与连续混合控制电路，如图 1-2-19 所示。电路是在起动按钮 SB1 的两端并接一个复合按钮 SB3 来实现连续与点动混合正转控制的，SB3 的常闭触头应与 KM 自锁触头串接。电路的工作原理如下：

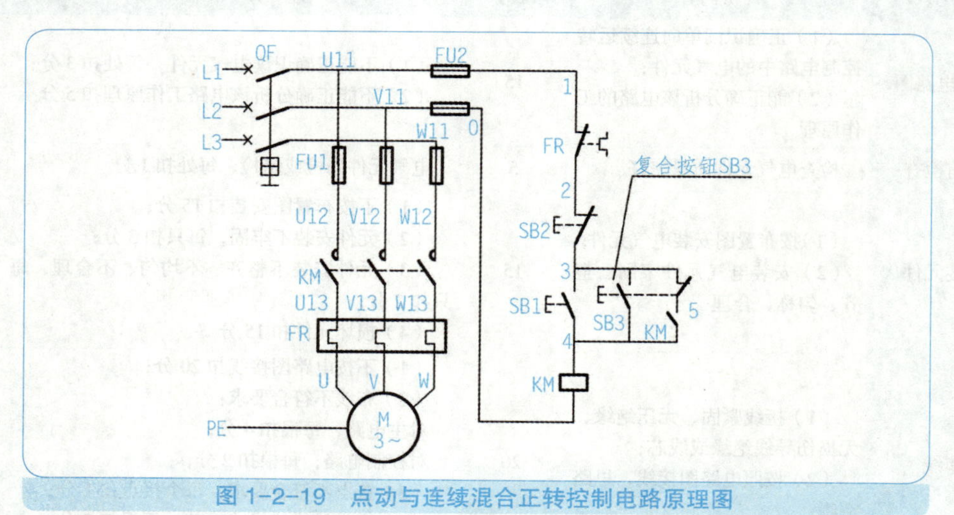


图 1-2-19 点动与连续混合正转控制电路原理图

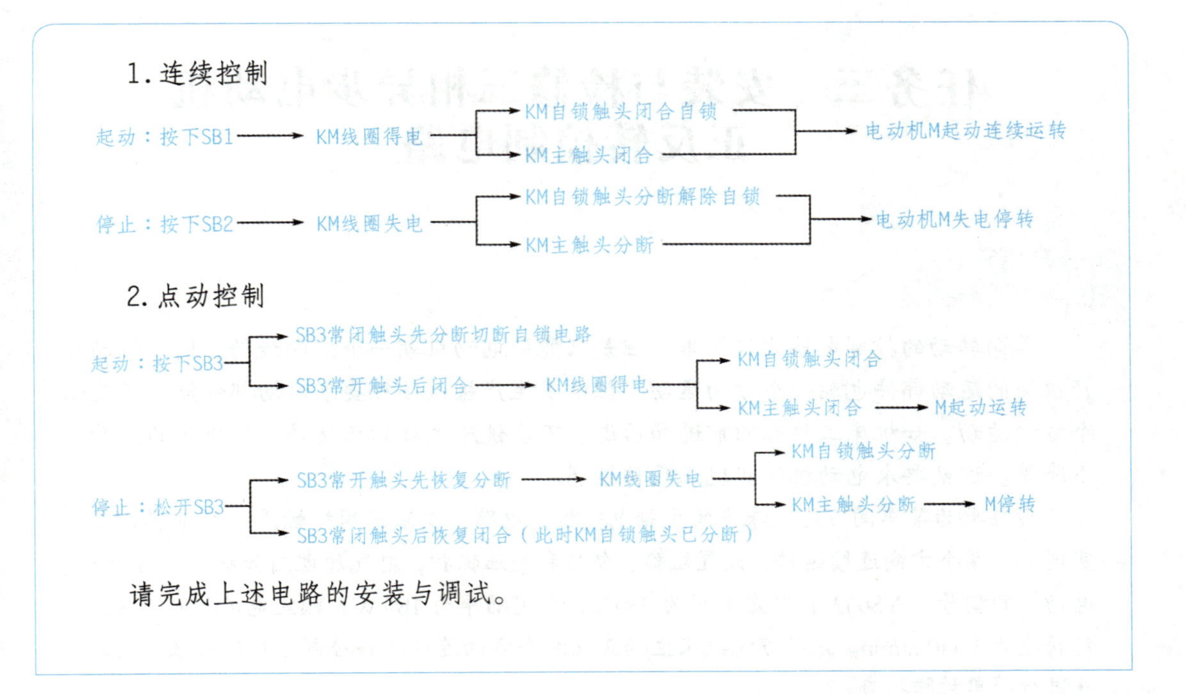


## 思考与练习

1．什么是欠压保护？什么是失压保护？利用哪些电气元件可以实现失压、欠压保护？

2．什么是过载保护？为什么对电动机要采取过载保护？

3．在电动机的控制电路中，短路保护和过载保护各由什么电器来实现？他们能否相互代替使用？为什么？

4．图 1-2-20 所示电路能否正常起动，试分析指出其中的错误及出现的现象。

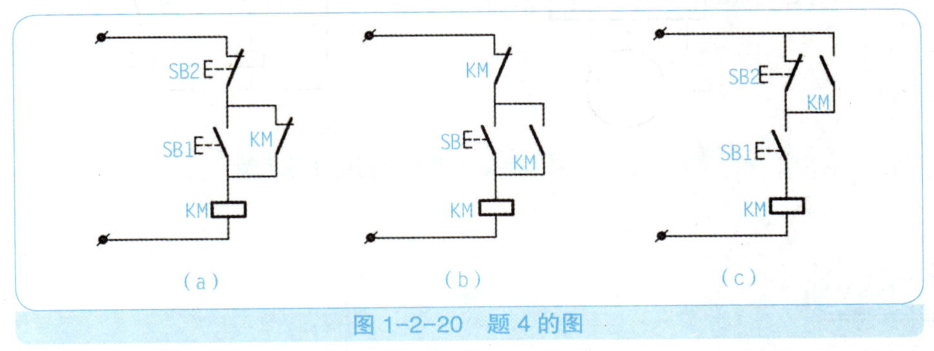


图 1-2-20　题 4 的图

5．安装、调试点动与连续混合正转控制电路。

# 任务三 安装与检修三相异步电动机正反转控制电路

## 任务描述

单向转动的控制电路比较简单，但是只能使电动机朝一个方向旋转，同时带动生产机械的运动部件也朝一个方向运动。但很多生产机械往往要求运动部件能向正反两个方向运动。如机床工作台的前进和后退、万能铣床主轴的正反转、起重机的上升和下降等。这就要求电动机能实现正反转控制。

现在要为某车间万能铣床安装主轴电气控制电路，要求采用接触器－继电器控制，实现正反两个方向连续运转，设置短路、欠压和失压保护，电气原理图如图 1-3-1 所示。电动机的型号为 YS6324，额定电压为 380 V，额定功率为 180 W，额定电流为 0.65 A，额定转速为 1 440 r/min。完成万能铣床主轴正反两个方向连续运转控制电路的安装、调试，并进行简单故障排查。

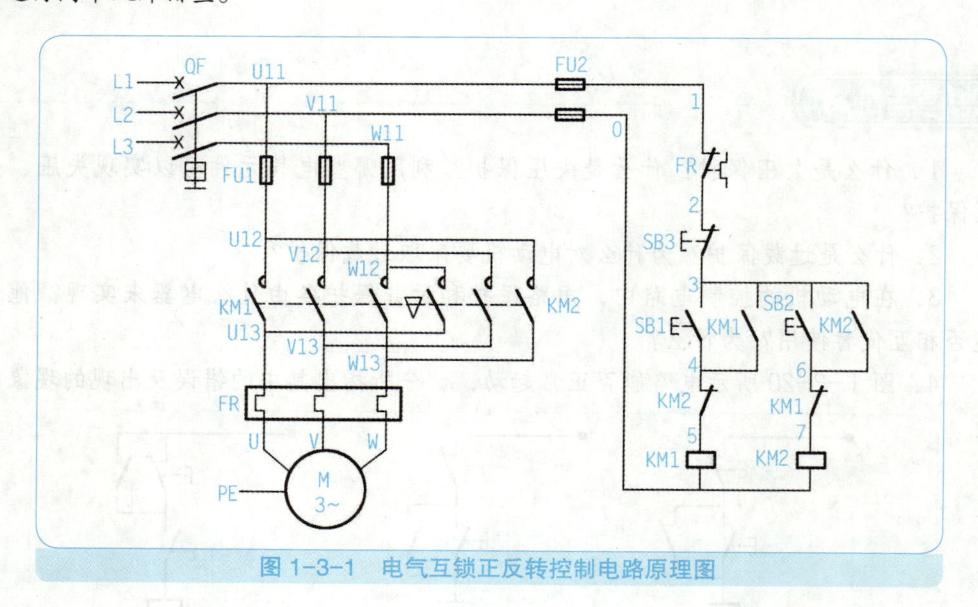

图 1-3-1 电气互锁正反转控制电路原理图

## 能力目标

（1）会正确识别、安装、使用倒顺开关，熟悉它的功能、基本结构、工作原理及型号意义，熟记它的图形符号和文字符号。

（2）会正确识读接触器联锁电动机正反转控制电路原理图，会分析其工作原理。

（3）会安装、调试接触器联锁的正反转控制电路。

（4）能根据故障现象对接触器联锁的正反转控制电路的简单故障进行排查。

（5）了解倒顺开关控制的正反转控制电路。

## 知识准备

## 一、电动机正反转的实现

由三相异步电动机的工作原理可知，电动机的旋转方向取决于定子旋转磁场的旋转方向。因此只要改变旋转磁场的转向，就能使三相异步电动机反转。图 1-3-2 所示是利用控制开关来实现电动机正反转的原理电路图。当正转开关 S1 闭合，反转开关 S2 断开时，L1 接 U 相，L2 接 V 相，L3 接 W 相，电动机正转。当正转开关 S1 断开，反转开关 S2 闭合时，L1 接 U 相，L2 接 W 相，L3 接 V 相，将电动机 V 相和 W 相绕组与电源的接线互换，则旋转磁场反向，电动机跟着反转。

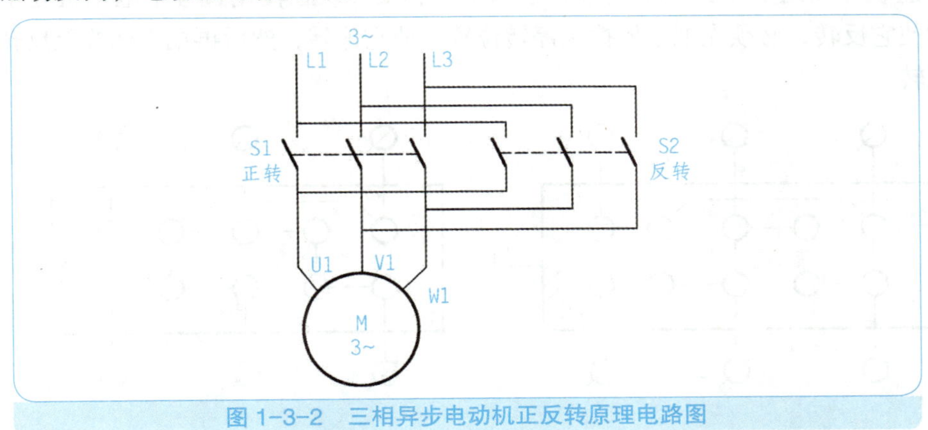


图 1-3-2　三相异步电动机正反转原理电路图

## 二、倒顺开关

倒顺开关也叫顺逆开关。它的作用是连通、断开电源或负载，可以使电动机正转或反转，主要是给单相、三相电动机做正反转用的电气元件，但不能作为自动化元件。其外形如图 1-3-3 所示。

图 1-3-3　倒顺开关外形图

开关由手柄、凸轮、触头组成，凸轮、触头装在防护外壳内，触头共有 5 对，其中两对控制正转，两对控制反转，一对正反转共用。转动手柄，凸轮转动，使触头进行接通和断开。接线时，只需将三个接线柱 L1、L2、L3 接电源，T1、T2、T3 接向电动机即可。HY2 系列倒顺开关内部结构和接线示意图如图 1-3-4 所示。

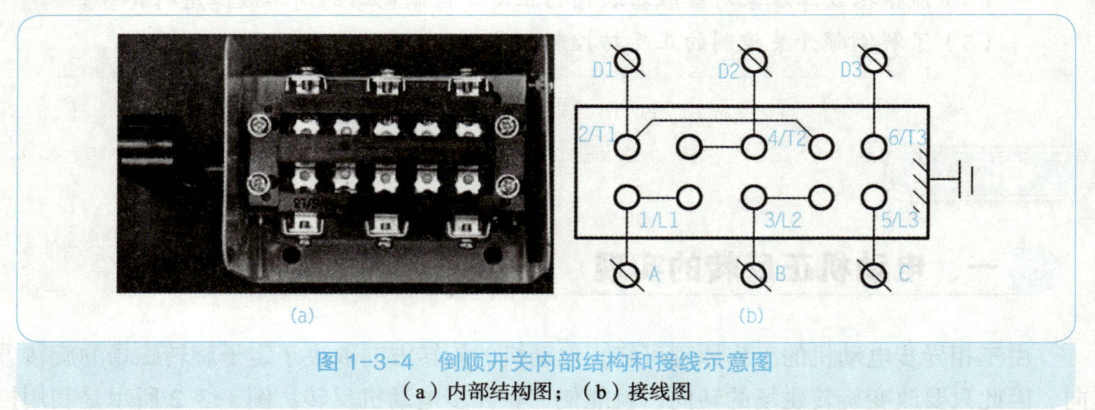


图 1-3-4　倒顺开关内部结构和接线示意图

（a）内部结构图；（b）接线图

倒顺开关的手柄有三个位置：当手柄处于“停”位置时，触头接通状况如图 1-3-4（b）所示，电动机不转；当手柄拨到“顺”位置时，触头接通状况如图 1-3-5（a）所示，电动机接通电源正向运转；当电动机需向反方向运转时，可把倒顺开关手柄拨到反转位置上，触头接通状况如图 1-3-5（b）所示，电动机换相反转。在使用过程中电动机处于正转状态时欲使它反转，必须先把手柄拨至停转位置，使它停转，然后再把手柄拨至反转位置，使它反转。

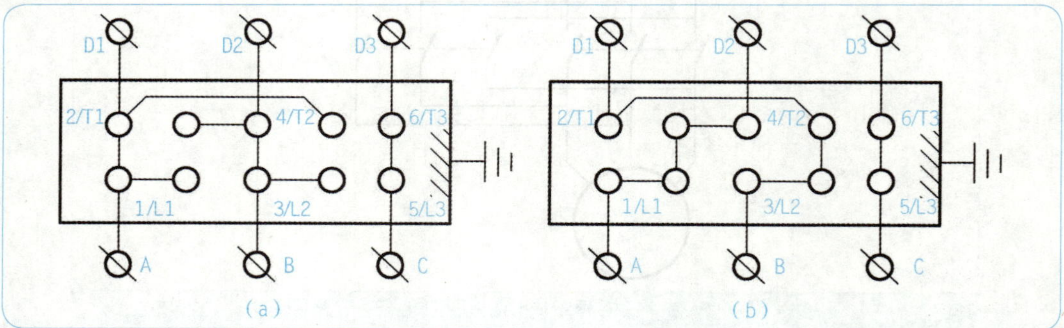

图 1-3-5　倒顺开关触头状态示意图

（a）手柄位于“顺”位置；（b）手柄位于“倒”位置

倒顺开关主要应用在设备需正、反 两方向旋转的场合，如电动车、吊车、电梯、升降机等。其图形符号如图 1-3-6 所示。

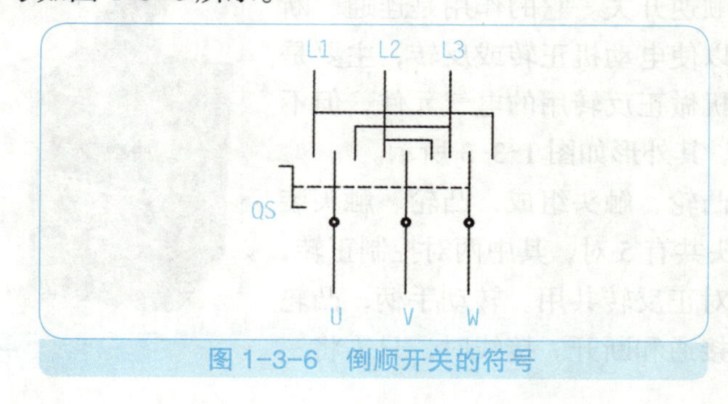


图 1-3-6　倒顺开关的符号

## 三、倒顺开关正反转控制电路

倒顺开关正反转控制电路如图 1-3-7 所示。电路工作原理如下：操作倒顺开关 QS，当手柄处于“停”位置时，QS 的动、静触头不接触，电路不通，电动机不转；当手柄扳至“顺”位置时，QS 的动触头与左边的静触头相接触，电路按 L1-U、L2-V、L3-W 接通，输入电动机定子绕组的电源电压相序为 L1-L2-L3，电动机正转；当手柄处于“倒”位置时，QS 的动触头与右边的静触头相接触，电路按 L1-W、L2-V、L3-U 接通，输入电动机定子绕组的电源电压相序为 L3-L2-L1，电动机反转。

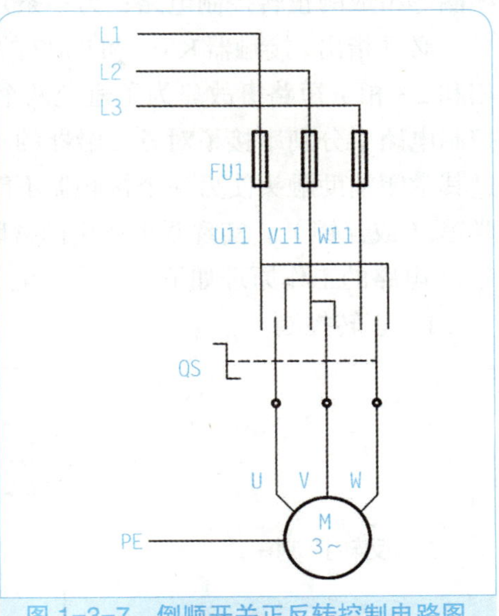

图 1-3-7　倒顺开关正反转控制电路图

倒顺开关正反转控制电路虽然使用电器较少，电路比较简单，但它是一种手动控制电路，在频繁换向时，操作人员劳动强度大，操作安全性差，所以这种电路一般用于控制额定电流 10 A、功率在 3 kW 及以下的小容量电动机。在实际生产中，更常用的是用按钮、接触器来控制电动机的正反转。

## 四、接触器联锁正反转控制电路

接触器联锁正反转控制电路如图 1-3-8 所示。电路中采用了两个接触器，即正转接触

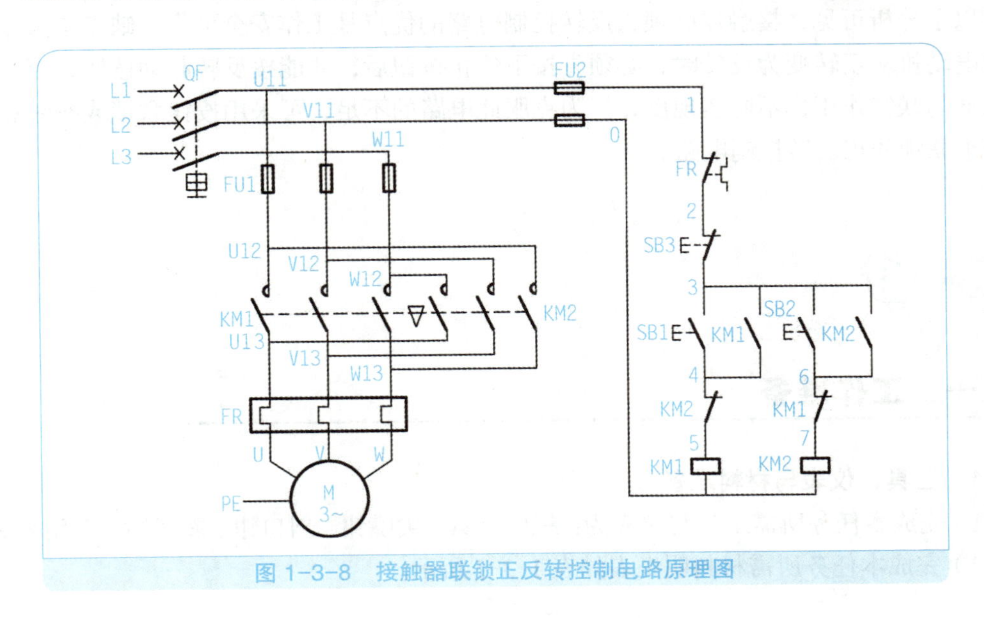

图 1-3-8　接触器联锁正反转控制电路原理图

器 KM1 和反转接触器 KM2，它们分别由正转按钮 SB1 和反转按钮 SB2 控制。从主电路图中可以看出，这两个接触器的主触头所接通的电源相序不同，KM1 按 L1-L2-L3 相序接线，KM2 则按 L3-L2-L1 相序接线。相应地控制电路有两条，一条是由按钮 SB1 和 KM1 线圈等组成的正转控制电路；另一条是由按钮 SB2 和 KM2 线圈等组成的反转控制电路。

必须指出，接触器 KM1 和 KM2 的主触头绝不允许同时闭合，否则将造成两相电源（L1 相和 L3 相）短路事故。为了避免两个接触器 KM1 和 KM2 同时得电动作，就在正、反转控制电路中分别串接了对方接触器的一对常闭辅助触头。这样，当一个接触器得电动作通过其常闭辅助触头使另一个接触器不能得电动作，接触器间这种相互制约的作用叫接触器联锁（或互锁）。实现联锁作用的常闭辅助触头称为联锁触头（或互锁触头）。

电路的工作原理如下：先合上电源开关 QF。

1. 正转控制

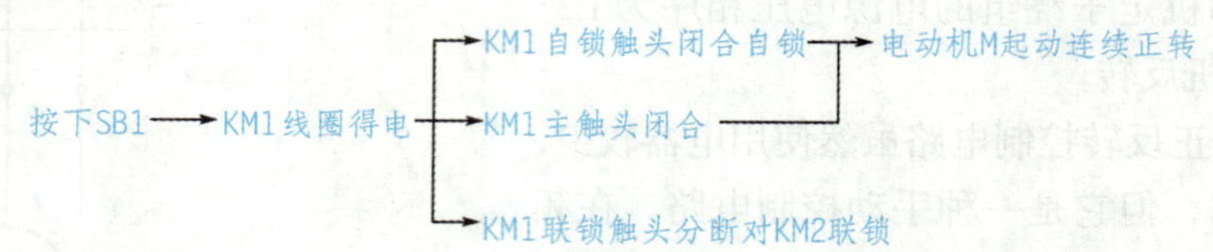


2. 反转控制

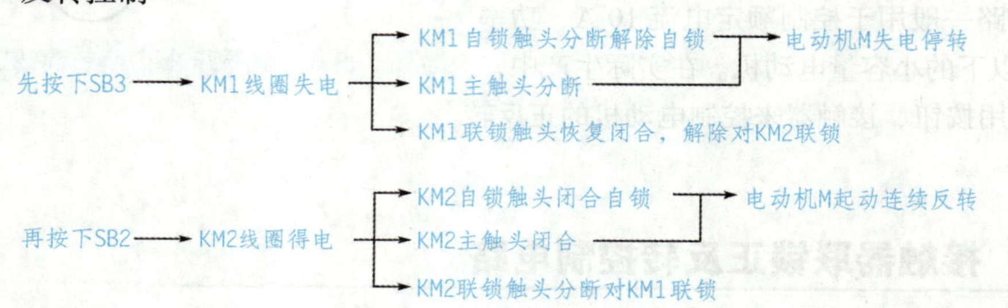


停止时，按下停止按钮SB3→控制电路失电→KM1（或KM2）主触头分断→电动机M失电停转

从以上分析可见，接触器联锁正反转控制电路的优点是工作安全可靠，缺点是操作不便，因电动机从正转变为反转时，必须先按下停止按钮后，才能按反转起动按钮，否则由于接触器的联锁作用，不能实现反转。为克服此电路的不足，可采用按钮联锁或按钮和接触器双重联锁的正反转控制电路。

**任务实施**

## 一、工作准备

### 1. 工具、仪表与材料准备

（1）完成本任务所需工具与仪表为：螺钉旋具、尖嘴钳、斜口钳、剥线钳、万用表等。

（2）完成本任务所需材料明细表如表 1-3-1 所示。

表 1-3-1　接触器联锁正反转控制电路电气元件明细表

| 序号 | 代号 | 名称 | 型号 | 规格 | 数量 |
|---|---|---|---|---|---|
| 1 | M | 三相交流异步电动机 | YS6324 | 380 V，180 W，0.65 A，1 440 r/min | 1 |
| 2 | QF | 自动空气开关 | DZ47-63 | 380 V，25 A，整定 20 A | 1 |
| 3 | FU1 | 熔断器 | RL1-60/25A | 500 V，60 A，配 25 A 熔体 | 3 |
| 4 | FU2 | 熔断器 | RT18-32 | 500 V，配 2 A 熔体 | 2 |
| 5 | KM | 交流接触器 | CJX-22 | 线圈电压 220 V，20 A | 2 |
| 6 | SB | 按钮 | LA-18 | 5 A | 3 |
| 7 | FR | 热继电器 | JR16-20/3 | 三相，20 A，整定电流 1.55 A | 1 |
| 8 | XT | 端子板 | TB1510 | 600 V，15 A | 1 |
| 9 | | 控制板安装套件 | | | 1 |

### 2. 绘制电气元件布置图

根据原理图绘制电气元件布置图，如图 1-3-9 所示。

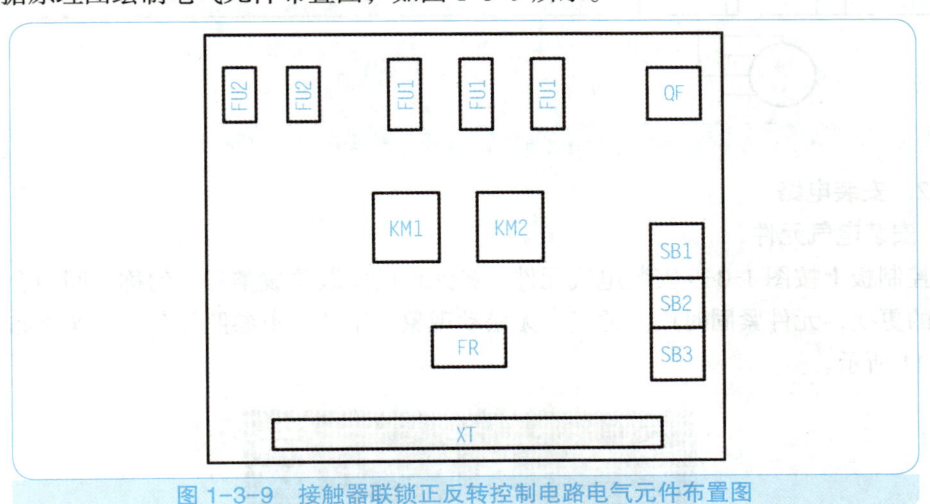


图 1-3-9　接触器联锁正反转控制电路电气元件布置图

### 3. 绘制电路接线图

接触器联锁正反转控制电路接线图如图 1-3-10 所示。

## 二、安装、调试步骤及工艺要求

### 1. 检测电气元件

根据表 1-3-1 配齐所用电气元件，其各项技术指标均应符合规定要求，目测其外观无损坏，手动触头动作灵活，并用万用表进行质量检验，如不符合要求，则予以更换。

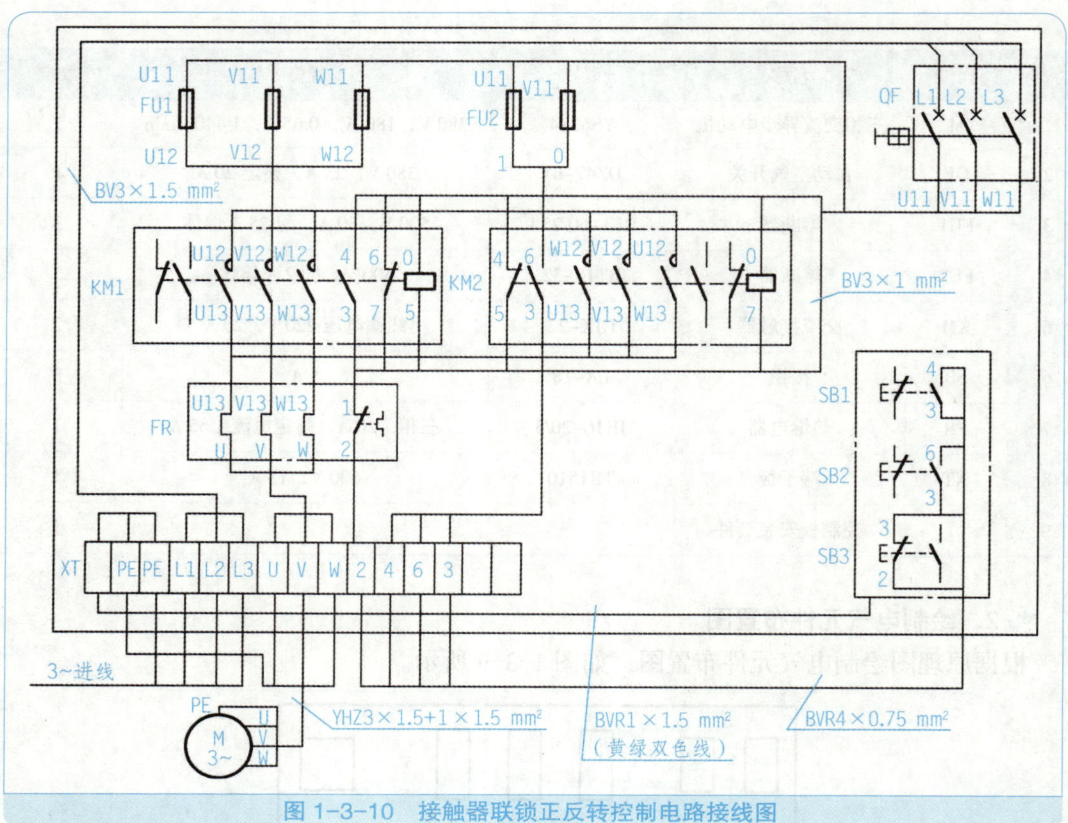


图 1-3-10　接触器联锁正反转控制电路接线图

### 2. 安装电路

#### 1）安装电气元件

在控制板上按图 1-3-9 安装电气元件。各元件的安装位置整齐、匀称、间距合理、便于元件的更换，元件紧固时用力适当，无松动现象。工艺要求参照任务一，实物布置图如图 1-3-11 所示。

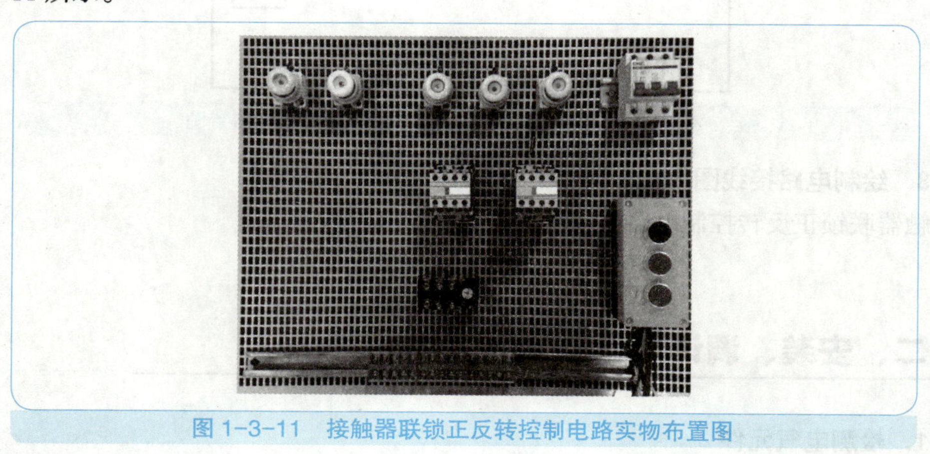

图 1-3-11　接触器联锁正反转控制电路实物布置图

#### 2）布线

在控制板上按图 1-3-8 和图 1-3-10 进行板前布线，并在导线两端套编码套管和冷压接线头。板前明线配线的工艺要求请参照任务一。

3）安装电动机

具体操作可参考任务一。

4）通电前检测

（1）通电前，应对照原理图、接线图认真检查有无错接、漏接造成不能正常运转或短路事故的现象。

（2）万用表检测：确保电源切断情况下，分别测量主电路、控制电路，检查通断是否正常。

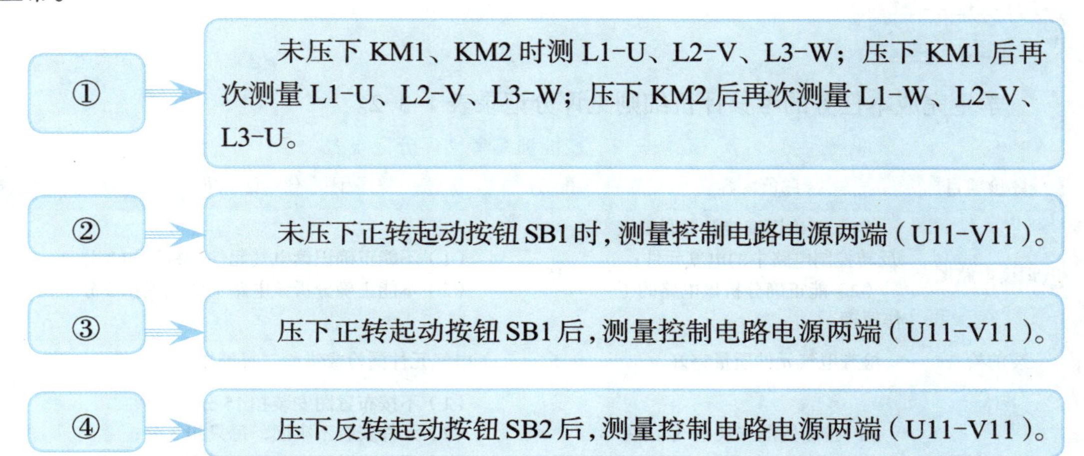
①
未压下 KM1、KM2 时测 L1-U、L2-V、L3-W；压下 KM1 后再次测量 L1-U、L2-V、L3-W；压下 KM2 后再次测量 L1-W、L2-V、L3-U。
②
未压下正转起动按钮 SB1 时，测量控制电路电源两端（U11-V11）。
③
压下正转起动按钮 SB1 后，测量控制电路电源两端（U11-V11）。
④
压下反转起动按钮 SB2 后，测量控制电路电源两端（U11-V11）。

### 3．通电试车

**特别提示：**

通电试车前要检查安全措施，试车时要遵守安全操作规程，出现故障时要停电检查。

为保证人身安全，在通电试车时，要认真执行安全操作规程的有关规定，一人监护，一人操作。试车前，应检查与通电试车有关的电气设备是否有不安全的因素存在，若检查出应立即整改，然后方能试车。

热继电器的整定值，应在不通电时预先整定好，并在试车时校正，检查熔体规格是否符合要求。在指导教师监护下进行，根据电路图的控制要求独立测试。观察电动机有无震动及异常噪声，若出现故障及时断电查找排除。

### 4．整理现场

整理现场工具及电气元件，清理现场，根据工作过程填写任务书，整理工作资料。

## 三、注意事项

（1）接触器联锁触头接线必须正确，否则将会造成主电路中两相电源短路事故。

（2）通电试车时，应先合上 QF，再按下 SB1（或 SB2）及 SB3，看控制是否正常，并在按下 SB1 后再按下 SB2，观察有无联锁作用。

（3）安装完毕的控制电路板，必须经过认真检查后，才允许通电试车，以防止错接、漏接，造成不能正常运转或短路事故。

（4）带电检修故障时，必须有教师在现场监护，并要确保用电安全。

（5）要做到安全操作和文明生产。

## 任务评价

学生完成本任务的考核评价细则见评分记录表 1-3-2。

表 1-3-2 技能训练考核评分记录表

| 评价项目 | 评价内容 | 配分 | 评 分 标 准 | 得分 |
| --- | --- | --- | --- | --- |
| 识读电路图 | （1）正确识读接触器联锁正反转控制电路中的电气元件；（2）能正确分析该电路的工作原理 | 15 | （1）不能正确识读电气元件，每处扣 3 分；（2）不能正确分析该电路工作原理扣 5 分 | |
| 装前检查 | 检查电气元件质量完好 | 5 | 电气元件漏检或错检，每处扣 1 分 | |
| 安装元件 | （1）按布置图安装电气元件；（2）安装电气元件牢固、整齐、匀称、合理 | 15 | （1）不按布置图安装扣 15 分；（2）元件安装不牢固，每只扣 3 分；（3）元件安装不整齐、不均匀、不合理，每只扣 2 分；（4）损坏元件扣 15 分 | |
| 布线 | （1）接线紧固、无压绝缘、无损伤导线绝缘或线芯；（2）按照电路图接线，思路清晰 | 20 | （1）不按电路图接线扣 20 分；（2）布线不符合要求：对主电路，每根扣 4 分；对控制电路，每根扣 2 分；（3）接点不符合要求，每个接点扣 1 分；（4）损伤导线绝缘或线芯，每根扣 5 分；（5）漏装或套错编码套管，每个扣 1 分 | |
| 通电前检查 | （1）自查电路；（2）仪器、仪表使用正确 | 10 | （1）漏检，每处扣 2 分；（2）万用表使用错误，每次扣 3 分 | |
| 通电试车 | 在安全规范操作下，通电试车一次成功 | 20 | （1）第一次试车不成功，扣 10 分；（2）第二次试车不成功，扣 20 分 | |
| 故障排查 | （1）仪器、仪表使用正确；（2）在安全规范操作下，故障一次排除 | 10 | （1）第一次故障排查不成功，扣 5 分；（2）第二次故障排查不成功，扣 10 分 | |
| 资料整理 | 资料书写整齐、规范 | 5 | 任务单填写不完整，扣 2 ～ 5 分 | |
| 安全文明生产 | 违反安全文明生产规程扣 2 ～ 40 分 | | | |
| 定额时间 2 h | 每超时 5 min 以内以扣 3 分计算，但总扣分不超过 10 分 | | | |
| 备 注 | 除定额时间外，各情境的最高扣分不应超过配分数 | | | |
| 开始时间 | | 结束时间 | | 总得分 |

## 任务拓展

### 按钮、接触器双重联锁的正反转控制电路

为克服接触器联锁正反转控制电路的不足，在接触器联锁的基础上，又增加了按钮联锁，构成按钮、接触器双重联锁正反转控制电路，如图 1-3-12 所示。该电路兼有两种联锁控制电路的优点，操作方便，工作安全可靠。

电路的工作原理如下：先合上电源开关 QF。

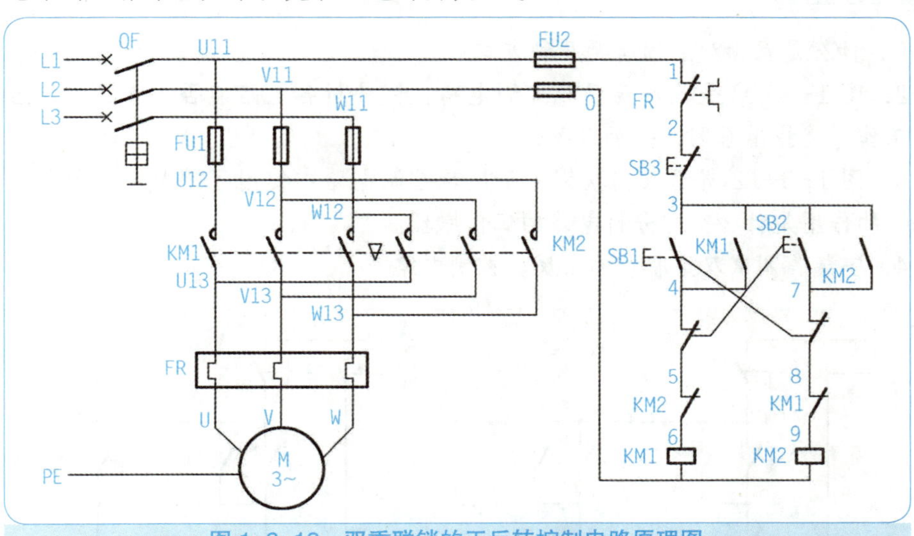


图 1-3-12　双重联锁的正反转控制电路原理图

1. 正转控制

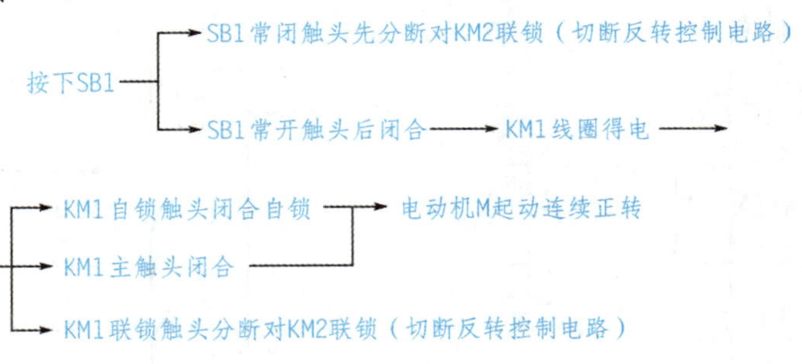


2. 反转控制

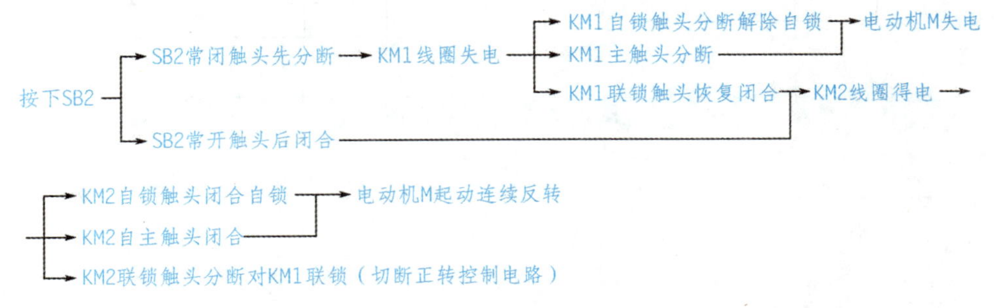

若要停止，按下 SB3，整个控制电路失电，主触头分断，电动机 M 失电停转。

请完成上述电路的安装与调试。

## 思考与练习

1．什么是互锁？互锁有哪几种方式？

2．图 1-3-13 是几种正反转控制电路，试分析各电路能否正常工作。若不能正常工作，请找出原因，并加以改正。

3．图 1-3-12 所示双重联锁的正反转控制电路中使用了哪些电气元件？各电气元件的作用是什么？并分析电路的工作原理。

4．安装、调试双重联锁的正反转控制电路。

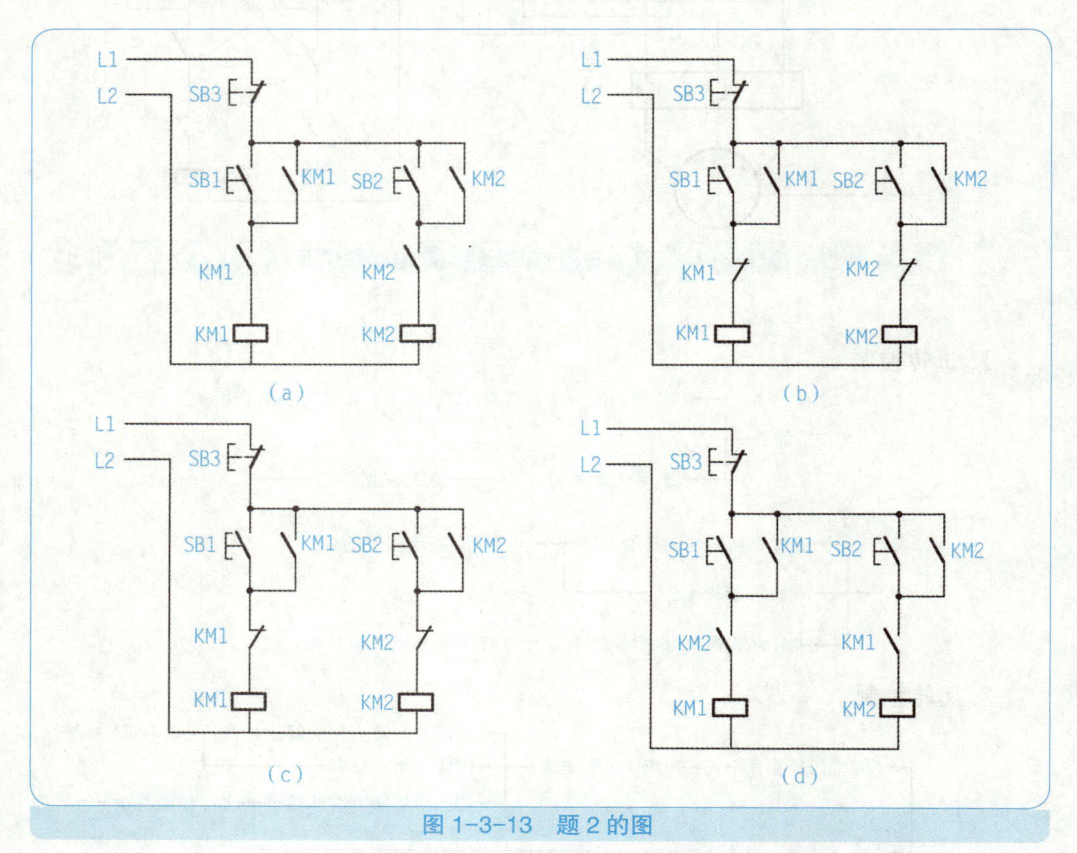


图 1-3-13 题 2 的图

# 任务四　安装与调试三相异步电动机自动往返控制电路

## 任务描述

在生产过程中，一些自动或半自动的生产机械要求运动部件的行程或位置要受到限制，或者要求其运动部件在一定范围内自动往返循环工作，以方便对工件进行连续加工，提高生产效率。如摇臂钻床的摇臂上升限位保护、万能铣床工作台的自动往返等。

图 1–4–1 所示是某工作台自动往返运动示意图。现要安装该工作台自动往返控制电路，要求采用接触器 – 继电器控制，实现自动往返功能，设置短路、欠压和失压保护。电动机的型号为 YS6324，额定电压为 380 V，额定功率为 180 W，额定电流为 0.65 A，额定转速为 1 440 r/min。完成工作台自动往返控制电路的安装、调试，并进行简单故障排查。

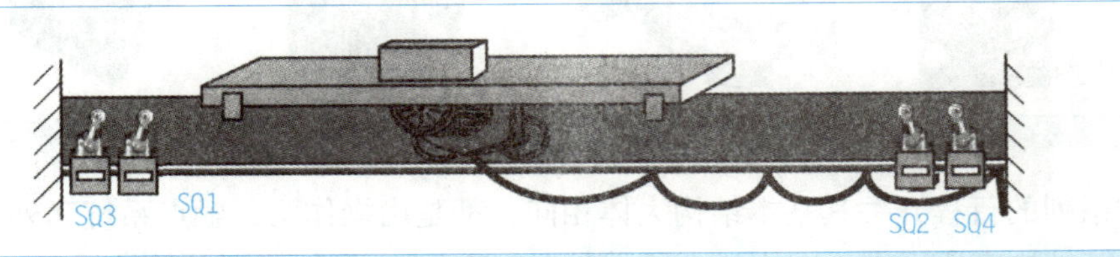


图 1–4–1　工作台自动往返运行示意图

## 能力目标

（1）会正确识别、选用、安装、使用行程开关、接近开关，熟悉它们的功能、基本结构、工作原理及型号意义，熟记它的图形符号和文字符号。

（2）会正确识读三相异步电动机自动往返控制电路原理图，能分析其工作原理。

（3）会安装、调试三相异步电动机自动往返控制电路。

## 知识准备

### 一、行程开关（限位开关）

某些生产机械的运动状态的转换，是靠部件运行到一定位置时由行程开关发出信号进行自动控制的。例如，行车运动到终端位置自动停车，工作台在指定区域内的自动往返移动，都是由运动部件运动的位置或行程来控制的，这种控制称为行程控制。

行程控制是以行程开关代替按钮用以实现对电动机的起动和停止控制，可分为限位断电、限位通电和自动往复循环等控制。

行程开关又称限位开关或位置开关，它是根据运动部件位置自动切换电路的控制电器，它可以将机械位移信号转换成电信号，常用来做位置控制、自动循环控制、定位、限位及终端保护。

### 1. 行程开关的结构

行程开关有机械式、电子式两种，机械式又有按钮式和滑轮式两种。机械式行程开关与按钮相同，一般都由一对或多对常开触点、常闭触点组成，但不同之处在于按钮是由人手指“按”，而行程开关是由机械“撞”来完成。常见行程开关的外形如图 1-4-2 所示。

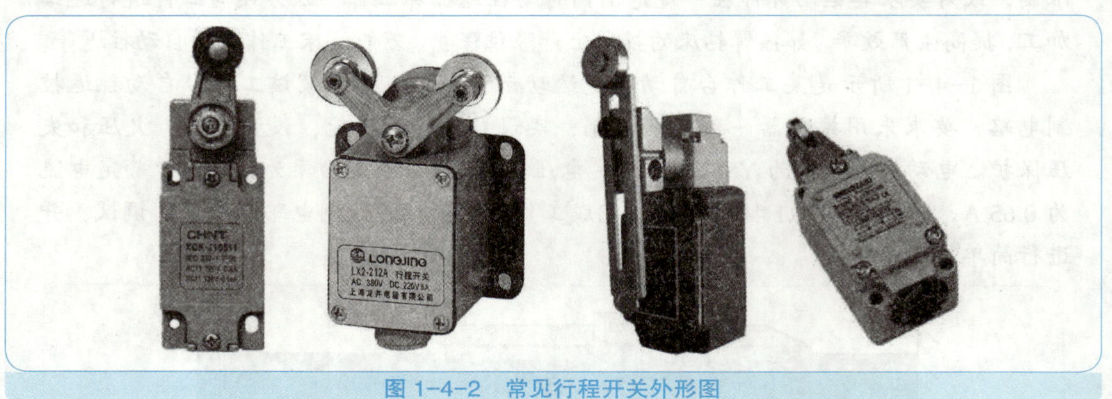


图 1-4-2 常见行程开关外形图

各种系列的行程开关其基本结构大体相同，都是由操作头、触点系统和外壳组成。但不同型号其结构有所区别。图 1-4-3 所示是 JLXK1-111 型行程开关的结构和工作原理。

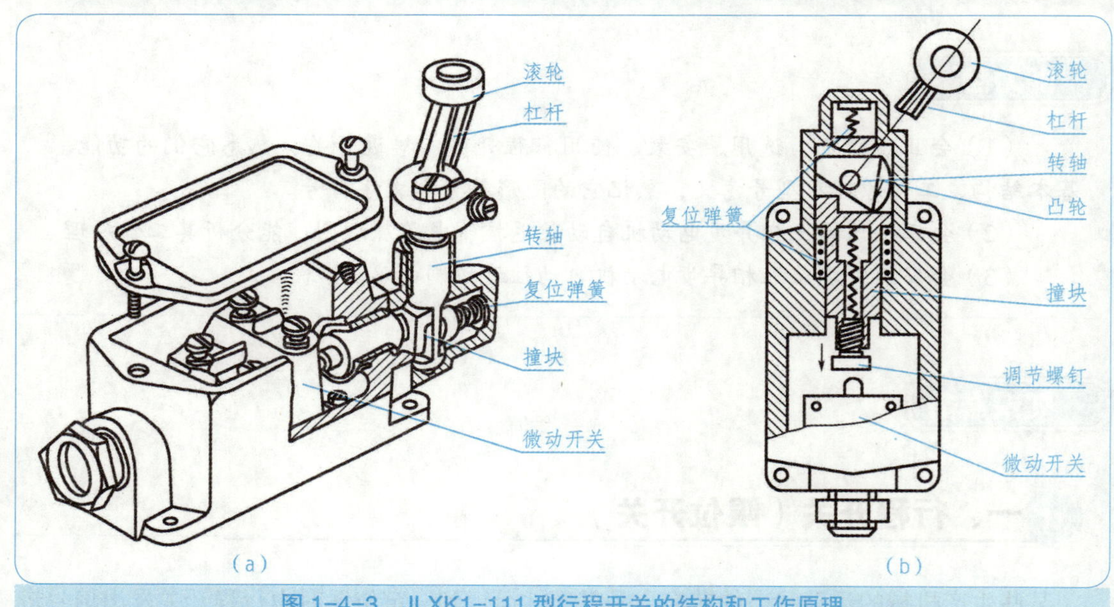


图 1-4-3 JLXK1-111 型行程开关的结构和工作原理
(a) 结构；(b) 工作原理

### 2. 行程开关的工作原理

行程开关的工作原理如图 1-4-3（b）所示，当生产机械的运动部件到达某一位置时，运动部件上的撞块碰压行程开关的操作头，使行程开关的触头改变状态，对控制电路发出接通、断开或变换某些控制电路的指令，以达到设定的控制要求。其图形符号如图 1-4-4 所示。

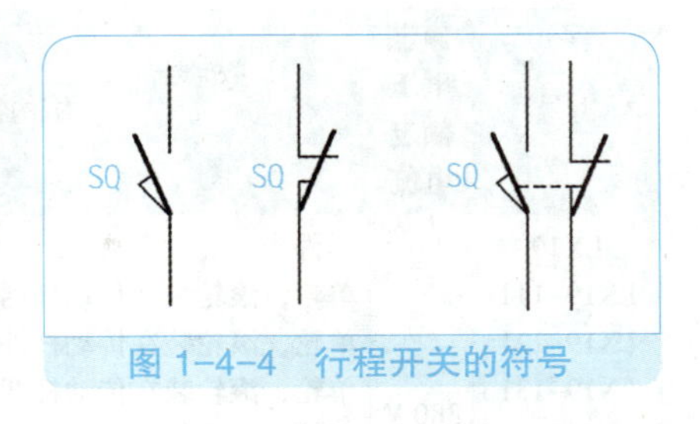

图 1-4-4　行程开关的符号

### 3. 行程开关的选择和使用

1）行程开关的选择

（1）根据安装环境选择防护形式，是开启式还是防护式。

（2）根据控制回路的电压和电流选择采用何种系统的行程开关。

（3）根据机械与行程开关的传力与位移关系选择合适的头部结构形式。

2）行程开关的使用

（1）行程开关安装时位置要准确，安装要牢固，滚轮的方向不能装反，挡铁与撞块位置应符合控制电路的要求，并确保能可靠地与挡铁碰撞。

（2）位置开关在使用中，要定期检查和保养，除去油垢及粉尘，清理触头，经常检查其动作是否灵活、可靠。防止因行程开关接触不良或接线松脱产生误动作而导致身体和设备安全事故。

### 4. 行程开关的型号含义

常规行程开关中 LX19 系列和 JLXK1 系列行程开关的型号如图 1-4-5 所示。其主要技术参数见表 1-4-1。

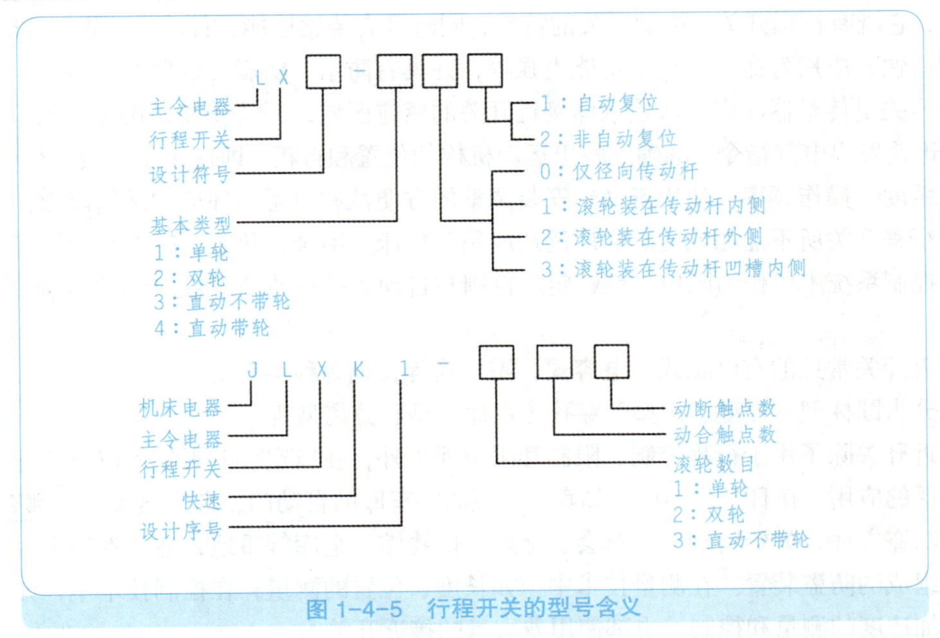

图 1-4-5　行程开关的型号含义

表 1-4-1 LX19 系列和 JLXK1 系列行程开关主要技术参数

| 型号 | 额定电压额定电流 | 结构特点 | 触头对数 | | 工作行程 | 超行程 | 触头转换时间 |
|---|---|---|---|---|---|---|---|
| | | | 常开 | 常闭 | | | |
| LX19 | 380 V 5 A | 元件 | 1 | 1 | 3 mm | 1 mm | ≤ 0.04 s |
| LX19-111 | | 单轮，滚轮装在传动杆内侧，能自动复位 | 1 | 1 | 约 30° | 约 20° | |
| LX19-121 | | 单轮，滚轮装在传动杆外侧，能自动复位 | 1 | 1 | 约 30° | 约 20° | |
| LX19-131 | | 单轮，滚轮装在传动杆凹槽内，能自动复位 | 1 | 1 | 约 30° | 约 20° | |
| LX19-212 | | 双轮，滚轮装在 U 形传动杆内侧，不能自动复位 | 1 | 1 | 约 30° | 约 15° | |
| LX19-222 | | 双轮，滚轮装在 U 形传动杆外侧，不能自动复位 | 1 | 1 | 约 30° | 约 15° | |
| LX19-232 | | 双轮，滚轮装在 U 形传动杆内外侧各一个，不能自动复位 | 1 | 1 | 约 30° | 约 15° | |
| LX19-001 | | 无滚轮，仅有径向传动杆，能自动复位 | 1 | 1 | < 4 mm | 3 mm | |
| JLXK1-111 | 500 V 5 A | 单轮防护式 | 1 | 1 | 12° ～ 15° | ≤ 30° | |
| JLXK1-211 | | 双轮防护式 | 1 | 1 | 约 45° | ≤ 45° | |
| JLXK1-311 | | 直动防护式 | 1 | 1 | 1 ～ 3 mm | 2 ～ 4 mm | |
| JLXK1-411 | | 直动滚轮防护式 | 1 | 1 | 1 ～ 3 mm | 2 ～ 4 mm | |

## 二、接近开关

接近开关是一种无须与运动部件进行机械直接接触而可以操作的位置开关，当物体接近开关的感应面到动作距离时，不需要机械接触及施加任何压力即可使开关动作，从而驱动直流电器或给计算机装置（PLC）提供控制指令。接近开关是种开关型传感器（无触点开关），它既有行程开关、微动开关的特性，同时具有传感性能，且动作可靠，性能稳定，频率响应快，应用寿命长，抗干扰能力强等，并具有防水、防震、耐腐蚀等特点，是理想的电子开关量传感器。当金属检测体接近开关的感应区域，开关就能无接触、无压力、无火花、迅速发出电气指令，准确反映出运动机构的位置和行程，即使用于一般的行程控制，其定位精度、操作频率、使用寿命、安装调整的方便性和对恶劣环境的适用能力，是一般机械式行程开关所不能相比的。它广泛地应用于机床、冶金、化工、轻纺和印刷等行业。在自动控制系统中可作为限位、计数、定位控制和自动保护环节等。接近开关外形如图 1-4-6 所示。

接近开关常见的有电感式、电容式、霍尔式等，电源种类有交流和直流型。按其外形形状可分为圆柱型、方型、沟型、穿孔（贯通）型和分离型等。

接近开关除了用于行程控制、限制和限位保护外，在航空、航天技术以及工业生产中都有广泛的应用。在日常生活中，如宾馆、饭店、车库的自动门，自动热风机上都有应用。在安全防盗方面，如资料档案、财会、金融、博物馆、金库等重地，通常都装有由各种接近开关组成的防盗装置。在测量技术中，如长度、位置的测量；在控制技术中，如位移、速度、加速度的测量和控制，也都使用着大量的接近开关。

接近开关的符号如图 1-4-7 所示。其型号含义如图 1-4-8 所示。

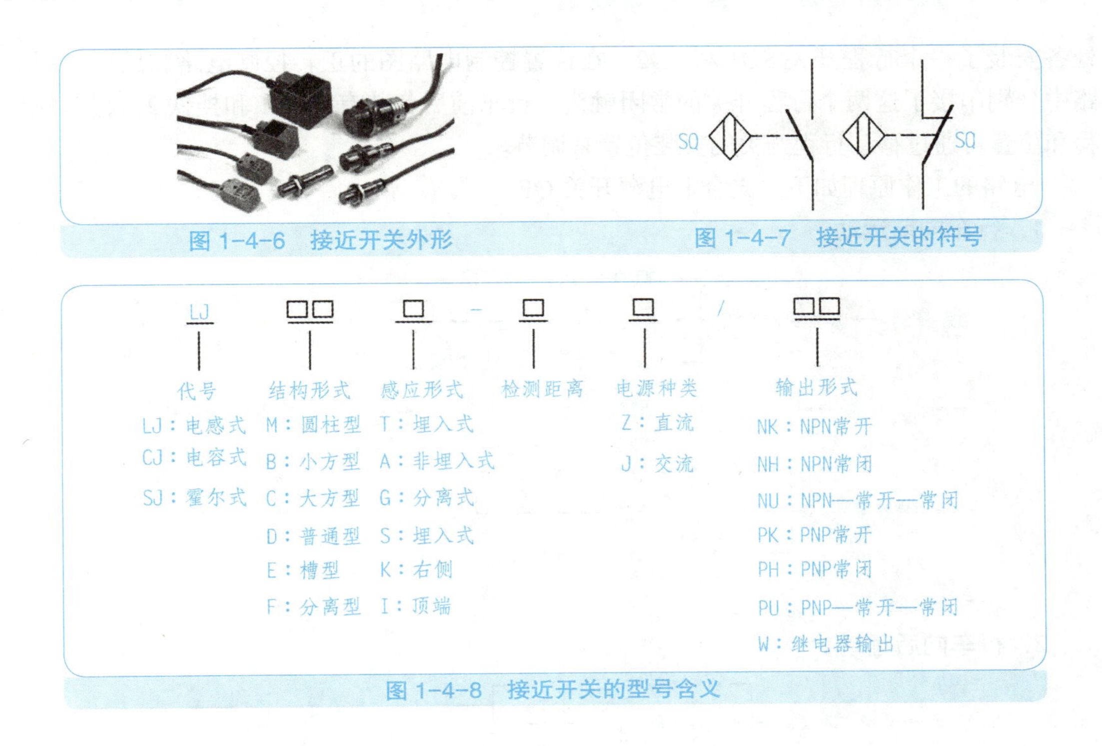


图 1-4-6　接近开关外形　　图 1-4-7　接近开关的符号

图 1-4-8　接近开关的型号含义

## 三、位置控制电路

利用生产机械运动部件上的挡铁与行程开关碰撞，使其触头动作来接通或断开电路，以实现对生产机械运动部件的位置或行程的自动控制的方法称为位置控制，又称行程控制或限位控制。实现这种控制要求所依靠的主要电器是行程开关。

位置控制电路图如图 1-4-9 所示。右下角是某车间行车运动示意图，行车的两头终点

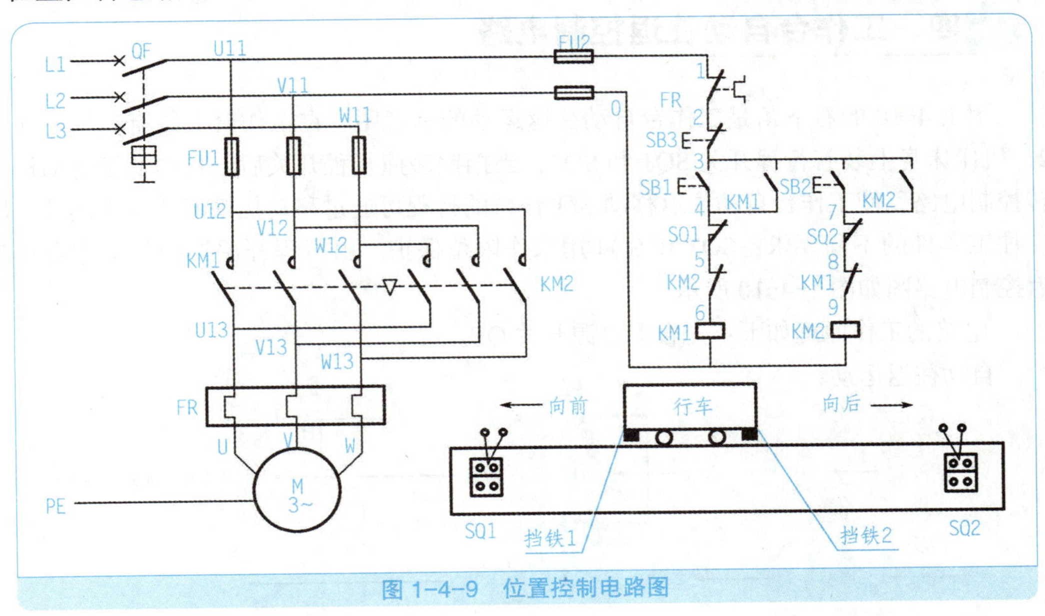


图 1-4-9　位置控制电路图

处各安装了一个行程开关 SQ1 和 SQ2，在位置控制电路图的正转控制电路和反转控制电路中分别串接了这两个行程开关的常闭触头。行车前后各装有挡铁 1 和挡铁 2，行车的行程和位置可通过移动行程开关的安装位置来调节。

电路的工作原理如下：先合上电源开关 QF。

1. 行车向前运动

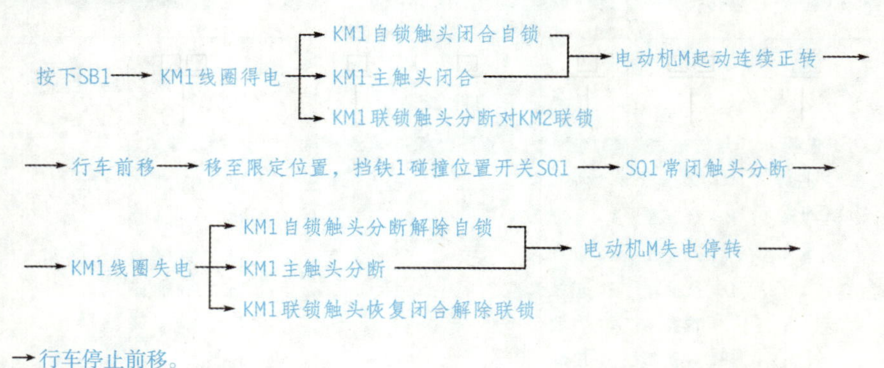


2. 行车向后运动

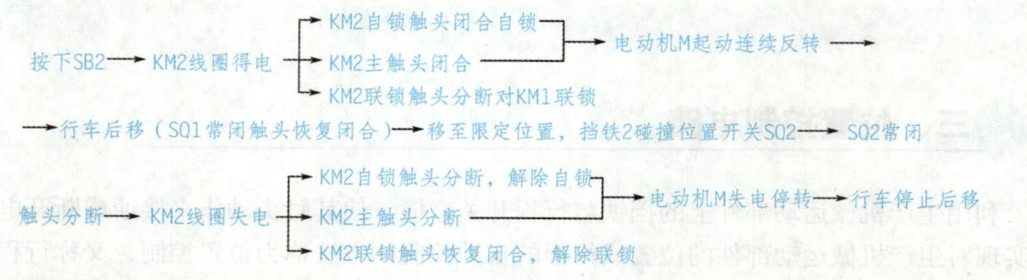


停车时只需按下 SB3 即可。

## 四、工作台自动往返控制电路

图 1-4-10 的右下角是工作台自动往返运动的示意图。在工作台上装有挡铁 1 和挡铁 2，机床床身上装有行程开关 SQ1 和 SQ2，当挡铁碰撞行程开关后，自动换接电动机正反转控制电路，使工作台自动往返移动。工作台的行程可通过移动挡铁的位置来调节，以适应加工零件的不同要求，SQ3 和 SQ4 用来作限位保护。由行程开关控制的工作台自动往返控制电路图如图 1-4-10 所示。

电路的工作原理如下：先合上电源开关 QF。

自动往返运动：

按下SB1 → KM1线圈得电 → KM1自锁触头闭合自锁 / KM1主触头闭合 → 电动机M正转 → / KM1联锁触头分断对KM2联锁

→ 工作台左移 → 至限定位置挡铁1撞击SQ1 →

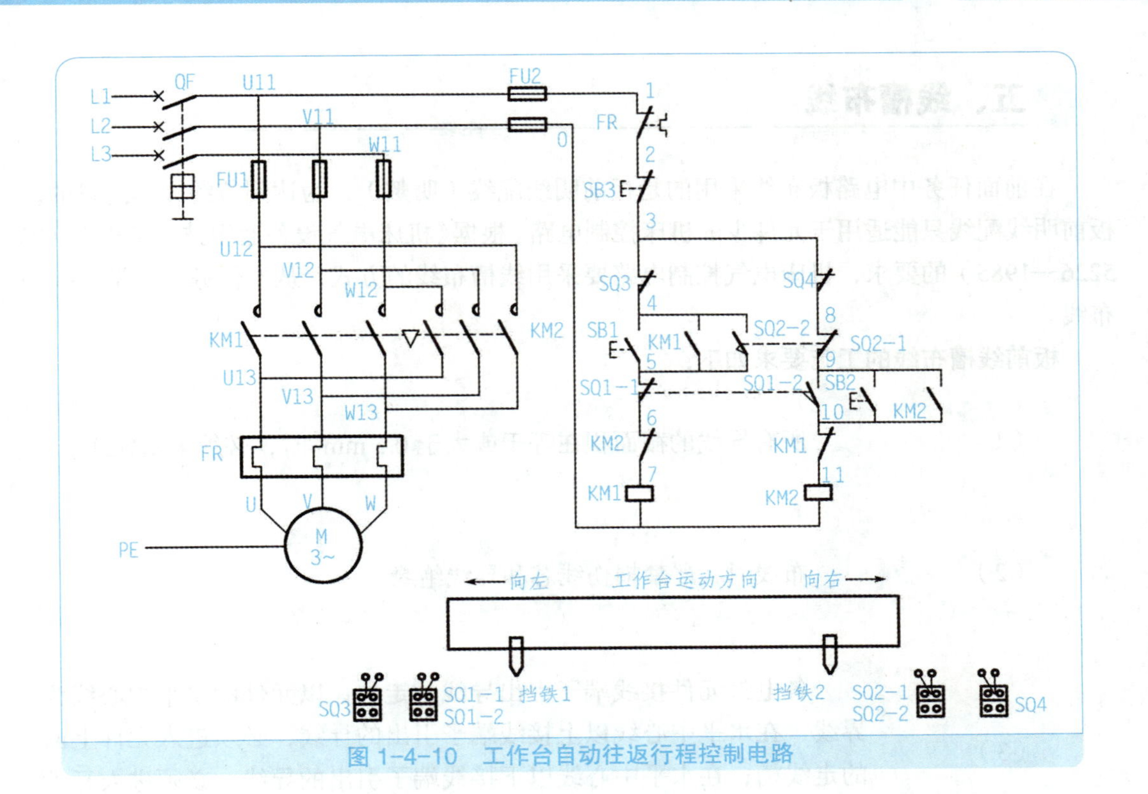

图 1-4-10 工作台自动往返行程控制电路

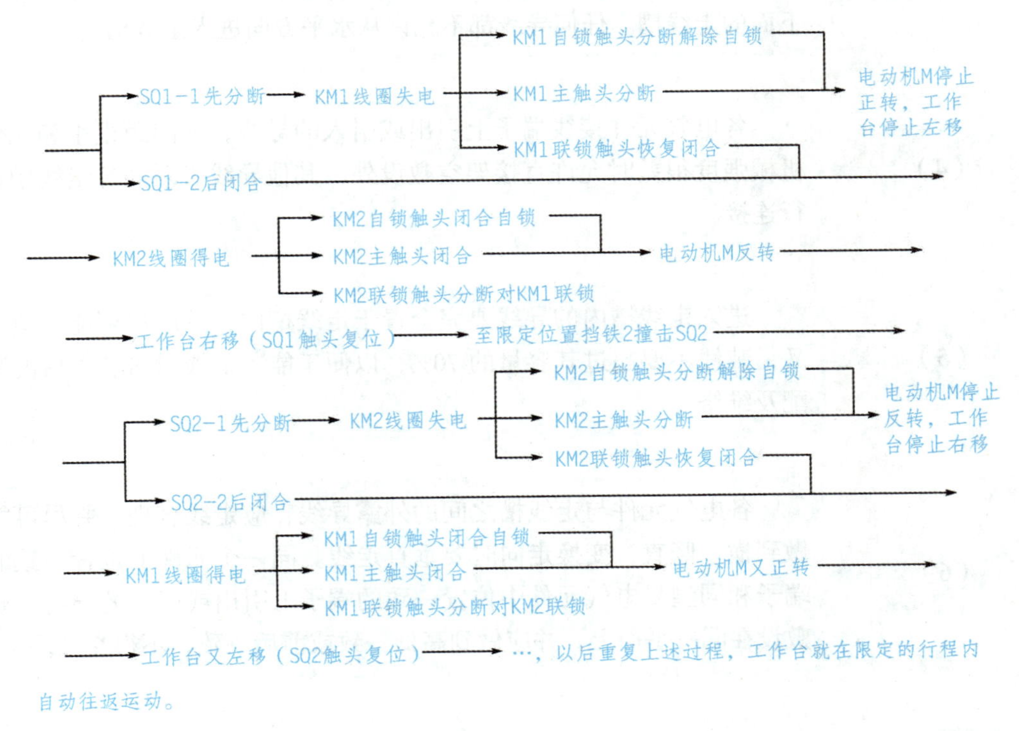


**停止：**

按下SB3 → 整个控制电路失电 → KM1（KM2）主触头分断 → 电动机M失电停转

## 五、线槽布线

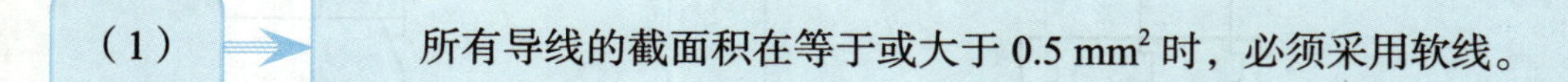

在前面任务中电路板布线采用的是板前明线配线（明敷），为达到节约成本的目的，板前明线配线只能适用于元件少的机床控制电路。根据《机床电气设备通用技术条件》(GB 5226—1985）的要求，机床电气控制电路要采用线槽布线的方式，从本任务开始学习线槽布线。

**板前线槽布线的工艺要求如下：**

（1）所有导线的截面积在等于或大于 0.5 $mm^2$ 时，必须采用软线。

（2）布线时，严禁损伤线芯和导线绝缘。

（3）各电气元件接线端子引出导线的走向，以元件的水平中心线为界线，在水平中心线以上接线端子引出的导线，必须进入元件上面的走线槽；在水平中心线以下接线端子引出的导线，必须进入元件下面的走线槽。任何导线都不允许从水平方向进入走线槽内。

（4）各电气元件接线端子上引出或引入的导线，除间距很小和元件机械强度很差时允许直接架空敷设外，其他导线必须经过走线槽进行连接。

（5）进入走线槽内的导线要完全置于走线槽内，并应尽可能避免交叉，装线不要超过其容量的 70%，以便于能盖上线槽盖和以后的装配及维修。

（6）各电气元件与走线槽之间的外露导线，应走线合理，并尽可能做到横平竖直，变换走向时要垂直走线。同一个元件上位置一致的端子和同型号电气元件中位置一致的端子上引出或引入的导线，要敷设在同一平面上，并应做到高低一致或前后一致，不得交叉。

（7）所有接线端子、导线线头上都应套有与电路图上相应接点线号一致的编码套管，并按线号进行连接，连接必须牢靠，不得松动。

（8）

在任何情况下，接线端子必须与导线截面积和材料性质相适应。当接线端子不适合连接软线或较小截面积的软线时，可以在导线端头穿上针形或叉形轧头并压紧。

（9）

一般一个接线端子只能连接一根导线，如果采用专门设计的端子，可以连接两根或多根导线，但导线的连接方式，必须是公认的、在工艺上成熟的各种方式，如夹紧、压接、焊接、绕接等，并应严格按照连接工艺的工序要求进行。

## 任务实施

## 一、工作准备

### 1. 工具、仪表与材料准备

（1）完成本任务所需工具与仪表为：螺钉旋具、尖嘴钳、斜口钳、剥线钳、万用表等。

（2）完成本任务所需材料明细表如表 1-4-2 所示。

表 1-4-2　工作台自动往返控制电路电气元件明细表

| 序号 | 代号 | 名称 | 型号 | 规格 | 数量 |
|---|---|---|---|---|---|
| 1 | M | 三相交流异步电动机 | YS6324 | 380 V，180 W，0.65 A，1 440 r/min | 1 |
| 2 | QF | 自动空气开关 | DZ47-63 | 380 V，25 A，整定 20 A | 1 |
| 3 | FU1 | 熔断器 | RL1-60/25A | 500 V，60 A，配 25 A 熔体 | 3 |
| 4 | FU2 | 熔断器 | RT18-32 | 500 V，配 2 A 熔体 | 2 |
| 5 | KM | 交流接触器 | CJX-22 | 线圈电压 220 V，20 A | 2 |
| 6 | SB | 按钮 | LA-18 | 5 A | 3 |
| 7 | FR | 热继电器 | JR16-20/3 | 三相，20 A，整定电流 1.55 A | 1 |
| 8 | XT | 端子板 | TB1510 | 600 V，15 A | 1 |
| 9 | SQ1 ~ SQ4 | 行程开关 | JLX1-111 | 380 V，5 A | 4 |
| 10 | | 控制板安装套件 | | | 1 |

### 2. 绘制电气元件布置图

根据原理图绘制电气元件布置图，如图 1-4-11 所示。

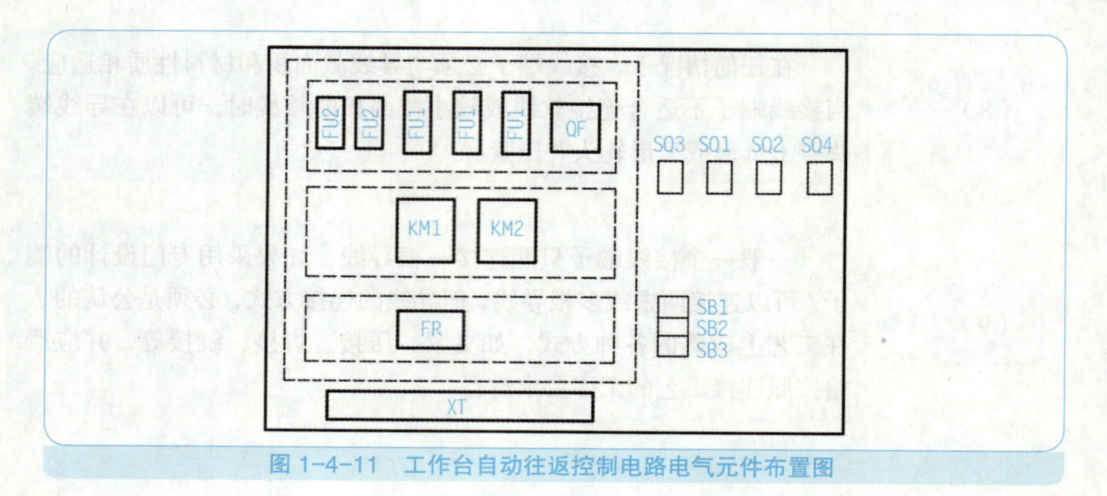


图 1-4-11 工作台自动往返控制电路电气元件布置图

### 3. 绘制电路接线图

工作台自动往返控制电路接线图如图 1-4-12 所示。

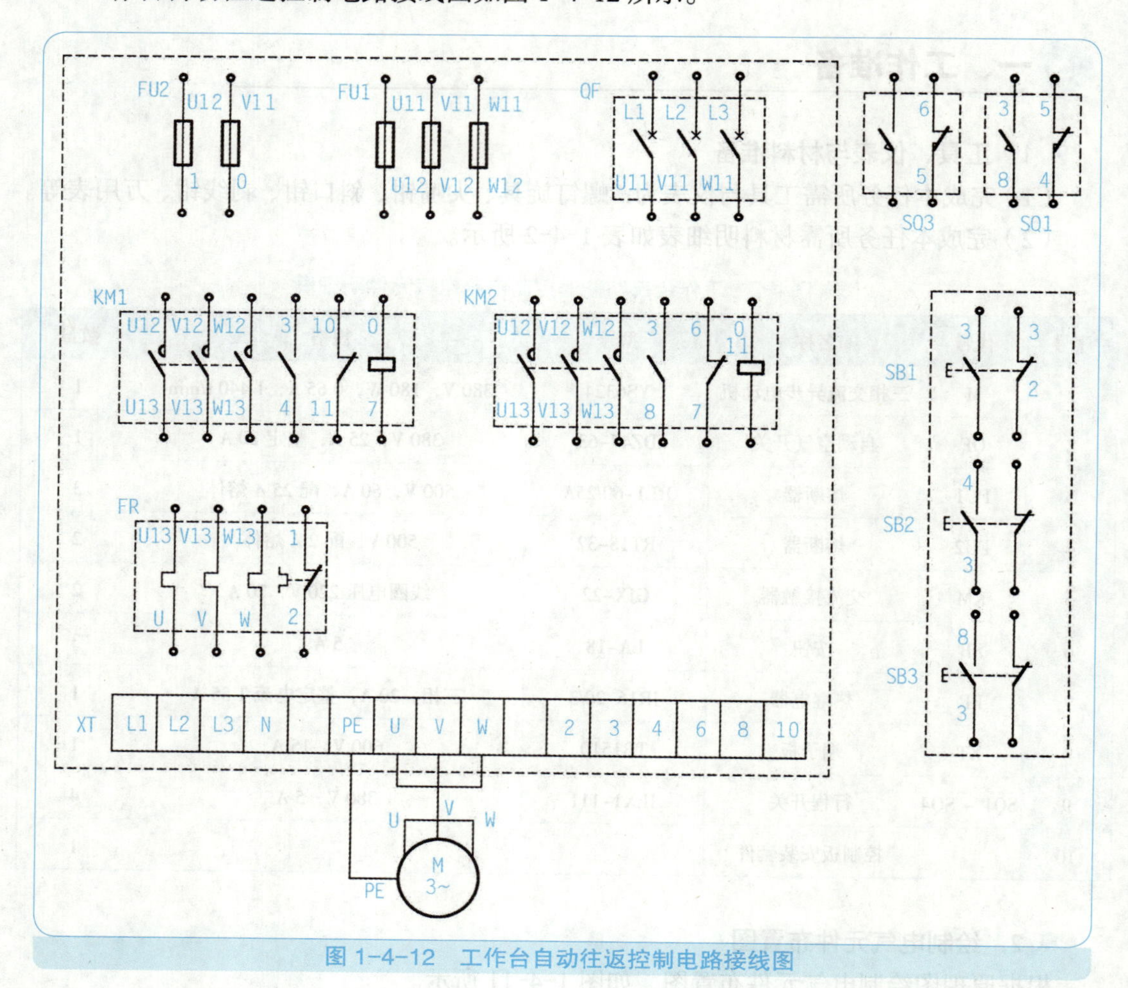


图 1-4-12 工作台自动往返控制电路接线图

## 二、安装、调试步骤及工艺要求

### 1. 检测电气元件

根据表 1-4-2 配齐所用电气元件，其各项技术指标均应符合规定要求，目测其外观无损坏，手动触头动作灵活，并用万用表进行质量检验，如不符合要求，则予以更换。

### 2. 安装电路

1）安装电气元件

在控制板上按图 1-4-11 安装电气元件。各元件的安装位置整齐、匀称，间距合理，便于元件的更换，元件紧固时用力适当，无松动现象。工艺要求参照任务一，实物布置图如图 1-4-13 所示。

2）布线

在控制板上按照图 1-4-10 和图 1-4-12 进行板前线槽布线（具体要求见线槽布线工艺要求），并在导线两端套编码套管和冷压接线头，如图 1-4-14 所示。

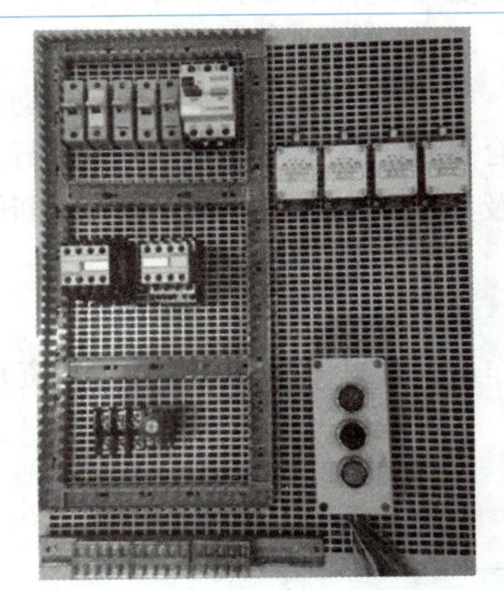

图 1-4-13　工作台自动往返控制电路实物布置图

图 1-4-14　工作台自动往返控制电路电路板

3）安装电动机

具体操作可参考任务一。

4）通电前检测

（1）对照原理图、接线图检查，连接无遗漏。

（2）万用表检测：确保电源切断情况下，分别测量主电路、控制电路，检查通断是否正常。

① → 未压下 KM1 时测 L1-U、L2-V、L3-W；压下 KM1 后再次测量 L1-U、L2-V、L3-W。

② → 未按下正转起动按钮 SB1 时，测量控制电路电源两端（U11-V11）。

③ 按下起动按钮 SB1 后，测量控制电路电源两端（U11-V11）。

④ 按下反转起动按钮 SB2 后，测量控制电路电源两端（U11- V11）。

### 3. 通电试车

**特别提示：**

通电试车前要检查安全措施，试车时要遵守安全操作规程，出现故障时要停电检查。

为保证人身安全，在通电试车时，要认真执行安全操作规程的有关规定，一人监护，一人操作。试车前，应检查与通电试车有关的电气设备是否有不安全的因素存在，若检查出应立即整改，然后方能试车。

行程开关必须安装在合适的位置；手动操作时，检查各行程开关和终端保护动作是否正常可靠。并在试车时校正，检查熔体规格是否符合要求。在指导教师监护下进行，根据电路图的控制要求独立测试。观察电动机有无震动及异常噪声，若出现故障及时断电查找排除。

### 4. 整理现场

整理现场工具及电气元件，清理现场，根据工作过程填写任务书，整理工作资料。

## 三、注意事项

（1）行程开关可以先安装好，不占定额时间。行程开关必须牢固安装在合适的位置上。安装后，必须用手动工作台或受控机械进行试验，合格后才能使用。训练中，若无条件进行实际机械安装试验时，可将行程开关安装在控制板上方（或下方）两侧，进行手控模拟试验。

（2）通电校验时，必须先手动行程开关，试验各行程控制和终端保护动作是否正常可靠。

（3）走线槽安装后可不必拆卸，以供后面课题训练时使用。安装线槽的时间不计入定额时间内。

（4）通电校验时，必须有指导教师在现场监护，学生应根据电路的控制要求独立进行校验，若出现故障也应自行排除。

（5）安装训练应在规定的定额时间内完成，同时要做到安全操作和文明生产。

## 任务评价

学生完成本任务的考核评价细则见评分记录表 1-4-3。

表 1-4-3　技能训练考核评分记录表

| 评价项目 | 评价内容 | 配分 | 评 分 标 准 | 得分 |
|---|---|---|---|---|
| 识读电路图 | （1）正确识读工作台自动往返控制电路中的电气元件；<br>（2）能正确分析该电路的工作原理 | 15 | （1）不能正确识读电气元件，每处扣 3 分；<br>（2）不能正确分析该电路工作原理扣 5 分 | |
| 装前检查 | 检查电气元件质量完好 | 5 | 电气元件漏检或错检，每处扣 1 分 | |
| 安装元件 | （1）按布置图安装电气元件；<br>（2）安装电气元件牢固、整齐、匀称、合理 | 15 | （1）不按布置图安装扣 15 分；<br>（2）元件安装不牢固，每只扣 3 分；<br>（3）元件安装不整齐、不均匀、不合理，每只扣 2 分；<br>（4）损坏元件扣 15 分 | |
| 布线 | （1）接线紧固、无压绝缘、无损伤导线绝缘或线芯；<br>（2）按照电路图接线，思路清晰 | 20 | （1）不按电路图接线扣 20 分；<br>（2）布线不符合要求：<br>对主电路，每根扣 4 分；<br>对控制电路，每根扣 2 分；<br>（3）接点不符合要求，每个接点扣 1 分；<br>（4）损伤导线绝缘或线芯，每根扣 5 分；<br>（5）漏装或套错编码套管，每个扣 1 分 | |
| 通电前检查 | （1）自查电路；<br>（2）仪器、仪表使用正确 | 10 | （1）漏检，每处扣 2 分；<br>（2）万用表使用错误，每次扣 3 分 | |
| 通电试车 | 在安全规范操作下，通电试车一次成功 | 20 | （1）第一次试车不成功，扣 10 分；<br>（2）第二次试车不成功，扣 20 分 | |
| 故障排查 | （1）仪器、仪表使用正确；<br>（2）在安全规范操作下，故障一次排除 | 10 | （1）第一次故障排查不成功，扣 5 分；<br>（2）第二次故障排查不成功，扣 10 分 | |
| 资料整理 | 资料书写整齐、规范 | 5 | 任务单填写不完整扣 2 ～ 5 分 | |
| 安全文明生产 | | 违反安全文明生产规程扣 2 ～ 40 分 | | |
| 定额时间 2 h | | 每超时 5 min 以内以扣 3 分计算，但总扣分不超过 10 分 | | |
| 备 注 | | 除定额时间外，各情境的最高扣分不应超过配分数 | | |
| 开始时间 | | 结束时间 | | 总得分 |

## 任务拓展

图 1-4-15 所示是某工厂车间里的行车运行示意图，在行车运行路线的两个终端处各安装一个行程开关 SQ1 和 SQ2，并将这两个行程开关的常闭触头串接在控制电路中，当安装在行车前后的挡铁撞击行程开关的滚轮时，行程开关的常闭触点分断，使行车自动停止，就可以达到限位保护的目的。其电路原理图如图 1-4-16 所示。

请分析该电路的工作原理，并完成上述电路的安装与调试。

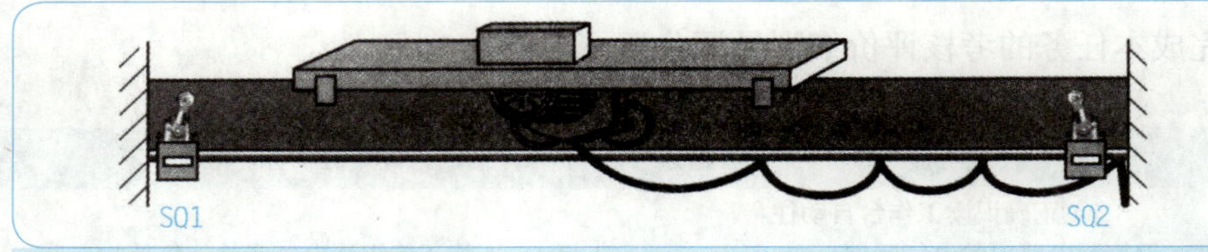

图 1-4-15　某工厂车间行车示意图

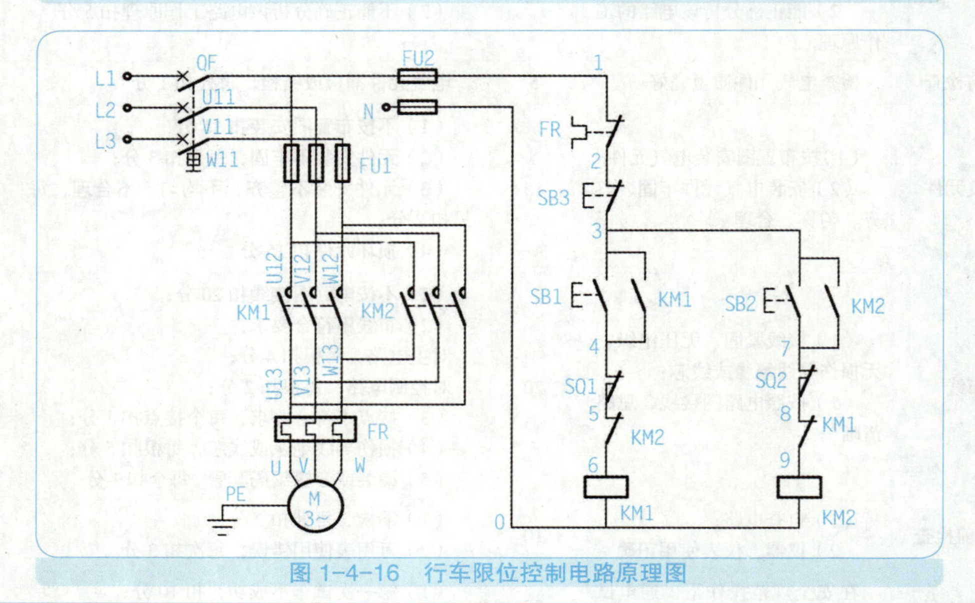

图 1-4-16　行车限位控制电路原理图

## 思考与练习

1．什么是位置控制？什么是自动往返控制？

2．简述板前线槽配线的工艺要求。

3．某工厂车间需要用一行车，要求按图 1-4-17 所示示意图自动往返运动。试画出满足要求的控制电路图。

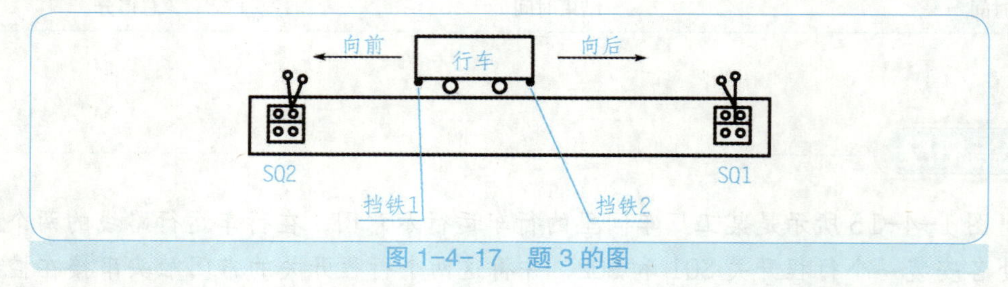

图 1-4-17　题 3 的图

4．安装、调试行车限位控制电路。

# 任务五　安装与检修三相异步电动机顺序控制电路

## 任务描述

在装有多台电动机的生产机械上，由于各电动机所起的作用不同，有时需要按一定的顺序起动或停止某些电动机才能保证整个系统安全可靠地工作。如 CA6140 型车床中，要求主轴电动机起动后冷却泵电动机才能起动，主轴电动机停止时冷却泵电动机也停止；X62W 万能铣床中，要求主轴起动后，进给电动机才能起动；M7130 平面磨床中，要求砂轮电动机起动后，冷却泵电动机才能起动。像这种要求几台电动机的起动或停止必须按一定的先后顺序来完成的控制方式，称为顺序控制。

现在要为两台风机电动机（见图 1-5-1）安装电气控制柜，要求两台风机电动机采用接触器－继电器控制，其中一台风机起动后，另一台风机才能起动，停止时，两台风机同时停止，设置必要的短路、过载、欠压和失压保护，电气原理图如图 1-5-2 所示。两台风机电动机的型号都为 Y112M-4-4，额定电压为 380 V，额定功率为 3.21 kW，额定转速为 1 450 r/min。完成两台风机运行控制电路的安装、调试，并进行简单故障排查。

图 1-5-1　风机电动机

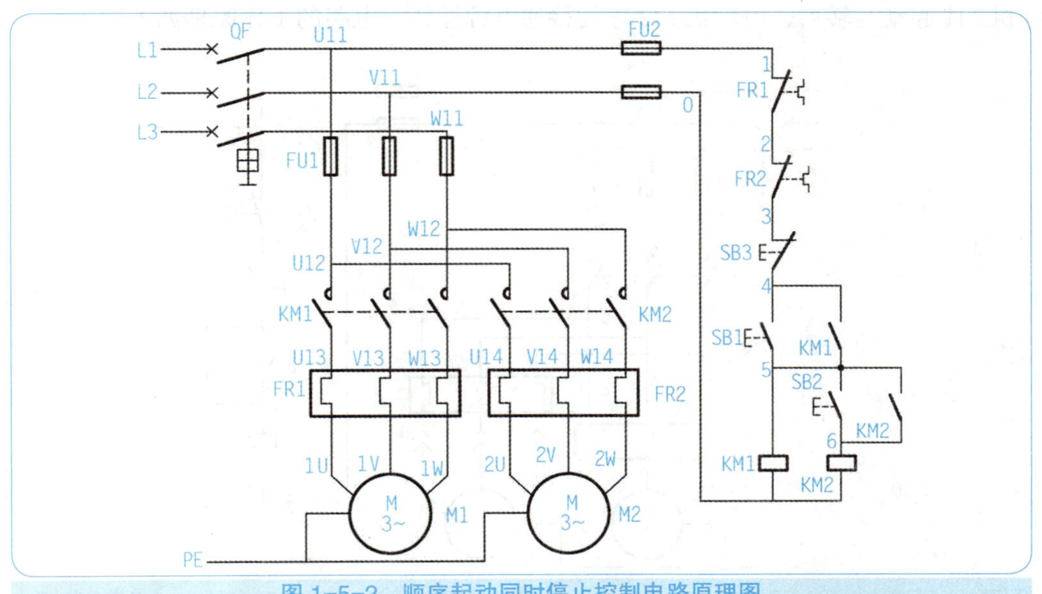


图 1-5-2　顺序起动同时停止控制电路原理图

## 能力目标

（1）会正确识读三相异步电动机顺序控制电路原理图，能分析其工作原理。

（2）会选用安装电路所需的元件和导线。

（3）会安装、调试三相异步电动机顺序控制电路。

（4）能根据故障现象对三相异步电动机顺序控制电路的简单故障进行排查。

（5）会正确识读三相异步电动机多地控制电路原理图，并分析其工作原理。

## 知识准备

### 一、主电路顺序控制

图 1-5-3 和图 1-5-4 所示是主电路实现顺序控制的电路图，其特点是电动机 M2 的主电路接在 KM（或 KM1）主触头的下面。

主电路实现顺序控制的控制电路多用于控制小功率电动机，或机床设备中主机与冷却泵电动机顺序控制。如 CA6140 车床中主机与冷却泵电动机的顺序控制、M7130 平面磨床中砂轮电动机与冷却泵电动机的顺序控制等。

在图 1-5-3 所示控制电路中，电动机 M2 通过接插器 X 接在接触器 KM 主触头的下面，因此，只有当 KM 主触头闭合，电动机 M1 起动运转后，电动机 M2 才可能接通电源运转。

在图 1-5-4 所示控制电路中，电动机 M1 和 M2 分别通过接触器 KM1 和 KM2 来控制，接触器 KM2 的主触头接在接触器 KM1 主触头的下面，这样就保证了当 KM1 主触头闭合，电动机 M1 起动运转后，电动机 M2 才能接通电源运转。电路的工作原理如下：

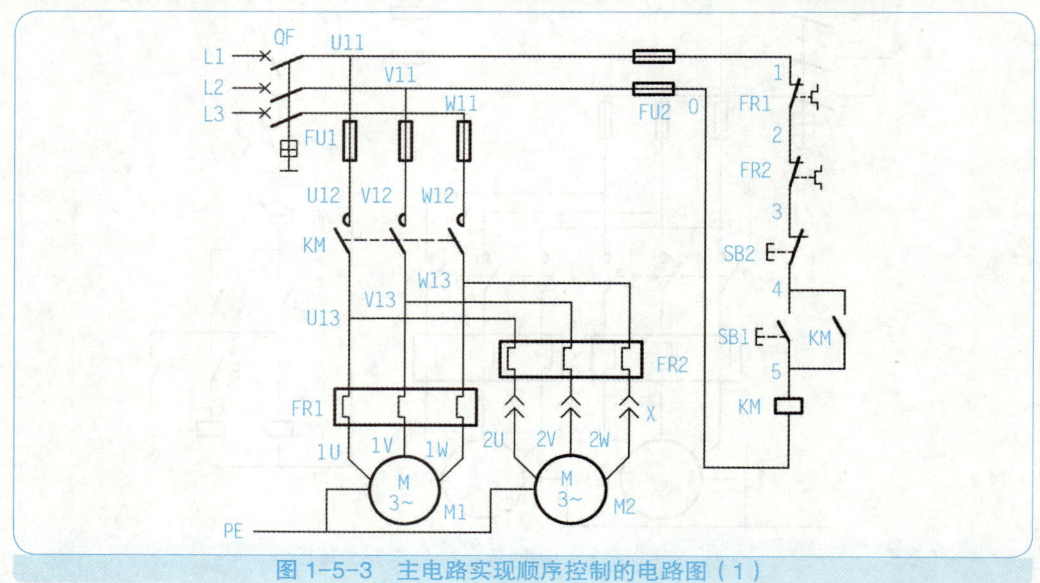


图 1-5-3 主电路实现顺序控制的电路图（1）

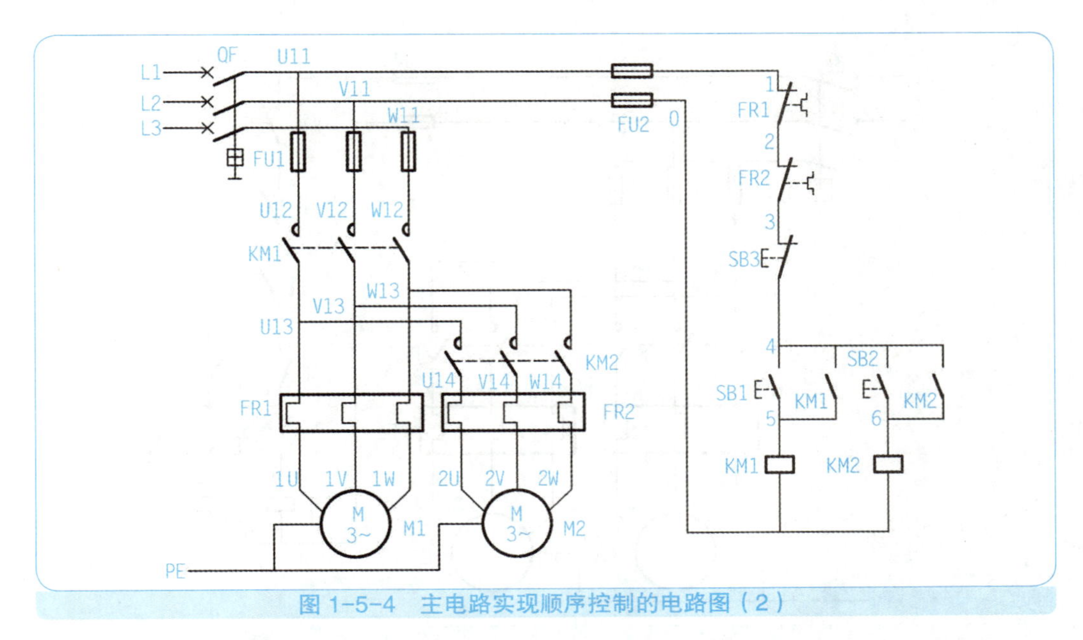


图 1-5-4　主电路实现顺序控制的电路图（2）

先合上电源开关 QF。

M1 起动后 M2 才能起动：

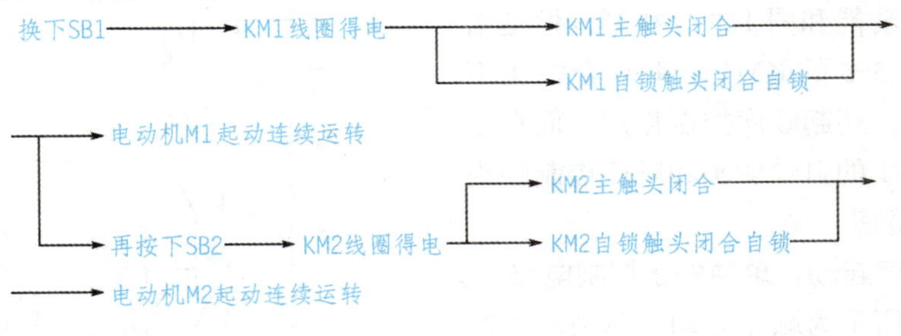


M1、M2 同时停转：

按下SB3 → 控制电路失电 → KM1、KM2主触头分断 → M1、M2同时停转

## 二、控制电路顺序控制

### 1. 顺序起动、同时停止控制电路

图 1-5-5 所示为两台电动机的顺序起动控制电路。该电路的控制特点是：电动机 M1 起动后电动机 M2 才能起动，停止时两台电动机同时停止。

由控制电路可知，控制电动机 M2 的接触器 KM2 的线圈接在接触器 KM1 的辅助动合触头之后，这就保证了只有当 KM1 线圈通电、其主触头和辅助动合触头接通、M1 电动机起动之后，M2 电动机才能起动。而且，如果由于某种原因如过载或欠压等，使接触器 KM1 线圈断电或使电磁机构释放，引起 M1 停转，那么接触器 KM2 线圈也立即断电，使电动机 M2 停止，即 M1 和 M2 同时停止。若按下停止按钮 SB3，电动机 M1 和 M2 也会同时停止。

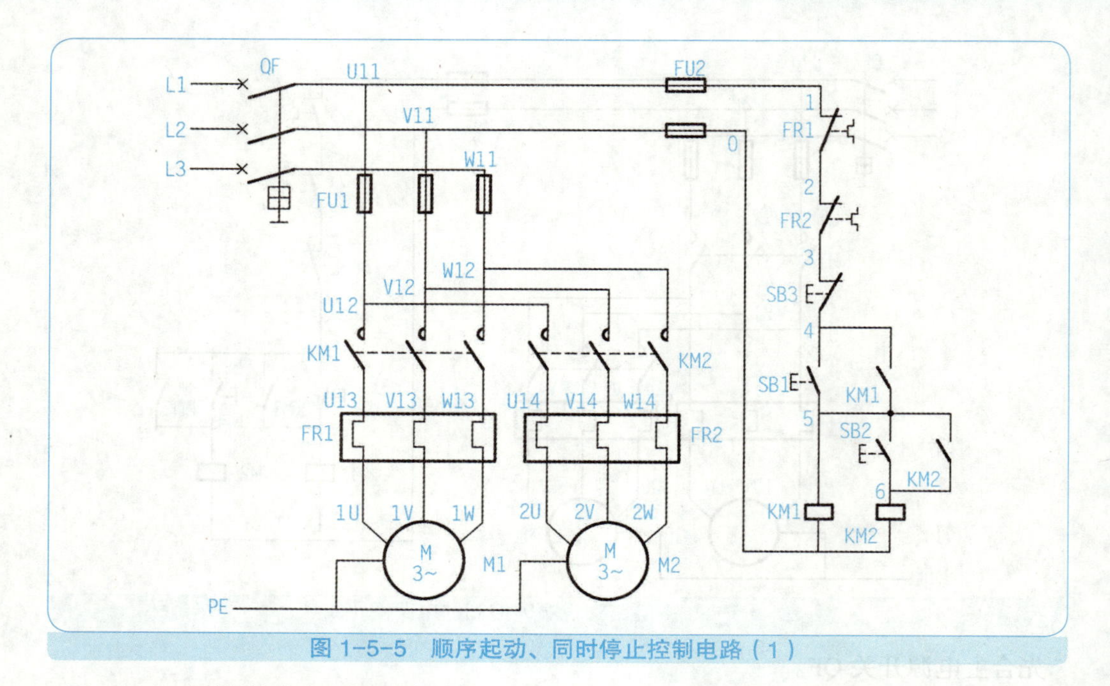

图 1-5-5　顺序起动、同时停止控制电路（1）

图 1-5-6 也是顺序起动、同时停止控制电路，它的功能和图 1-5-5 相同，但是结构不同。图 1-5-5 的 KM1 辅助动合触头不仅起自锁作用，还起顺序控制作用，而在图 1-5-6 中，KM1 的自锁触头和顺序控制触头是两个不同的触头。

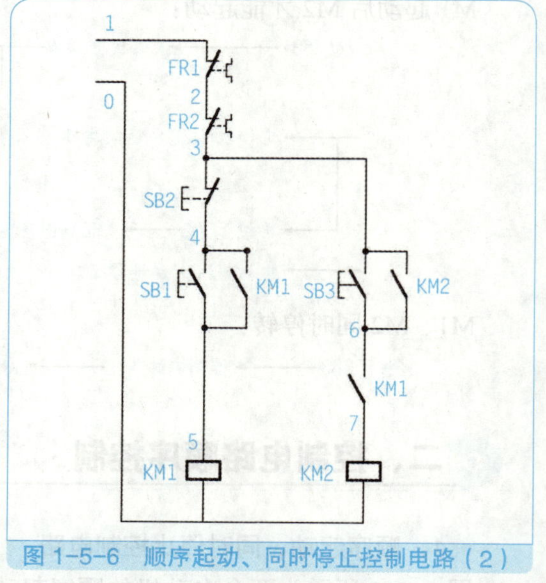

图 1-5-6　顺序起动、同时停止控制电路（2）

### 2. 顺序起动、单独停止控制电路

图 1-5-7 所示为顺序起动、单独停止控制电路，该电路的特点是：起动时，电动机 M1 起动后电动机 M2 才能起动，停止时，两台电动机可以同时停止，也可以 M2 先单独停止，然后 M1 停止。

### 3. 顺序起动、逆序停止控制电路

图 1-5-8 是电动机的顺序起动、逆序停止控制电路，其控制特点是：起动时必须先起动电动机 M1，才能起动电动机 M2；停止时必须先停止 M2，M1 才能停止。电路工作原理分析如下：

合上电源开关 QF，主电路和控制电路接通电源，此时电路无动作。

起动时，若先按下 SB21，因 KM1 的辅助动合触头断开而使 KM2 的线圈不可能通电，电动机 M2 也不会起动。

此时应先按下 SB11，KM1 线圈通电，主触头接通使电动机 M1 起动；两个辅助动合触头也接通，一个实现自锁，另一个为起动 M2 做准备。再按下 SB21，KM2 线圈因 KM1 的辅助动合触头已接通而通电，主触头接通使电动机 M2 起动，辅助动合触头接通实现自锁。

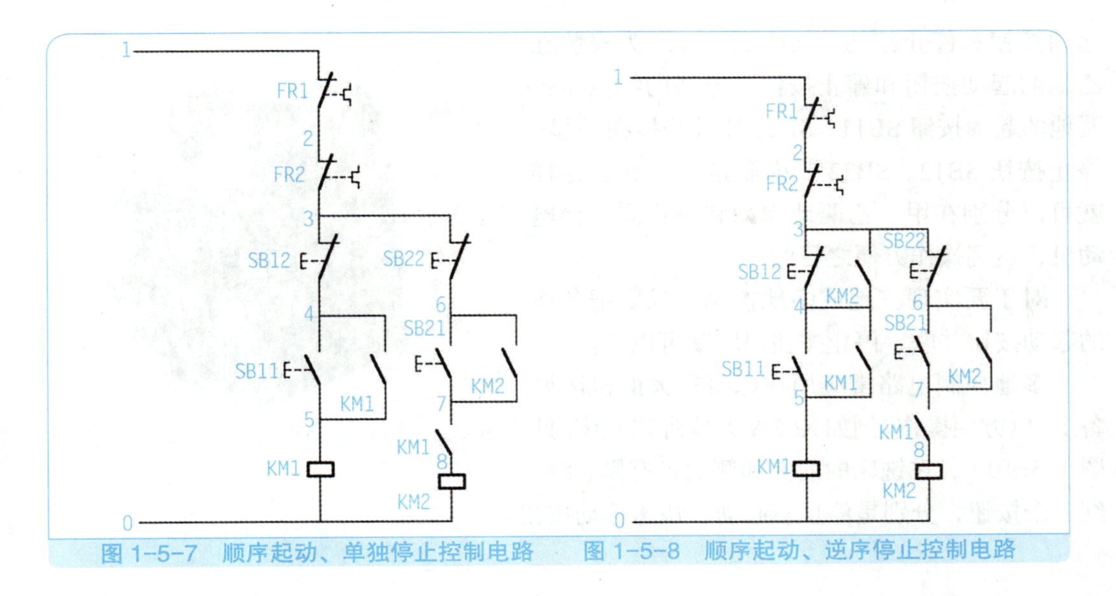


图 1-5-7　顺序起动、单独停止控制电路　　图 1-5-8　顺序起动、逆序停止控制电路

停止时若先按下 SB12，因 KM2 的辅助动合触头的接通使 KM1 的线圈不可能断电，电动机 M1 不可能停止。

此时应先按下 SB22，KM2 线圈断电，主触头断开使电动机 M2 停止；两个辅助动合触头断开，一个解除自锁，另一个为停止 M1 做准备。再按下 SB12，KM1 线圈断电，主触头断开使电动机 M1 停止，辅助动合触头断开解除自锁。

## 三、多地控制电路

能在两地或多地控制同一台电动机的控制方式叫电动机的多地控制。图 1-5-9 所示为两地控制的具有过载保护接触器自锁正转控制电路图。其中 SB11、SB12 为安装在甲地的

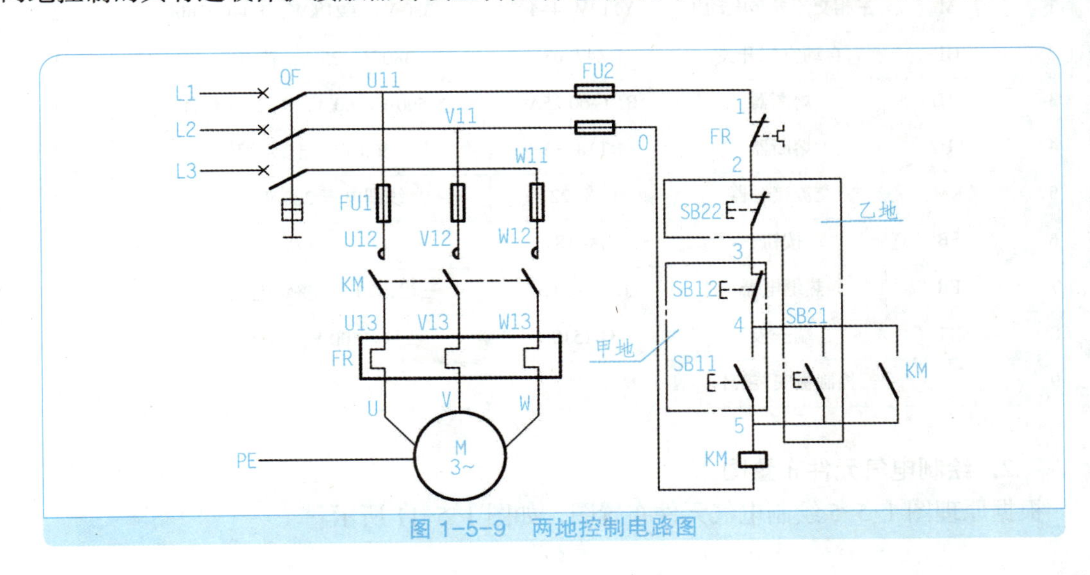


图 1-5-9　两地控制电路图

起动按钮和停止按钮；SB21、SB22 为安装在乙地的起动按钮和停止按钮。电路的特点是：两地的起动按钮 SB11、SB21 要并联接在一起；停止按钮 SB12、SB22 要串联接在一起。这样就可以分别在甲、乙两地起动和停止同一台电动机，达到操作方便之目的。

对于要实现三地或多地控制，只要把各地的起动按钮并联、停止按钮串联就可以了。

多地控制电路常应用在床身较大的机床设备上，以方便操作。例如 X62W 万能卧式铣床（见图 1-5-10），在铣床的前面和侧面各有黑、绿、红三个按钮，分别是停止、起动、快速移动按钮。

图 1-5-10 X62W 万能卧式铣床（两地控制）

任务实施

## 一、工作准备

### 1. 工具、仪表与材料准备

（1）完成本任务所需工具与仪表为：螺钉旋具、尖嘴钳、斜口钳、剥线钳、万用表等。

（2）完成本任务所需材料明细表如表 1-5-1 所示。

表 1-5-1 两台电动机顺序控制电路电气元件明细表

| 序号 | 代号 | 名称 | 型号 | 规格 | 数量 |
|---|---|---|---|---|---|
| 1 | M | 三相交流异步电动机 | Y112M-4-4 | 380 V，3.21 kW，1 440 r/min | 2 |
| 2 | QF | 自动空气开关 | DZ47-63 | 380 V，25 A，整定 20 A | 1 |
| 3 | FU1 | 熔断器 | RL1-60/25A | 500 V，60 A，配 25 A 熔体 | 3 |
| 4 | FU2 | 熔断器 | RT18-32 | 500 V，配 2 A 熔体 | 2 |
| 5 | KM | 交流接触器 | CJX-22 | 线圈电压 220 V，20 A | 2 |
| 6 | SB | 按钮 | LA-18 | 5 A | 3 |
| 7 | FR | 热继电器 | JR16-20/3 | 三相，20 A，整定电流 1.55 A | 2 |
| 8 | XT | 端子板 | TB1510 | 600 V，15 A | 1 |
| 9 |  | 控制板安装套件 |  |  | 1 |

### 2. 绘制电气元件布置图

根据原理图 1-5-5 绘制电气元件布置图，如图 1-5-11 所示。

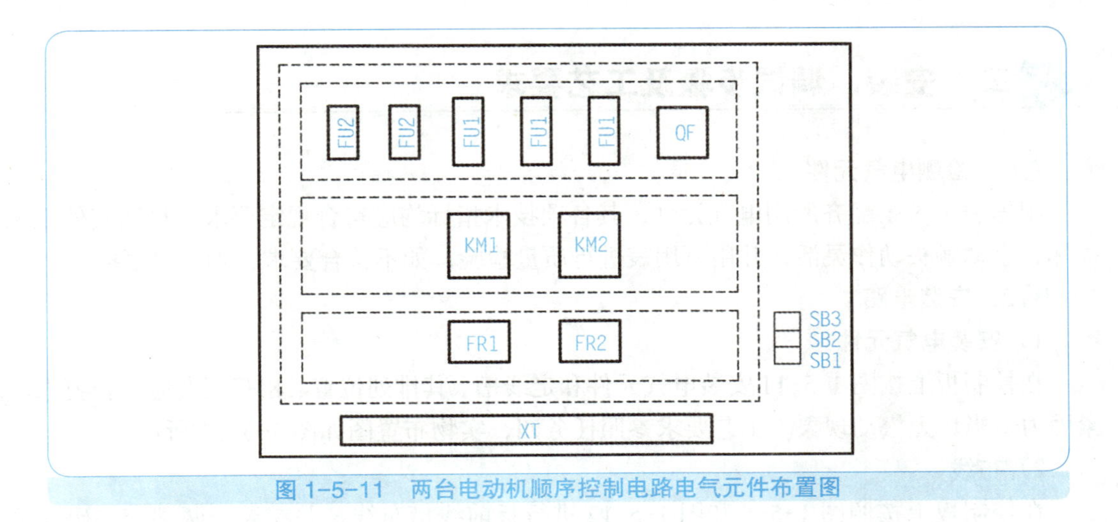


图 1-5-11　两台电动机顺序控制电路电气元件布置图

### 3. 绘制电路接线图

两台电动机顺序控制电路接线图如图 1-5-12 所示。

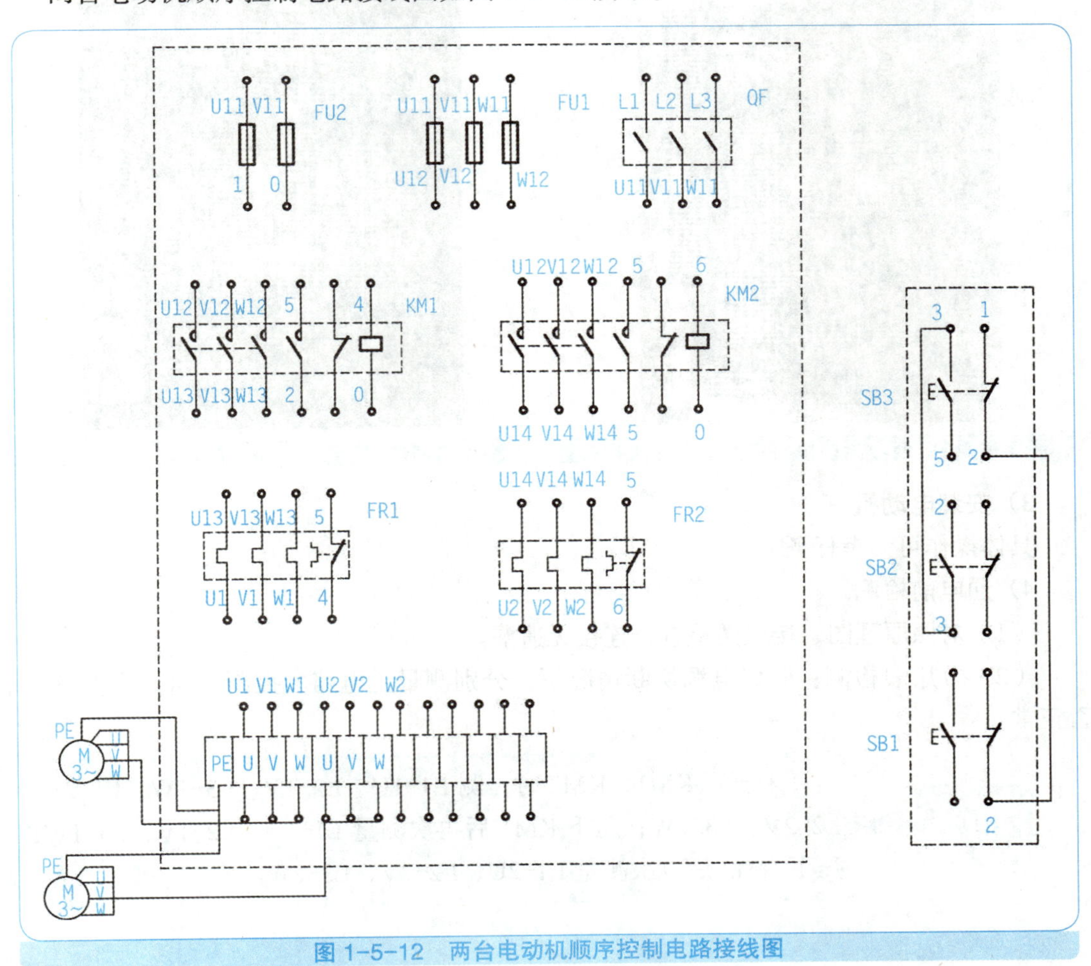


图 1-5-12　两台电动机顺序控制电路接线图

## 二、安装、调试步骤及工艺要求

### 1. 检测电气元件

根据表 1-5-1 配齐所用电气元件，其各项技术指标均应符合规定要求，目测其外观无损坏，手动触头动作灵活，并用万用表进行质量检验，如不符合要求，则予以更换。

### 2. 安装电路

1）安装电气元件

在控制板上按图 1-5-11 安装电气元件和走线槽。其排列位置、相互距离应符合要求。紧固力适当，无松动现象。工艺要求参照任务四，实物布置图如图 1-5-13 所示。

2）布线

在控制板上按照图 1-5-5 和图 1-5-12 进行板前线槽布线，并在导线两端套编码套管和冷压接线头，如图 1-5-14 所示。板前线槽配线的工艺要求参照项目一中的任务四。

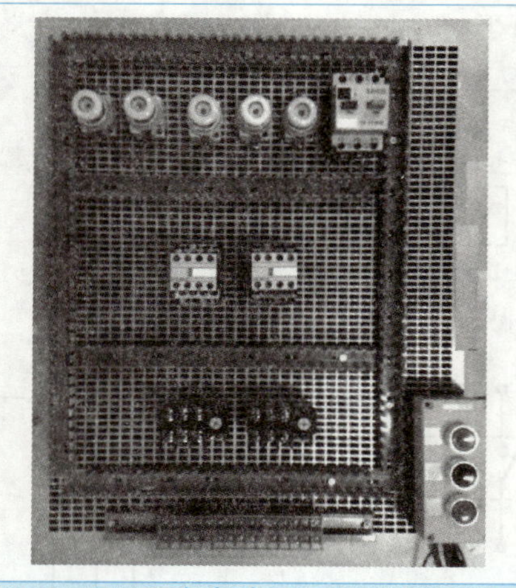

图 1-5-13 两台电动机顺序控制电路实物布置图

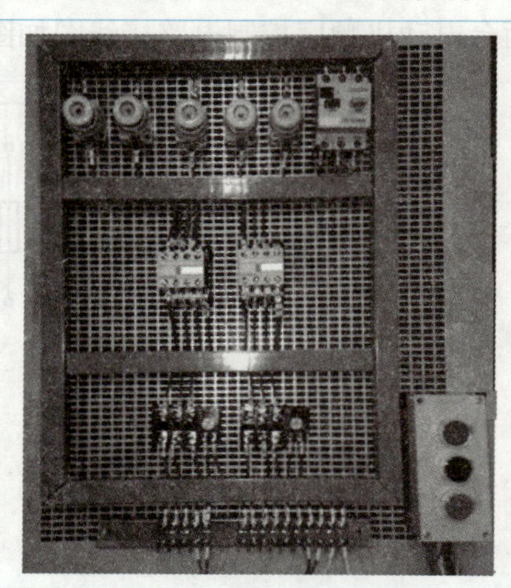

图 1-5-14 两台电动机顺序控制电路电路板

3）安装电动机

具体操作可参考任务一。

4）通电前检测

（1）对照原理图、接线图检查，连接无遗漏。

（2）万用表检测：确保电源切断情况下，分别测量主电路、控制电路，检查通断是否正常。

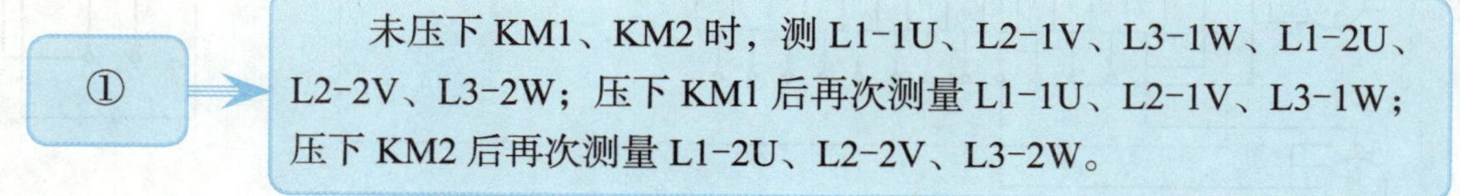

①

未压下 KM1、KM2 时，测 L1-1U、L2-1V、L3-1W、L1-2U、L2-2V、L3-2W；压下 KM1 后再次测量 L1-1U、L2-1V、L3-1W；压下 KM2 后再次测量 L1-2U、L2-2V、L3-2W。

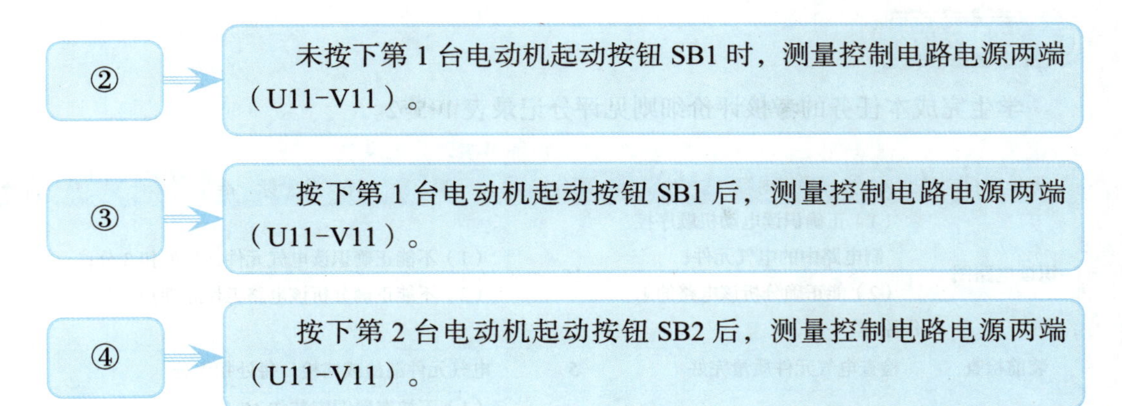
②
未按下第 1 台电动机起动按钮 SB1 时，测量控制电路电源两端（U11–V11）。
③
按下第 1 台电动机起动按钮 SB1 后，测量控制电路电源两端（U11–V11）。
④
按下第 2 台电动机起动按钮 SB2 后，测量控制电路电源两端（U11–V11）。

### 3. 通电试车

**特别提示：**

通电试车前要检查安全措施，试车时要遵守安全操作规程，出现故障时要停电检查。

为保证人身安全，在通电试车时，要认真执行安全操作规程的有关规定，一人监护，一人操作。试车前，应检查与通电试车有关的电气设备是否有不安全的因素存在，若检查出应立即整改，然后方能试车。

通电试车在指导教师监护下进行，根据电路图的控制要求独立测试。观察电动机有无震动及异常噪声，若出现故障及时断电查找排除。

### 4. 整理现场

整理现场工具及电气元件，清理现场，根据工作过程填写任务书，整理工作资料。

## 三、注意事项

（1）通电试车前，应熟悉电路的操作顺序，即先合上电源开关 QF，然后按下 SB1 后再按下 SB2 顺序起动，按下 SB3 停止。

（2）通电试车时，注意观察电动机、各电气元件及电路各部分工作是否正常。若发现异常情况，必须立即切断电源开关 QF，而不是按下 SB3，因为此时停止按钮 SB3 可能已失去作用。

（3）通电校验时，必须有指导教师在现场监护，学生应根据电路的控制要求独立进行校验，若出现故障也应自行排除。

（4）安装训练应在规定的定额时间内完成，同时要做到安全操作和文明生产。

## 任务评价

学生完成本任务的考核评价细则见评分记录表 1-5-2。

表 1-5-2 技能训练考核评分记录表

| 评价项目 | 评价内容 | 配分 | 评 分 标 准 | 得分 |
| --- | --- | --- | --- | --- |
| 识读电路图 | （1）正确识读电动机顺序控制电路中的电气元件；<br>（2）能正确分析该电路的工作原理 | 15 | （1）不能正确识读电气元件，每处扣 3 分；<br>（2）不能正确分析该电路工作原理扣 5 分 | |
| 装前检查 | 检查电气元件质量完好 | 5 | 电气元件漏检或错检，每处扣 1 分 | |
| 安装元件 | （1）按布置图安装电气元件；<br>（2）安装电气元件牢固、整齐、匀称、合理 | 15 | （1）不按布置图安装扣 15 分；<br>（2）元件安装不牢固，每只扣 3 分；<br>（3）元件安装不整齐、不均匀、不合理，每只扣 2 分；<br>（4）损坏元件扣 15 分 | |
| 布线 | （1）接线紧固、无压绝缘、无损伤导线绝缘或线芯；<br>（2）按照电路图接线，思路清晰 | 20 | （1）不按电路图接线扣 20 分；<br>（2）布线不符合要求：<br>对主电路，每根扣 4 分；<br>对控制电路，每根扣 2 分；<br>（3）接点不符合要求，每个接点扣 1 分；<br>（4）损伤导线绝缘或线芯，每根扣 5 分；<br>（5）漏装或套错编码套管，每个扣 1 分 | |
| 通电前检查 | （1）自查电路；<br>（2）仪器、仪表使用正确 | 10 | （1）漏检，每处扣 2 分；<br>（2）万用表使用错误，每次扣 3 分 | |
| 通电试车 | 在安全规范操作下，通电试车一次成功 | 20 | （1）第一次试车不成功，扣 10 分；<br>（2）第二次试车不成功，扣 20 分 | |
| 故障排查 | （1）仪器、仪表使用正确；<br>（2）在安全规范操作下，故障一次排除 | 10 | （1）第一次故障排查不成功，扣 5 分；<br>（2）第二次故障排查不成功，扣 10 分 | |
| 资料整理 | 资料书写整齐、规范 | 5 | 任务单填写不完整，扣 2～5 分 | |
| 安全文明生产 | 违反安全文明生产规程扣 2～40 分 | | | |
| 定额时间 2 h | 每超时 5 min 以内以扣 3 分计算，但总扣分不超过 10 分 | | | |
| 备 注 | 除定额时间外，各情境的最高扣分不应超过配分数 | | | |
| 开始时间 | | 结束时间 | | 总得分 |

## 任务拓展

图 1-5-15 所示是顺序起停控制电路的三种形式，其主电路与图 1-5-5 电路相同。

图 1-5-15(a) 为起动时，M1 起动后 M2 才能起动；停止时，M1 和 M2 同时停止。图 1-5-15(b) 为 M1 起动后 M2 才能起动，M1 和 M2 可以单独停止，也可以同时停止。

图 1-5-15（c）为 M1 起动后 M2 才能起动，M2 停止后 M1 才能停止。其电路工作原理可自行分析。

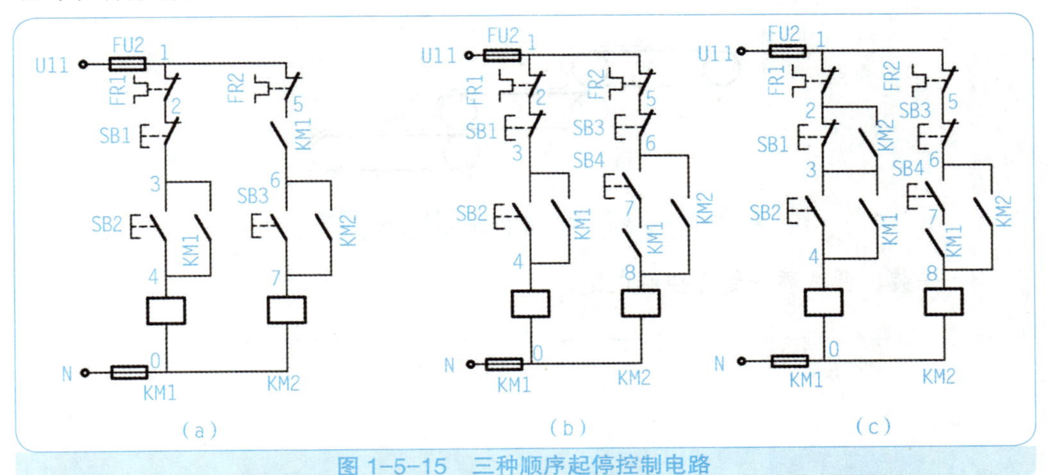


图 1-5-15　三种顺序起停控制电路

请完成上述顺序起停控制电路的安装与调试。

## 思考与练习

1. 图 1-5-16 所示电路是一种顺序起停控制电路，试分析其工作原理。

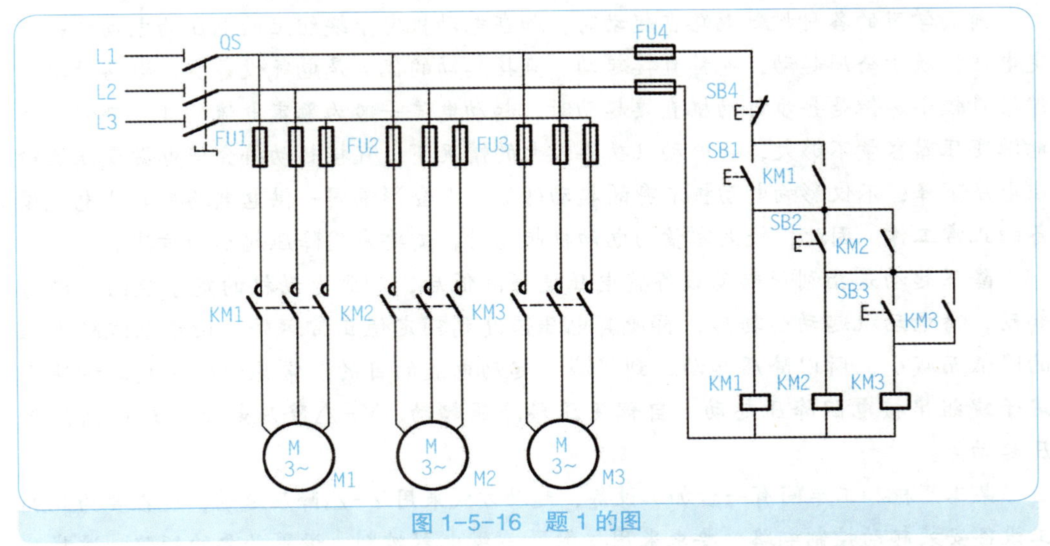


图 1-5-16　题 1 的图

2. 图 1-5-17 所示是三条传送带运输机的示意图，对于这三条传送带运输机的电气要求是：

（1）起动顺序为 1 号、2 号、3 号，即顺序起动，以防止货物在带上堆积。

（2）停止顺序为 3 号、2 号、1 号，即逆序停止，以保证停车后带上不残存货物。

（3）当1号或2号出现故障停止时，3号能随即停止，以免继续进料。

试画出三条传送带运输机的电路图。

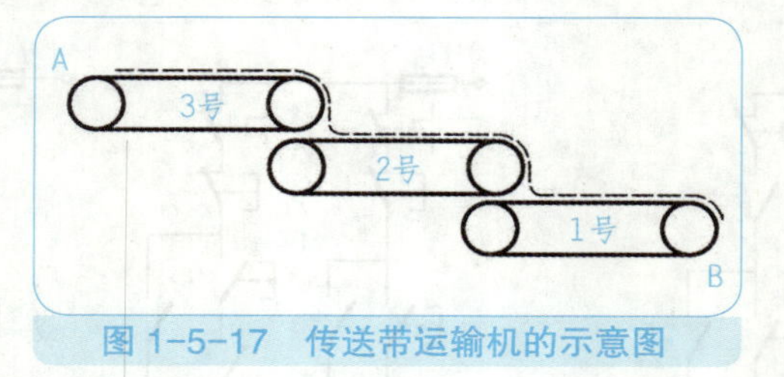


图 1-5-17 传送带运输机的示意图

3．安装、调试顺序起停控制电路。

# 任务六 安装与调试三相异步电动机降压起动控制电路

## 任务描述

前面学习的各种控制电路在起动时，加在电动机定子绕组上的电压为电动机的额定电压，属于全压起动，也称直接起动。直接起动的优点是电气设备少，电路简单，维修量较小。但是异步电动机直接起动时，起动电流一般为额定电流的 4～7 倍，在电源变压器容量不够大，而电动机功率较大的情况下，直接起动将会使电源变压器输出电压下降，不仅影响电动机本身的起动转矩，也会影响同一供电电路中其他电气设备的正常工作。因此，较大容量的电动机起动时，需要采用降压起动的方法。

降压起动是指利用起动设备将电压适当降低后，加到电动机的定子绕组上进行起动，待电动机起动运转后，再使其电压恢复到额定值正常运转。由于电流随电压的降低而减小，所以降压起动达到了减小起动电流的目的。常见的降压起动方法有定子绕组串接电阻降压起动、自耦变压器降压起动、Y-△降压起动、延边△形降压起动等。

某工厂机加工车间有一台加工设备，起动方式采用 Y-△降压起动，现在要为此加工设备安装起动控制电路，要求采用接触器 - 继电器控制，设置必要的短路、过载、欠压和失压保护，电气原理图如图 1-6-1 所示。设备所用电动机的型号为 YS6324，额定电压为 380 V，额定功率为 180 W，额定电流为 0.65 A，额定转速为 1 440 r/min。完成此加工设备 Y-△降压起动运行控制电路的安装、调试，并进行简单故障排查。

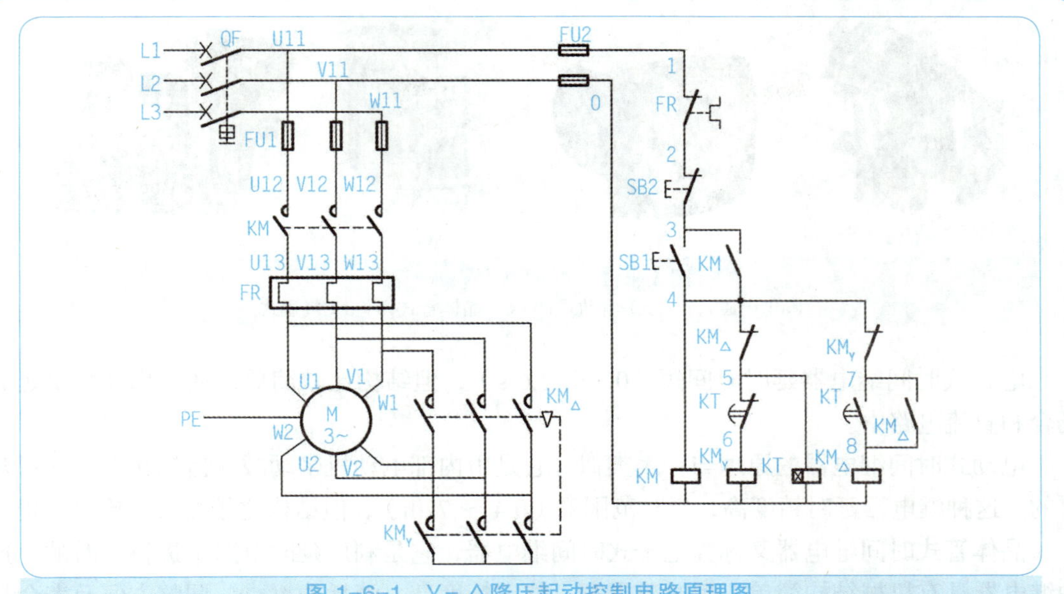


图 1-6-1　Y-△降压起动控制电路原理图

## 能力目标

（1）会正确识别、选用、安装、使用时间继电器，熟悉它的功能、基本结构、工作原理及型号意义，熟记它的图形符号和文字符号。

（2）会正确识读三相异步电动机定子绕组串接电阻降压起动、自耦变压器降压起动、Y-△降压起动、延边△形降压起动控制电路原理图，能分析其工作原理。

（3）会安装、调试三相异步电动机Y-△降压起动控制电路。

（4）能根据故障现象对三相异步电动机Y-△降压起动控制电路的简单故障进行排查。

## 知识准备

### 一、时间继电器

时间继电器也称为延时继电器，是指当加入（或去掉）输入的动作信号后，其输出电路需经过规定的准确时间才产生跳跃式变化（或触头动作）的一种继电器。也是一种利用电磁原理或机械原理实现延时控制的控制电器。时间继电器种类繁多，但目前常用的时间继电器主要有空气阻尼式、电动式、晶体管式及电磁式等几大类。其外形如图 1-6-2 所示。

空气阻尼式时间继电器又称为气囊式时间继电器，它是根据空气压缩产生的阻力来进行延时的，其结构简单，价格便宜，延时范围大（0.4 ~ 180 s），但延时精确度低。

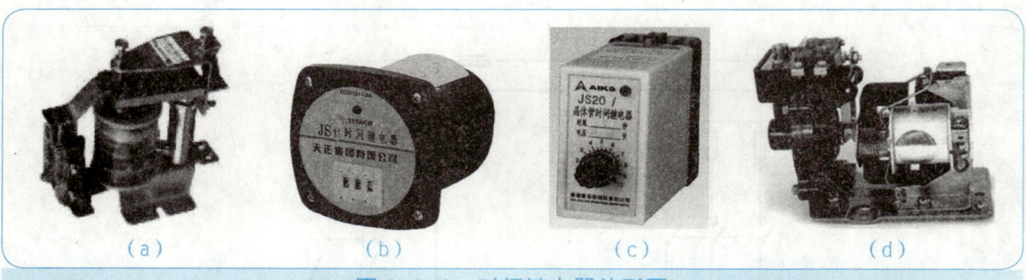

图 1-6-2 时间继电器外形图

（a）电磁式；（b）电动式；（c）晶体管式；（d）气囊式

电磁式时间继电器延时时间短（0.3 ～ 1.6 s），但结构比较简单，通常用在断电延时场合和直流电路中。

电动式时间继电器的原理与钟表类似，它是由内部电动机带动减速齿轮转动而获得延时的。这种继电器延时精度高，延时范围宽（0.4 ～ 72 h），但结构比较复杂，价格很贵。

晶体管式时间继电器又称为电子式时间继电器，它是利用延时电路来进行延时的。这种继电器具有机械结构简单、延时范围宽、整定精度高、消耗功率小、调整方便及寿命长等优点，所以发展迅速，其应用也越来越广。

时间继电器按延时方式可分为：通电延时型和断电延时型两种。通电延时型时间继电器在其感测部分接收信号后开始延时，一旦延时完毕，就通过执行部分输出信号以操纵控制电路，当输入信号消失时，继电器就立即恢复到动作前的状态（复位）。断电延时型与通电延时型相反。断电延时型时间继电器在其感测部分接收输入信号后，执行部分立即动作，但当输入信号消失后，继电器必须经过一定的延时，才能恢复到原来（即动作前）的状态（复位），并且有信号输出。

### 1. 时间继电器的结构和工作原理

气囊式时间继电器的外形结构示意图如图 1-6-3 所示。

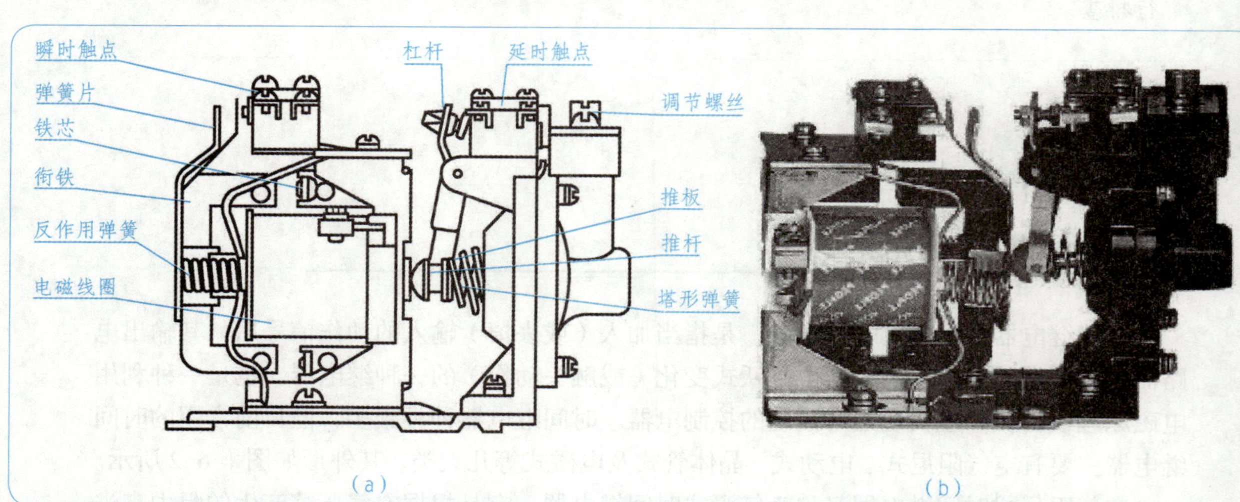


图 1-6-3 时间继电器外形结构示意图

（a）断电延时型；（b）通电延时型

图 1-6-4 所示为 JS7-A 系列时间继电器的内部结构示意图。它由电磁系统、延时机构和工作触点三部分组成。将电磁机构翻转 180° 安装后，通电延时型可以改换成断电延时型，同样，断电延时型也可改换成通电延时型。

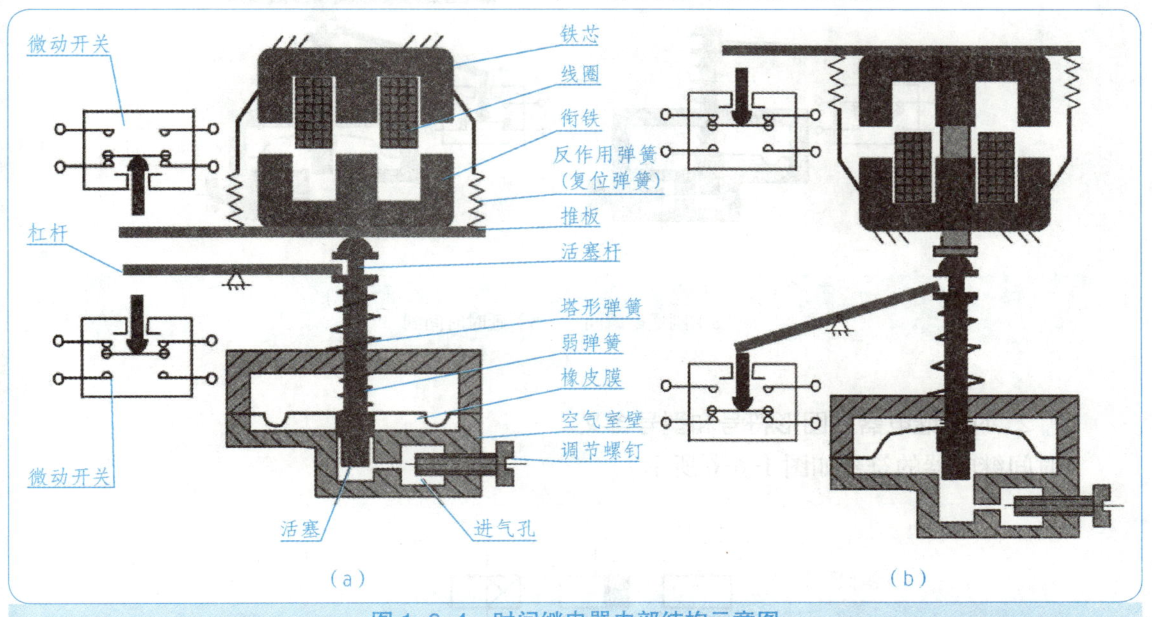


图 1-6-4　时间继电器内部结构示意图

（a）通电延时型；（b）断电延时型

在通电延时时间继电器中，当线圈通电后，铁芯将衔铁吸合，瞬时触点迅速动作（推板使微动开关立即动作），活塞杆在塔形弹簧作用下，带动活塞及橡皮膜向上移动，由于橡皮膜下方气室空气稀薄，形成负压，因此活塞杆不能迅速上移。当空气由进气孔进入时，活塞杆才逐渐上移。当移到最上端时，延时触点动作（杠杆使微动开关动作），延时时间即为线圈通电开始至微动开关动作为止的这段时间。通过调节螺杆调节进气孔的大小，就可以调节延时时间了。

线圈断电时，衔铁在复位弹簧的作用下将活塞推向最下端。因活塞被往下推时，橡皮膜下方气室内的空气都通过橡皮薄膜、弱弹簧和活塞肩部所形成的单向阀，经上气室缝隙顺利排掉，因此瞬时触点（微动开关）和延时触点（微动开关）均迅速复位。其工作原理示意图如图 1-6-5 所示。

将电磁机构翻转 180º 安装后，可形成断电延时时间继电器。它的工作原理与通电延时时间继电器的工作原理相似，线圈通电后，瞬时触点和延时触点均迅速动作；线圈失电后，瞬时触点迅速复位，延时触点延时复位。只是延时触点原常开的要当常闭用，原常闭的要当常开用。

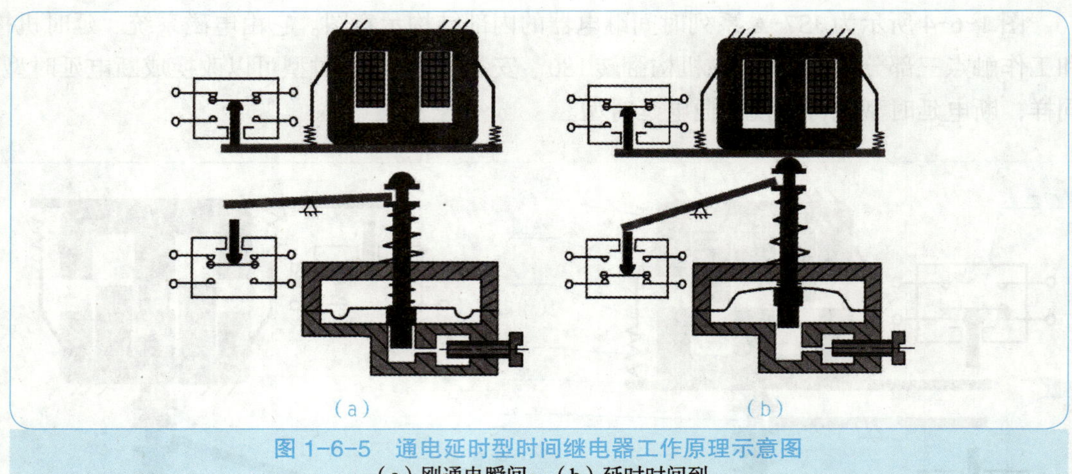


图 1-6-5　通电延时型时间继电器工作原理示意图
(a) 刚通电瞬间；(b) 延时时间到

### 2. 时间继电器的图形符号和型号含义

时间继电器的符号如图 1-6-6 所示。

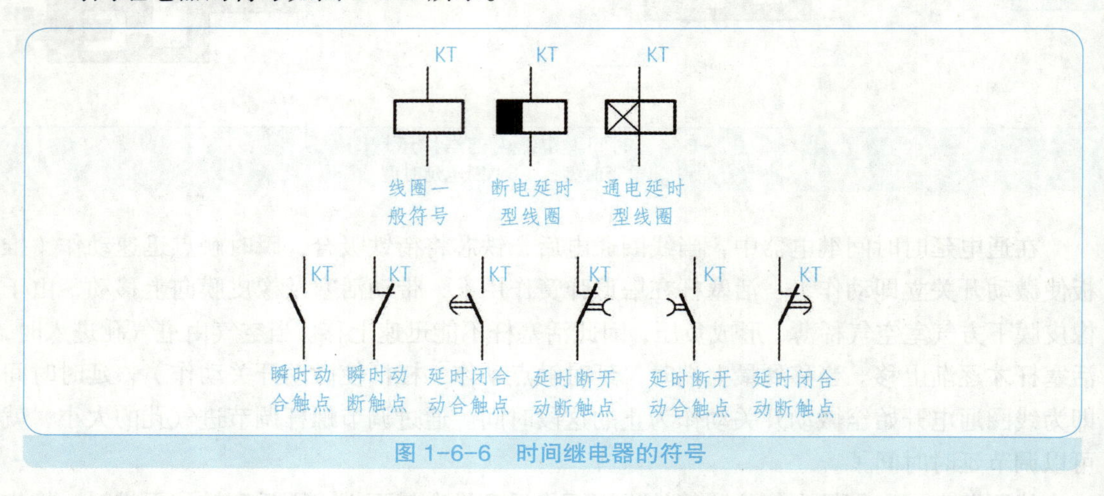


图 1-6-6　时间继电器的符号

JS7-A 系列时间继电器的型号含义如图 1-6-7 所示。JS7-A 系列空气阻尼式时间继电器主要技术参数见表 1-6-1；JS20 系列晶体管式时间继电器主要技术参数见表 1-6-2。

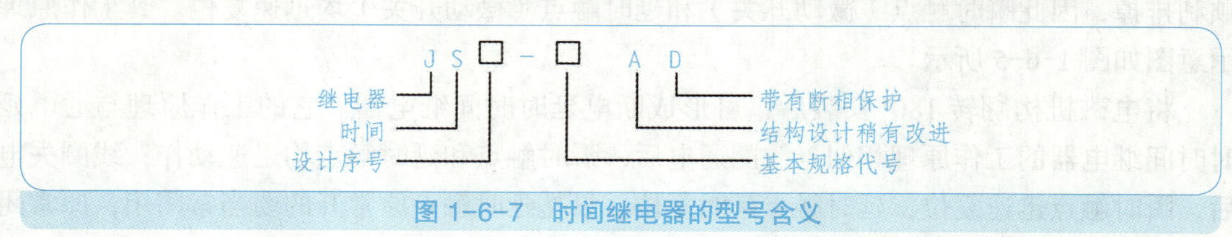


图 1-6-7　时间继电器的型号含义

其中规格代号含义：1—通电延时，无瞬时触点；2—通电延时，有瞬时触点；
3—断电延时，无瞬时触点；4—断电延时，有瞬时触点。

表 1-6-1　JS7-A 系列空气阻尼式时间继电器主要技术参数

| 型号 | 瞬时动作触头对数 | | 有延时的触头对数 | | | | 触头额定电压/V | 触头额定电流/A | 线圈电压/V | 延时范围/s | 额定操作频率/(次·h$^{-1}$) |
|---|---|---|---|---|---|---|---|---|---|---|---|
| | 常开 | 常闭 | 常开 | 常闭 | 常开 | 常闭 | | | | | |
| JS7-1A | — | — | 1 | 1 | — | — | 380 | 5 | 24、36、110、127、220、380、420 | 0.4 ～ 60 及 0.4 ～ 180 | 600 |
| JS7-2A | 1 | 1 | 1 | 1 | — | — | | | | | |
| JS7-3A | — | — | — | — | 1 | 1 | | | | | |
| JS7-4A | 1 | 1 | — | — | 1 | 1 | | | | | |

表 1-6-2　JS20 系列晶体管式时间继电器主要技术参数

| 型号 | 结构形式 | 延时整定元件位置 | 延时范围/s | 延时的触头对数 | | | | 不延时的触头对数 | | 误差/% | | 环境温度/℃ | 工作电压/V | | 功率消耗/W | 机械寿命/万次 |
|---|---|---|---|---|---|---|---|---|---|---|---|---|---|---|---|---|
| | | | | 常开 | 常闭 | 常开 | 常闭 | 常开 | 常闭 | 重复 | 综合 | | 交流 | 直流 | | |
| JS20-□/00 | 装置式 | 内接 | 0.1～300 | 2 | 2 | — | — | — | — | ±3 | ±10 | -10～40 | 36、110、127、220、380 | 24、48、110 | ≤ 5 | 1 000 |
| JS20-□/01 | 面板式 | 内接 | | 2 | 2 | | | | | | | | | | | |
| JS20-□/02 | 装置式 | 外接 | | 2 | 2 | | | | | | | | | | | |
| JS20-□/03 | 装置式 | 内接 | | 1 | 1 | — | — | 1 | 1 | | | | | | | |
| JS20-□/04 | 面板式 | 内接 | | 1 | 1 | | | 1 | 1 | | | | | | | |
| JS20-□/05 | 装置式 | 外接 | | 1 | 1 | | | 1 | 1 | | | | | | | |
| JS20-□/10 | 装置式 | 内接 | 0.1～3 600 | 2 | 2 | — | — | — | — | | | | | | | |
| JS20-□/11 | 面板式 | 内接 | | 2 | 2 | | | | | | | | | | | |
| JS20-□/12 | 装置式 | 外接 | | 2 | 2 | | | | | | | | | | | |
| JS20-□/13 | 装置式 | 内接 | | 1 | 1 | — | — | 1 | 1 | | | | | | | |
| JS20-□/14 | 面板式 | 内接 | | 1 | 1 | | | 1 | 1 | | | | | | | |
| JS20-□/15 | 装置式 | 外接 | | 1 | 1 | | | 1 | 1 | | | | | | | |
| JS20-□D/00 | 装置式 | 内接 | 0.1～180 | — | — | 2 | 2 | — | — | | | | | | | |
| JS20-□D/01 | 面板式 | 内接 | | | | 2 | 2 | | | | | | | | | |
| JS20-□D/02 | 装置式 | 外接 | | | | 2 | 2 | | | | | | | | | |

### 3. 时间继电器的选择和使用

#### 1）时间继电器的选择

（1）类型选择：凡是对延时要求不高的场合，一般采用价格较低的 JS7-A 系列时间继电器，对于延时要求较高的场合，可选用晶体管式时间继电器。

（2）延时方式的选择：时间继电器有通电延时和继电延时两种，应根据控制电路的要求来选择哪一种延时方式的时间继电器。

（3）线圈电压的选择：根据控制电路电压来选择时间继电器吸引线圈的电压。

2）时间继电器的使用

（1）时间继电器的整定值应预先在不通电时整定好，并在试车时校验。

（2）JS7-A 系列时间继电器只要将线圈转动 180° 即可将通电延时改为断电延时。

（3）JS7-A 系列时间继电器由于无刻度，故不能准确地调整延时时间。

### 4. 时间继电器的检测

1）测量线圈（见图 1-6-8）

（1）将万用表打在电阻“*R*×100”挡，调零。

（2）通过表笔接触线圈两端接线螺丝 A1、A2，测量线圈电阻，若为零，说明短路；若为无穷大，说明开路；若测得电阻，说明正常。

2）测量触点（见图 1-6-9）

将表笔点击任意两端点，手动推动衔铁，模拟时间继电器动作，延时时间到后，若表针从无穷大指向零，说明这对触点是动合触点，若表针从零指向无穷大，说明这对触点是动断触点；若表针不动，说明这两点不是一对触点。

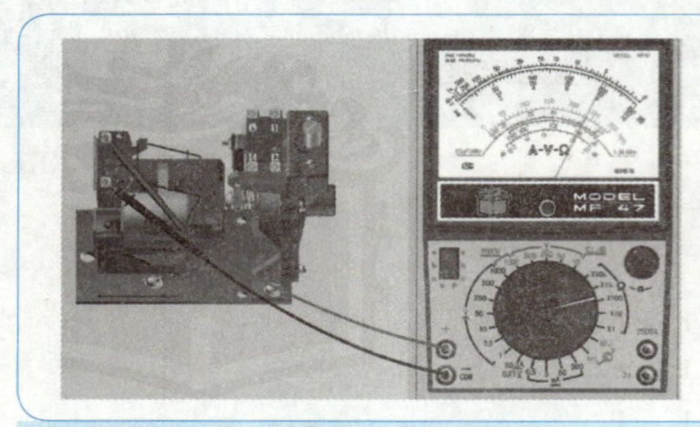


图 1-6-8 测量时间继电器线圈

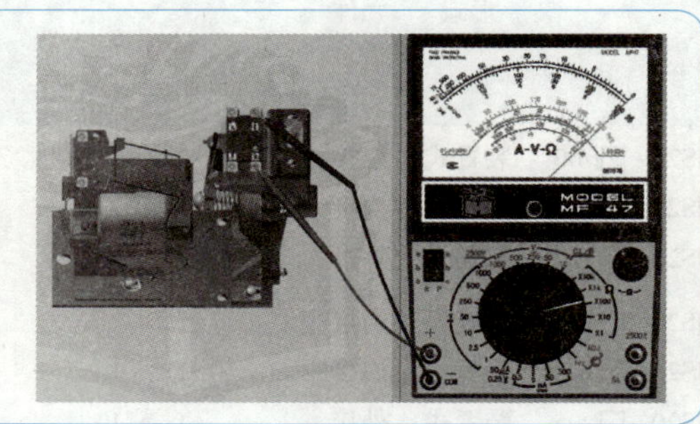


图 1-6-9 测量时间继电器触点

## 二、电阻器

在定子绕组串接电阻起动控制电路中，起动电阻一般采用 ZX 系列电阻器。它是由电阻值比较小的单片电阻组合而成的，有多个抽头以满足不同的电阻值需要。ZX 系列电阻器的外形如图 1-6-10 所示；其型号含义如图 1-6-11 所示；接线图如图 1-6-12 所示。

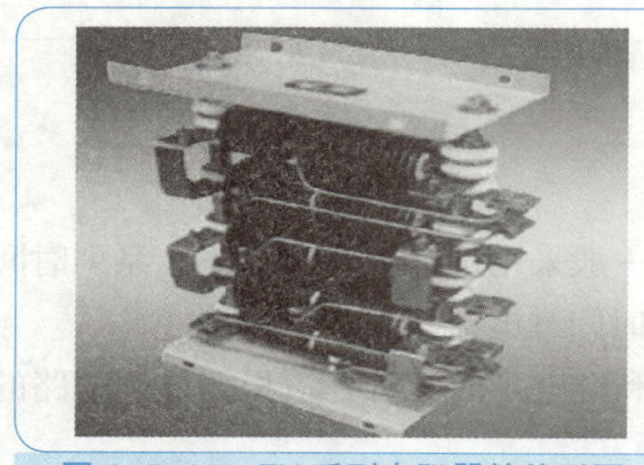

图 1-6-10 ZX 系列电阻器的外形图

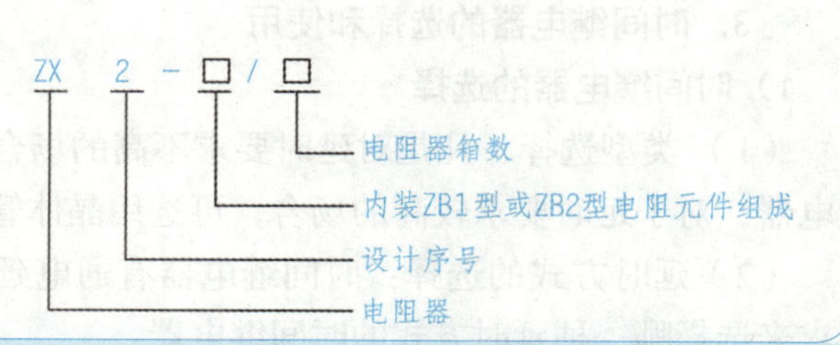


图 1-6-11 ZX 系列电阻器的型号含义

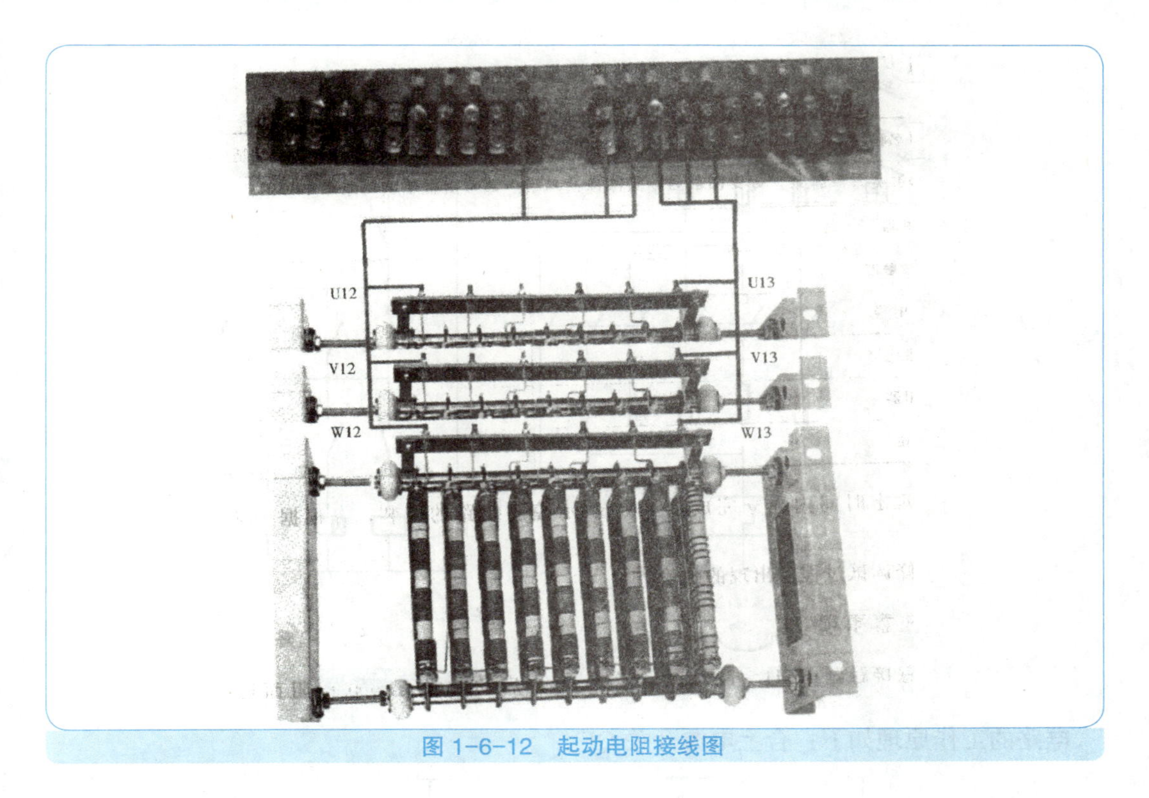

图 1-6-12　起动电阻接线图

### 1．电阻值的确定

起动电阻一般采用下列公式计算确定，即：

$$R = 190 \times \frac{I_{st} - I'_{st}}{I_{st} I'_{st}}$$

式中　$I_{st}$——电动机全压起动电流（A），取额定电流的 4 ～ 7 倍；

$I'_{st}$——串电阻的起动电流（A），取额定电流的 2 ～ 3 倍；

$R$——电动机每相串接的起动电阻值（Ω）。

### 2．功率的确定

$$P = \frac{1}{3} I_{N}^{2} R$$

## 三、定子绕组串接电阻降压起动控制电路

定子绕组串接电阻降压起动是指在电动机起动时，把电阻串接在电动机定子绕组与电源之间，通过电阻的分压作用来降低定子绕组上的起动电压。待电动机起动后，再将电阻短接，使电动机在额定电压下正常运行。时间继电器实现的定子绕组串接电阻降压起动自动控制电路图如图 1-6-13 所示。

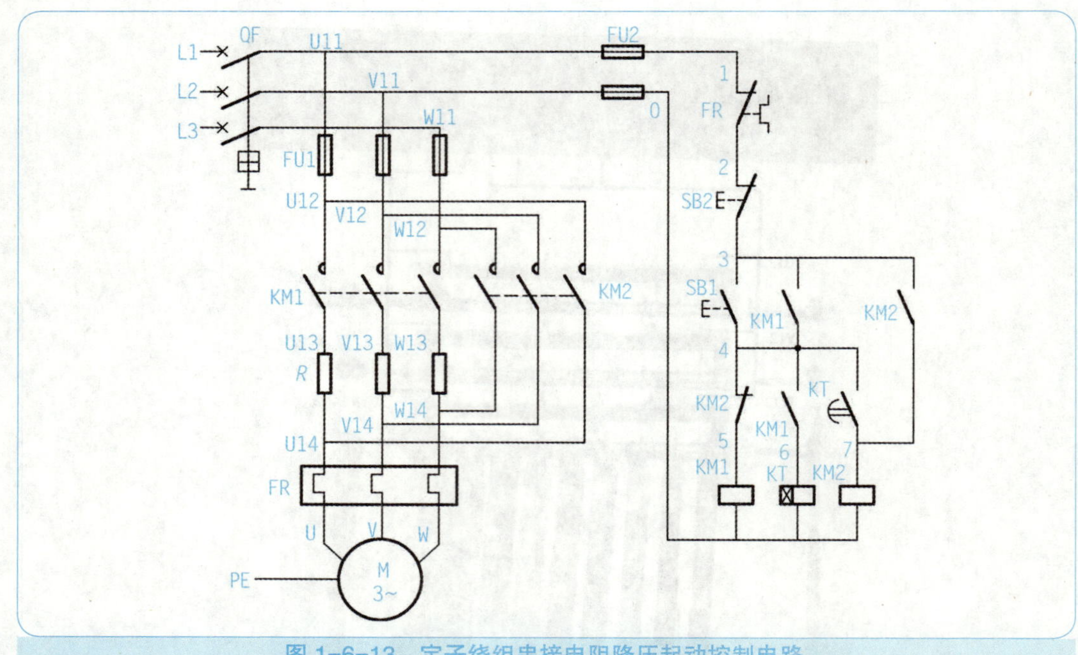


图 1-6-13 定子绕组串接电阻降压起动控制电路

电路的工作原理如下：合上电源开关 QF。

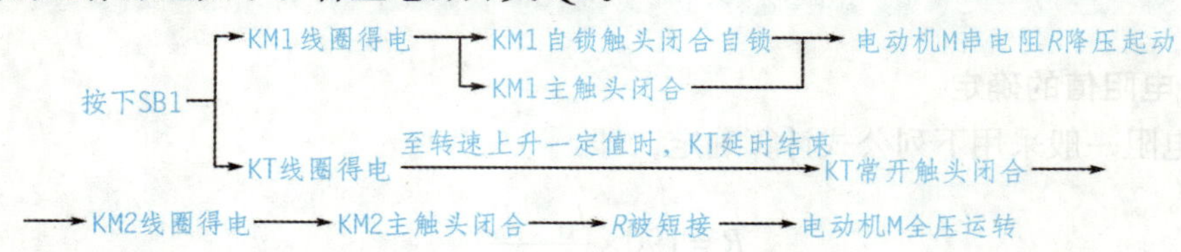


停止时，按下 SB2 即可实现。

该电路中，KM2 的三对主触头不是直接并接在起动电阻 *R* 两端，而是把接触器 KM1 的主触头也并接了进去，这样接触器 KM1 和时间继电器 KT 只作短时间的降压起动用，待电动机全压运转后就全部从电路中切除，从而延长了接触器 KM1 和时间继电器 KT 的使用寿命，节省了电能，提高了电路的可靠性。

串电阻降压起动的缺点是起动时在电阻上消耗了比较大的功率。如果起动频繁，则电阻的温度很高，对于精密的机床会产生一定的影响，因此，目前这种降压起动的方法，在生产实际中的应用正在逐步减少。

## 四、Y-△降压起动控制电路

Y-△降压起动是指电动机起动时，把定子绕组接成 Y 形，以降低起动电压，限制起动电流。待电动机起动后，再把定子绕组改接成△形，使电动机在额定电压下正常运行。凡是在正常运行时定子绕组作△形连接的异步电动机，均可采用这种降压起动方法。

电动机起动时接成Y形，加在每相定子绕组上的起动电压只有△形接法的$\frac{1}{\sqrt{3}}$，起动电流为△形接法的$\frac{1}{3}$，起动转矩也只有△接法的$\frac{1}{3}$。所以这种降压起动方法，只适用于轻载或空载下起动。

图 1-6-14 所示是时间继电器自动控制的Y-△降压起动控制电路，该电路由三个接触器、一个热继电器、一个时间继电器和两个按钮组成。时间继电器 KT 用作控制Y形降压起动时间和完成Y-△自动切换。

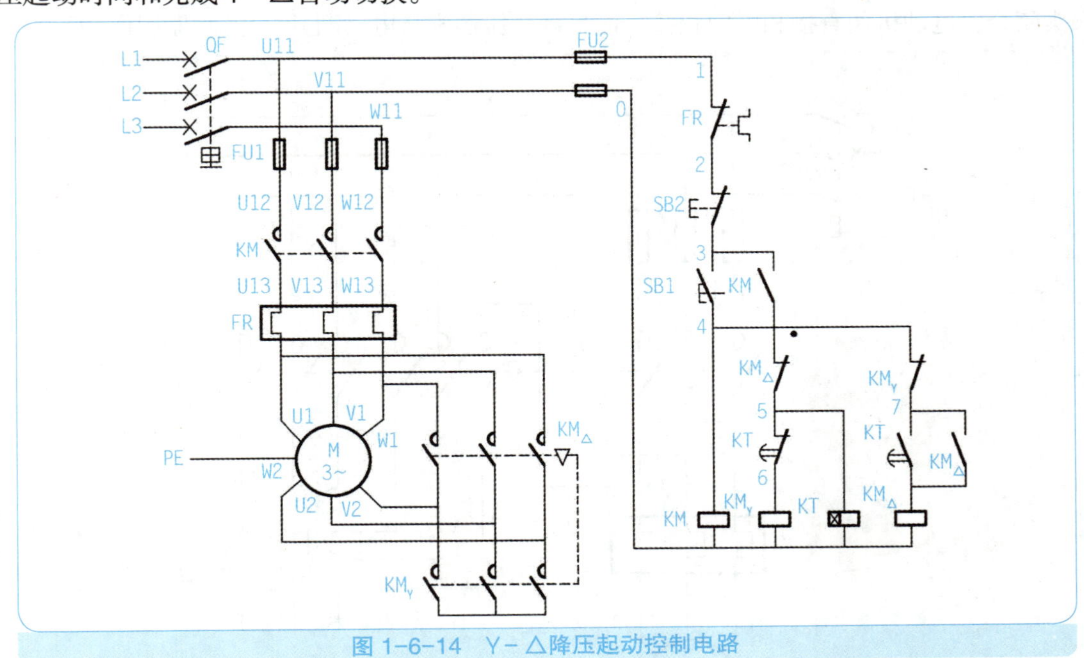


图 1-6-14　Y-△降压起动控制电路

按下SB1
- → $KM_Y$线圈得电
  - → $KM_Y$常开触头闭合 → KM线圈得电
    - → KM自锁触头闭合自锁
    - → KM主触头闭合
  - → $KM_Y$主触头闭合 → 电动机M接成Y降压起动
  - → $KM_Y$联锁触头分断对$KM_\triangle$联锁
- → KT线圈得电 —当M转速上升到一定值时，KT延时结束→ KT常闭触头分断 →

→ $KM_Y$线圈失电
- → $KM_Y$常开触头分断
- → $KM_Y$主触头分断，解除Y形连接
- → $KM_Y$联锁触头闭合 → $KM_\triangle$线圈得电 →

- → $KM_\triangle$联锁触头分断
  - → 对$KM_Y$联锁
  - → KT线圈失电 → KT常闭触头瞬时闭合
- → $KM_\triangle$主触头闭合 → 电动机M接成△形全压运行

停止时按下 SB2 即可。

## 五、自耦变压器降压起动控制电路

自耦变压器降压起动是指电动机起动时利用自耦变压器来降低加在电动机定子绕组上的起动电压。待电动机起动后，再使电动机与自耦变压器脱离，在额定电压下正常运行。

图 1-6-15 所示为用自耦变压器降压起动控制电路的主电路。起动时，接触器 KM1、KM2 主触头闭合，使电动机的定子绕组接到自耦变压器的副绕组。此时加在定子绕组上的电压小于电网电压，从而减小了起动电流。等到电动机的转速升高后，接触器 KM3 主触头闭合，电动机便直接和电网相接，而自耦变压器则与电网断开，电动机全压运行。

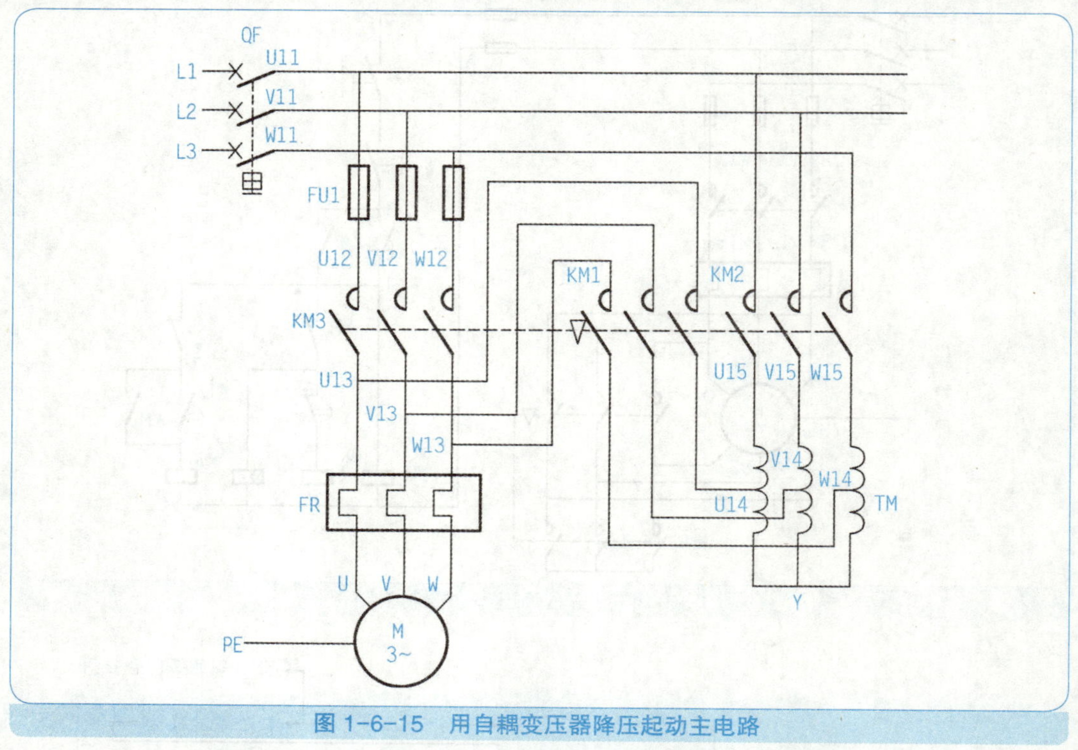


图 1-6-15　用自耦变压器降压起动主电路

XJ01 系列自耦降压起动箱是我国生产的自耦变压器降压起动自动控制设备，广泛用于频率为 50 Hz、电压为 380 V、功率为 14 ～ 300 kW 的三相笼型异步电动机的降压起动。XJ01 系列自耦降压起动箱的外形及内部结构如图 1-6-16 所示。

XJ01 系列自耦降压起动箱是由自耦变压器、交流接触器、中间继电器、热继电器、时间继电器和按钮等电气元件组成。

XJ01 型自耦降压起动箱降压起动的电路图如图 1-6-17 所示。虚线框内的按钮是异地控制按钮。整个控制电路分为三部分：主电路、控制电路和指示电路。

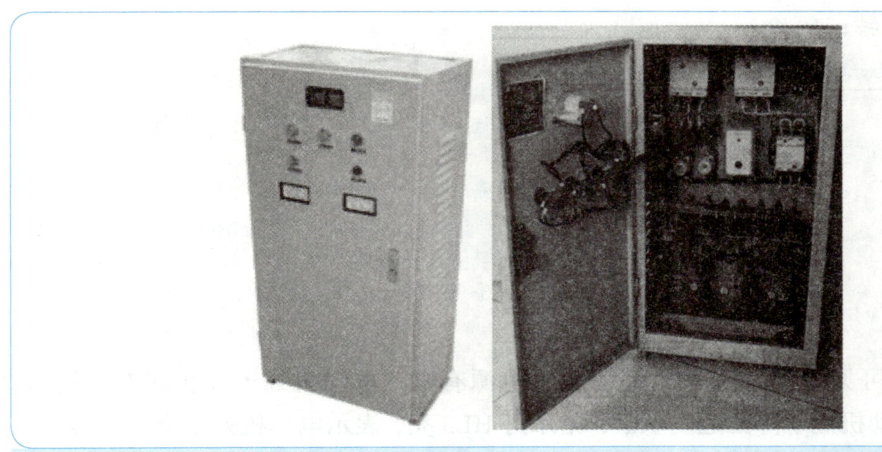

图 1-6-16　XJ01 系列自耦降压起动箱的外形及内部结构

其电路的工作原理如下：合上电源开关 QF。

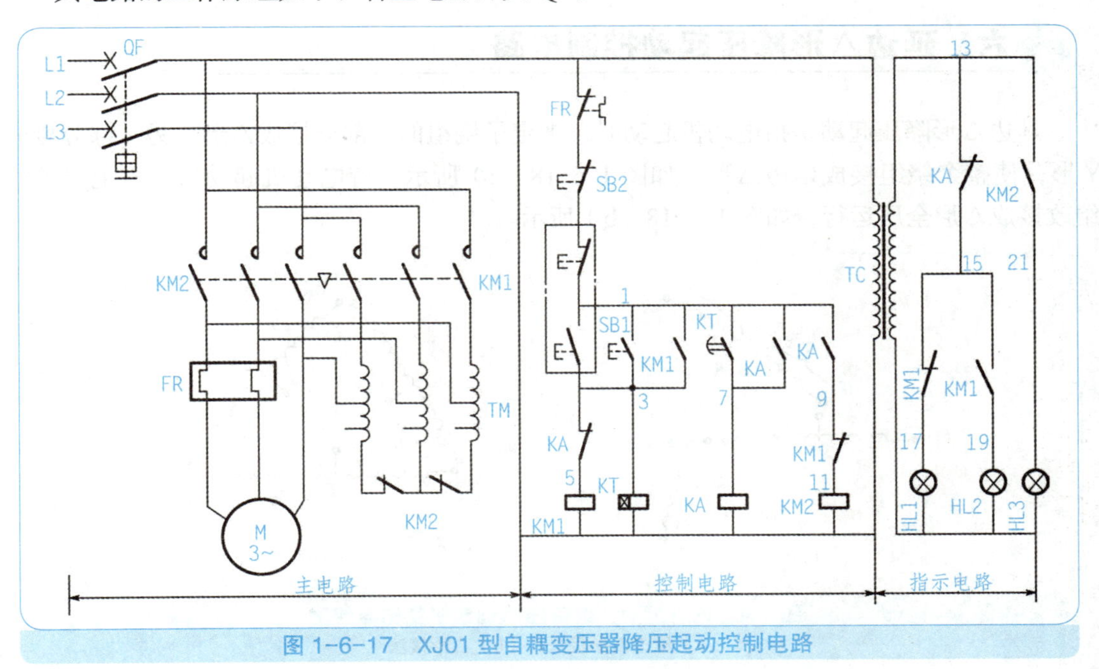


图 1-6-17　XJ01 型自耦变压器降压起动控制电路

（1）降压起动：

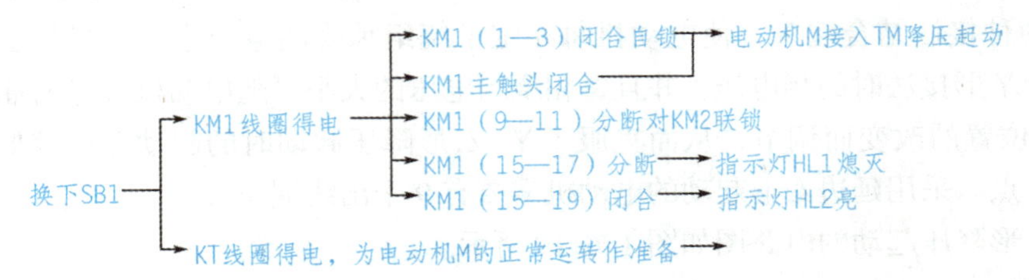

（2）全压运转：

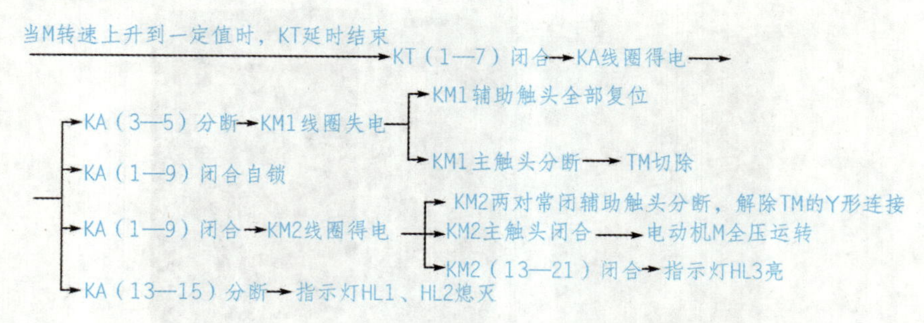


由以上分析可见，指示灯 HL1 亮，表示电源有电，电动机处于停止状态；指示灯 HL2 亮，表示电动机处于降压起动状态；指示灯 HL3 亮，表示电动机处于全压运转状态。

停止时，按下停止按钮 SB2，控制电路失电，电动机停转。

## 六、延边△形降压起动控制电路

延边△形降压起动是指电动机起动时，把定子绕组的一部分接成△形，另一部分接成Y形，使整个绕组接成延边△形，如图 1-6-18（a）所示。待电动机起动后，再把定子绕组改接成△形全压运行，如图 1-6-18（b）所示。

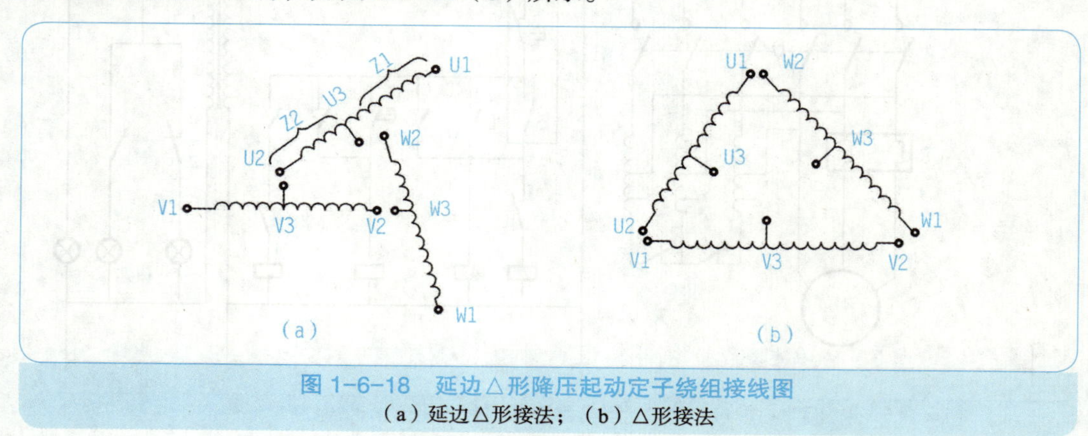


图 1-6-18　延边△形降压起动定子绕组接线图

（a）延边△形接法；（b）△形接法

延边△形降压起动是在 Y- △降压的基础上加以改进而形成的一种起动方式，它把Y形和△形两种接法结合起来，使电动机每相定子绕组承受的电压小于△形接法时的相电压，而大于Y形接法时的相电压，并且每相绕组电压的大小可随电动机绕组的抽头（U3、V3、W3）位置的改变而调节，从而克服了 Y- △形降压起动时的起动电压偏低、起动转矩偏小的缺点。采用延边△形起动的电动机需要有 9 个出线端。

延边△形降压起动的电路图如图 1-6-19 所示。

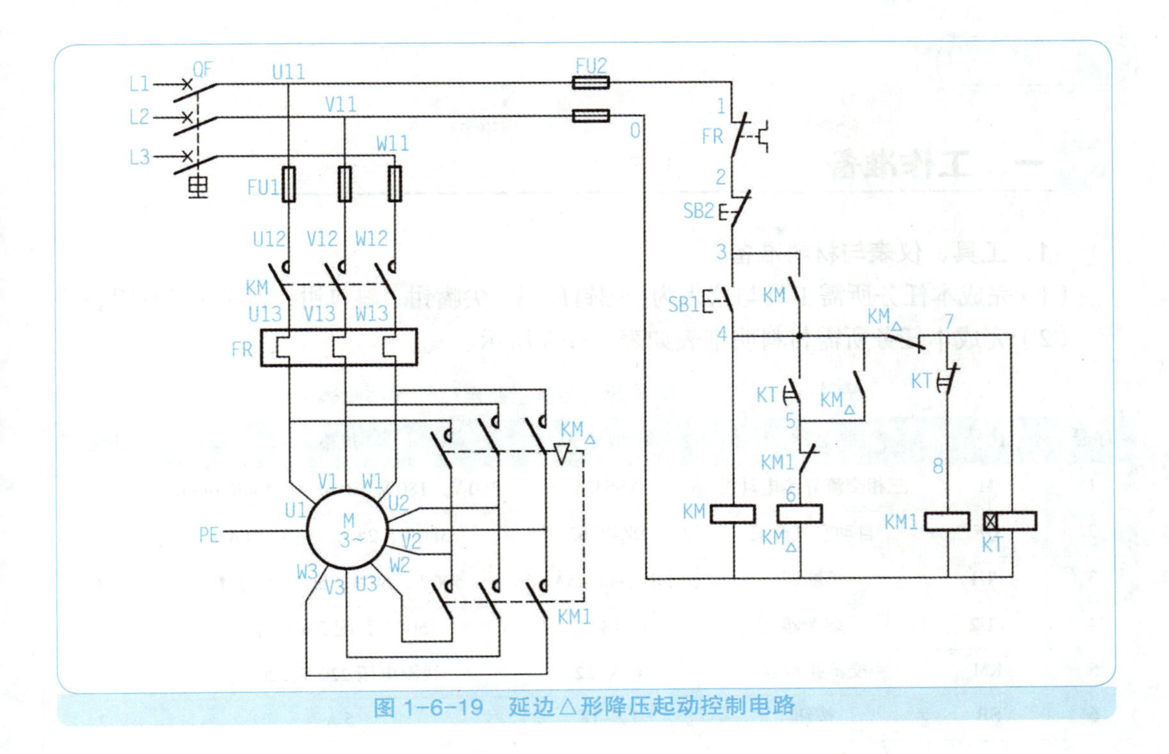


图 1-6-19　延边△形降压起动控制电路

其工作原理如下：合上电源开关 QS。

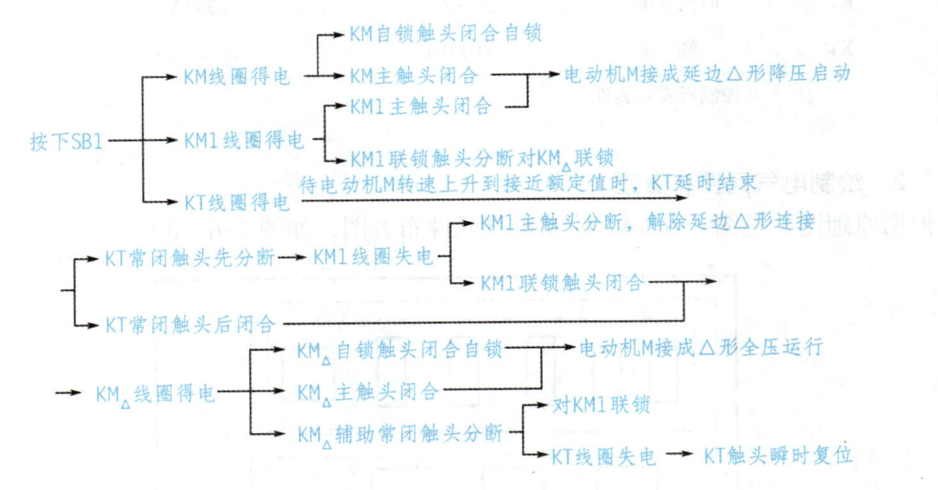


停止时按下 SB2 即可。

任务实施

## 一、工作准备

### 1. 工具、仪表与材料准备

（1）完成本任务所需工具与仪表为：螺钉旋具、尖嘴钳、斜口钳、剥线钳、万用表等。

（2）完成本任务所需材料明细表如表 1-6-3 所示。

表 1-6-3　Y-△降压起动控制电路电气元件明细表

| 序号 | 代号 | 名称 | 型号 | 规格 | 数量 |
|---|---|---|---|---|---|
| 1 | M | 三相交流异步电动机 | YS6324 | 380 V，180 W，0.65 A，1 440 r/min | 1 |
| 2 | QF | 自动空气开关 | DZ47-63 | 380 V，25 A，整定 20 A | 1 |
| 3 | FU1 | 熔断器 | RL1-60/25A | 500 V，60 A，配 25 A 熔体 | 3 |
| 4 | FU2 | 熔断器 | RT18-32 | 500 V，配 2 A 熔体 | 2 |
| 5 | KM | 交流接触器 | CJX-22 | 线圈电压 220 V，20 A | 3 |
| 6 | SB | 按钮 | LA-18 | 5 A | 2 |
| 7 | FR | 热继电器 | JR16-20/3 | 三相，20 A，整定电流 1.55 A | 1 |
| 8 | KT | 时间继电器 | JS7-2A | 380 V | 1 |
| 9 | XT | 端子板 | TB1510 | 600 V，15 A | 1 |
| 10 |  | 控制板安装套件 |  |  | 1 |

### 2. 绘制电气元件布置图

根据原理图（见图 1-6-14）绘制电气元件布置图，如图 1-6-20 所示。

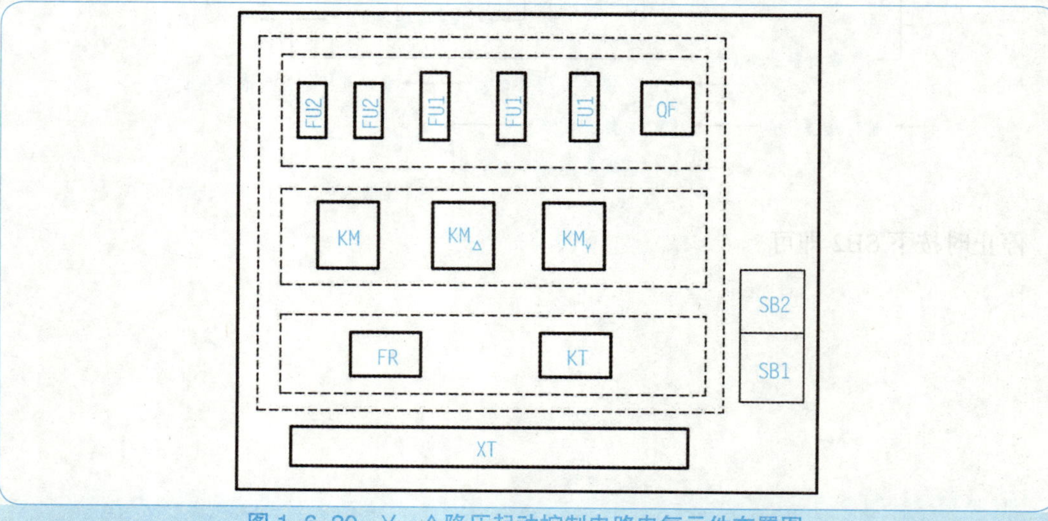


图 1-6-20　Y-△降压起动控制电路电气元件布置图

### 3. 绘制电路接线图

Y-△降压起动控制电路接线图，如图 1-6-21 所示。

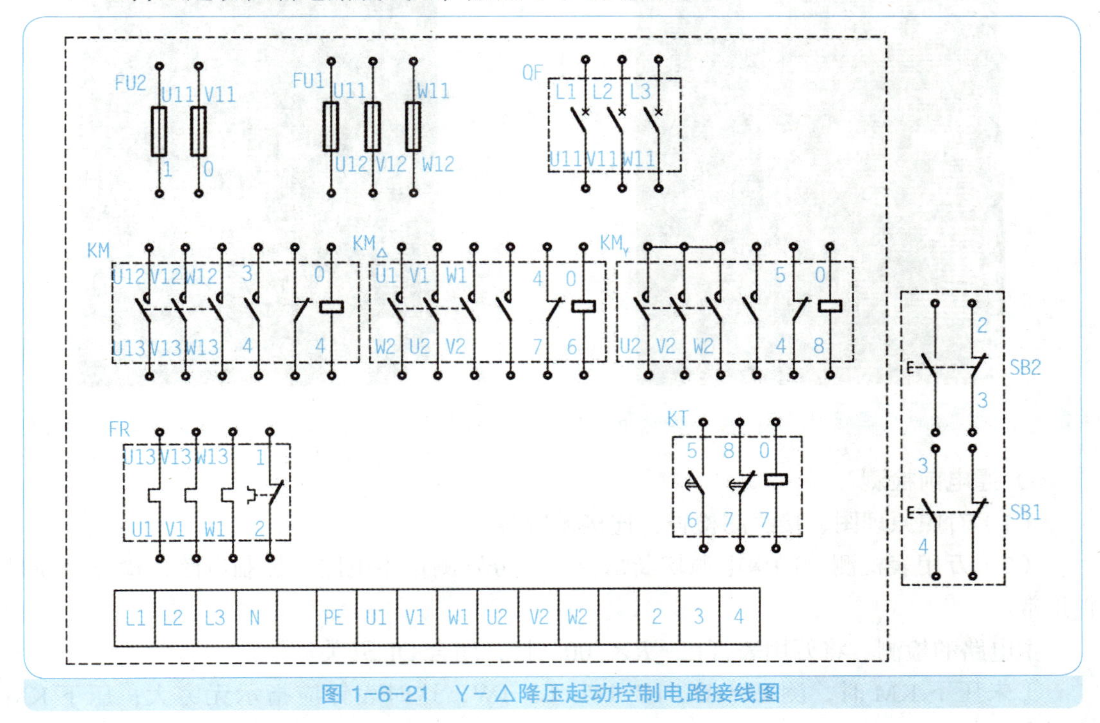

图 1-6-21　Y-△降压起动控制电路接线图

## 二、安装、调试步骤及工艺要求

### 1. 检测电气元件

根据表 1-6-3 配齐所用电气元件，其各项技术指标均应符合规定要求，目测其外观无损坏，手动触头动作灵活，并用万用表进行质量检验，如不符合要求，则予以更换。

### 2. 安装电路

1）安装电气元件

在控制板上按图 1-6-20 安装电气元件和走线槽，其排列位置、相互距离应符合要求。紧固力适当，无松动现象。工艺要求参照任务四，实物布置图如图 1-6-22 所示。

2）布线

在控制板上按照图 1-6-14 和图 1-6-21 进行板前线槽布线，并在导线两端套编码套管和冷压接线头，先安装电源电路，再安装主电路、控制电路；安装好后清理线槽内杂物，并整理导线；盖好线槽盖板，整理线槽外部电路，保持导线的高度一致性。安装完成的电路板如图 1-6-23 所示。板前线槽配线的工艺要求参照项目一中的任务四。

3）安装电动机

具体操作可参考任务一。

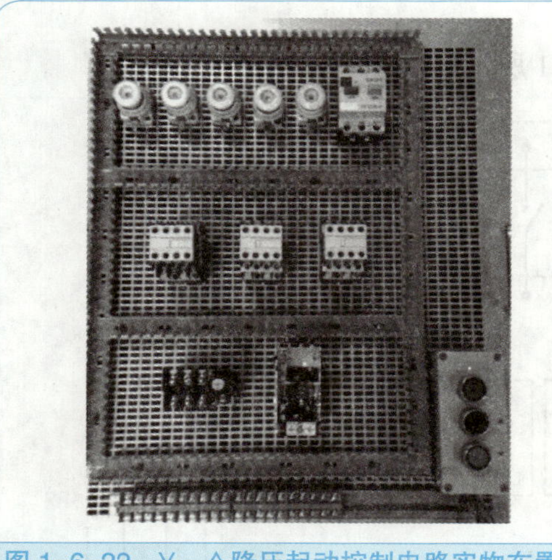

图 1-6-22 Y－△降压起动控制电路实物布置图

图 1-6-23 Y－△降压起动控制电路电路板

4）通电前检测

（1）对照原理图、接线图检查，连接无遗漏。

（2）万用表检测：确保电源切断情况下，分别测量主电路、控制电路，检查通断是否正常。

主电路的检测：将万用表打在“$R\times100$”挡，闭合 QF 开关。

①未压下 KM 时，测 L1-1U、L2-1V、L3-1W，这时表针应指示无穷大；压下 KM 后再次测量 L1-1U、L2-1V、L3-1W，这时表针应右偏指零。

②压下 $KM_{Y}$，测量 W2-U2、U2-V2、V2-W2，这时表针应右偏指零。

③压下 $KM_{\triangle}$，测量 U1-W2、V1-U2、W1-V2，这时表针应右偏指零。

控制电路的检测：将万用表打在“$R\times100$”或“$R\times1K$”挡，表笔分别置于熔断器 FU2 的 1 和 0 位置。（测 KM、$KM_{Y}$、$KM_{\triangle}$、KT 线圈阻值均为 2 kΩ）

①按下 SB1，表针右偏，指示数值一般小于 1 kΩ，为 KM、$KM_{Y}$、KT 三线圈并联直流电阻值。

②同时按下 SB1、$KM_{\triangle}$，表针微微左偏，指示数值为 KM、$KM_{\triangle}$并联直流电阻值。

③同时按下 SB1、$KM_{\triangle}$、$KM_{Y}$，表针继续左偏，指示数值为 KM 直流电阻值。

④按下 SB1、再按下 SB2，表针指示无穷大。

（3）用兆欧表检查电路的绝缘电阻的阻值，应不得小于 1 MΩ。

### 3. 通电试车

**特别提示：**

通电试车前要检查安全措施，试车时要遵守安全操作规程，出现故障时要停电检查。

为保证人身安全，在通电试车时，要认真执行安全操作规程的有关规定，一人监护，一人操作。试车前，应检查与通电试车有关的电气设备是否有不安全的因素存在，若检查出应立即整改，然后方能试车。

时间继电器的整定值，应在不通电时预先整定好。通电试车在指导教师监护下进行，根据电路图的控制要求独立测试。观察电动机有无震动及异常噪声，若出现故障及时断电查找排除。

### 4. 整理现场

整理现场工具及电气元件，清理现场，根据工作过程填写任务书，整理工作资料。

## 三、注意事项

（1）用 Y－△降压起动控制的电动机，必须有 6 个出线端子，且定子绕组在△形接法时的额定电压等于三相电源的线电压。

（2）接线时，要保证电动机△形接法的正确性，即接触器主触头闭合时，应保证定子绕组的 U1 与 W2、V1 与 U2、W1 与 V2 相连接。

（3）接触器 $KM_Y$ 的进线必须从三相定子绕组的末端引入，若误将其首端引入，则在 $KM_Y$ 吸合时，会产生三相电源短路事故。

（4）控制板外部配线，必须按要求一律装在导线通道内，使导线有适当的机械保护，以防止液体、铁屑和灰尘的侵入。在训练时，可适当降低要求，但必须以能确保安全为条件，如采用多芯橡皮线或塑料护套软线。

（5）通电校验前，要再检查一下熔体规格及时间继电器、热继电器的各整定值是否符合要求。

（6）通电校验时，必须有指导教师在现场监护，学生应根据电路的控制要求独立进行校验，若出现故障也应自行排除。

（7）做到安全操作和文明生产。

## 任务评价

学生完成本任务的考核评价细则见评分记录表 1-6-4。

表 1-6-4　技能训练考核评分记录表

| 评价项目 | 评价内容 | 配分 | 评　分　标　准 | 得分 |
|---|---|---|---|---|
| 识读电路图 | （1）正确识读 Y－△降压起动控制电路中的电气元件；<br>（2）能正确分析该电路的工作原理 | 15 | （1）不能正确识读电气元件，每处扣 3 分；<br>（2）不能正确分析该电路工作原理扣 5 分 | |
| 装前检查 | 检查电气元件质量完好 | 5 | 电气元件漏检或错检，每处扣 1 分 | |
| 安装元件 | （1）按布置图安装电气元件；<br>（2）安装电气元件牢固、整齐、匀称、合理 | 15 | （1）不按布置图安装扣 15 分；<br>（2）元件安装不牢固，每只扣 3 分；<br>（3）元件安装不整齐、不均匀、不合理，每只扣 2 分；<br>（4）损坏元件扣 15 分 | |

续表

| 评价项目 | 评价内容 | 配分 | 评 分 标 准 | 得分 |
|---|---|---|---|---|
| 布线 | （1）接线紧固、无压绝缘、无损伤导线绝缘或线芯；<br>（2）按照电路图接线，思路清晰 | 20 | （1）不按电路图接线扣20分；<br>（2）布线不符合要求：<br>对主电路，每根扣4分；<br>对控制电路，每根扣2分；<br>（3）接点不符合要求，每个接点扣1分；<br>（4）损伤导线绝缘或线芯，每根扣5分；<br>（5）漏装或套错编码套管，每个扣1分 | |
| 通电前检查 | （1）自查电路；<br>（2）仪器、仪表使用正确 | 10 | （1）漏检，每处扣2分；<br>（2）万用表使用错误，每次扣3分 | |
| 通电试车 | 在安全规范操作下，通电试车一次成功 | 20 | （1）第一次试车不成功，扣10分；<br>（2）第二次试车不成功，扣20分 | |
| 故障排查 | （1）仪器、仪表使用正确；<br>（2）在安全规范操作下，故障一次排除 | 10 | （1）第一次故障排查不成功，扣5分；<br>（2）第二次故障排查不成功，扣10分 | |
| 资料整理 | 资料书写整齐、规范 | 5 | 任务单填写不完整，扣2～5分 | |
| 安全文明生产 | 违反安全文明生产规程扣2～40分 | | | |
| 定额时间2 h | 每超时5 min以内以扣3分计算，但总扣分不超过10分 | | | |
| 备 注 | 除定额时间外，各情境的最高扣分不应超过配分数 | | | |
| 开始时间 | | 结束时间 | | 总得分 |

## 任务拓展

按钮切换的Y-△形降压起动控制电路如图1-6-24所示。

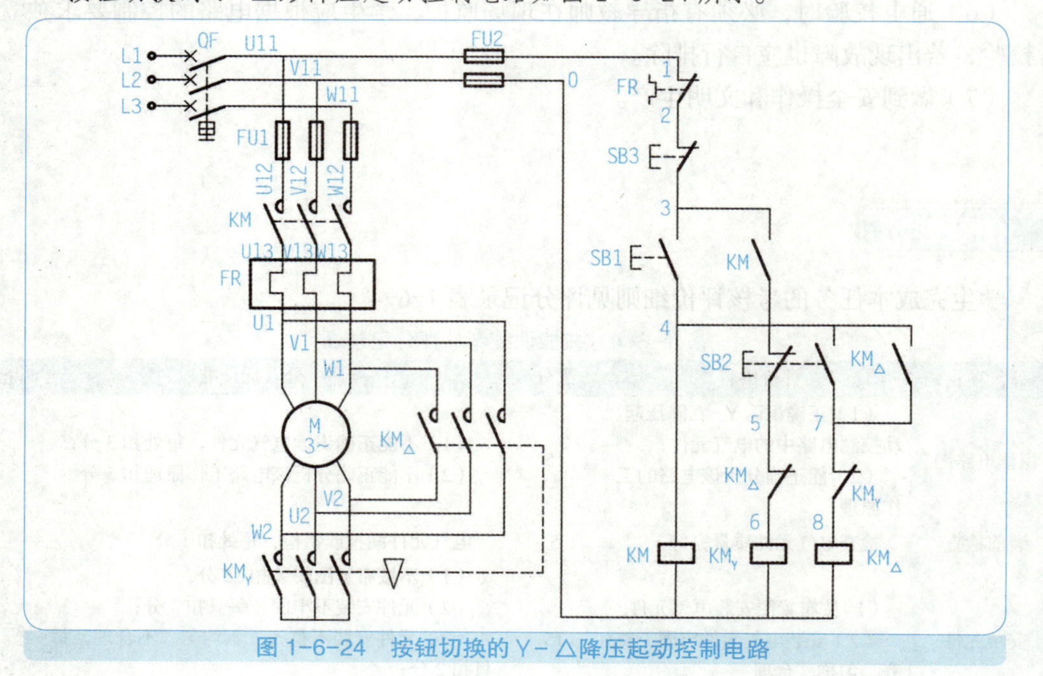


图1-6-24 按钮切换的Y-△降压起动控制电路

电路工作原理如下：合上电源开关 QF。

（1）电动机 Y 形接法降压起动：

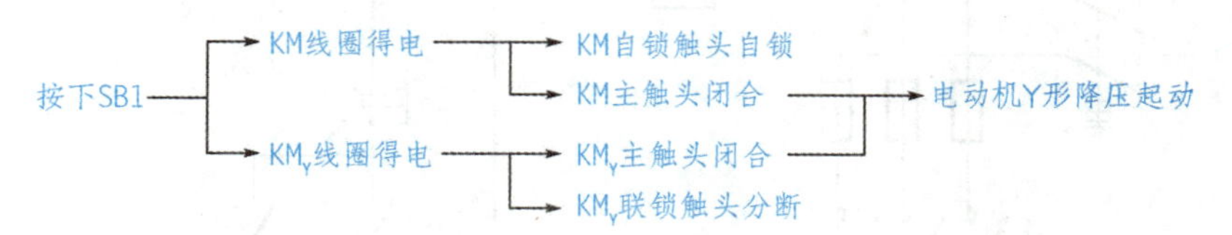


（2）电动机△形接法全压运行：当电动机转速上升并接近额定值时，

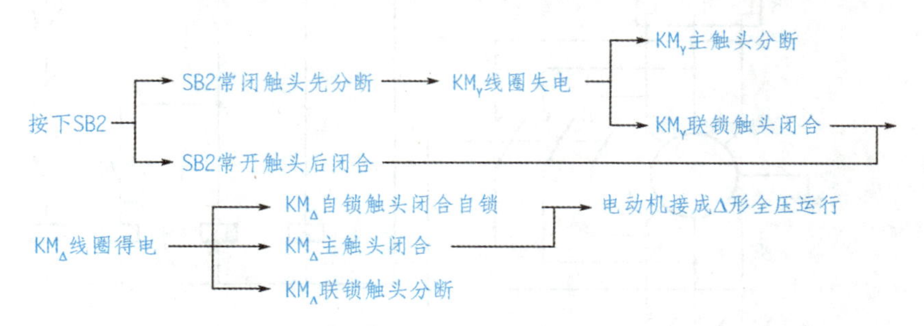


（3）停止时，按下 SB3 即可实现。

这种控制电路由起动到全压运行，需要两次按动按钮，不太方便，并且切换时间也不易准确掌握，通常采用时间继电器自动控制 Y-△降压起动控制电路。

请完成上述按钮切换的 Y-△降压起动控制电路的安装与调试。

## 思考与练习

1. 什么叫降压起动？常见的降压起动方法有哪几种?
2. 图 1-6-25 能否正常实现 Y-△降压起动？若不能，请说明原因并改正。
3. 分析图 1-6-17 XJ01 型自耦变压器降压起动控制电路的工作原理。
4. 图 1-6-26 能否正常实现串联电阻降压起动？若不能，请说明原因并改正。
5. 安装、调试按钮切换的 Y-△降压起动控制电路。

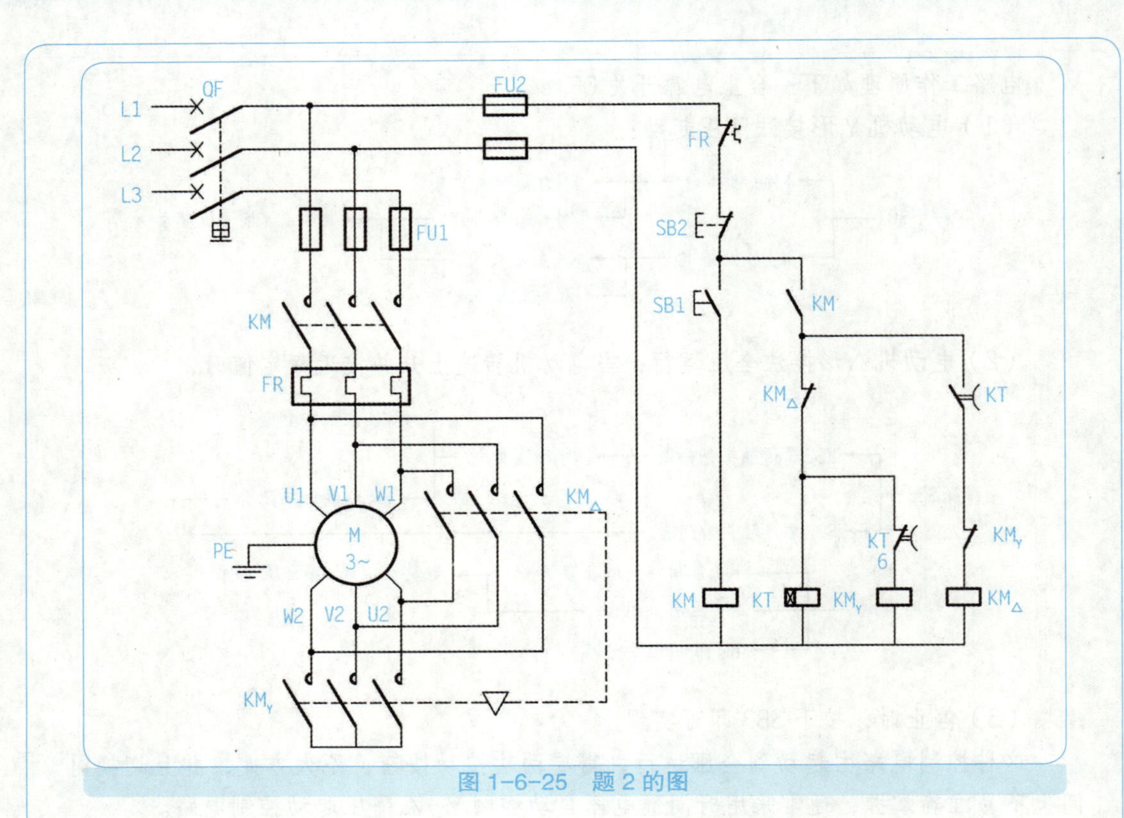

图 1-6-25 题 2 的图

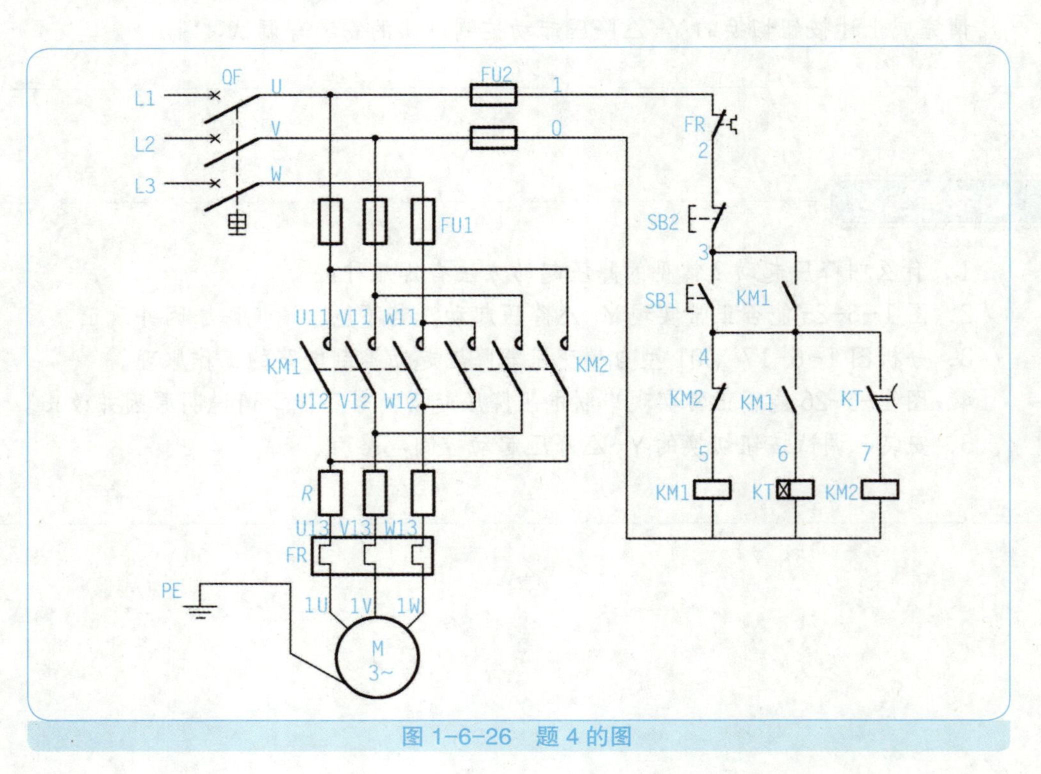

图 1-6-26 题 4 的图

# 任务七　安装与调试三相异步电动机制动控制电路

## 任务描述

由前面的任务可知，三相异步电动机定子绕组脱离电源后，由于惯性作用，转子不会马上停止转动，而是需要转动一段时间才会完全停下来。这往往不能满足某些生产机械的工艺要求，也影响了生产率的提高，并造成运动部件停位不准确。如起重机的吊钩需要准确定位、万能铣床要求立即停转等，为此应对驱动电动机进行制动。所谓制动是给电动机一个与转动方向相反的转矩使它迅速停转。制动的方法一般有两类：机械制动和电力制动。

T68 型卧式镗床是一种精密加工机床，现在要为某车间此镗床主轴电动机安装制动控制电路，要求采用接触器－继电器控制，制动方式采用反接制动，设置必要的短路、过载、欠压和失压保护，电气原理图可参照图 1-7-1。电动机的型号为 YS6324，额定电压为 380 V，额定功率为 180 W，额定电流为 0.65 A，额定转速为 1 440 r/min。试完成镗床主轴电动机制动控制电路的安装、调试，并进行简单故障排查。

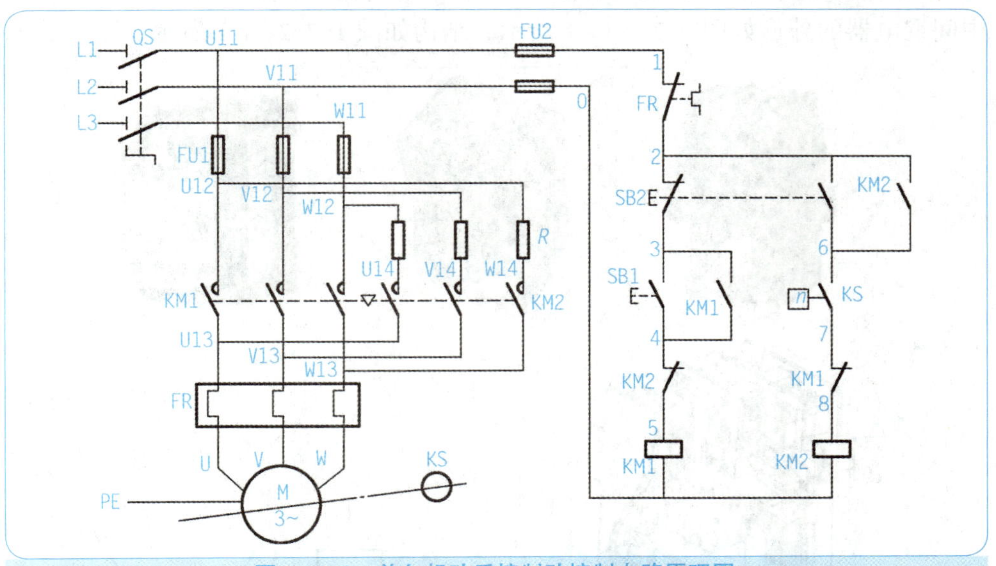


图 1-7-1　单向起动反接制动控制电路原理图

## 能力目标

（1）会正确识别、使用中间继电器、速度继电器，熟悉它的功能、基本结构、工作原理及型号意义，熟记它的图形符号和文字符号。

（2）会正确识读三相异步电动机电磁抱闸制动器断电制动和通电制动控制电路、单向起动能耗制动控制电路、单向起动反接制动控制电路原理图，能分析其工作原理。

（3）会安装、调试三相异步电动机单向起动反接制动控制电路。

（4）能根据故障现象对三相异步电动机单向起动反接制动控制电路的简单故障进行排查。

**知识准备**

## 一、中间继电器

中间继电器是用来增加控制电路中的信号数量或将信号放大的继电器。其输入信号是线圈的通电和断电，输出信号是触头的动作。当触头的数量较多时，可以用中间继电器来控制多个元件或回路。

中间继电器可分为直流与交流两种，其结构一般由电磁机构和触点系统组成。电磁机构与接触器相似，其触点因为通过控制电路的电流容量较小，所以不需加装灭弧装置。

### 1. 中间继电器的外形结构与符号

中间继电器的外形如图 1-7-2（a）所示，结构如图 1-7-2（b）所示，图 1-7-2（c）

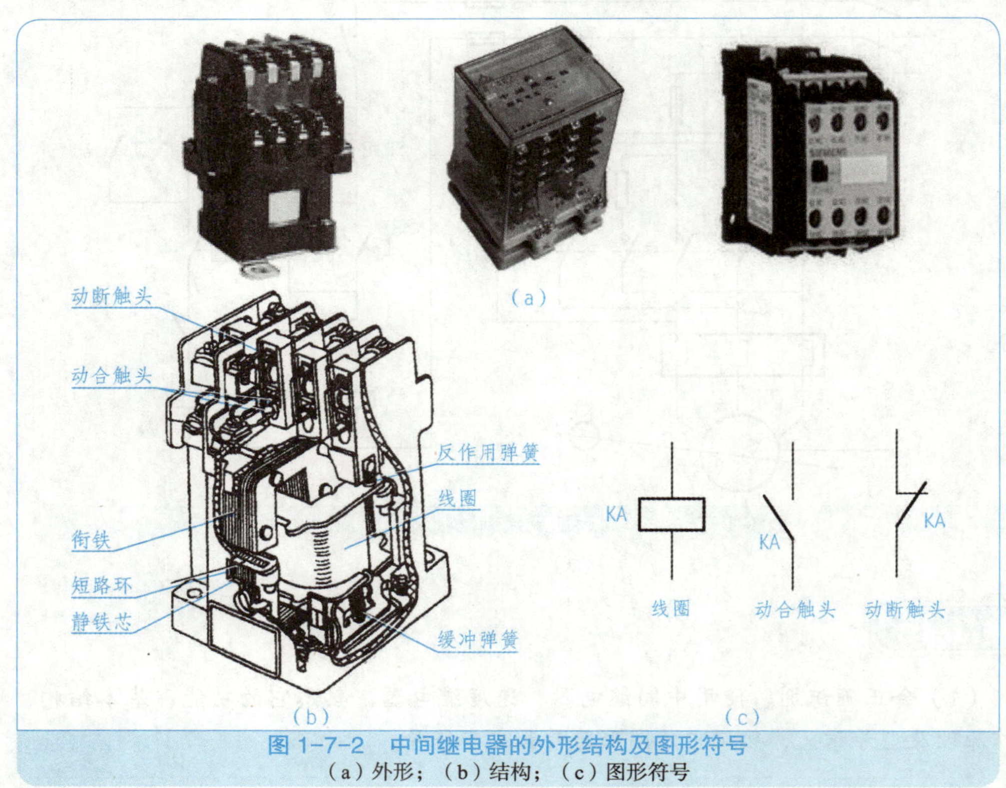


图 1-7-2 中间继电器的外形结构及图形符号

（a）外形；（b）结构；（c）图形符号

为中间继电器的图形符号，其文字符号为 KA。

中间继电器的结构和交流接触器基本一样，其外壳一般由塑料制成，为开启式。外壳上的相间隔板将各对触点隔开，以防止因飞弧而发生短路事故。触点一般有 8 动合、6 动合 2 动断、4 动合 4 动断三种组合形式。

### 2．中间继电器的动作原理

中间继电器与交流接触器相似，动作原理也相同，当电磁线圈得电时，铁芯被吸合，触点动作，即动合触点闭合，动断触点断开；电磁线圈断电后，铁芯释放，触点复位。

### 3．中间继电器的型号含义

中间继电器的型号含义如图 1-7-3 所示：

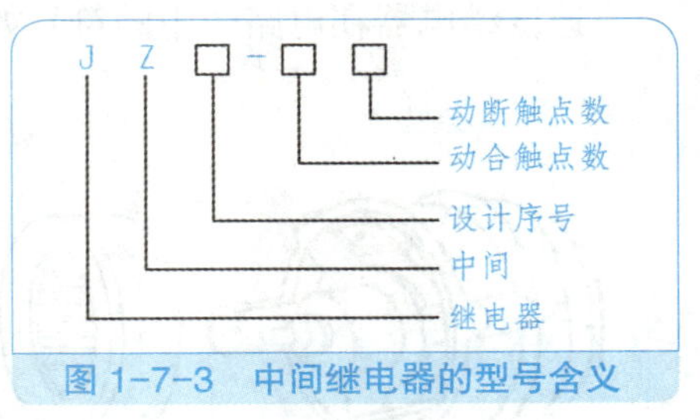

图 1-7-3　中间继电器的型号含义

### 4．中间继电器的选用

中间继电器主要依据被控制电路的电压等级、所需触头的数量、种类、容量等要求来选择。常用中间继电器的技术数据见表 1-7-1。

表 1-7-1　JZ7 系列中间继电器的技术数据

| 型号 | 触头额定电压 /V | | 触头额定电流 /A | 触头数量 | | 操作频率 /(次·$h^{-1}$) | 吸引线圈电压 /V | | 吸引线圈消耗功率 /(V·A) | |
|---|---|---|---|---|---|---|---|---|---|---|
| | 直流 | 交流 | | 常开 | 常闭 | | 50 Hz | 60 Hz | | |
| JZ7-44 | 440 | 500 | 5 | 4 | 4 | 1 200 | 12、24、36、48、110、127、220、380、420、440、500 | 12、36、110、127、220、380、440 | 75 | 12 |
| JZ7-62 | 440 | 500 | 5 | 6 | 2 | 1 200 | | | 75 | 12 |
| JZ7-80 | 440 | 500 | 5 | 8 | 0 | 1 200 | | | 75 | 12 |

## 二、速度继电器

速度继电器主要用于三相异步电动机反接制动的控制电路中，它的任务是当三相电源的相序改变以后，产生与实际转子转动方向相反的旋转磁场，从而产生制动力矩。因此，使电动机在制动状态下迅速降低速度。在电动机转速接近零时立即发出信号，切断电源使之停车（否则电动机开始反方向起动），图 1-7-4 所示为速度继电器的外形。

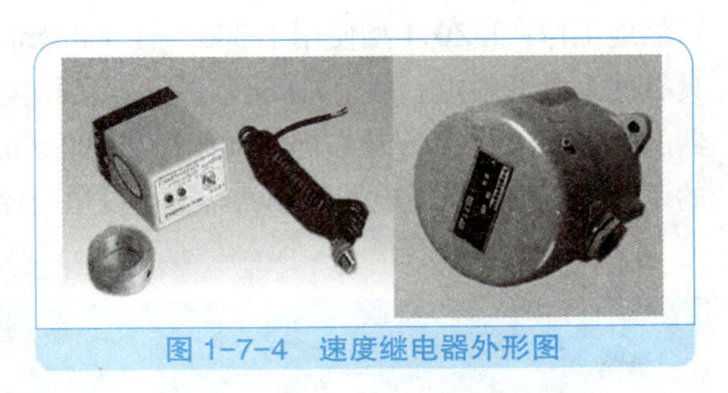
图 1-7-4　速度继电器外形图

### 1．速度继电器的结构

JY1 型速度继电器的结构如图 1-7-5（a）所示，它主要由定子、转子、可动支架、触头及端盖组成。转子由永久磁铁制成，固定在转轴上；定子由硅钢片叠成并装有笼型短路绕组，能做小范围偏转；触头有两组，一组在转子正转时动作，另一组在反转时动作。

### 2. 速度继电器的工作原理

JY1 型速度继电器的原理如图 1-7-5（b）所示。使用时，速度继电器的转轴与电动机的转轴连接在一起。当电动机旋转时，速度继电器的转子随之旋转，在空间产生旋转磁场，旋转磁场在定子绕组上产生感应电动势及感应电流，感应电流又与旋转磁场相互作用而产生电磁转矩，使得定子以及与之相连的胶木摆杆偏转。当定子偏转到一定角度时，胶木摆杆推动簧片，使继电器触头动作；当转子转速减小到接近零时，由于定子的电磁转矩减小，胶木摆杆恢复原状态，触头也随即复位。

速度继电器在电路图中的符号如图 1-7-5（c）所示。

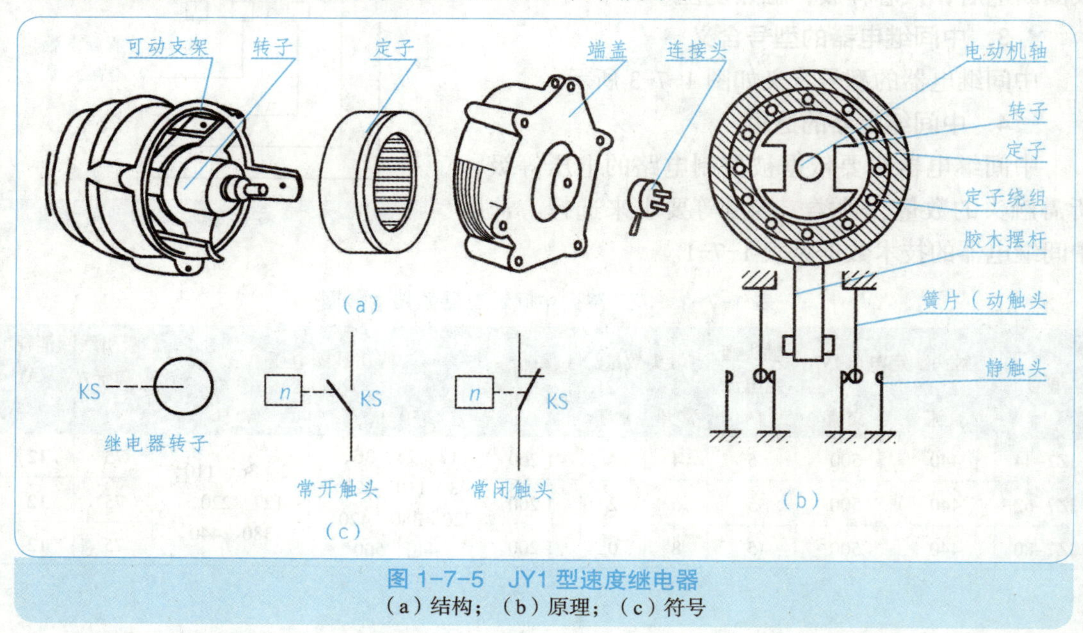


图 1-7-5　JY1 型速度继电器
（a）结构；（b）原理；（c）符号

### 3. 速度继电器的型号含义及技术数据

常用的速度继电器有 JY1 型和 JFZ0 型两种。其中，JY1 型可在 700 ～ 3 600 r/min 范围内可靠地工作；JFZ0-1 型使用于 300 ～ 1 000 r/min；JFZ0-2 型适用于 1 000 ～ 3 600 r/min。他们具有两个常开触点、两个常闭触点，触点额定电压为 380 V，额定电流为 2 A。一般速度继电器的转轴在 130 r/min 左右即能动作，在 100 r/min 时触头即能恢复到正常位置。可以通过螺钉的调节来改变速度继电器动作的转速，以适应控制电路的要求。其技术数据见表 1-7-2。

表 1-7-2　JY1 型和 JFZ0 型速度继电器的技术数据

| 型号 | 触头额定电压 /V | 触头额定电流 /A | 触头数量 | | 额定工作转速 /（r · min$^{-1}$） | 允许操作频率 /（次 · h$^{-1}$） |
|---|---|---|---|---|---|---|
| | | | 正转动作 | 反转动作 | | |
| JY1 | 380 | 2 | 1 组转换触头 | 1 组转换触头 | 100 ～ 3 000 | ＜30 |
| JFZ0-1 | | | 1 常开、1 常闭 | 1 常开、1 常闭 | 300 ～ 1 000 | |
| JFZ0-2 | | | 1 常开、1 常闭 | 1 常开、1 常闭 | 1 000 ～ 3 000 | |

JFZ0 型速度继电器的型号含义如图 1-7-6 所示。

#### 4. 速度继电器的选择与使用

1）速度继电器的选择

速度继电器主要根据所需控制的转速大小、触头数量和电压、电流来选用。

2）速度继电器的使用

（1）速度继电器的转轴应与电动机同轴连接。

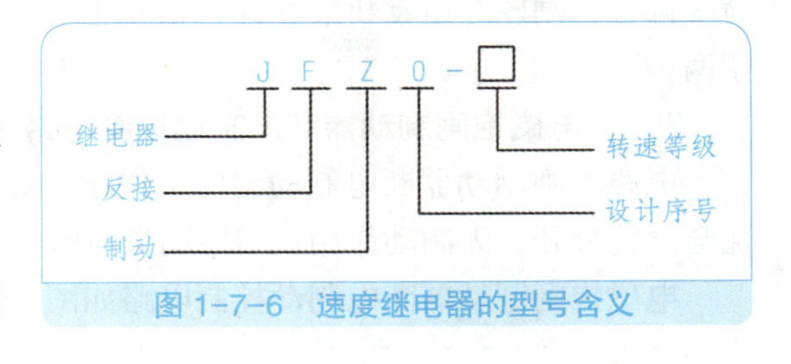

图 1-7-6　速度继电器的型号含义

（2）速度继电器安装接线时，正反向的触头不能接错，否则不能起到反接制动时接通和断开反向电源的作用。

## 三、机械制动

利用机械装置使电动机断开电源后迅速停转的方法叫作机械制动。机械制动常用的方法有电磁抱闸制动器制动和电磁离合器制动两种。两者的制动原理类似，控制电路也基本相同。

#### 1. 电磁抱闸制动器

图 1-7-7 所示为常用的交流制动电磁铁与闸瓦制动器的外形，它们配合使用共同组成电磁抱闸制动器，其结构和符号如图 1-7-8 所示。

图 1-7-7　制动电磁铁与闸瓦制动器的外形

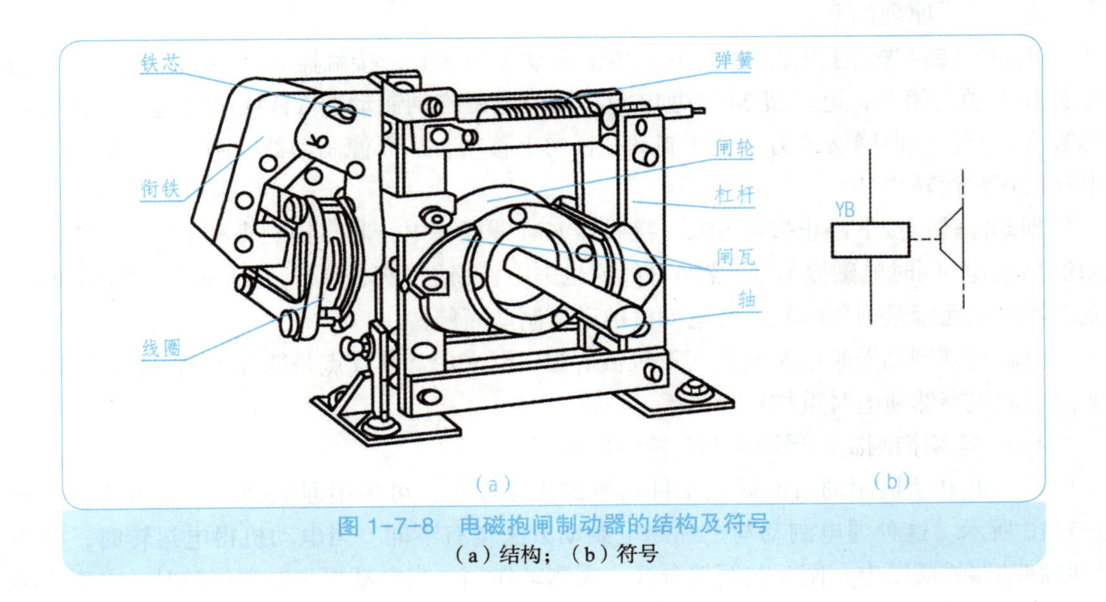

图 1-7-8　电磁抱闸制动器的结构及符号
（a）结构；（b）符号

制动电磁铁由铁芯、衔铁和线圈三部分组成。闸瓦制动器包括闸轮、闸瓦、杠杆和弹簧等部分，闸轮与电动机装在同一根转轴上。电磁抱闸制动器分为断电制动型和通电制动型两种。

### 2. 电磁抱闸制动器断电制动控制电路

电磁抱闸制动器断电制动型的工作原理是：当制动电磁铁的线圈得电时，制动器的闸瓦与闸轮分开，无制动作用；当线圈失电时，制动器的闸瓦紧紧抱住闸轮制动。

电磁抱闸制动器断电制动控制电路如图 1-7-9 所示。

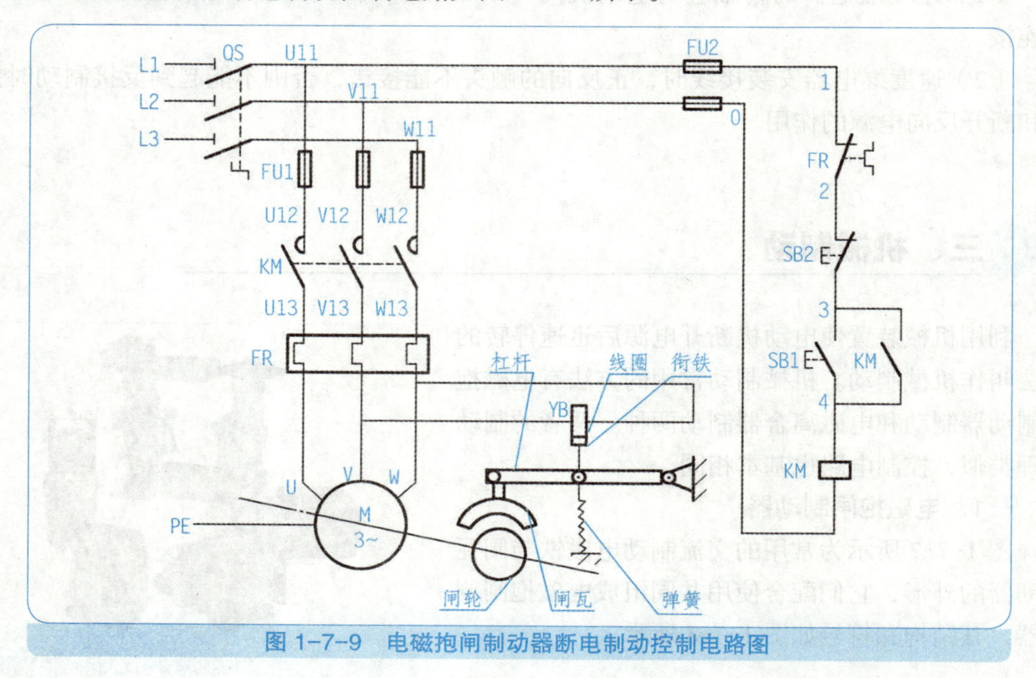


图 1-7-9 电磁抱闸制动器断电制动控制电路图

电路工作原理如下：

**起动运转**：先合上电源开关 QS。按下起动按钮 SB1，接触器 KM 线圈得电，其自锁触头和主触头闭合，电动机 M 接通电源，同时电磁抱闸制动器 YB 线圈得电，衔铁与铁芯吸合，衔铁克服弹簧拉力，迫使制动杠杆向上移动，从而使制动器的闸瓦与闸轮分开，电动机正常运转。

**制动停转**：按下停止按钮 SB2，接触器 KM 线圈失电，其自锁触头和主触头分断，电动机 M 失电，同时电磁抱闸制动器 YB 线圈也失电，衔铁与铁芯分开，在弹簧拉力的作用下，制动器的闸瓦紧紧抱住闸轮，使电动机被迅速制动而停转。

电磁抱闸制动器断电制动在起重机械上被广泛采用。其优点是能够准确定位，同时可防止电动机突然断电时重物自行坠落。

### 3. 电磁抱闸制动器通电制动控制电路

对要求电动机制动后能调整工件位置的机床设备，可采用通电制动控制电路，如图 1-7-10 所示。这种通电制动与上述断电制动方法稍有不同。当电动机得电运转时，电磁抱闸制动器线圈断电，闸瓦与闸轮分开，无制动作用；当电动机失电需停转时，电磁抱闸制动器的线圈得电，使闸瓦紧紧抱住闸轮制动；当电动机处于停转常态时，线圈也无电，闸瓦与闸轮分开，这样操作人员可以用手扳动主轴进行调整工件、对刀等操作。

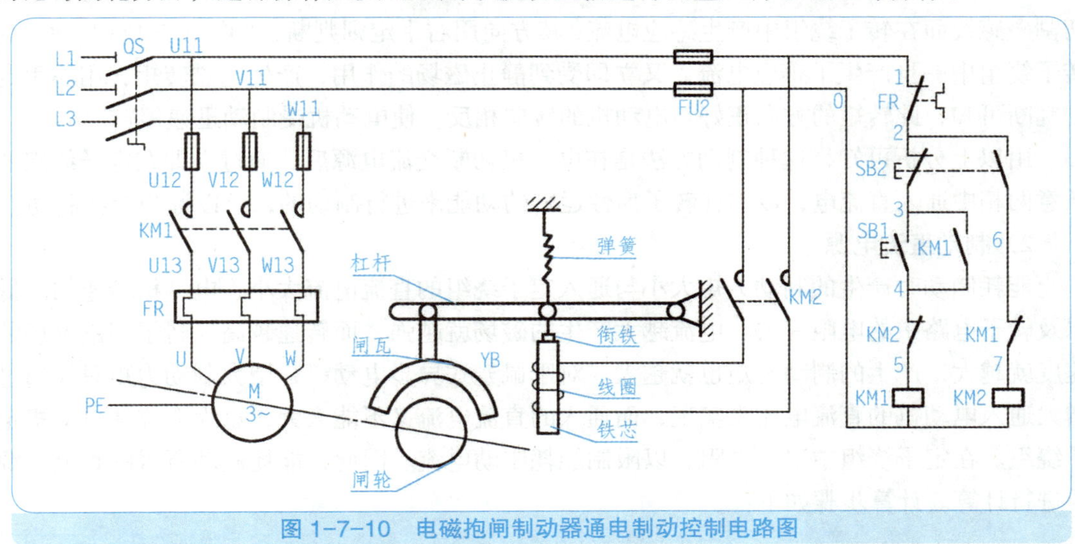


图 1-7-10　电磁抱闸制动器通电制动控制电路图

## 四、电力制动

使电动机在切断电源停转的过程中，产生一个和电动机实际旋转方向相反的电磁力矩（制动力矩），迫使电动机迅速制动停转的方法叫作电力制动。电力制动常用的方法有反接制动、能耗制动和再生发电制动等。

### 1．能耗制动

#### 1）能耗制动原理

在图 1-7-11（a）所示电路中，断开电源开关 QS1，切断电动机的交流电源后，这时

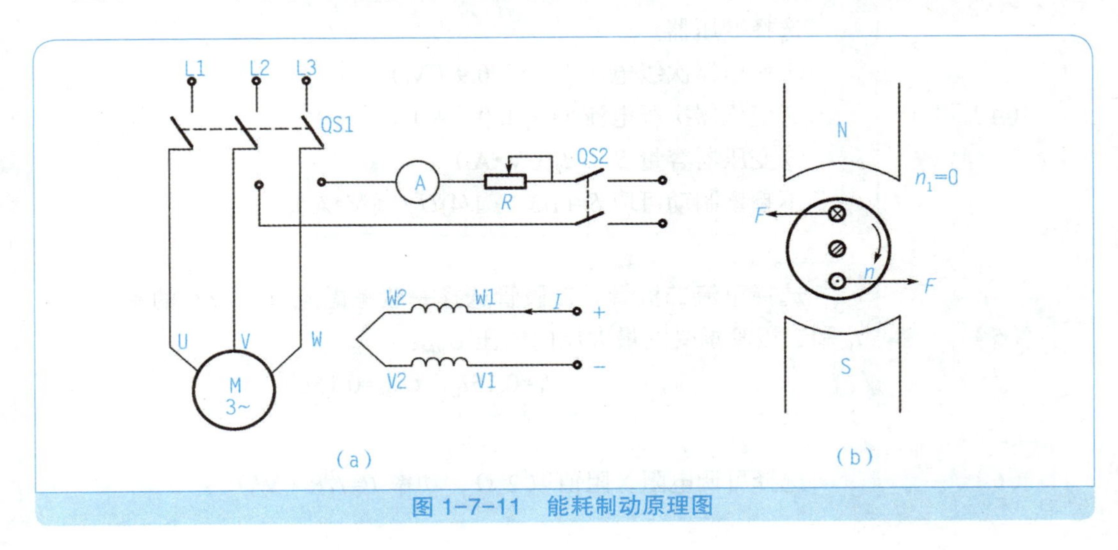


图 1-7-11　能耗制动原理图

转子仍沿原方向惯性运转；随后立即合上开关 QS2，并将 QSl 向下合闸，电动机 V、W 两相定子绕组通入直流电，使定子中产生一个恒定的静止磁场，这样做惯性运转的转子因切割磁感线而在转子绕组中产生感应电流，其方向用右手定则判断，如图 1-7-11（b）所示。转子绕组中一旦产生了感应电流，又立即受到静止磁场的作用，产生电磁转矩，用左手定则判断可知，此转矩的方向正好与电动机的转向相反，使电动机受制动迅速停转。

由以上分析可知，这种制动方法是在电动机切断交流电源后，通过立即在定子绕组的任意两相中通入直流电，以消耗转子惯性运转的动能来进行制动的，所以称为能耗制动。

**2）制动直流电源**

能耗制动时产生的制动力矩大小与通入定子绕组的直流电流大小、电动机转速的高低以及转子电路中的电阻有关。电流越大产生的磁场就越强，而转速越高，转子切割磁场的速度就越大，产生的制动力矩也就越大。对于鼠笼式异步电动机，增大制动力矩只能通过增大通入电动机的直流电流来实现，而通入的直流电流又不能太大，过大会烧坏电动机定子绕组。在定子绕组中串入电阻，以限制能耗制动电流。因此，能耗制动所需的直流电源要进行计算。计算步骤如下：

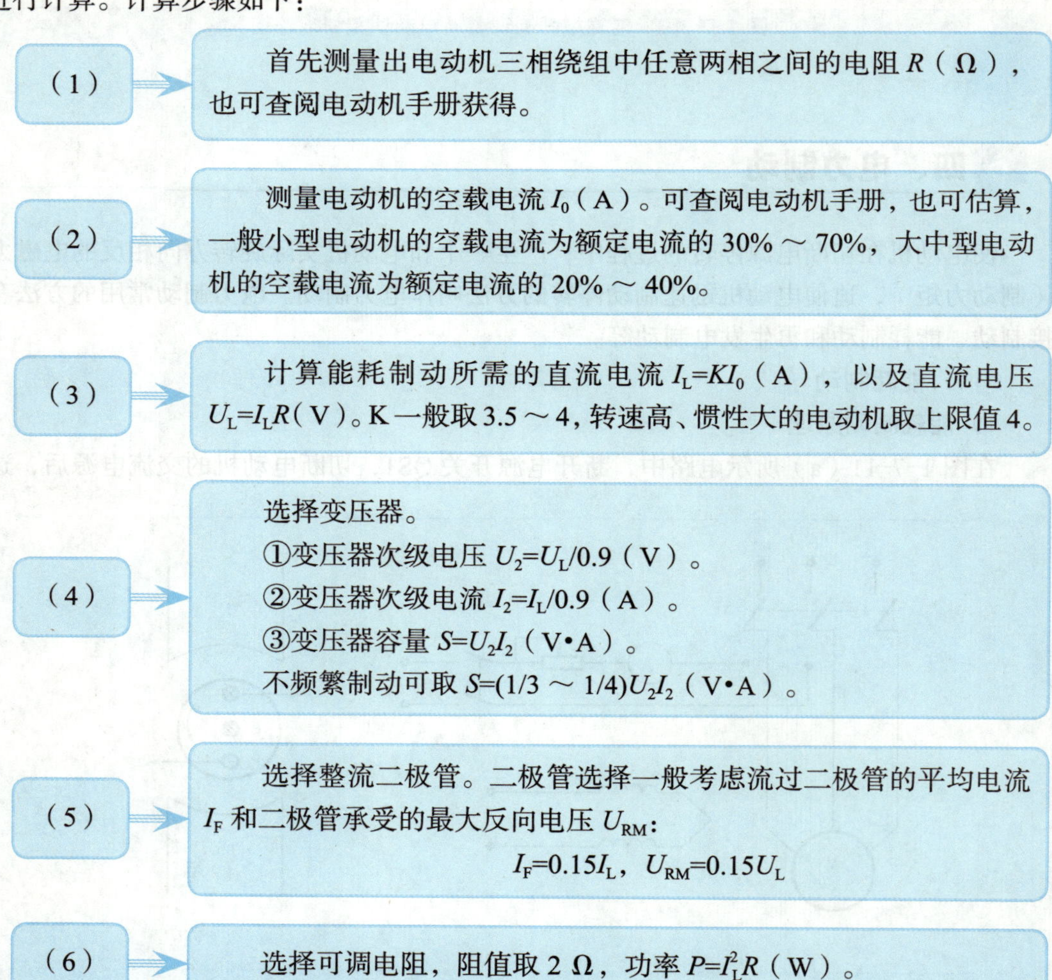

（1）首先测量出电动机三相绕组中任意两相之间的电阻 $R$（Ω），也可查阅电动机手册获得。

（2）测量电动机的空载电流 $I_0$（A）。可查阅电动机手册，也可估算，一般小型电动机的空载电流为额定电流的 30% ～ 70%，大中型电动机的空载电流为额定电流的 20% ～ 40%。

（3）计算能耗制动所需的直流电流 $I_L=KI_0$（A），以及直流电压 $U_L=I_LR$（V）。K 一般取 3.5 ～ 4，转速高、惯性大的电动机取上限值 4。

（4）选择变压器。

①变压器次级电压 $U_2=U_L/0.9$（V）。

②变压器次级电流 $I_2=I_L/0.9$（A）。

③变压器容量 $S=U_2I_2$（V•A）。

不频繁制动可取 $S=(1/3 \sim 1/4)U_2I_2$（V•A）。

（5）选择整流二极管。二极管选择一般考虑流过二极管的平均电流 $I_F$ 和二极管承受的最大反向电压 $U_{RM}$：

$$I_F=0.15I_L，U_{RM}=0.15U_L$$

（6）选择可调电阻，阻值取 2 Ω，功率 $P=I_L^2R$（W）。

3）单向起动能耗制动自动控制电路

无变压器单相半波整流单向起动能耗制动自动控制电路如图 1-7-12 所示，电路采用单相半波整流器作为直流电源，所用附加设备较少，电路简单，成本低，常用于 10 kW 以下小容量电动机，且对制动要求不高的场合。

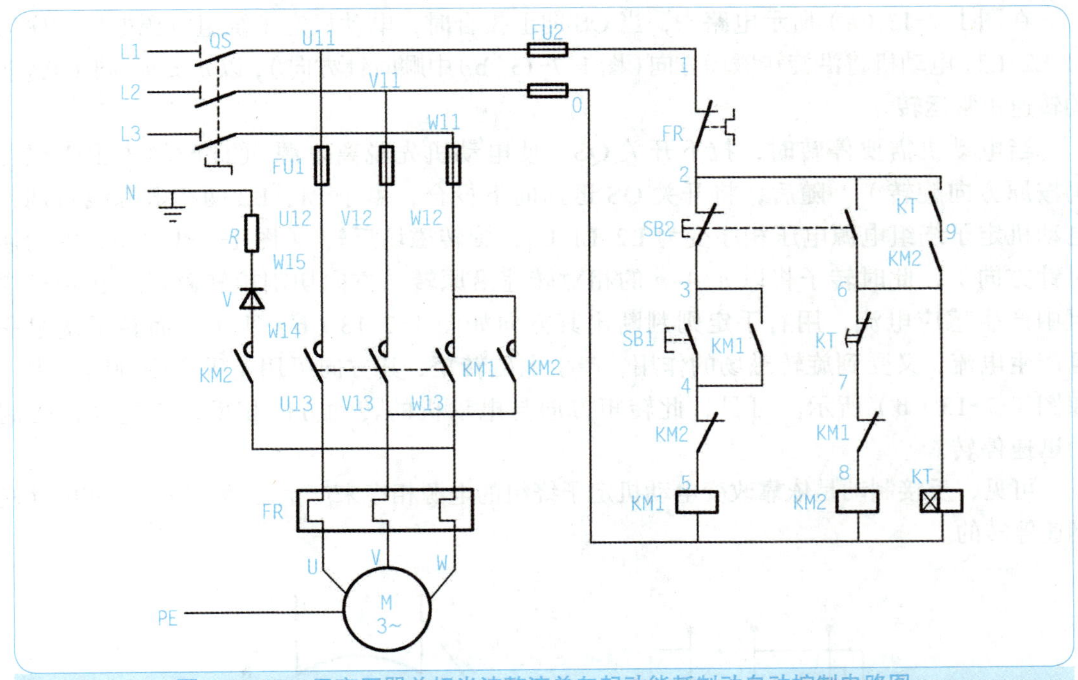


图 1-7-12　无变压器单相半波整流单向起动能耗制动自动控制电路图

线路的工作原理如下：先合上电源开关 QS。

单向启动运转：

能耗制动停转：

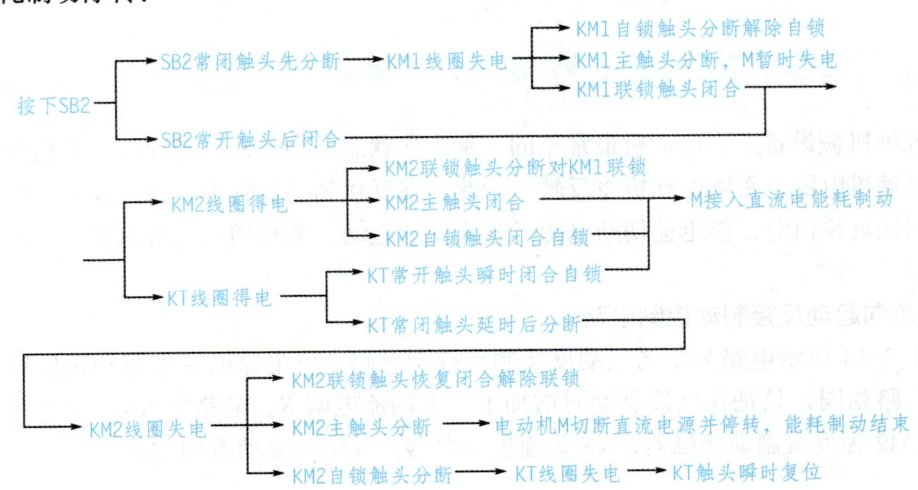

图 1-7-12 中 KT 瞬时闭合常开触头的作用是：当 KT 出现线圈断线或机械卡住等故障时，按下 SB2 后能使电动机制动后脱离直流电源。

## 2. 反接制动

### 1）反接制动原理

在图 1-7-13（a）所示电路中，当 QS 向上投合时，电动机定子绕组电源电压相序为 L1-L2-L3，电动机将沿旋转磁场方向（图 1-7-13（b）中顺时针方向），以 $n < n_1$（同步转速）的转速正常运转。

当电动机需要停转时，拉下开关 QS，使电动机先脱离电源（此时转子由于惯性仍按原方向旋转）。随后，将开关 QS 迅速向下投合，由于 L1、L2 两相电源线对调，电动机定子绕组电源电压相序变为 L2-L1-L3，旋转磁场反转（图 1-7-13（b）中的逆时针方向），此时转子将以 $n_1 + n$ 的相对转速沿原转动方向切割旋转磁场，在转子绕组中产生感应电流，用右手定则判断出其方向如图 1-7-13（b）所示。而转子绕组一旦产生电流，又受到旋转磁场的作用，产生电磁转矩，其方向可用左手定则判断出来，如图 1-7-13（b）所示。可见，此转矩方向与电动机的转动方向相反，使电动机受制动迅速停转。

可见，反接制动是依靠改变电动机定子绕组的电源相序来产生制动力矩，迫使电动机迅速停转的。

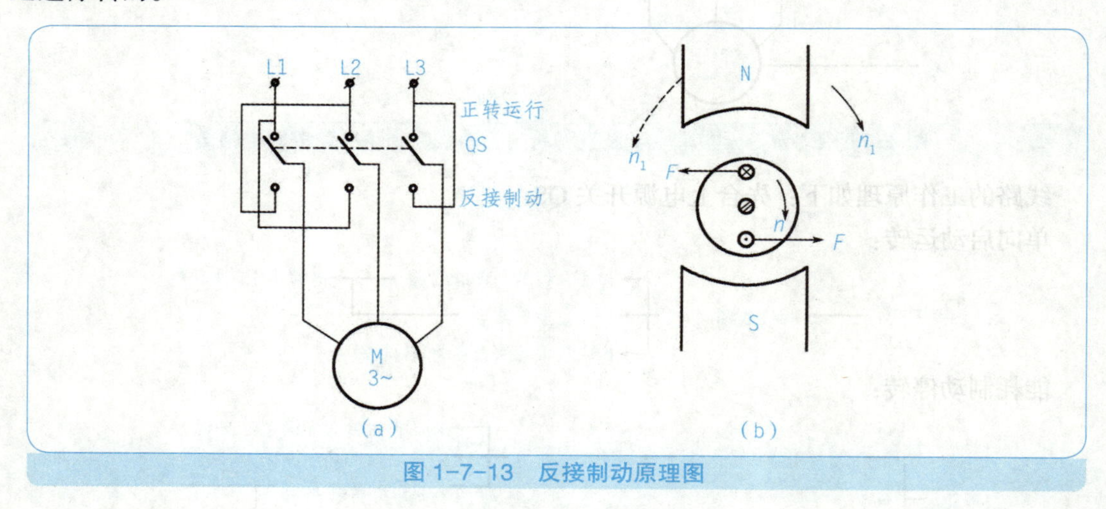

图 1-7-13 反接制动原理图

在各种机械设备上，电动机最常见的一种工作状态是当电动机转速接近零值时，应立即切断电动机电源，否则电动机将反转。为此，在反接制动设施中，为保证电动机的转速被制动到接近零值时，能迅速切断电源，防止反向起动，常利用速度继电器来自动地及时切断电源。

### 2）单向起动反接制动控制电路

图 1-7-14 所示电路为单向起动反接制动控制电路，此电路的主电路和正反转控制电路的主电路相同，只是在反接制动时增加了三个限流电阻 $R$。电路中 KM1 为正转运行接触器，KM2 为反接制动接触器，KS 为速度继电器，其轴与电动机轴相连。

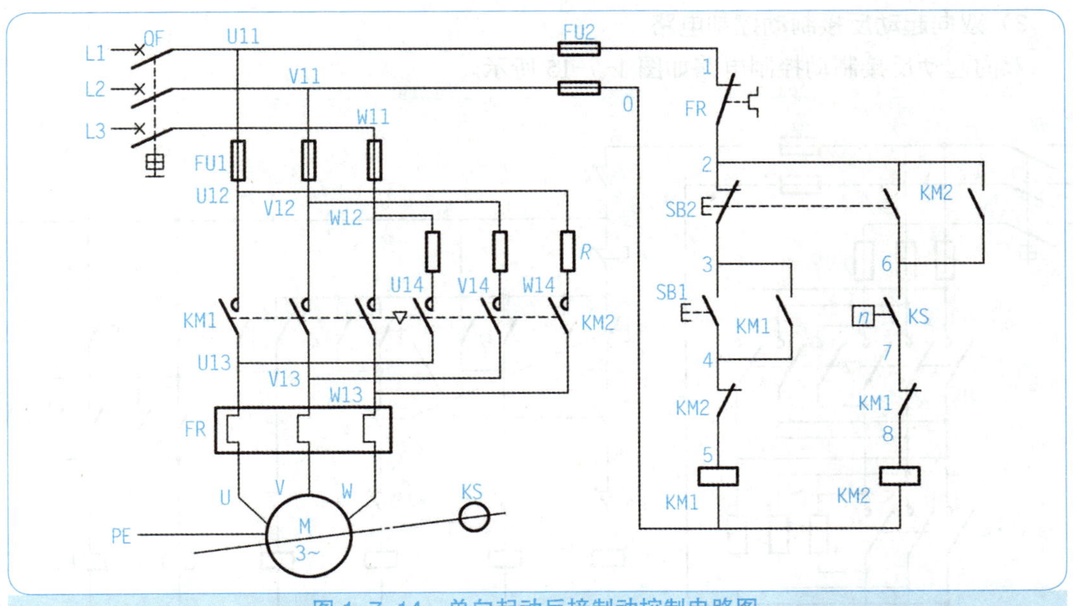


图 1-7-14　单向起动反接制动控制电路图

线路的工作原理如下：先合上电源开关 QF。

单向起动：

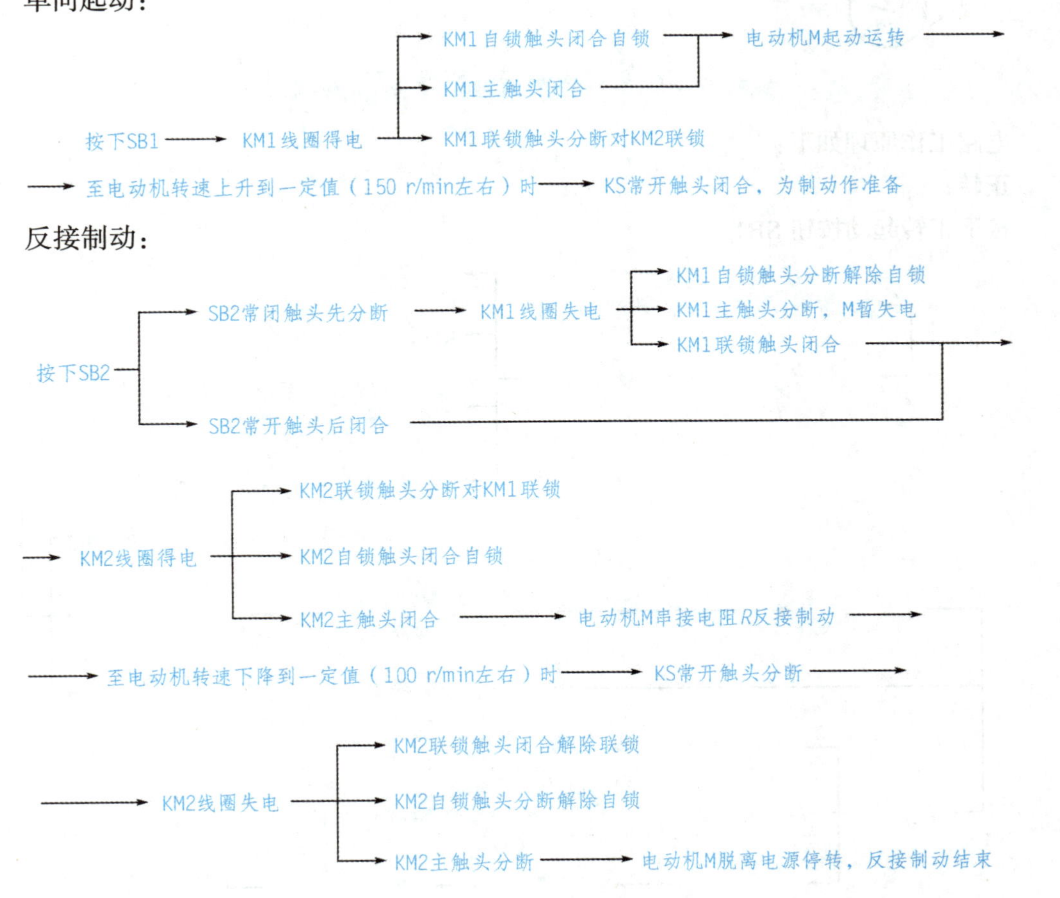

3）双向起动反接制动控制电路

双向起动反接制动控制电路如图 1-7-15 所示。

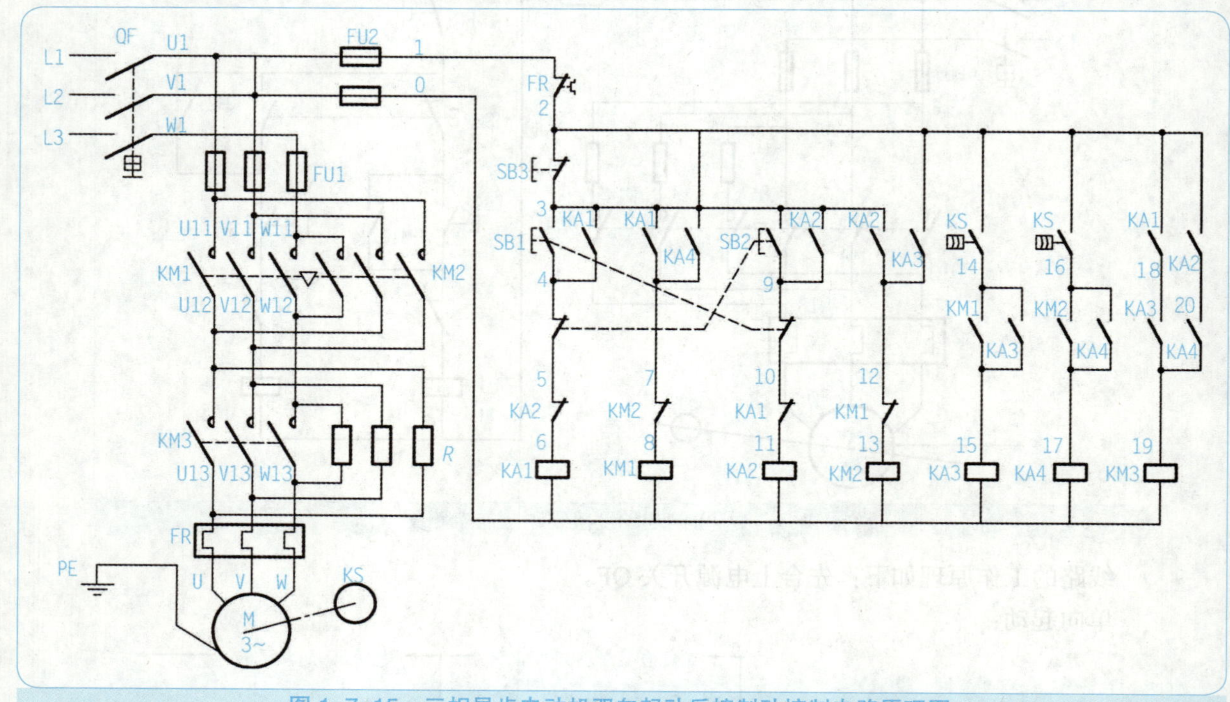

图 1-7-15 三相异步电动机双向起动反接制动控制电路原理图

电路工作原理如下：

**正转：**

按下正转起动按钮 SB1。

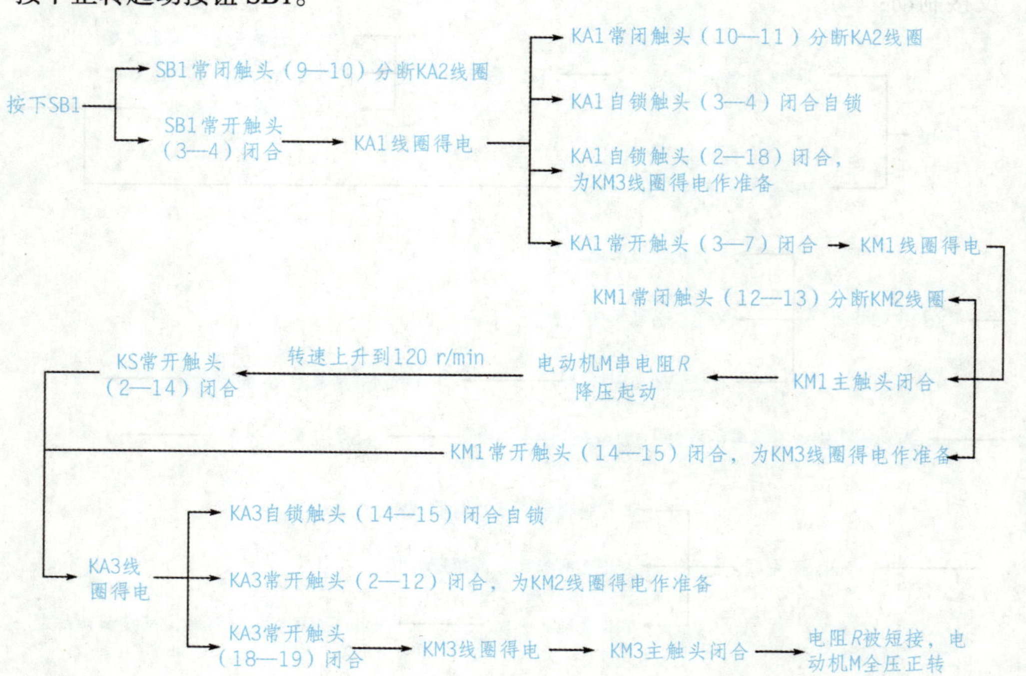

**正转停止制动：**

按下停止按钮 SB3。

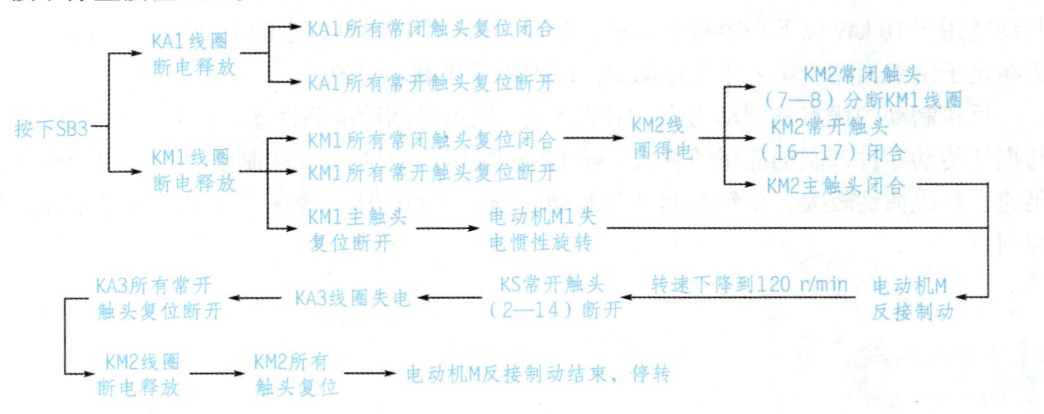


**反转：**

按下反转起动按钮 SB2。

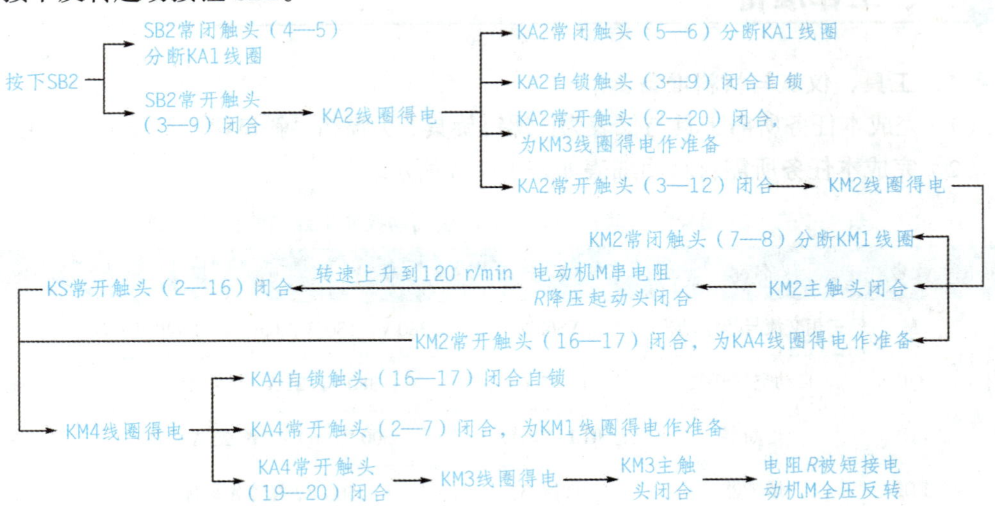


**反转停止制动：**

按下停止按钮 SB3。

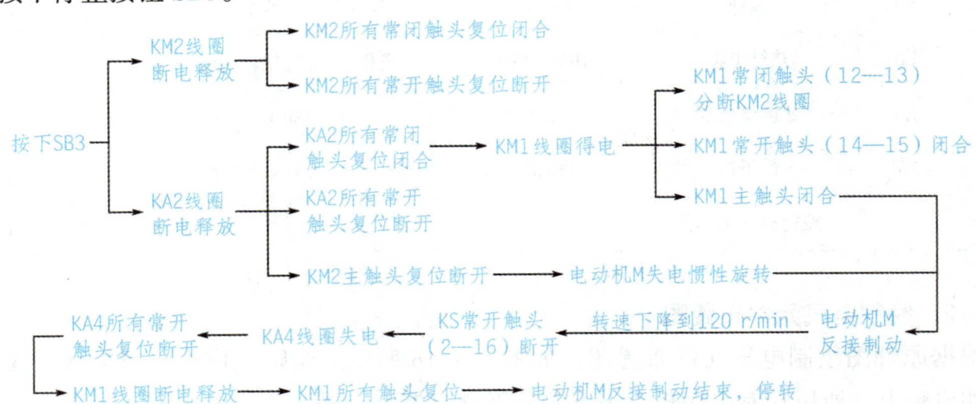

反接制动时，由于旋转磁场与转子的相对转速（$n_1 + n$）很高，故转子绕组中感应电流很大，致使定子绕组中的电流很大，一般为电动机额定电流的 10 倍左右。因此，反接制动适用于 10 kW 以下小容量电动机的制动，并且对 4.5 kW 以上的电动机进行反接制动时，需在定子绕组回路中串入限流电阻 $R$，以限制反接制动电流。

反接制动的优点是制动力强，制动迅速。缺点是制动准确性差，制动过程中冲击强烈，易损坏传动零件，制动能量消耗大，不宜经常制动。因此，反接制动一般适用于制动要求迅速、系统惯性较大、不经常起动与制动的场合，如铣床、镗床、中型车床等主轴的制动控制。

## 任务实施

### 一、工作准备

#### 1．工具、仪表与材料准备

（1）完成本任务所需工具与仪表为：螺钉旋具、尖嘴钳、斜口钳、剥线钳、万用表等。

（2）完成本任务所需材料明细表如表 1-7-3 所示。

表 1-7-3　三相异步电动机单向起动反接制动控制电路电气元件明细表

| 序号 | 代号 | 名称 | 型号 | 规格 | 数量 |
|---|---|---|---|---|---|
| 1 | M | 三相交流异步电动机 | YS6324 | 380 V，180 W，0.65 A，1 440 r/min | 1 |
| 2 | QF | 自动空气开关 | DZ47-63 | 380 V，25 A，整定 20 A | 1 |
| 3 | FU1 | 熔断器 | RL1-60/25A | 500 V，60 A，配 25 A 熔体 | 3 |
| 4 | FU2 | 熔断器 | RT18-32 | 500 V，配 2 A 熔体 | 2 |
| 5 | KM | 交流接触器 | CJX-22 | 线圈电压 220 V，20 A | 2 |
| 6 | SB | 按钮 | LA-18 | 5 A | 2 |
| 7 | FR | 热继电器 | JR16-20/3 | 三相，20 A，整定电流 1.55 A | 1 |
| 8 | KS | 速度继电器 | YJ1 | 380 V，2 A | 1 |
| 9 | XT | 端子板 | TB1510 | 600 V，15 A | 1 |
| 10 | | 控制板安装套件 | | | 1 |

#### 2．绘制电气元件布置图

根据原理图绘制电气元件布置图，如图 1-7-16 所示。实际工作中，速度继电器安装在电动机轴上，所以控制电路板上不安装速度继电器。

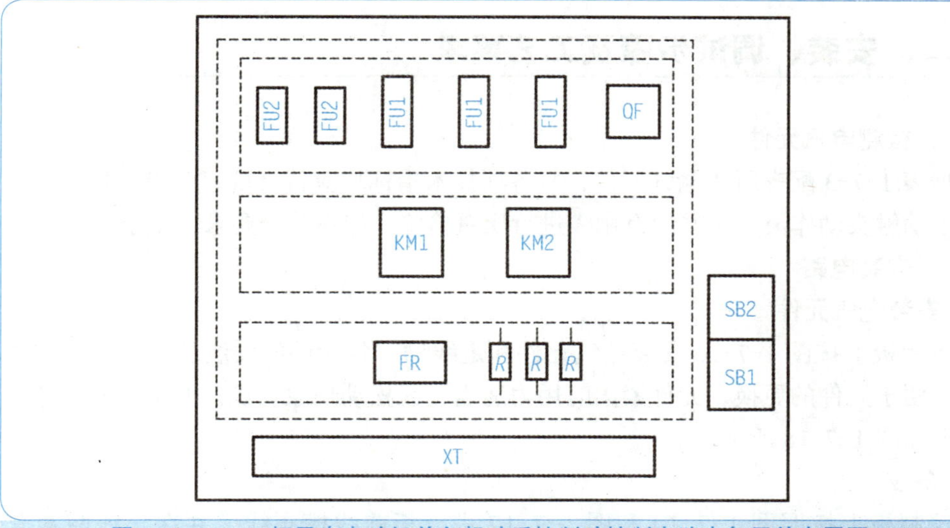


图 1-7-16　三相异步电动机单向起动反接制动控制电路电气元件布置图

### 3. 绘制电路接线图

三相异步电动机单向起动反接制动控制电路接线图如图 1-7-17 所示。

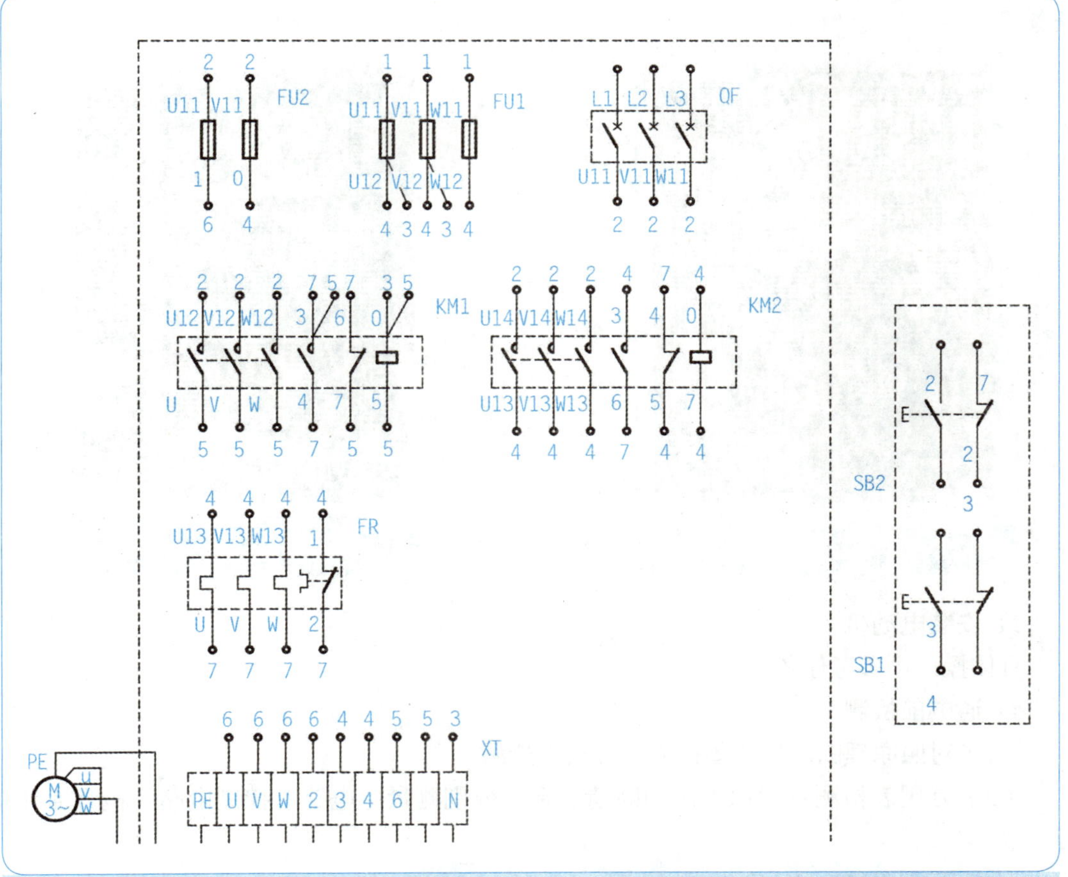


图 1-7-17　三相异步电动机单向起动反接制动控制电路接线图

## 二、安装、调试步骤及工艺要求

### 1. 检测电气元件

根据表 1-7-3 配齐所用电气元件，其各项技术指标均应符合规定要求，目测其外观无损坏，手动触头动作灵活，并用万用表进行质量检验，如不符合要求，则予以更换。

### 2. 安装电路

1）安装电气元件

在控制板上按图 1-7-16 安装电气元件和走线槽。各元件的安装位置整齐、匀称，间距合理，便于元件的更换，元件紧固时用力适当，无松动现象。工艺要求参照任务一，实物布置图如图 1-7-18 所示。

2）布线

在控制板上按照图 1-7-14 和图 1-7-17 进行板前线槽布线，并在导线两端套编码套管和冷压接线头，先安装电源电路，再安装主电路、控制电路；安装好后清理线槽内杂物，并整理导线；盖好线槽盖板，整理线槽外部电路，保持导线的高度一致性。安装完成的电路板如图 1-7-19 所示。板前线槽配线的工艺要求参照项目一中的任务四。

图 1-7-18 三相异步电动机单向起动反接制动控制电路实物布置图

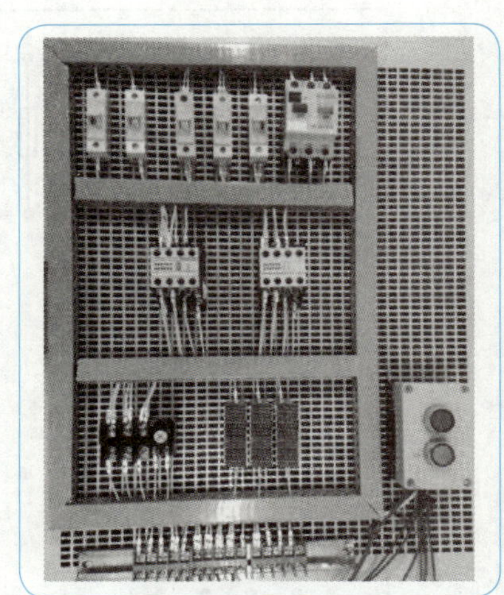

图 1-7-19 三相异步电动机单向起动反接制动控制电路电路板

3）安装电动机

具体操作可参考任务一。

4）通电前检测

（1）对照原理图、接线图检查，连接无遗漏。

（2）万用表检测：确保电源切断情况下，分别测量主电路、控制电路，检查通断是否正常。

①未压下 KM1、KM2 时测 Ll-U、L2-V、L3-W；压下 KM1 后再次测量 Ll-U、

L2-V、L3-W；压下 KM2 后再次测量 Ll-W、L2-V、L3-U。

②未压下起动按钮 SB1 时，测量控制电路电源两端（U11-V11）。

③压下起动按钮 SB1 后，测量控制电路电源两端（U11-V11）。

### 3. 通电试车

**特别提示：**

通电试车前要检查安全措施，试车时要遵守安全操作规程，出现故障时要停电检查。

为保证人身安全，在通电试车时，要认真执行安全操作规程的有关规定，一人监护，一人操作。试车前，应检查与通电试车有关的电气设备是否有不安全的因素存在，若检查出应立即整改，然后方能试车。

热继电器的整定值，应在不通电时预先整定好，并在试车时校正，检查熔体规格是否符合要求。在指导教师监护下进行，根据电路图的控制要求独立测试。观察电动机有无震动及异常噪声，若出现故障及时断电查找排除。

### 4. 整理现场

整理现场工具及电气元件，清理现场，根据工作过程填写任务书，整理工作资料。

## 三、注意事项

（1）安装速度继电器前，要弄清楚其结构，辨明常开触头的接线端。

（2）安装时，采用速度继电器的连接头与电动机转轴直接连接的方法，并使两轴中心线重合。

（3）通电试车时，若制动不正常，可检查速度继电器是否符合规定要求。若需调节速度继电器的调整螺钉时，必须切断电源，以防止出现相对地短路事故。

（4）速度继电器动作值和返回值的调整，应先由教师示范后，再由学生自己调整。

（5）制动操作不宜过于频繁。

（6）通电试车时，必须有指导教师在现场监护，同时做到安全文明生产。

## 任务评价

学生完成本任务的考核评价细则见评分记录表 1-7-4。

表 1-7-4　技能训练考核评分记录表

| 评价项目 | 评价内容 | 配分 | 评 分 标 准 | 得分 |
|---|---|---|---|---|
| 识读电路图 | （1）正确识读单向起动反接制动控制电路中的电气元件；<br>（2）能正确分析该电路的工作原理 | 15 | （1）不能正确识读电气元件，每处扣 3 分；<br>（2）不能正确分析该电路工作原理扣 5 分 | |

续表

| 评价项目 | 评价内容 | 配分 | 评分标准 | | 得分 |
|---|---|---|---|---|---|
| 装前检查 | 检查电气元件质量完好 | 5 | 电气元件漏检或错检，每处扣1分 | | |
| 安装元件 | （1）按布置图安装电气元件；<br>（2）安装电气元件牢固、整齐、匀称、合理 | 15 | （1）不按布置图安装扣15分；<br>（2）元件安装不牢固，每只扣3分；<br>（3）元件安装不整齐、不均匀、不合理，每只扣2分；<br>（4）损坏元件扣15分 | | |
| 布线 | （1）接线紧固、无压绝缘、无损伤导线绝缘或线芯；<br>（2）按照电路图接线，思路清晰 | 20 | （1）不按电路图接线扣20分；<br>（2）布线不符合要求：<br>对主电路，每根扣4分；<br>对控制电路，每根扣2分；<br>（3）接点不符合要求，每个接点扣1分；<br>（4）损伤导线绝缘或线芯，每根扣5分；<br>（5）漏装或套错编码套管，每个扣1分 | | |
| 通电前检查 | （1）自查电路；<br>（2）仪器、仪表使用正确 | 10 | （1）漏检，每处扣2分；<br>（2）万用表使用错误，每次扣3分 | | |
| 通电试车 | 在安全规范操作下，通电试车一次成功 | 20 | （1）第一次试车不成功，扣10分；<br>（2）第二次试车不成功，扣20分 | | |
| 故障排查 | （1）仪器、仪表使用正确；<br>（2）在安全规范操作下，故障一次排除 | 10 | （1）第一次故障排查不成功，扣5分；<br>（2）第二次故障排查不成功，扣10分 | | |
| 资料整理 | 资料书写整齐、规范 | 5 | 任务单填写不完整，扣2～5分 | | |
| 安全文明生产 | 违反安全文明生产规程扣2～40分 | | | | |
| 定额时间2 h | 每超时5 min以内以扣3分计算，但总扣分不超过10分 | | | | |
| 备 注 | 除定额时间外，各情境的最高扣分不应超过配分数 | | | | |
| 开始时间 | | 结束时间 | | 总得分 | |

## 任务拓展

### 有变压器单相桥式整流单向起动能耗制动自动控制电路

对于10 kW以上容量的电动机，多采用有变压器单相桥式整流能耗制动自动控制电路，如图1-7-20所示。其中直流电源由单相桥式整流器VC供给，TC是整流变压器，电阻*R*用来调节直流电流，从而调节制动强度，整流变压器一次侧与整流器的直流侧同时进行切换，有利于提高触头的使用寿命。

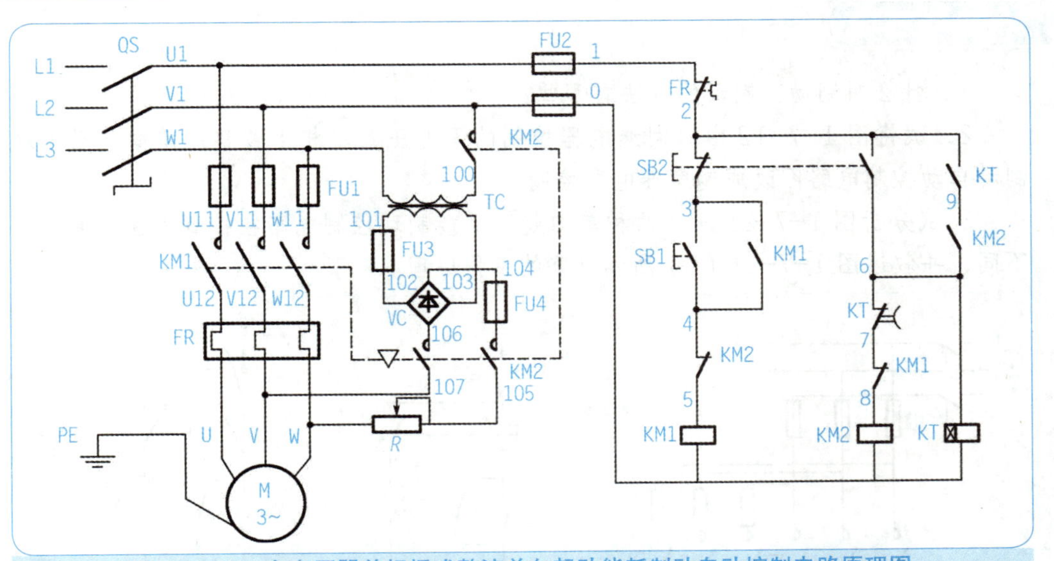


图 1-7-20 有变压器单相桥式整流单向起动能耗制动自动控制电路原理图

原理分析：首先合上电源开关 QS。

1. 起动

按下起动按钮 SB1。

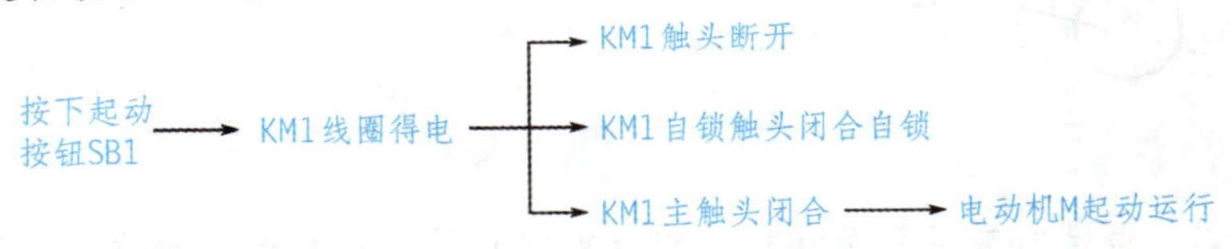


2. 停止制动

按下停止按钮 SB2。

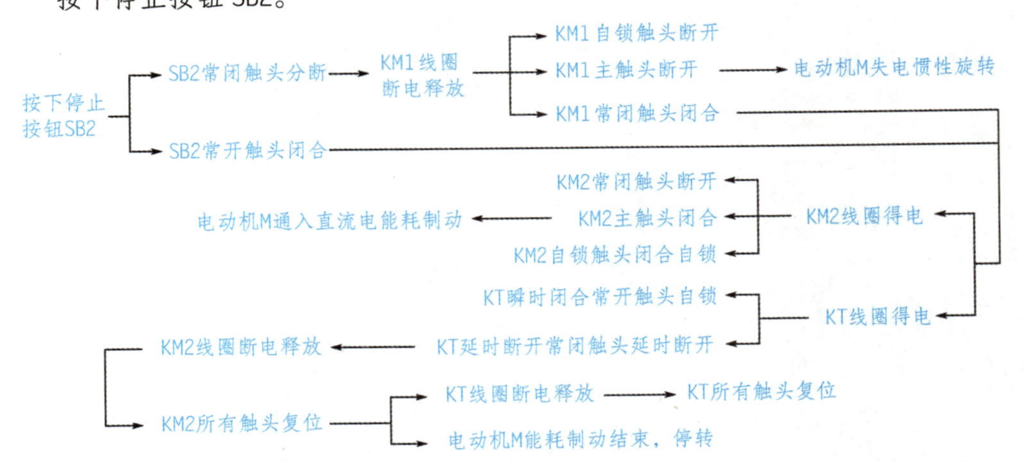


请完成上述有变压器单相桥式整流单向起动能耗制动自动控制电路的安装与调试。

## 思考与练习

1. 什么叫制动？制动的方法有哪些？

2. 试将图 1-7-12 由时间继电器控制的无变压器单相半波整流单向起动能耗制动自动控制电路图改成速度继电器控制。

3. 试分析图 1-7-21 所示两种单向起动反接制动控制电路在控制方法上有什么不同，并叙述图 1-7-21（b）所示电路的工作原理。

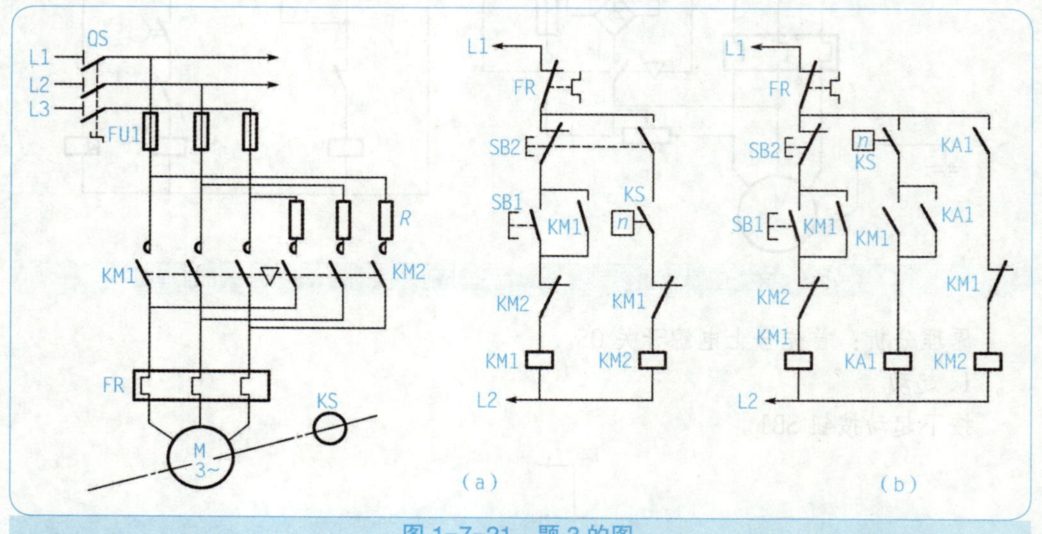


图 1-7-21　题 3 的图

4. 安装、调试有变压器单相桥式整流单向起动能耗制动自动控制电路。

# 项目二

# 安装与调试双速异步电动机控制电路

## 项目描述

一般情况下，三相异步电动机只有一种转速，机械部件运动速度的调整是由减速器来实现的。但在有些生产机械中，为了得到更宽广的调速范围，可采用双速异步电动机作为主轴电动机来传动，这样就可以减小减速器的复杂性，如图 2-0-1 所示 T68 型镗床中的主轴，就是采用双速异步电动机拖动的。

双速异步电动机控制电路有按钮接触器控制的双速电动机控制电路、时间继电器控制的双速电动机控制电路。本项目将认识双速异步电动机，理解它的变速原理，学习双速异步电动机控制电路的工作原理，学会安装、调试和检修双速异步电动机控制电路。

图 2-0-1　T68 镗床外形图

## 教学目标

### 知识目标

（1）熟悉电动机变极调速的原理。

（2）掌握多速异步电动机绕组的连接方法及工作原理。

（3）了解本项目所用低压电器的结构、工作原理、使用方法，熟悉图形符号、文字符号、型号含义。

（4）能识读双速异步电动机基本控制电路的安装图、接线图和原理图。

### 技能目标

（1）能识别本项目所用低压电器，并能正确安装与使用。

（2）能独立完成双速异步电动机控制电路的安装与调试。

（3）会正确处理通电调试过程中出现的故障。

### 学习和工作能力目标

（1）通过由简单到复杂多个任务的学习，逐步培养学生具备电路安装与调试的基本能力。

（2）通过反复的识图训练，提高学生识读电气原理图的能力。

（3）具备查阅手册等工具书和设备铭牌、产品说明书、产品目录等资料的能力。

（4）激发学习兴趣和探索精神，掌握正确的学习方法。

（5）培养学生的自学能力，与人沟通能力。

（6）培养学生的团队合作精神，形成优良的协作能力和动手能力。

### 安全规范

（1）穿戴好安全防护用具，严禁穿凉鞋、背心、短裤、裙装进入实训场所。

（2）使用绝缘工具，并认真检查工具绝缘是否良好。

（3）停电作业时，必须先验电确认无误后方可工作。

（4）带电作业时，必须在教师的监护下进行。

（5）树立安全和文明生产意识。

# 任务一　安装与调试按钮接触器控制的双速电动机控制电路

## 任务描述

双速电动机属于异步电动机变极调速，是通过改变定子绕组的连接方法达到改变定子旋转磁场磁极对数，从而改变电动机的转速。在正常运行状态，双速电动机有低速和高速两种运行状态。在低速运行时，电动机定子绕组接成△形接法；在高速运行时，电动机定子绕组接成YY接法。电动机由低速到高速之间可以直接进行切换，为了实现这种切换方式，可以采用按钮接触器控制电路，也可以采用时间继电器自动控制电路。

某车间需安装一台卧式镗床，现在要为此镗床安装双速电动机控制电路，要求双速电动机通过按钮接触器实现换速，要求设置短路、欠压、失压保护。电动机的型号为YD112M−4/2，额定电压为380 V、额定功率为3.3 kW/4 kW、额定转速为1 420 / 2 860（r/min）。完成按钮接触器控制的上述双速电动机控制电路的安装、调试，并进行简单故障排查。

## 能力目标

（1）认识双速异步电动机的变极调速方法，掌握双速异步电动机在高、低速时定子绕组的接线图。

（2）正确识读按钮接触器控制的双速电动机控制电路原理图，会分析其工作原理。

（3）能根据按钮接触器控制的双速电动机控制电路原理图安装、调试电路。

（4）能根据故障现象对按钮接触器控制的双速电动机控制电路的简单故障进行排查。

知识准备

## 一、认识双速异步电动机

由电机学原理可知，异步电动机的转速为 $n=(1-s)n_1=\dfrac{60f}{p}(s-1)$，式中 $n_1$ 为电动机同步转速，$s$ 为转差率，$f$ 为定子供电频率，$p$ 为电动机定子绕组极对数。由转速表达式可知，改变异步电动机转速可以通过三种方法来实现：一是改变电源频率 $f$；二是改变转差率 $s$；三是改变电动机磁极对数 $p$。

双速电动机属于异步电动机变极调速，它通过改变定子绕组的连接方法达到改变定子旋转磁场的磁极对数，从而改变电动机的转速。根据公式 $n_1=60f_1/p$ 可知异步电动机的同步转速与磁极对数成反比，磁极对数增加一倍，同步转速 $n_1$ 下降至原转速的一半，电动机额定转速 $n$ 也将下降近似一半，所以改变磁极对数可以达到改变电动机转速的目的。

双速电动机主要用于要求随负载的性质逐级调速的各种传动机械，如机床、煤矿、石油天然气、石油化工和化学工业。此外，在纺织、冶金、城市煤气、交通、粮油加工、造纸、医药等部门也被广泛应用。

### 1. 变极调速原理

改变三相异步电动机的磁极对数的调速方式称为变极调速。变极调速是通过改变定子绕组的连接方式来实现的，它是有级调速，且只适用于笼型异步电动机。凡磁极对数可改变的电动机称为多速电动机，常见的多速电动机有双速、三速、四速等几种类型。下面介绍双速异步电动机的变极原理。

单绕组双速电动机的变极方法有反向法、换相法、变跨距法等。其中以反向法应用得最普遍。下面以 2/4 极双速电动机来说明反向变极的原理。我们假设电动机定子每相有两组线圈，每组线圈用一个集中绕组线圈来代表。如果把定子绕组 U 相的两组线圈 1U1-1U2 和 2U1-2U2 反向并联，如图 2-1-1 所示（图中只画 U 相的两组），则气隙中将形成两极磁场；若把两组线圈正向串联，使其中一组线圈的电流反向，则气隙中将形成四极磁场，如图 2-1-2 所示。

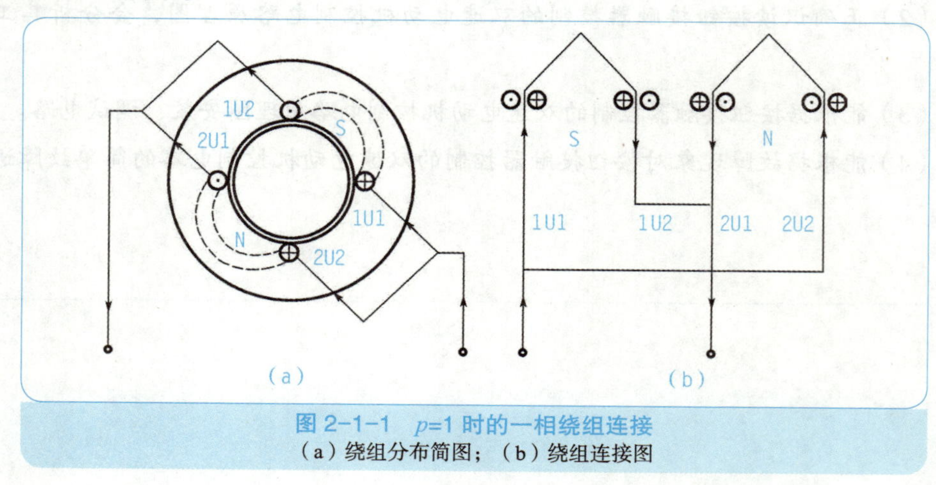


图 2-1-1 $p$=1 时的一相绕组连接
（a）绕组分布简图；（b）绕组连接图

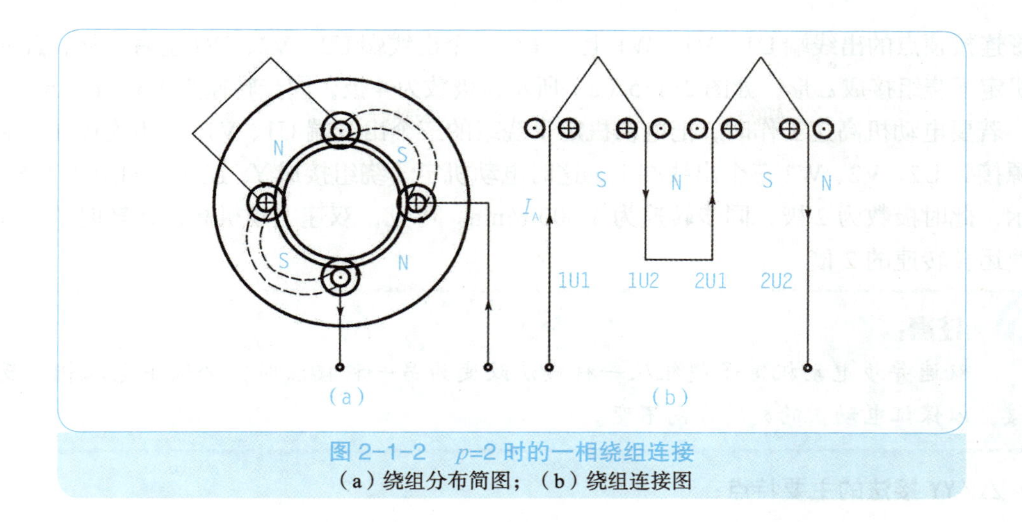

图 2-1-2　$p$=2 时的一相绕组连接
（a）绕组分布简图；（b）绕组连接图

由此可见，欲使极对数改变一倍，只要改变定子绕组的接线方式，使其中一半绕组中的电流反向即可实现。

图 2-1-3　双速异步电动机外形图

### 2. 双速异步电动机定子绕组的连接

双速异步电动机外形如图 2-1-3 所示。

双速电动机定子绕组的连接方式常用的有两种：一种是绕组从 Y 改成 YY，即如图 2-1-4（b）所示的连接方式转换成如图 2-1-4（c）所示的连接方式；另一种是从△改成 YY，即如图 2-1-4（a）所示的连接方式转换成如图 2-1-4（c）所示的连接方式，这两种接法都能使电动机产生的磁极对数减少一半即电机的转速提高一倍。

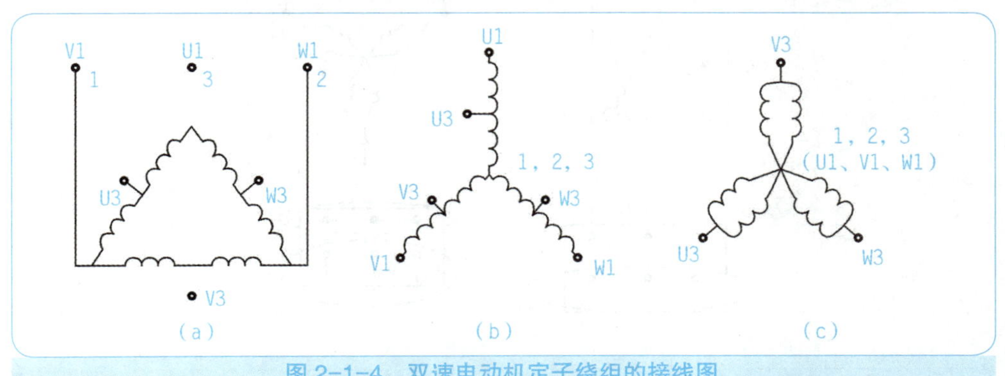

图 2-1-4　双速电动机定子绕组的接线图

1）△ / YY 接法

图 2-1-5 所示为双速异步电动机三相定子绕组的△/YY 接线图，图中电动机的三相定子绕组接成△形，三个绕组的三个连接点接出三个出线端 U1、V1、W1，每相绕组的中点各接出一个出线端 U2、V2、W2，共有六个出线端。改变这六个出线端与电源的连接方法就可得到两种不同的转速。要使电动机低速工作时，只需将三相电源接至电动机定子绕组三

角形连接顶点的出线端 U1、V1、W1 上，其余三个出线端 U2、V2、W2 空着不接，此时电动机定子绕组接成△形，如图 2-1-5（a）所示，极数为 4 极，同步转速为 1 500 r/min。

若要电动机高速工作时，把电动机定子绕组的三个出线端 U1、V1、W1 连接在一起，电源接到 U2、V2、W2 三个出线端上，这时电动机定子绕组接成 YY 连接，如图 2-1-5（b）所示，此时极数为 2 极，同步转速为 3 000 r/min。可见，双速电动机高速运转时的转速是低速运转转速的 2 倍。

**注意：**

双速异步电动机定子绕组从一种接法改变为另一种接法时，必须把电源相序反接，以保证电动机的旋转方向不变。

△/ YY 接法的主要特点：

（1）低速△形接法：U1、V1、W1 端接电源，U2、V2、W2 开路，电动机为△形接法，磁极多，转速低；高速 YY 接法：U1、V1、W1 端短接，U2、V2、W2 端接电源，电动机为 YY 接法，磁极少，转速高。

（2）当电动机转速从低速切换到高速时，极对数减少到原来的$\frac{1}{2}$，转速提高 1 倍，但转矩减少到原来的$\frac{1}{2}$，属于恒功率调速。

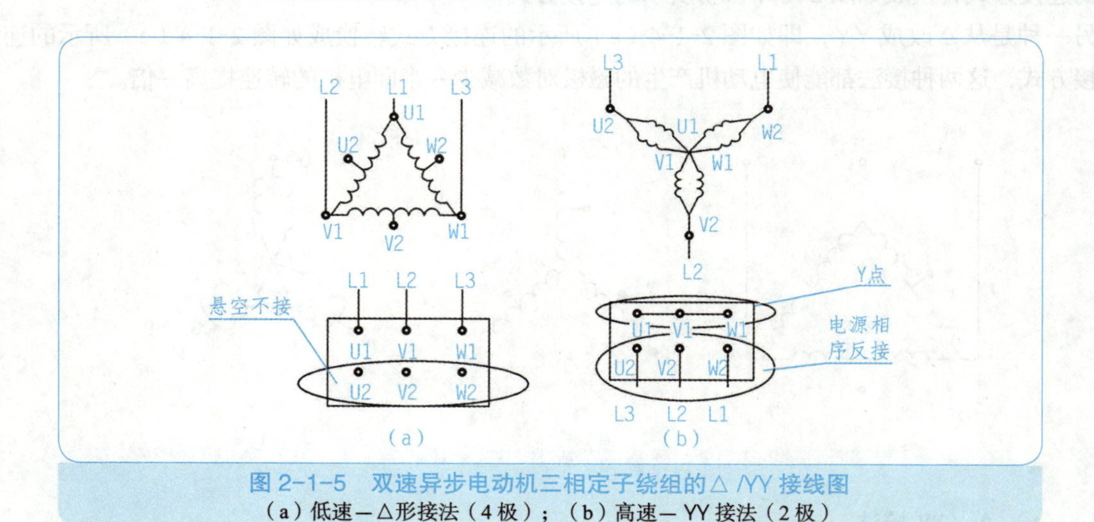


图 2-1-5 双速异步电动机三相定子绕组的△ /YY 接线图
（a）低速—△形接法（4 极）；（b）高速— YY 接法（2 极）

2）Y/ YY 接法

图 2-1-6 所示为双速异步电动机三相定子绕组的 Y/YY 接线图，图中电动机的三相定子绕组接成星形，三个绕组的三个连接点接出三个出线端 U1、V1、W1，每相绕组的中点各接出一个出线端 U2、V2、W2，共有六个出线端。改变这六个出线端与电源的连接方法

就可得到两种不同的转速。要使电动机低速工作时，只需将三相电源接至电动机定子绕组星形连接顶点的出线端 U1、V1、W1 上，其余三个出线端 U2、V2、W2 空着不接，此时电动机定子绕组接成 Y 形，如图 2-1-6（a）所示，极数为 4 极。

若要电动机高速工作时，把电动机定子绕组的三个出线端 U1、V1、W1 连接在一起，电源接到 U2、V2、W2 三个出线端上，这时电动机定子绕组接成 YY 连接，如图 2-1-6（b）所示，此时极数为 2 极。可见，双速电动机高速运转时的转速是低速运转时转速的 2 倍。

**注意：**

双速异步电动机定子绕组从一种接法改变为另一种接法时，必须把电源相序反接，以保证电动机的旋转方向不变。

Y/YY 接法的主要特点：

（1）低速 Y 接法：U1、V1、W1 端接电源，U2、V2、W2 开路，电动机为 Y 接法，磁极多，转速低；高速 YY 接法：U1、V1、W1 端短接，U2、V2、W2 端接电源，电动机为 YY 接法，磁极少，转速高。

（2）当电动机转速从低速切换到高速时，每相绕组由串联变为并联，极对数减少到原来的$\frac{1}{2}$，转速提高 1 倍，高速时输出功率将比低速时增大一倍，属于恒转矩调速。

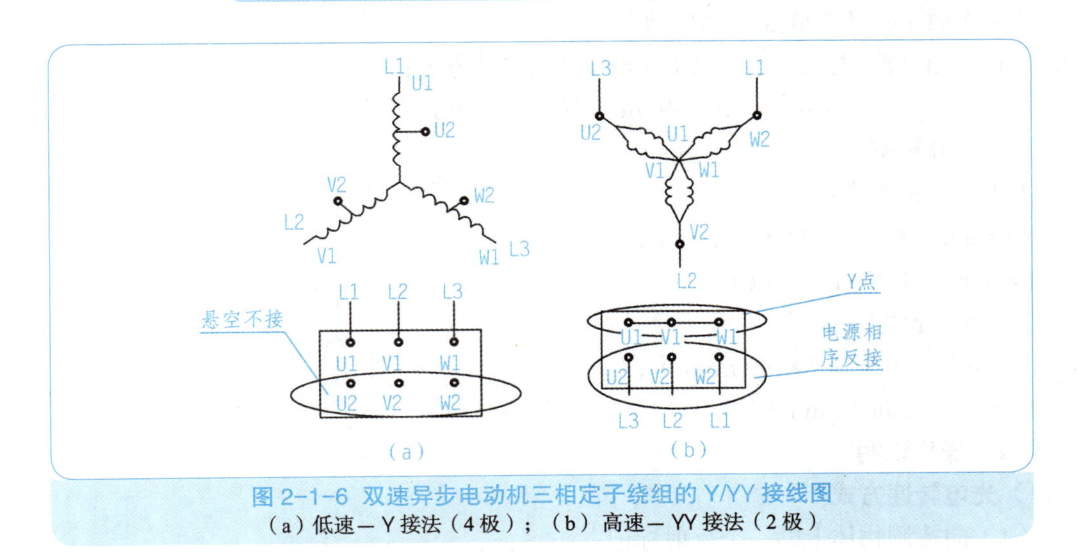


图 2-1-6　双速异步电动机三相定子绕组的 Y/YY 接线图
（a）低速— Y 接法（4 极）；（b）高速— YY 接法（2 极）

## 二、电动机转速的测量

转速是旋转体转数与时间之比的物理量，工程上通常表示为：转速 = 旋转次数 / 时间，是描述物体旋转运动的一个重要参数。电工中常需要测量电动机及其拖动设备的转速，使用的就是转速表。转速表是用来测量电动机转速和线速度的仪表。

电动机转速的测量，最简单的方法就是用手持式转速表进行测量。下面以胜利牌非接触/接触式数字转速表 DM6236P 为例，介绍用手持式转速表测量电动机转速的方法。DM6236P 数字转速表外形如图 2-1-7 所示。

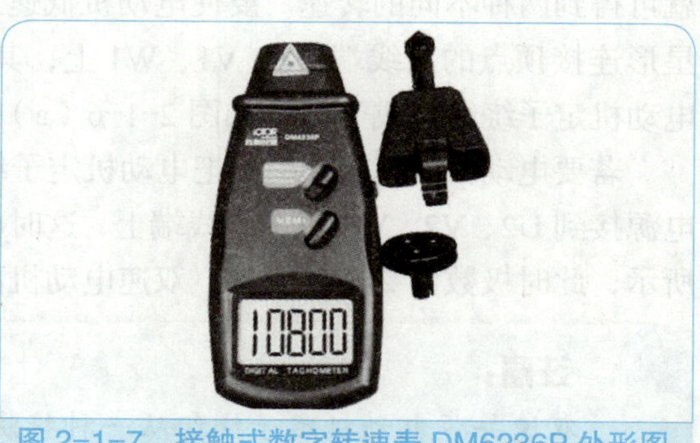

图 2-1-7 接触式数字转速表 DM6236P 外形图

### 1. 技术指标

（1）显示器：5 位，16 mm(0.7")，液晶显示屏。

（2）准确度：±(0.05%+1)，表示为 ±( 读数 %+ 最低有效数位)。

（3）采样时间：1.0 秒 (60 r/min 以上)。

（4）量程选择：自动切换。

（5）时基：6 MHz 石英晶体振荡器。

（6）有效距离：50 ～ 500 mm。

（7）尺寸：180 mm×72 mm×37 mm。

（8）电源：3 ×1.5 V 电池。

（9）电源消耗：约 40 mA。

（10）质量：约 200 g( 包括电池)。

（11）测试范围：2.5 ～ 99 999 r/min 光电转速方式；
0.5 ～ 19 999 r/min 接触转速方式。

（12）分辨率：

①光电转速方式：

0.1 r/min (2.5 ～ 999.99 r/min)；

1 r/min (1 000 r/min 以上)。

②接触转速方式：

0.1 r/min (0.5 ～ 999.99 r/min)；

1 r/min (1 000 r/min 以上)。

### 2. 操作说明

1）光电转速方式

（1）向待测物体上贴一个反射标记。

（2）将功能选择开关拨至“rpm photo”挡，如果已安装了接触配件请取下。（注：两用型转速表）

（3）装好电池后按下测试 TEST 按钮，使可见光束与被测目标成一条直线。

（4）待显示值稳定后，释放测试 TEST 按钮。此时无任何显示，但测量结果的最大值、最小值和最后一个显示值均自动存储在仪表中。

（5）按下 MEM 记忆键，即可显示出最大值、最小值及最后测量值。

（6）测量结束。

2）接触转速方式

（1）将开关拨至接触转速挡 -rpm（接触式）/ - rpm contact（两用型转速表），安装好接触配件。

（2）将接触橡胶头与被测物靠紧并与被测物同步转动。

（3）按下测试 TEST 键开始测量，待显示值稳定后释放测试 TEST 按钮，测量值自动存储。

（4）按下 MEM 记忆键，即可显示出最大值、最小值及最后测量值。

（5）测量结束。

3）测量注意事项

（1）反射标记：剪下 12 mm 方形的黏带，并在每个旋转轴上贴上一块。应注意非反射面积必须比反射面积要大；如果转轴明显反光，则必须先搽以黑漆或黑胶布，再在上面贴上反光标记；在贴上反光标记之前，转轴表面必须干净与平滑。

（2）低转速测量：为提高测量精度，在测量很低的转速时，建议用户在被测物体上均匀地多贴上几块反射标记。此时显示器上的读数除以反射标记数目即可得到实际的转速值。

（3）如果在很长一段时间内不使用该仪表，请将电池取出，以防电池腐烂而损坏仪表。

4）记忆功能说明

当释放测量按钮时，显示器无任何显示，但测量期间的最大值、最小值及最后一个测量值都自动存储在仪表中。无论何时，只要按下记忆按钮，测量值就显示出来，先显示数字，后显示出英文符号，交替显示。其中“UP”代表最大值，“dn”代表最小值，“LA”代表最后一个值。每按一次记忆按钮，则显示另一个记忆值。

5）更换电池

（1）当电池电压约 3.9 V 时，显示器右边将出现“[电池符号]”符号，表示需要更换电池了。

（2）打开电池盖，取出电池。

（3）依照电池盒上标签所示，正确地装上电池。

## 三、按钮接触器控制双速电动机控制电路

图 2-1-8 所示为按钮接触器控制双速电动机控制电路原理图。主电路中，当接触器 KM1 吸合，KM2、KM3 断开时，三相电源从接线端 U1、V1、W1 进入双速电动机 M 绕组中，双速电动机 M 绕组接成三角形接法低速运行；而当接触器 KM1 断开，KM2、KM3 吸合时，三相电源从接线端 U2、V2、W2 进入双速电动机 M 绕组中，双速电动机 M 绕组接成 YY 形接法高速运行。即 SB2、KM1 控制双速电动机 M 低速运行，SB3、KM2、KM3 控制双速电动机 M 高速运行。

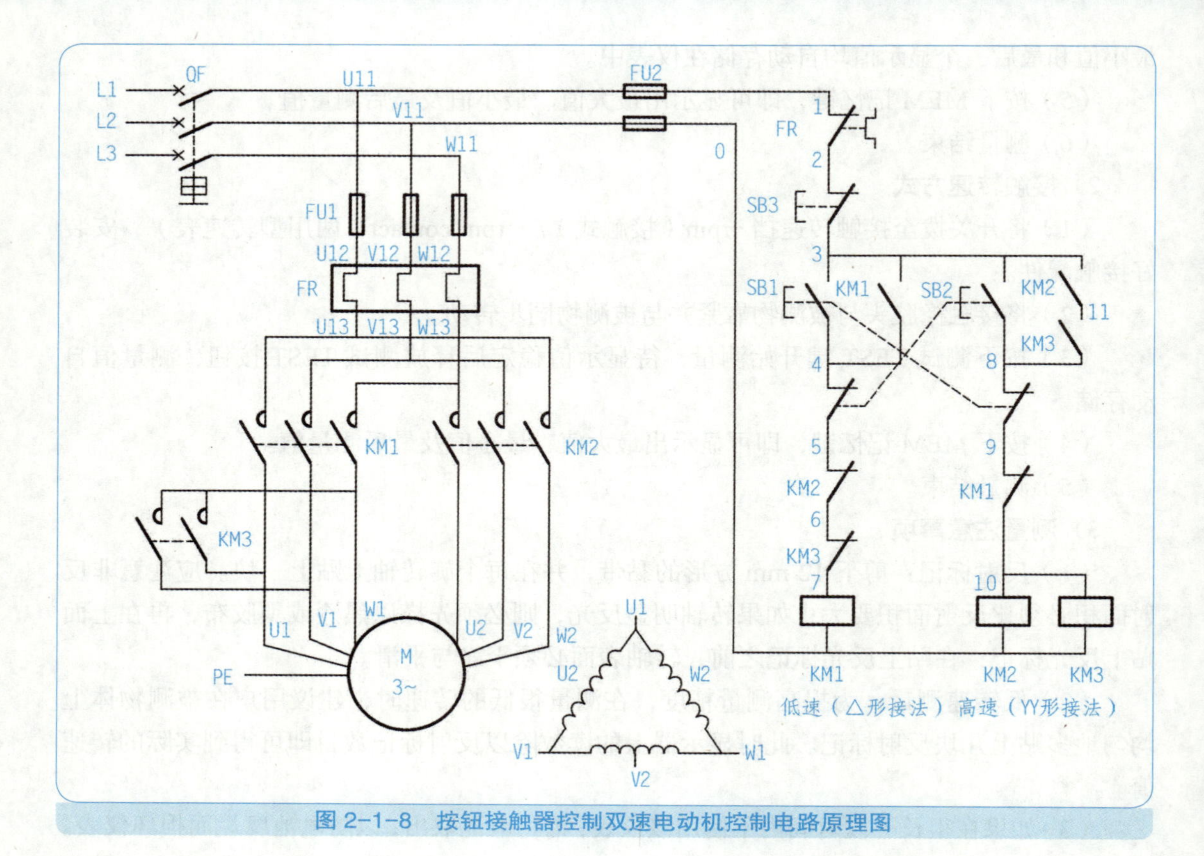


图 2-1-8 按钮接触器控制双速电动机控制电路原理图

电路工作原理如下：先合上电源开关 QF。

## 1. △形低速起动运转

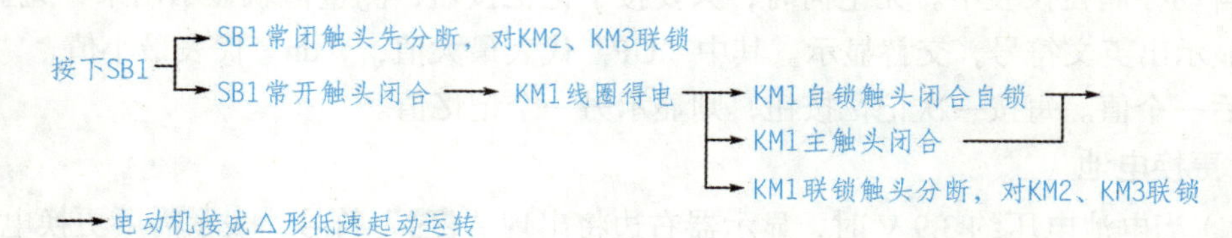


## 2. YY 形高速起动运转

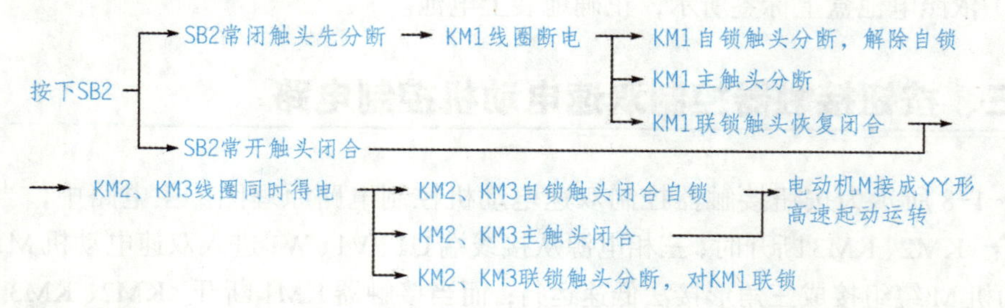


## 3. 停止

停车时，按下停止按钮 SB3 即可实现。

任务实施

## 一、工作准备

### 1. 工具、仪表与材料准备

（1）完成本任务所需工具与仪表为：螺钉旋具、尖嘴钳、斜口钳、剥线钳、万用表等。

（2）完成本任务所需材料明细表如表 2-1-1 所示。

表 2-1-1　按钮接触器控制双速电动机控制电路电气元件明细表

| 代号 | 名　称 | 型号 | 规　格 | 数量 |
| --- | --- | --- | --- | --- |
| M | 三相笼型双速异步电动机 | YD112M-4/2 | 3.3 kW/4 kW，380 V，7.4 A/8.6 A，△/YY 接法，1 420 r/min 或 2 860 r/min | 1 |
| QF | 低压断路器 | DZ108-20 | | 1 |
| FU | 熔断器 | RL1-15 | 熔体 15 A | 5 |
| KM | 交流接触器 | CJ20 | 线圈电压交流 380 V | 3 |
| SB | 按钮 | LA10-3A | | 3 |
| FR | 热继电器 | JR36-20 | | 1 |
| XT | 接线端子排 | TB-1520 | 15 A，20 位 | 1 |
| | 单芯铝线 | BLV | 2.5 $mm^2$ | 20 m |
| | 多股铜芯软线 | RV0.5 | 0.5 $mm^2$ | 5 m |
| | 紧固螺钉、螺母 | | | 若干 |

### 2. 绘制电气元件布置图

根据原理图绘制电气元件布置图，如图 2-1-9 所示。

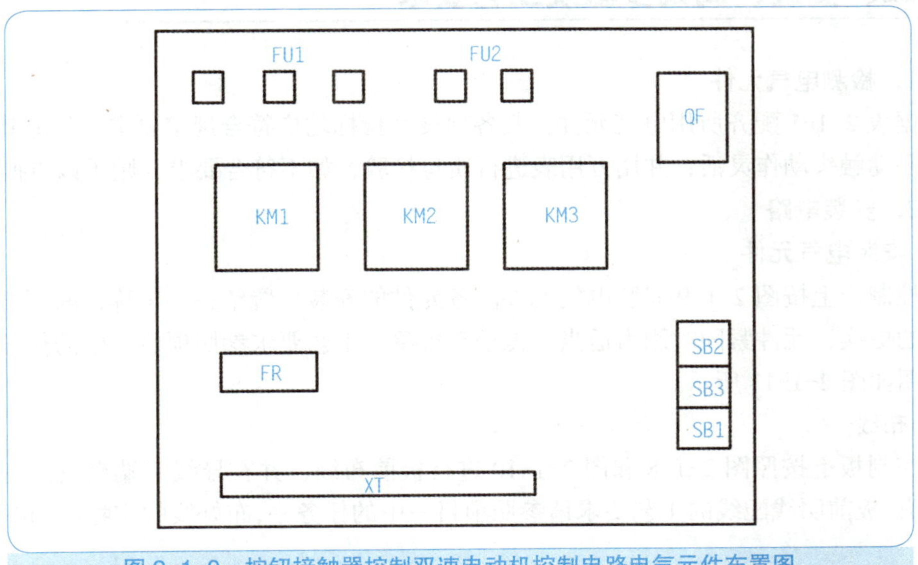


图 2-1-9　按钮接触器控制双速电动机控制电路电气元件布置图

### 3. 绘制电路接线图

按钮接触器控制双速电动机控制电路接线图如图 2-1-10 所示。

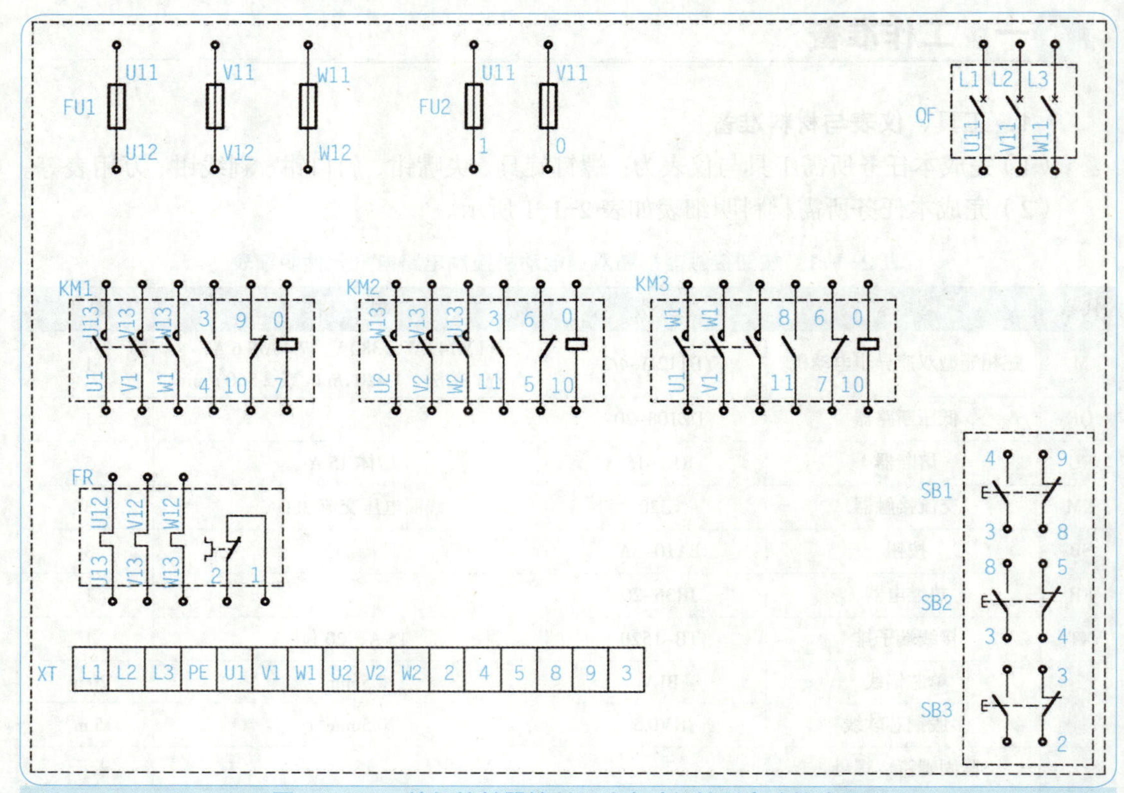


图 2-1-10 按钮接触器控制双速电动机控制电路接线图

## 二、安装、调试步骤及工艺要求

### 1. 检测电气元件

根据表 2-1-1 配齐所用电气元件，其各项技术指标均应符合规定要求，目测其外观无损坏，手动触头动作灵活，并用万用表进行质量检验，如不符合要求，则予以更换。

### 2. 安装电路

1）安装电气元件

在控制板上按图 2-1-9 安装电气元件。各元件的安装位置整齐、匀称，间距合理，便于元件的更换，元件紧固时用力适当，无松动现象。工艺要求参照项目一中的任务一，实物布置图如图 2-1-11 所示。

2）布线

在控制板上按照图 2-1-8 和图 2-1-10 进行板前布线，并在导线两端套编码套管和冷压接线头。板前明线配线的工艺要求请参照项目一中的任务一，布好线的实物图如图 2-1-12 所示。

图 2-1-11　按钮接触器控制双速电动机控制电路电气元件实物布置图

图 2-1-12　按钮接触器控制双速电动机控制电路完成图

**3）安装电动机**

具体操作可参考前面任务。

**4）通电前检测**

（1）对照原理图、接线图检查，连接无遗漏。

（2）用电阻测量法，配合手动方式操作电气元件得电动作进行检查。在检查过程中，注意万用表指示电阻值的变化，通过电阻值的变化分析，判断接线的正确性。

① → 把万用表的两支表笔放在控制回路的熔断器 FU2 上，若万用表显示的电阻值为无穷大，说明控制回路无短路或短接。

② → 按下低速起动按钮 SB1，接通的是 KM1 线圈，此时测得的电阻值为 KM1 线圈的直流电阻值。

③ → 在②的基础上，按下停止按钮 SB3，断开 KM1 线圈，此时电阻值又显示无穷大。

④ 按下高速起动按钮 SB2，此时接通的是 KM2 和 KM3 线圈并联后的直流电阻值。

⑤ 在④的基础上，按下停止按钮 SB3，断开 KM2 和 KM3 线圈，此时电阻值为无穷大。

⑥ 动作 KM1，此时接通的是 KM1 线圈，测得的电阻值为 KM1 线圈的直流电阻值。

⑦ 同时动作 KM2 和 KM3，此时接通的是 KM2 和 KM3 线圈，测得的电阻值为 KM2 和 KM3 线圈并联后的直流电阻值。

### 3. 通电试车

**特别提示：**

通电试车前要检查安全措施，试车时要遵守安全操作规程，出现故障时要停电检查。

按 0.95～1.05 倍电动机额定电流调整热继电器整定电流，检查熔体规格是否符合要求。在指导教师监护下进行，根据电路图的控制要求独立测试。观察电动机有无震动及异常噪声，若出现故障及时断电查找排除。通电试车后，断开电源，先拆除三相电源线，再拆除电动机负载线。

**注意：**

在双速电动机的控制电路中存在一个高、低速转换同向的问题，即电动机在低速运行时，如果转向是正转（逆时针方向旋转），而在转换为高速时为反转（顺时针方向旋转），这就说明双速电动机在高、低速转换时不同向，解决这种问题的方法是将双速电动机 M 的接线端 U1、V1、W1 或 U2、V2、W2 中的任意两相调换即可。

### 4. 用转速表测量电动机转速

（1）选择适当的量程。

（2）选择适当的接头套在转速表上。

（3）当电动机转速稳定后，适度用力将转速表对准并压在电动机的转轴中心孔上，如图 2-1-13 所示。

（4）当指针（数字）稳定后读数。

图 2-1-13　电动机转速的测量

### 5. 整理现场

整理现场工具及电气元件，清理现场，根据工作过程填写任务书，整理工作资料。

## 三、注意事项

（1）接线时，注意主电路中接触器 KM1、KM2 在两种转速下电源相序的改变，不能接错，否则，两种转速下的电动机转向相反，换向时将产生很大的冲击电流。

（2）控制双速电动机△形接法的接触器 KM1 和 YY 形接法的 KM2 的主触头不能调换接线，否则不但无法实现双速控制要求，而且会在 YY 形运转时造成电源短路事故。

（3）控制板外配线必须用套管加以防护，以确保安全。

（4）电动机、按钮等金属外壳必须保护接地。

（5）通电试车、调试及检修时，必须在指导教师的监护和允许下进行。

（6）当电动机运转平稳后，用钳形电流表测量电动机三相电路电流是否平衡。

（7）要做到安全操作和文明生产。

## 任务评价

学生完成本任务的考核评价细则见评分记录表 2-1-2。

表 2-1-2 技能训练考核评分记录表

| 评价项目 | 评价内容 | 配分 | 评 分 标 准 | 得分 |
|---|---|---|---|---|
| 识读电路图 | （1）正确识读按钮接触器控制双速电动机控制电路中的电气元件；<br>（2）能正确分析该电路的工作原理 | 15 | （1）不能正确识读电气元件，每处扣 3 分；<br>（2）不能正确分析该电路工作原理扣 5 分 | |
| 装前检查 | 检查电气元件质量完好 | 5 | 电气元件漏检或错检，每处扣 1 分 | |
| 安装元件 | （1）按布置图安装电气元件；<br>（2）安装电气元件牢固、整齐、匀称、合理 | 15 | （1）不按布置图安装扣 15 分；<br>（2）元件安装不牢固，每只扣 3 分；<br>（3）元件安装不整齐、不均匀、不合理，每只扣 2 分；<br>（4）损坏元件扣 15 分 | |
| 布线 | （1）接线紧固、无压绝缘、无损伤导线绝缘或线芯；<br>（2）按照电路图接线，思路清晰 | 20 | （1）不按电路图接线扣 20 分；<br>（2）布线不符合要求：<br>对主电路，每根扣 4 分；<br>对控制电路，每根扣 2 分；<br>（3）接点不符合要求，每个接点扣 1 分；<br>（4）损伤导线绝缘或线芯，每根扣 5 分；<br>（5）漏装或套错编码套管，每个扣 1 分 | |
| 通电前检查 | （1）自查电路；<br>（2）仪器、仪表使用正确 | 10 | （1）漏检，每处扣 2 分；<br>（2）万用表使用错误，每次扣 3 分 | |
| 通电试车 | 在安全规范操作下，通电试车一次成功 | 20 | （1）第一次试车不成功，扣 10 分；<br>（2）第二次试车不成功，扣 20 分 | |
| 故障排查 | （1）仪器、仪表使用正确；<br>（2）在安全规范操作下，故障一次排除 | 10 | （1）第一次故障排查不成功，扣 5 分；<br>（2）第二次故障排查不成功，扣 10 分 | |

续表

| 评价项目 | 评价内容 | | 配分 | 评分标准 | | 得分 |
|---|---|---|---|---|---|---|
| 资料整理 | 资料书写整齐、规范 | | 5 | 任务单填写不完整，扣2～5分 | | |
| 安全文明生产 | | 违反安全文明生产规程扣2～40分 | | | | |
| 定额时间2 h | | 每超时5 min以内以扣3分计算，但总扣分不超过10分 | | | | |
| 备注 | | 除定额时间外，各情境的最高扣分不应超过配分数 | | | | |
| 开始时间 | | | 结束时间 | | 总得分 | |

## 任务拓展

图2-1-14所示为转换开关控制双速电动机的控制电路。

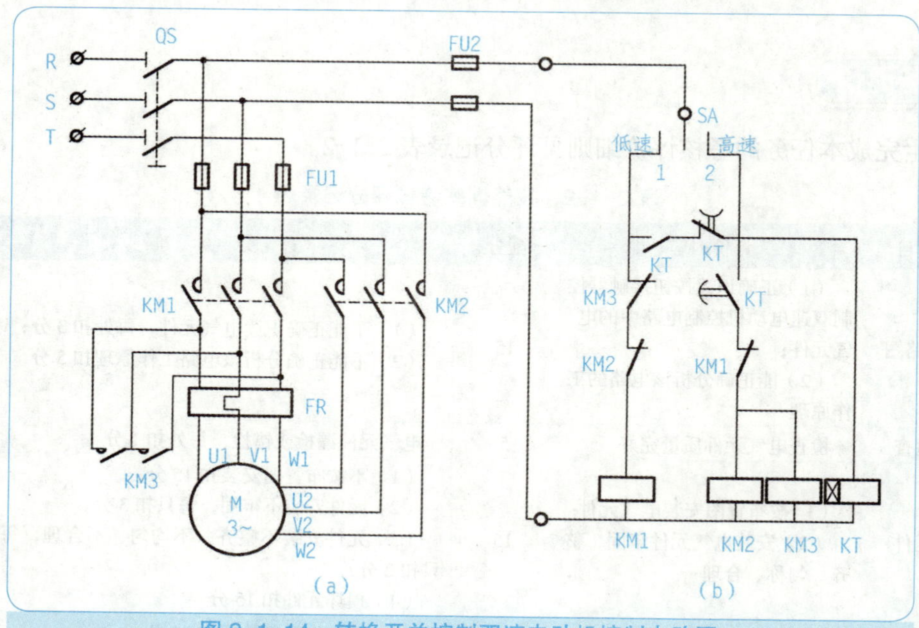


图2-1-14 转换开关控制双速电动机控制电路图

请完成上述电路的安装与调试。

## 思考与练习

1．三相异步电动机的转速与哪些因素有关？笼型异步电动机的变极调速是如何实现的？

2．双速电动机的定子绕组共有几个出线端？分别画出△/YY双速电动机在低、高速时定子绕组的接线图。

3．安装、调试转换开关控制双速电动机控制电路。

# 任务二　安装与调试时间继电器控制的双速电动机控制电路

## 任务描述

要实现双速异步电动机的高速运行，其控制过程要求必须先是△形低速运行，待转速基本达到低速运行的额定转速后，再切换到YY形高速运行。其切换方式，可以采用按钮接触器控制电路，也可以采用时间继电器自动控制电路。由于采用按钮接触器控制电路从双速电动机起动到高速运行需分别按低速起动按钮和高速起动按钮，操作较麻烦，且切换时间也不易掌握，故在生产实际中往往广泛使用由时间继电器控制的双速电动机控制电路。

某车间需安装一台卧式镗床，外形结构示意图如图2-2-1所示。现在要为此镗床安装主运动的控制。为满足加工要求，主运动主轴由一台双速笼型异步电动机拖动，现为此双速电动机安装控制电路，要求双速电动机能够实现自动换速，要求设置短路、欠压、失压保护。电动机的型号为YD112M-4/2，额定电压为380 V、额定功率为3.3 kW/4 kW、额定转速为1 420/2 860（r/min）。完成上述主轴双速电动机控制电路的安装、调试，并进行简单故障排查。

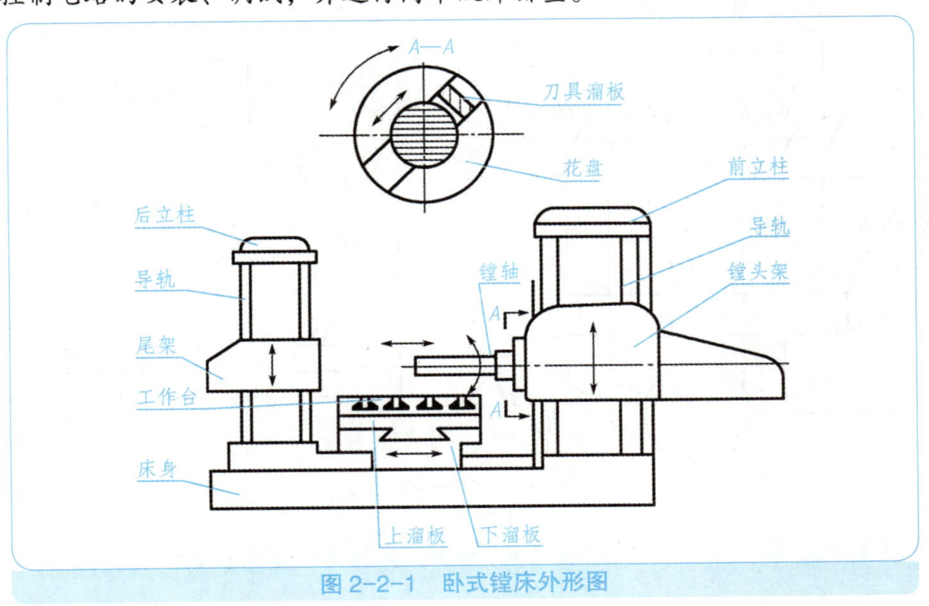


图2-2-1　卧式镗床外形图

## 能力目标

（1）了解电动机转速测量的方法。

（2）正确识读时间继电器控制的双速电动机控制电路原理图，会分析其工作原理。

（3）能根据时间继电器控制的双速电动机控制电路原理图安装、调试电路。

（4）能根据故障现象对时间继电器控制的双速电动机控制电路的简单故障进行排查。

## 知识准备

### 一、时间继电器控制的双速电动机控制电路

时间继电器控制的双速电动机控制电路原理图如图 2-2-2 所示。

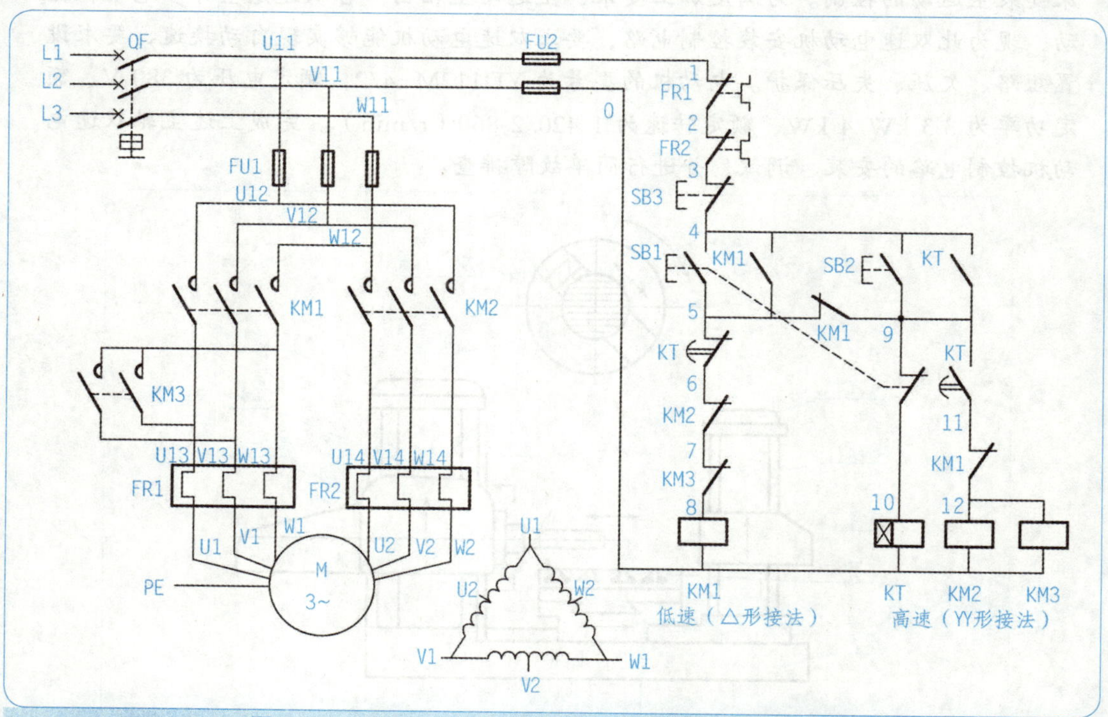


图 2-2-2 时间继电器控制的双速电动机控制电路原理图

电路工作原理如下：先合上电源开关 QF。

### 1. △形低速起动运转

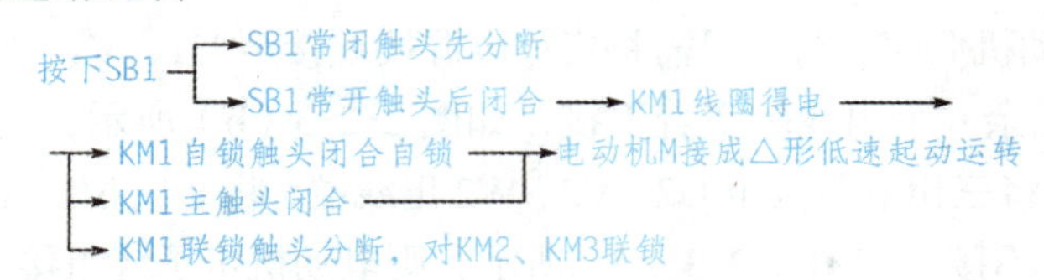


### 2. YY 形高速起动运转

按下SB2 → KT线圈得电 → KT瞬时常开触头（4—9）闭合自锁 →

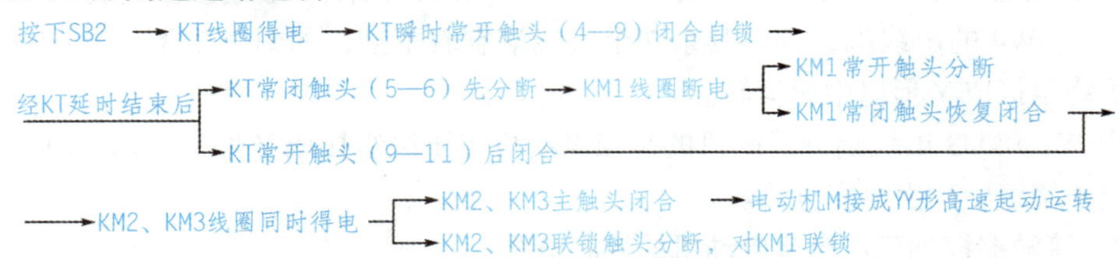


### 3. 停止

停车时，按下停止按钮 SB3 即可实现。

若电动机只需高速起动，可直接按下 SB2，则电动机定子绕组先△形连接低速起动，经时间继电器 KT 延时后，再将电动机定子绕组 YY 连接高速运转。

## 二、三速异步电动机控制电路

### 1. 三速异步电动机定子绕组的连接

三速异步电动机有两套定子绕组，分两层安放在定子槽内，两套定子绕组共有 10 个出线端，改变这 10 个出线端与电源的连接方式，就可得到三种不同的转速。三速异步电动机定子绕组的接线方式如图 2-2-3 所示。

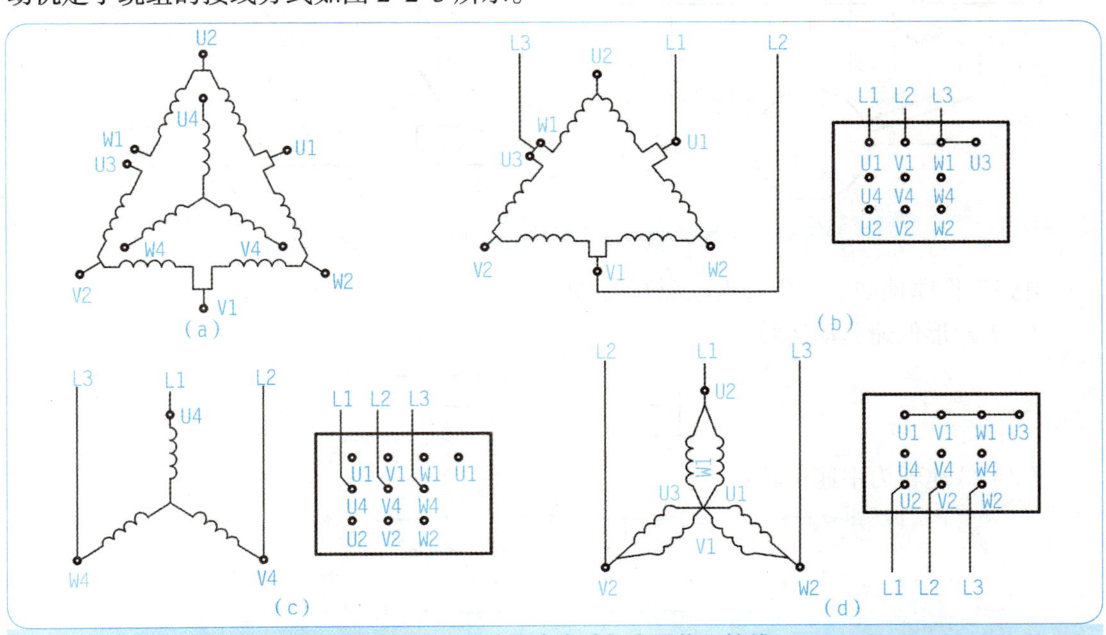


图 2-2-3　三速异步电动机定子绕组接线

（a）两套绕组；（b）△形接法（低速）；（c）Y形接法（中速）；（d）YY 形接法（高速）

第一套绕组（双速）有 7 个出线端：U1、V1、W1、U3、U2、V2、W2，可作△形或 YY 形连接。要使电动机低速运行，只需将三相电源接线接至 U1、V1、W1，并将 W1 和 U3 出线端接在一起，其余 6 个出线端空着不接，如图 2-2-3（b）所示，则电动机定子绕组接成△形低速运转。若将三相电源接至 U2、V2、W2 出线端，将 U1、V1、W1 和 U3 接在一起，其余 3 个出线端空着不接，如图 2-2-3（d）所示，则电动机定子绕组接成 YY 形高速运转。

第二套绕组（单速）有 3 个出线端 U4、V4、W4，只作 Y 形连接。若将三相电源接至 U4、V4、W4 的出线端，并将其余 7 个出线端空着不接，如图 2-2-3（c）所示，则电动机定子绕组接成 Y 形以中速运转。

图中 W1 和 U3 出线端分开的目的是当电动机定子绕组接成 Y 形中速运转时，不会在△形的定子绕组中产生感应电流。

### 2. 接触器控制三速异步电动机的控制电路

用接触器控制三速异步电动机的控制电路如图 2-2-4 所示。

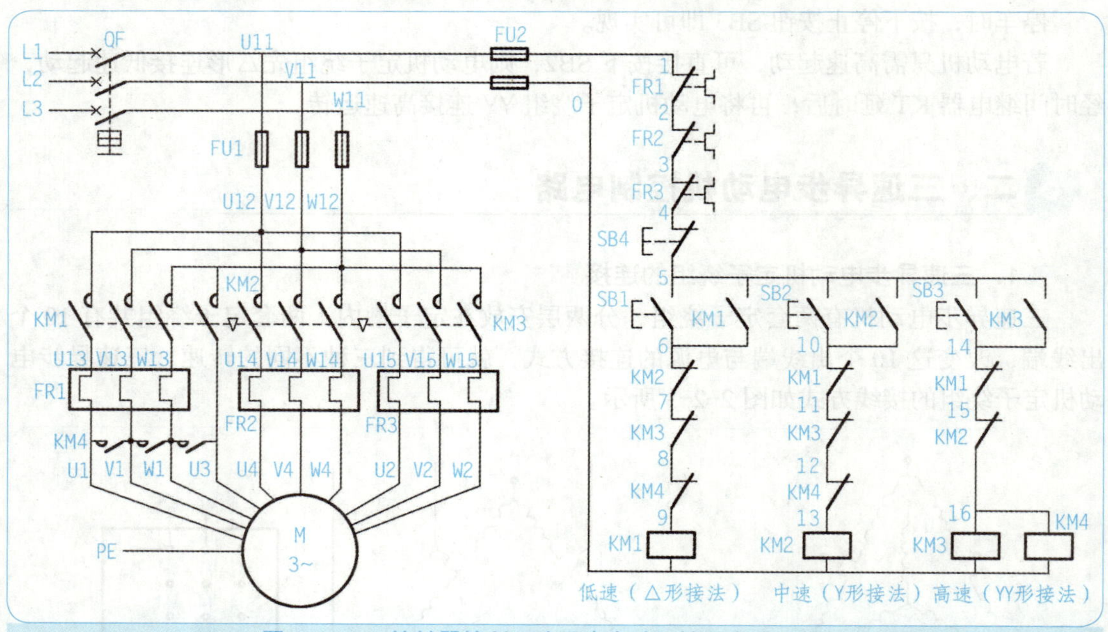

图 2-2-4 接触器控制三速异步电动机控制电路原理图

电路工作原理如下：先合上电源开关 QF。

（1）△形低速起动运转：

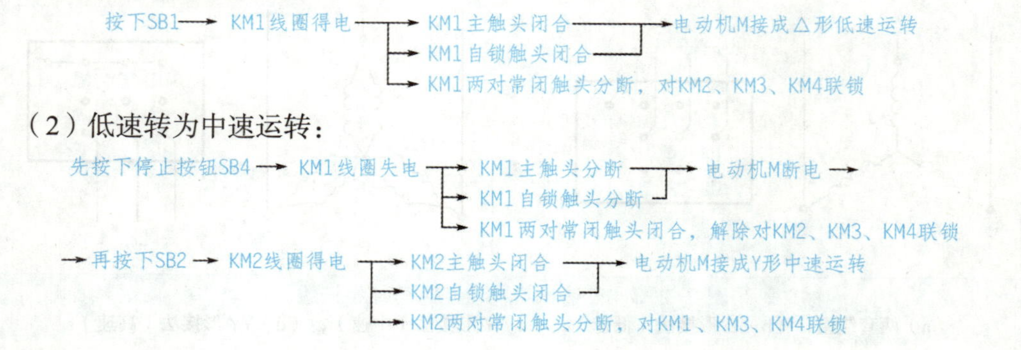


（2）低速转为中速运转：

（3）中速转为高速运转：

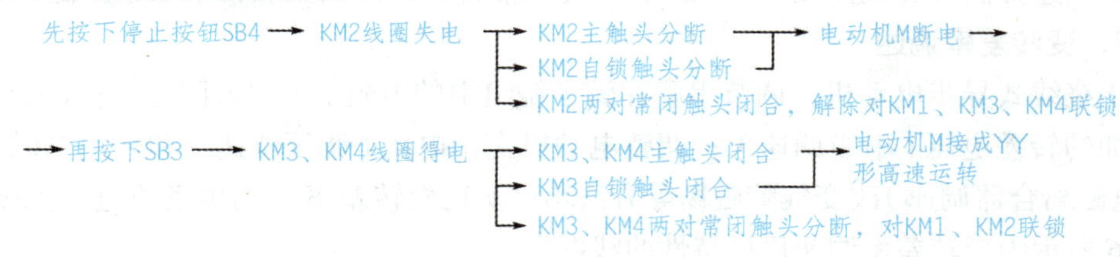


（4）停止：

停止时，按下停止按钮 SB4 即可实现。

该控制电路的缺点是在进行速度转换时，必须先按下停止按钮 SB4 后，才能再按下相应的起动按钮进行变速，所以操作不方便。

## 三、其他调速控制

### 1．变频调速

变频调速是使用专用变频器供电改变定子绕组中的电流的频率来改变转速的。通过改变定子供电频率来改变同步转速实现对异步电动机的调速，在调速过程中从高速到低速都可以保持有限的转差率，因而具有高效率、宽范围和高精度的调速性能。

#### 1）变频调速基本结构

变频调速结构示意图如图 2-2-5 所示。主要由以下几部分构成。

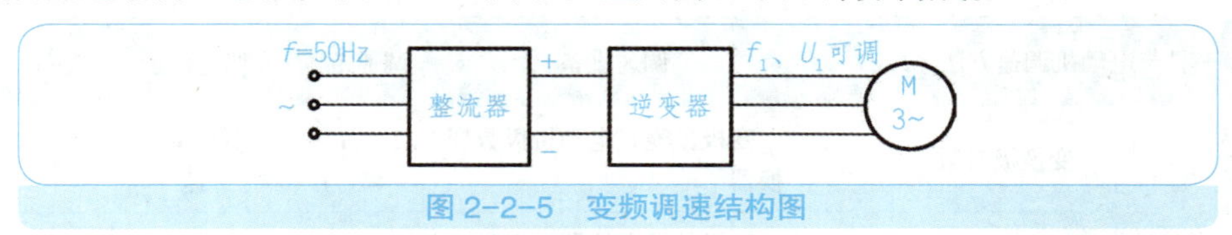


图 2-2-5　变频调速结构图

（1）整流器：将三相或单相交流电变换为直流电。

（2）直流中间电路：对整流输出的电流进行平滑处理。

（3）逆变器：将中间电路输出的直流电源转换为频率和电压都任意可调的交流电源。

（4）控制电路：完成逆变器的控制。

#### 2）异步电动机变频调速的特点和要求

异步电动机变频调速具有以下几个特点：

（1）调速范围大。

（2）特性较硬，转速稳定性好。

（3）运行时损耗小，效率高。

（4）频率可以连续调节，变频调速为无级调速。

如果改变频率，且保持定子电源电压不变，则气隙每极磁通将增大，会引起电动机铁芯磁路饱和，从而导致过大的励磁电流，严重时会因绕组过热而损坏电机，这是不允许的。因此，降低电源频率时，必须同时降低电源电压，以达到控制磁通的目的。对此，需要考虑基频（额定频率）以下的调速和基频以上调速两种情况。

变频调速方法可实现无级平滑调速，调速性能优异，因而正获得越来越广泛的应用。

## 2. 变转差率调速

对于绕线式异步电动机，调节串联在转子绕组中的电阻值（调阻调速）；转子电路中引入附加的转差电压（串级调速）；调整电动机定子电压（调压调速）和采用电磁转差离合器（电磁离合器调速）改变气隙磁场等方法均可实现变转差率 $s$，对电动机进行无级调速。图 2-2-6 所示为变转差率调速机械特性曲线图。

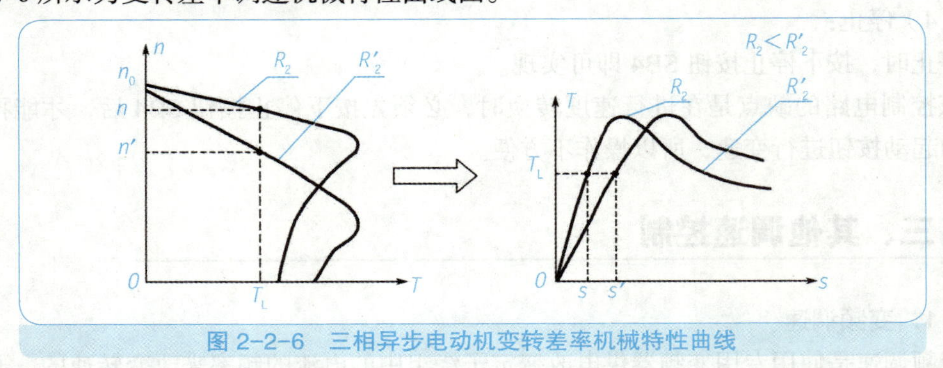


图 2-2-6　三相异步电动机变转差率机械特性曲线

变转差率调速是绕线型电动机特有的一种调速方法。其优点是调速平滑、设备简单、投资少，缺点是能耗较大。这种调速方式广泛应用于各种提升、起重设备中。

异步电动机各种调速方法比较如表 2-2-1 所示。

表 2-2-1　异步电动机调速方法比较

| 异步电动机调速方法 | | | 调速设备 | 调速范围 | 调速性能 | 效率 | 适于何种负载 |
|---|---|---|---|---|---|---|---|
| 调极对数 $p$ | | 变换极对数 | 变极鼠笼式电动机极数变换器 | 2 : 1 ~ 4 : 1 | 不平滑调速 | 高 | 恒转矩<br>恒功率 |
| 调转差率 | 鼠笼式电动机 | 调定电子电压 | 定子外接电抗器；电磁调压器；晶闸管交流调压器 | 1.5 : 1 ~ 10 : 1 | 不平滑或平滑调速 | 低 | 恒转矩 |
| | | 转差离合器调速 | 电磁转差离合器 | 3 : 1 ~ 10 : 1 | 平滑调速 | 低 | 恒转矩 |
| | 绕线式电动机 | 调转子电阻 | 多级或平滑变阻器；晶闸管直流开关 | 2 : 1 | 不平滑或平滑调速 | 低 | 恒转矩 |
| | | 机械式串级调速 | 转差功率经整流器供电给直流电动机 - 交流发电组再反馈电网 | 2 : 1 | 平滑调速 | 较高 | 恒转矩 |
| | | 电气串级调速 | 转差功率经硅整流器供电网反馈 | 2 : 1 ~ 4 : 1 | 平滑调速 | 较高 | 恒转矩 |
| 调定子频率、调转子频率 | 鼠笼式电动机 | 调定子频率同时控制定子电压或转差频率 | 变频器或整流器与逆变器 | 2 : 1 ~ 10 : 1 | 平滑调速 | 高 | 恒转矩<br>恒功率 |
| | 绕线式电动机 | 调转子频率同时协调控制转子电压 | 变频器或整流器与逆变器 | 4 : 1 ~ 10 : 1 | 平滑调速 | 高 | 恒转矩<br>恒功率 |

任务实施

## 一、工作准备

### 1. 工具、仪表与材料准备

（1）完成本任务所需工具与仪表为：螺钉旋具、尖嘴钳、斜口钳、剥线钳、万用表、测速表等。

（2）完成本任务所需材料明细表如表 2-2-2 所示。

表 2-2-2　时间继电器控制的双速电动机控制电路电气元件明细表

| 代号 | 名 称 | 型号 | 规　格 | 数量 |
|---|---|---|---|---|
| M | 三相笼型双速异步电动机 | YD112M-4/2 | 3.3 kW/4 kW，380 V，7.4 A/8.6 A，△/YY 接法，1 420 r/min 或 2 860 r/min | 1 |
| QF | 低压断路器 | DZ108-20 | | 1 |
| FU | 熔断器 | RL1-15 | 熔体 15 A | 5 |
| KM | 交流接触器 | CJ20 | 线圈电压交流 380 V | 3 |
| KT | 时间继电器 | JS7-2A | | 1 |
| SB | 按钮 | LA10-3A | | 3 |
| FR | 热继电器 | JR36-20 | | 2 |
| XT | 接线端子排 | TB-1520 | 15 A，20 位 | 1 |
| | 单芯铝线 | BLV | 2.5 mm² | 20 m |
| | 多股铜芯软线 | RV0.5 | 0.5 mm² | 5 m |
| | 紧固螺钉、螺母 | | | 若干 |

### 2. 绘制电气元件布置图

根据原理图绘制电气元件布置图，如图 2-2-7 所示。

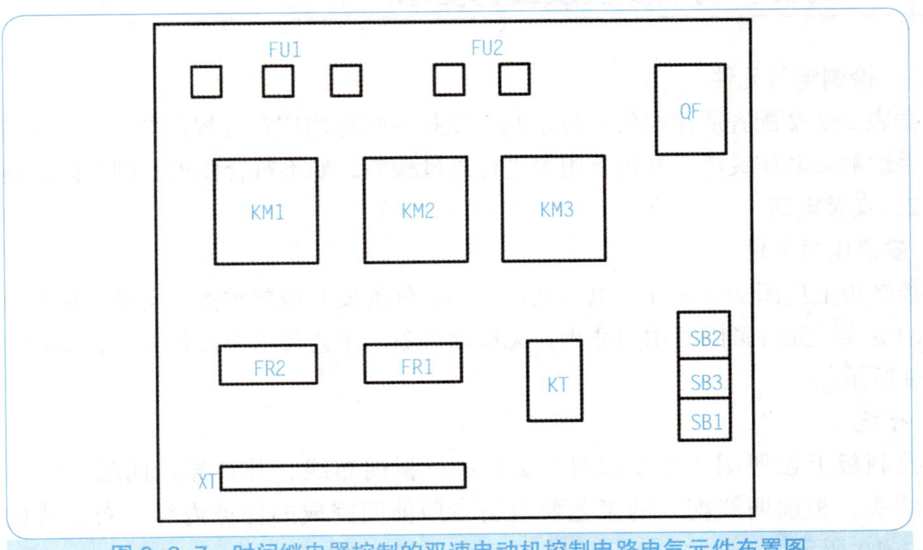


图 2-2-7　时间继电器控制的双速电动机控制电路电气元件布置图

### 3. 绘制电路接线图

时间继电器控制的双速电动机控制电路接线图如图 2-2-8 所示。

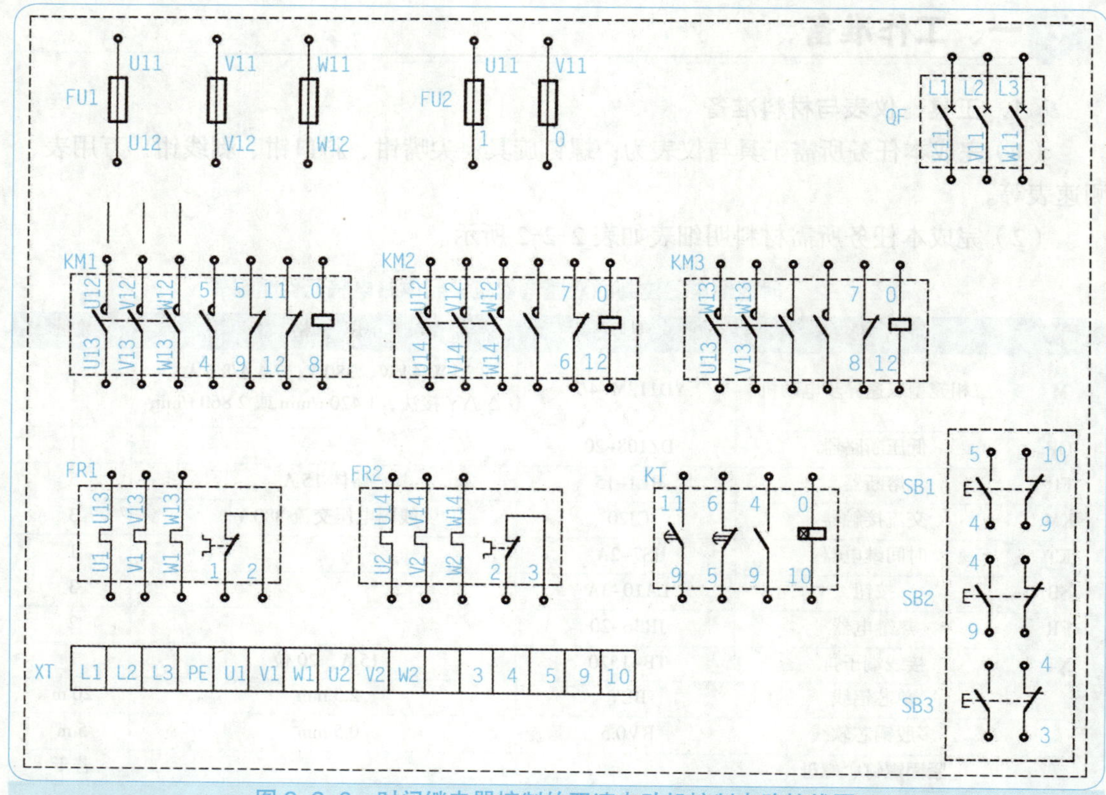

图 2-2-8 时间继电器控制的双速电动机控制电路接线图

## 二、安装、调试步骤及工艺要求

### 1. 检测电气元件

根据表 2-2-2 配齐所用电气元件，其各项技术指标均应符合规定要求，目测其外观无损坏，手动触头动作灵活，并用万用表进行质量检验，如不符合要求，则予以更换。

### 2. 安装电路

1）安装电气元件

在控制板上按图 2-2-7 安装电气元件。各元件的安装位置整齐、匀称，间距合理，便于元件的更换，元件紧固时用力适当，无松动现象。工艺要求参照任务一，实物布置图如图 2-2-9 所示。

2）布线

在控制板上按照图 2-2-2 和图 2-2-8 进行板前布线，并在导线两端套编码套管和冷压接线头。板前明线配线的工艺要求请参照前面完成的任务内容。布好线的实物图如图 2-2-10 所示。

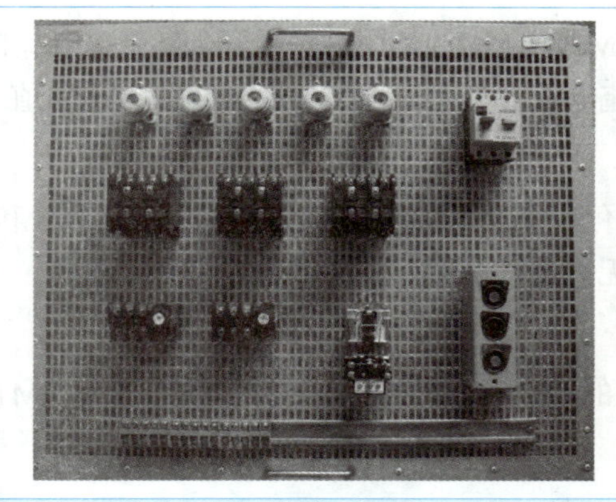

图 2-2-9　时间继电器控制的双速电动机控制电路电气元件实物布置图

图 2-2-10　时间继电器控制的双速电动机控制电路完成图

3）安装电动机

具体操作可参考以前的任务内容。

4）通电前检测

（1）对照原理图、接线图检查，连接无遗漏。

（2）用电阻测量法，配合手动方式操作电气元件得电动作进行检查。在检查过程中，注意万用表指示电阻值的变化，通过电阻值的变化分析，判断接线的正确性。

① → 把万用表的两支表笔放在控制回路的熔断器 FU2 上，万用表显示的电阻值为无穷大，说明控制回路无短路或短接。

② → 按下低速起动控钮 SB1，接通的是 KM1 线圈，此时测得的电阻值为 KM1 线圈的直流电阻值。

③ → 在②的基础上，按下停止按钮 SB3，断开 KM1 线圈，此时电阻值又显示无穷大。

④ → 按下高速起动按钮 SB2，此时接通的是 KT、KM1 线圈，测得的电阻值是 KT、KM1 线圈并联后的直流电阻值。

⑤ → 在④的基础上，按下停止按钮 SB3，断开 KT 和 KM1 线圈，此时电阻值为无穷大。

⑥ → 按下高速起动按钮 SB2，动作 KT，此时首先动作的是 KT 和 KM1，经 KT 整定时间后 KM1 断开，同时 KM2 和 KM3 线圈接通，此时测得的电阻值为 KT、KM2 和 KM3 线圈并联后的直流电阻值。

⑦ 在⑥的基础上，动作KM1，KM1的常闭触头断开，断开KM2和KM3线圈。此时，测得的直流电阻值变大，即为KT线圈的直流电阻值。

⑧ 在⑥的基础上，按下停止按钮SB3，此时断开KT、KM2和KM3线圈，测得电阻值为无穷大。

⑨ 动作KM1，此时接通的是KM1线圈，测得的电阻值为KM1线圈的直流电阻值。

⑩ 动作KT，此时首先接通的是KT和KM1线圈，经时间继电器的设定整定时间后，KM1线圈失电，同时KT延时闭合触头接通KM2和KM3线圈，此时测得的电阻值为KT、KM2和KM3线圈并联后的直流电阻值。

### 3. 通电试车

**特别提示：**

通电试车前要检查安全措施，试车时要遵守安全操作规程，出现故障时要停电检查。

按0.95～1.05倍电动机额定电流调整热继电器整定电流，检查熔体规格是否符合要求。在指导教师监护下进行，根据电路图的控制要求独立测试。观察电动机有无震动及异常噪声，若出现故障及时断电查找排除。通电试车后，断开电源，先拆除三相电源线，再拆除电动机负载线。

**注意：**

在双速电动机的控制电路中存在一个高、低速转换同向的问题，即电动机在低速运行时，如果转向是正转（逆时针方向旋转），而在转换为高速时为反转（顺时针方向旋转），这就说明双速电动机在高、低速转换时不同向，解决这种问题的方法是将双速电动机M的接线端U1、V1、W1或U2、V2、W2中的任意两相调换即可。

### 4. 整理现场

整理现场工具及电气元件，清理现场，根据工作过程填写任务书，整理工作资料。

## 三、注意事项

（1）接线时，注意主电路中接触器KM1、KM2在两种转速下电源相序的改变，不能接错，否则，两种转速下的电动机转向相反，换向时将产生很大的冲击电流。

（2）控制双速电动机△形接法的接触器 KM1 和 YY 形接法的 KM2 的主触头不能调换接线，否则不但无法实现双速控制要求，而且会在 YY 形运转时造成电源短路事故。

（3）热继电器 FR1、FR2 的整定电流不能设错，其在主电路中的接线不能接错。

（4）控制板外配线必须用套管加以防护，以确保安全。

（5）电动机、按钮等金属外壳必须保护接地。

（6）通电试车、调试及检修时，必须在指导教师的监护和允许下进行。

（7）当电动机运转平稳后，用钳形电流表测量电动机三相电路电流是否平衡。

（8）要做到安全操作和文明生产。

## 任务评价

学生完成本任务的考核评价细则见评分记录表 2-2-3。

表 2-2-3 技能训练考核评分记录表

| 评价项目 | 评价内容 | 配分 | 评 分 标 准 | 得分 |
| --- | --- | --- | --- | --- |
| 识读电路图 | （1）正确识读时间继电器控制的双速电动机控制电路中的电气元件；<br>（2）能正确分析该电路的工作原理 | 15 | （1）不能正确识读电气元件，每处扣 3 分；<br>（2）不能正确分析该电路工作原理扣 5 分 | |
| 装前检查 | 检查电气元件质量完好 | 5 | 电气元件漏检或错检，每处扣 1 分 | |
| 安装元件 | （1）按布置图安装电气元件；<br>（2）安装电气元件牢固、整齐、匀称、合理 | 15 | （1）不按布置图安装扣 15 分；<br>（2）元件安装不牢固，每只扣 3 分；<br>（3）元件安装不整齐、不均匀、不合理，每只扣 2 分；<br>（4）损坏元件扣 15 分 | |
| 布线 | （1）接线紧固、无压绝缘、无损伤导线绝缘或线芯；<br>（2）按照电路图接线，思路清晰 | 20 | （1）不按电路图接线扣 20 分；<br>（2）布线不符合要求：<br>对主电路，每根扣 4 分；<br>对控制电路，每根扣 2 分；<br>（3）接点不符合要求，每个接点扣 1 分；<br>（4）损伤导线绝缘或线芯，每根扣 5 分；<br>（5）漏装或套错编码套管，每个扣 1 分 | |
| 通电前检查 | （1）自查电路；<br>（2）仪器、仪表使用正确 | 10 | （1）漏检，每处扣 2 分；<br>（2）万用表使用错误，每次扣 3 分 | |
| 通电试车 | 在安全规范操作下，通电试车一次成功 | 20 | （1）第一次试车不成功，扣 10 分；<br>（2）第二次试车不成功，扣 20 分 | |
| 故障排查 | （1）仪器、仪表使用正确；<br>（2）在安全规范操作下，故障一次排除 | 10 | （1）第一次故障排查不成功，扣 5 分；<br>（2）第二次故障排查不成功，扣 10 分 | |
| 资料整理 | 资料书写整齐、规范 | 5 | 任务单填写不完整，扣 2 ~ 5 分 | |
| 安全文明生产 | | 违反安全文明生产规程扣 2 ~ 40 分 | | |
| 定额时间 2 h | | 每超时 5 min 以内以扣 3 分计算，但总扣分不超过 10 分 | | |
| 备 注 | | 除定额时间外，各情境的最高扣分不应超过配分数 | | |
| 开始时间 | | 结束时间 | | 总得分 |

## 任务拓展

### 双速异步电动机自动变速控制电路

图2-2-11所示电路为工厂企业广泛使用的双速异步电动机自动变速控制电路，各元件的作用及工作过程与前述时间继电器控制的双速电动机控制电路工作过程类似，工作原理分析如下：

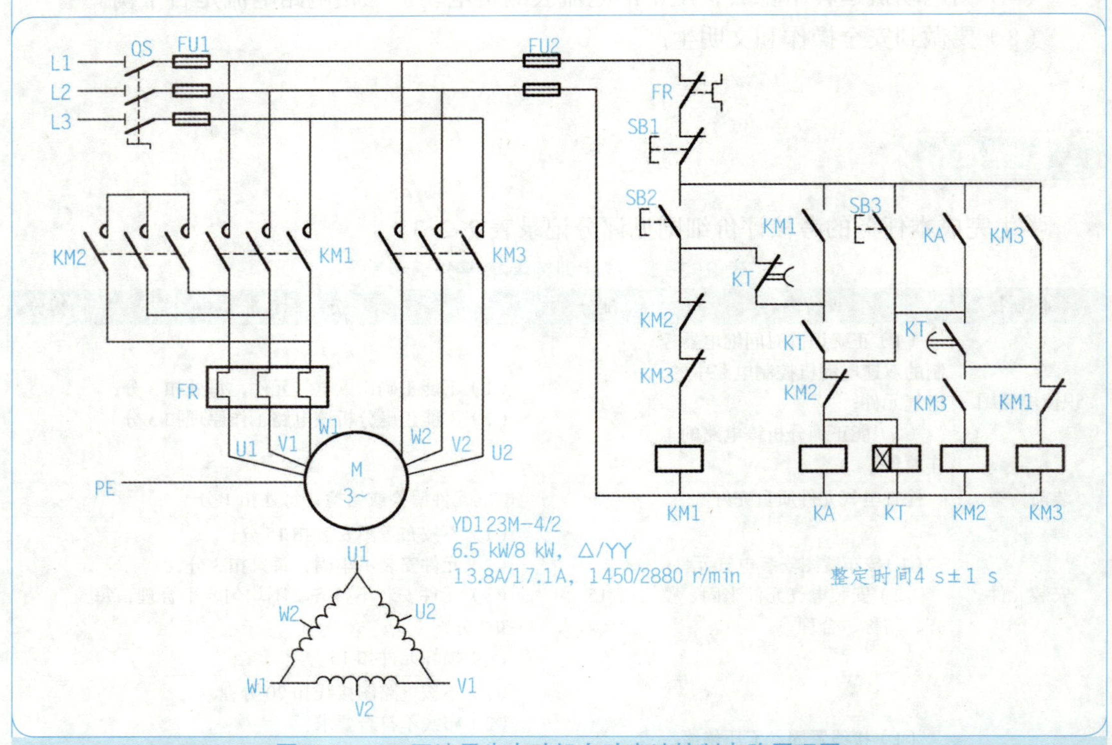


图2-2-11 双速异步电动机自动变速控制电路原理图

合上断路器QS。

**低速控制**：按下SB2，KM1线圈得电，KM1主触头闭合，定子绕组接成△形，电动机低速运转；KM1常开触头闭合，自锁；KM1常闭触头断开，使得KM2、KM3不得电，互锁。

**高速控制**：按下SB3，中间继电器线圈KA得电，KA常开触头闭合，自锁；时间继电器线圈KT得电，KT瞬时触头闭合，KM1线圈得电，定子绕组为△形连接，电动机低速起动；KT延时时间到，KT常闭触点断开，常开触点闭合，KM1断电（KM1常闭辅助触头闭合，为KM2、KM3线圈得电提供通路；KM1主触头断开，△形连接断开；KM1常开辅助触头断开，解除自锁），KM2、KM3得电（KM2、KM3常闭辅助触头断开，实现互锁；KM2、KM3主触头闭合），定子绕组为YY形连接，电动机高速运行。

**停车过程**：按下SB1，接触器线圈断电，常开触头断开，电动机停止运转。

请完成上述电路的安装与调试。

## 思考与练习

1．三速异步电动机有几套定子绕组？定子绕组共有几个出线端？分别画出三速异步电动机在低、中、高速时定子绕组的接线图。

2．现有一双速电动机，试按下述要求设计控制电路：

（1）分别用两个按钮操作电动机的高速起动与低速起动，用一个总停止按钮操作电动机停止。

（2）起动高速时，应先接成低速，然后经延时后再换接到高速。

（3）有短路保护和过载保护。

3．图 2-2-12 所示为时间继电器控制三速电动机的控制电路图，试分析其工作原理。

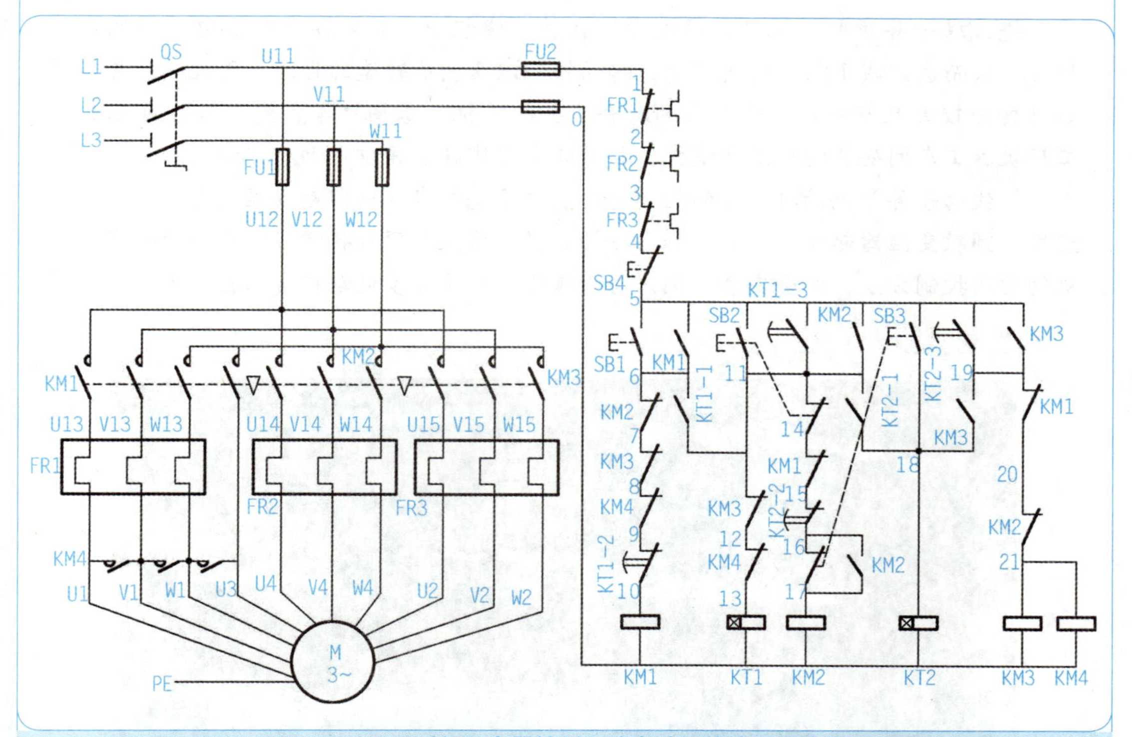


图 2-2-12　时间继电器控制三速电动机的控制电路图

4．安装、调试双速异步电动机自动变速控制电路。

# 项目三

# 安装与调试绕线转子异步电动机控制电路

## 项目描述

绕线转子异步电动机可以通过滑环在转子绕组中串接电阻来改善电动机的机械特性，从而达到减小起动电流、增大起动转矩以及调节转速的目的。因此一般应用于起动转矩较大且有一定调速要求的场合，如起重机、卷扬机等。图 3-0-1 所示为某工厂机加工车间安装的桥式起重机，其升降由绕线转子异步电动机拖动。

绕线转子异步电动机常用的控制电路有转子绕组串接电阻起动控制电路、转子绕组串接频敏变阻器起动控制电路和凸轮控制器电路。本项目将学习绕线转子异步电动机的常用控制方法，学会安装、调试与检修绕线转子异步电动机常用控制电路。

图 3-0-1　桥式起重机外形图

## 教学目标

### 知识目标

（1）了解绕线转子异步电动机控制电路的工作原理。

（2）了解本项目所用低压电器的结构、工作原理、使用方法，熟悉图形符号、文字符号、型号含义。

（3）能识读绕线转子异步电动机常用控制电路的安装图、接线图和原理图。

### 技能目标

（1）能识别本项目所用低压电器，并能正确安装与使用。

（2）能独立完成绕线转子异步电动机常用控制电路的安装与调试。

（3）会正确处理通电调试过程中出现的故障。

### 学习和工作能力目标

（1）具备阅读与本项目相关电路电气原理图的能力。

（2）具备查阅手册等工具书和设备铭牌、产品说明书、产品目录等资料的能力。

（3）激发学习兴趣和探索精神，掌握正确的学习方法。

（4）在实践中，培养学生的安全操作意识，以及做好本职工作的职业精神。

（5）培养学生的自学能力，与人沟通能力。

（6）培养学生的团队合作精神，形成优良的协作能力和动手能力。

### 安全规范

（1）穿戴好安全防护用具，严禁穿凉鞋、背心、短裤、裙装进入实训场所。

（2）使用绝缘工具，并认真检查工具绝缘是否良好。

（3）停电作业时，必须先验电确认无误后方可工作。

（4）带电作业时，必须在教师的监护下进行。

（5）树立安全和文明生产意识。

# 任务一 安装与检修绕线转子异步电动机串联电阻起动控制电路

## 任务描述

绕线转子异步电动机串联电阻起动是指起动时，在转子回路串入作Y形连接、分级切换的三相起动电阻器，以减小起动电流、增加起动转矩。随着电动机转速的升高，逐级减小可变电阻，起动完毕后，切除可变电阻，转子绕组被直接短接，电动机便在额定状态下运行。为了实现这种切换方式，可以采用按钮控制、时间继电器控制，也可以采用电流继电器控制。

某工厂机加工车间需安装桥式起重机电气控制柜，桥式起重机主钩用来提升重物，其升降由绕线转子异步电动机拖动，要求通过时间继电器来控制绕线转子异步电动机转子回路串联电阻起动，设置相应的过载、短路、欠压、失压保护。起重机用绕线转子异步电动机型号为YZR−132M1−6、额定电压为380 V、额定功率为2.2 kW、额定转速为908 r/min、额定电流为15.4 A。完成上述转子绕组串联电阻起动控制电路的安装、调试，并进行简单故障排查。

## 能力目标

（1）识别电流继电器、电压继电器，掌握其结构、符号、原理及作用，并能正确使用；了解绕线转子异步电动机的结构，会正确连接绕线转子异步电动机。

（2）正确识读时间继电器控制绕线转子异步电动机转子回路串联电阻起动控制电路原理图，会分析其工作原理。

（3）能根据时间继电器控制绕线转子异步电动机转子回路串联电阻起动控制电路图安装、调试电路。

（4）能根据故障现象对时间继电器控制绕线转子异步电动机转子回路串联电阻起动控制电路的简单故障进行排查。

## 知识准备

### 一、电流继电器

反映输入量为电流的继电器叫作电流继电器。如图3−1−1所示是常见的电流继电器。

使用时，电流继电器的线圈串联在被测电路中，当通过线圈的电流达到预定值时，其触头动作。为了降低串入电流继电器线圈后对原电路工作状态的影响，电流继电器线圈的匝数少，导线粗，阻抗小。

图 3-1-1　电流继电器外形

电流继电器分为过电流继电器和欠电流继电器两种。电流继电器在电路图中的符号如图 3-1-2 所示。

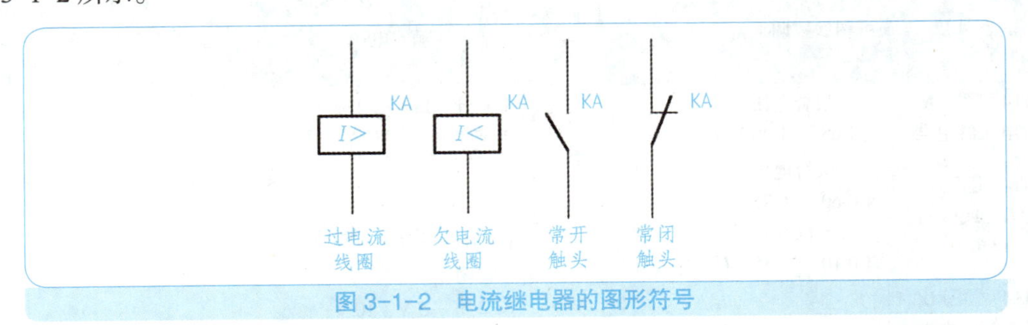


图 3-1-2　电流继电器的图形符号

### 1. 过电流继电器

当通过继电器的电流超过预定值时就动作的继电器称为过电流继电器。过电流继电器的吸合电流为 1.1 ～ 4 倍的额定电流，也就是说，在电路正常工作时，过电流继电器线圈通过额定电流时是不吸合的；当电路中发生短路或过载故障，通过线圈的电流达到或超过预定值时，铁芯和衔铁才吸合，带动触头动作。

过电流继电器常用于直流电动机或绕线转子电动机的控制电路中，用于频繁及重载起动的场合，作为电动机和主电路的过载或短路保护。

### 2. 欠电流继电器

当通过继电器的电流减小到低于其整定值时就动作的继电器称为欠电流继电器。欠电流继电器的吸引电流一般为线圈额定电流的 0.3 ～ 0.65 倍，释放电流为额定电流的 0.1 ～ 0.2 倍。因此，在电路正常工作时，欠电流继电器的衔铁与铁芯始终是吸合的。只有当电流降至低于整定值时，欠电流继电器释放，发出信号，从而改变电路的状态。

欠电流继电器常用于直流电动机和电磁吸盘电路中做弱磁保护。

### 3. 电流继电器的型号含义

常用 JT4 系列交流通用继电器及 JL14 系列交直流通用继电器的型号含义如图 3-1-3

所示，其技术数据见表 3-1-1 及表 3-1-2。

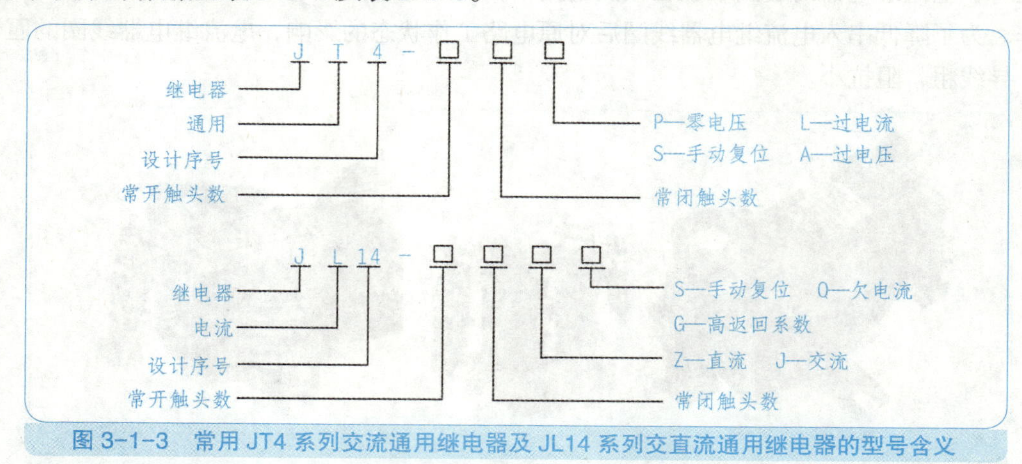


图 3-1-3 常用 JT4 系列交流通用继电器及 JL14 系列交直流通用继电器的型号含义

表 3-1-1 JT4 系列交流通用继电器的技术数据

| 型号 | 可调参数调整范围 | 标称误差 | 返回系数 | 接点质量 | 吸引线圈 额定电压（或电流） | 吸引线圈 消耗功率 | 复位方式 | 机械寿命/万次 | 电寿命/万次 | 质量/kg |
|---|---|---|---|---|---|---|---|---|---|---|
| JT4-□□A 过电压继电器 | 吸合电压（1.05 ~ 1.20）$U_N$ | ±10% | 0.1 ~ 0.3 | 1 常开 1 常闭 | 110 V、220 V、380 V | 75 W | 自动 | 1.5 | 1.5 | 2.1 |
| JT4-□□P 零电压（或中间）继电器 | 吸合电压（0.60 ~ 0.85）$U_N$ 或释放电压（0.10 ~ 0.35）$U_N$ | | 0.2 ~ 0.4 | 1 常开、1 常闭或 2 常开、2 常闭 | 110 V、127 V、220 V、380 V | | | 100 | 10 | 1.8 |
| JT4-□□L 过电流继电器 | 吸合电流（1.10 ~ 3.50）$I_N$ | | 0.1 ~ 0.3 | | 5 V、10 V、15 V、20 V、40 V、80 V、150 V、300 V、600 V | 5 W | 手动 | 1.5 | 1.5 | 1.7 |
| JT4-□□S 手动过电流继电器 | | | | | | | | | | |

表 3-1-2 JL14 系列交流通用继电器的技术数据

| 电流种类 | 型号 | 吸引线圈额定电流 $I_N$/A | 可调参数调整范围 | 触头组合形式 常开 | 触头组合形式 常闭 | 备注 |
|---|---|---|---|---|---|---|
| 直流 | JL14-□□Z | 1、1.5、2.5、10、15、25、40、60、100、150、300、500、1 200、1 500 | 吸合电流（0.70 ~ 3.00）$I_N$ | 3 | 3 | |
| | JL14-□□ZS | | 吸合电流（0.30 ~ 0.65）$I_N$ 或释放电流（0.10 ~ 0.20）$I_N$ | 2 | 1 | 手动复位 |
| | JL14-□□ZQ | | | 1 | 2 | 欠电流 |
| 交流 | JL14-□□J | | 吸合电流（0.10 ~ 4.00）$I_N$ | 1 | 1 | |
| | JL14-□□JS | | | 2 | 2 | 手动复位 |
| | JL14-□□JG | | | 1 | 1 | 返回系数大于 0.65 |

## 4. 电流断电器的选用

（1）电流继电器的额定电流一般可按电动机长期工作的额定电流来选择。对于频繁起动的电动机，额定电流可选大一个等级的。

（2）电流继电器的触头种类、数量、额定电流及复位方式应满足控制电路的要求。

（3）过电流继电器的整定电流一般取电动机额定电流的 1.7 ～ 2 倍，频繁起动的场合可取电动机额定电流的 2.25 ～ 2.5 倍。欠电流继电器的整定电流一般取额定电流的 0.1 ～ 0.2 倍。

## 二、电压继电器

反映输入量为电压的继电器叫作电压继电器。使用时，电压继电器的线圈并联在被测量的电路中，根据线圈两端电压的大小而接通或断开电路。因此这种继电器线圈的导线细、匝数多、阻抗大。电压继电器外形如图 3-1-4 所示。

根据实际应用的要求，电压继电器分为过电压继电器、欠电压继电器和零电压继电器。过电压继电器是当电压大于其整定值时动作的电压继电器，主要用于对电路或设备做过电压保护。常用的过电压继电器为 JT4-A 系列，其动作电压可在 105% ～ 120% 额定电压范围内调整。欠电压继电器是当电压降至某一规定范围时动作的电压继电器。可见欠电压继电器和零电压继电器在电路正常工作时，铁芯与衔铁是吸合的，当电压降至低于整定值时，衔铁释放，带动触头动作，对电路实现欠电压或零电压保护。常用的欠电压继电器和零电压继电器有 JT4-P 系列，欠电压继电器的释放电压可在 40% ～ 70% 额定电压范围内整定，零电压继电器的释放电压可在 10% ～ 35% 额定电压范围内调节。

电压继电器在电路图中的符号如图 3-1-5 所示。其技术数据见表 3-1-1。

电压继电器的选择，主要依据继电器的线圈额定电压、触头的数目和种类进行。

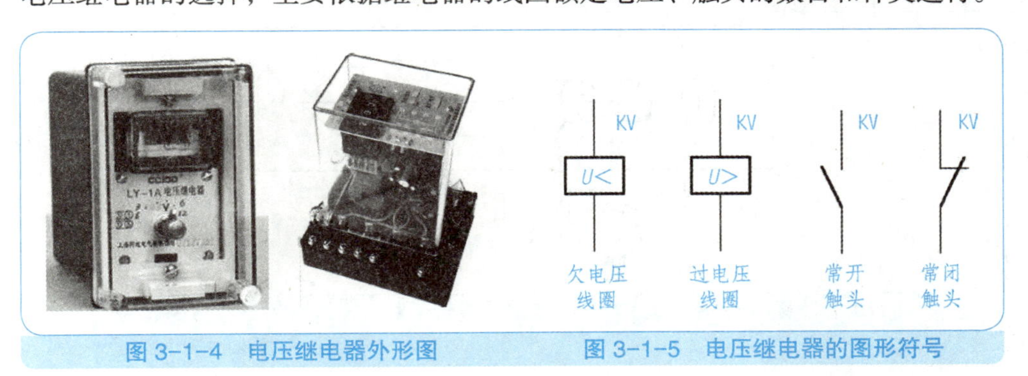


图 3-1-4　电压继电器外形图　　图 3-1-5　电压继电器的图形符号

## 三、绕线转子异步电动机

绕线转子异步电动机实物和电路符号如图 3-1-6 所示。其剖面图如图 3-1-7 所示，绕线转子异步电动机可以通过集电环在转子绕组中串接外加电阻，来减小起动电流，提高转子电路的功率因数，增加起动转矩。并且还可通过改变所串的电阻大小进行调速，所以在一般要求起动转矩较高和需要调速的场合，绕线转子异步电动机得到了广泛的应用。

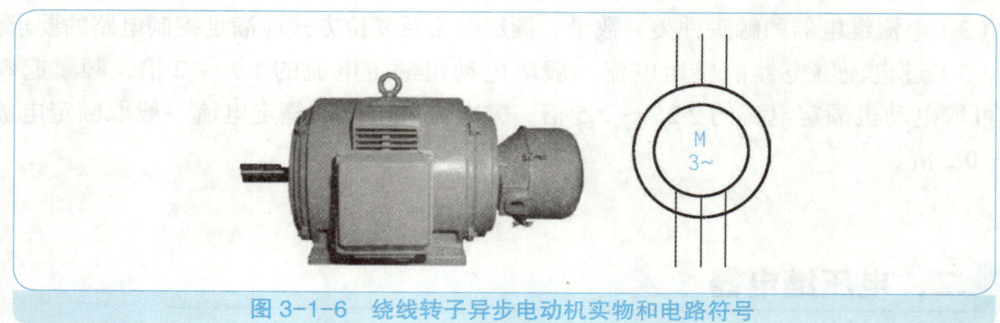


图 3-1-6 绕线转子异步电动机实物和电路符号

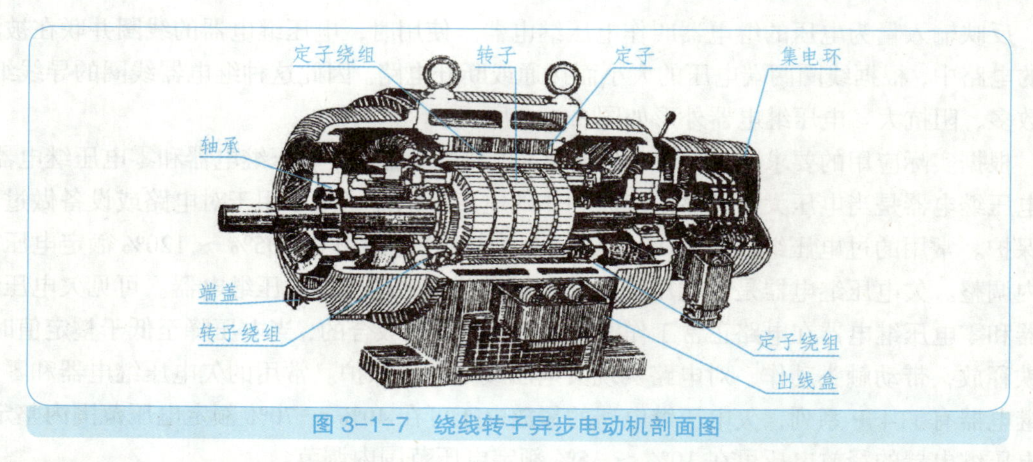


图 3-1-7 绕线转子异步电动机剖面图

绕线转子异步电动机的起动方式有：在转子绕组中串接起动电阻和接入频敏变阻器等。绕线转子异步电动机转子回路接线示意图如图 3-1-8 所示。

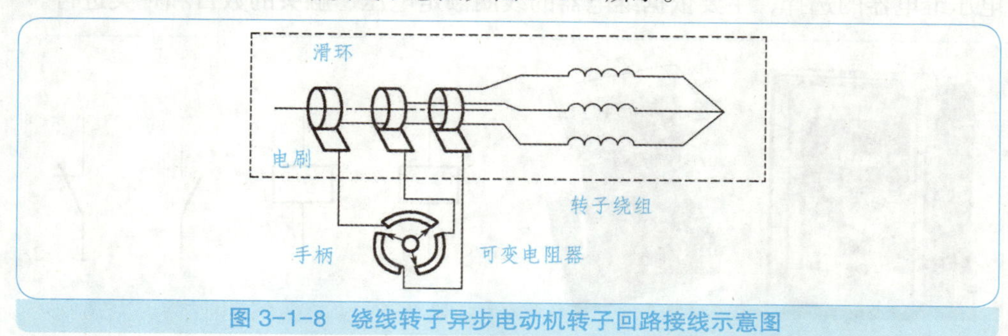


图 3-1-8 绕线转子异步电动机转子回路接线示意图

## 四、绕线转子异步电动机转子绕组串联电阻起动控制电路

### 1. 转子绕组串联电阻起动控制电路的构成与工作原理

绕线转子异步电动机转子绕组串联电阻起动是指起动时，在转子回路串入作 Y 形连接、分级切换的三相起动电阻器，以减小起动电流、增加起动转矩。随着电动机转速的升高，逐级减小可变电阻，起动完毕后，切除可变电阻，转子绕组被直接短接，电动机便在额定状态下运行。

如果电动机转子绕组中串接的外加电阻在每段切除前和切除后，三相电阻始终是对称的，称为三相对称电阻器，如图 3-1-9(a)所示。如果起动时串入的全部三相电阻是不对称的，且每段切除后仍是不对称的，称为三相不对称电阻器，如图 3-1-9（b）所示。

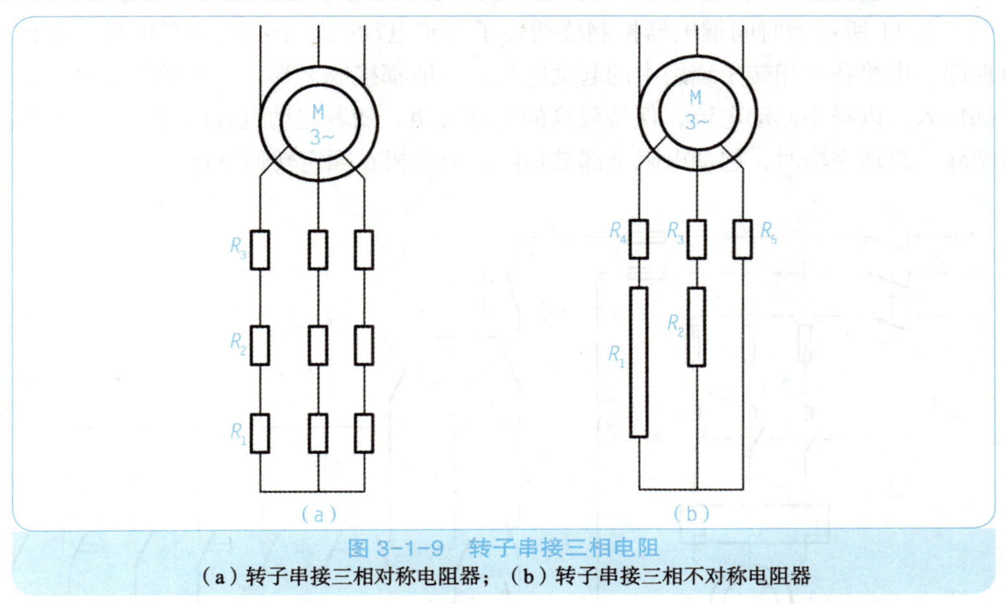


图 3-1-9　转子串接三相电阻

（a）转子串接三相对称电阻器；（b）转子串接三相不对称电阻器

### 2. 按钮操作控制电路

按钮操作的绕线转子异步电动机转子绕组串联电阻起动控制电路如图 3-1-10 所示。

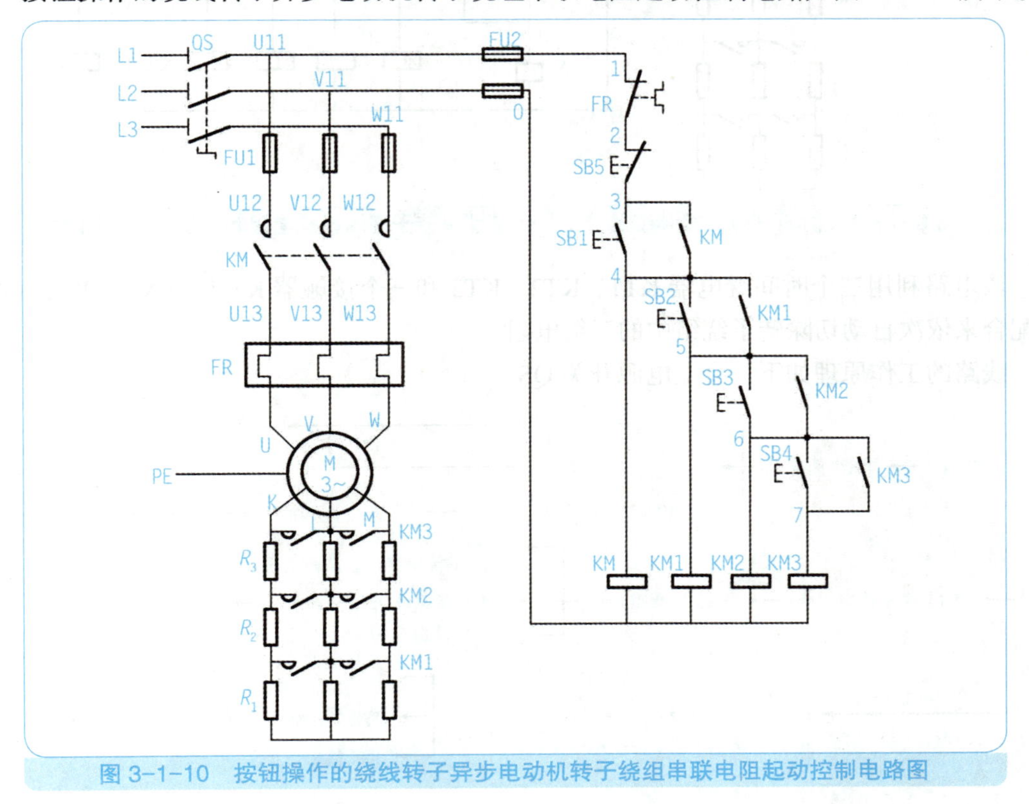


图 3-1-10　按钮操作的绕线转子异步电动机转子绕组串联电阻起动控制电路图

该电路的工作原理较简单，读者可自行分析。该电路的缺点是操作不方便，工作的安全性和可靠性较差，所以在生产实际中常采用时间继电器自动控制的电路。

### 3. 时间继电器控制绕线转子异步电动机转子绕组串联电阻起动控制电路

图 3-1-11 所示为时间继电器控制绕线转子异步电动机转子绕组串联电阻起动控制电路原理图。串接在三相转子绕组中的起动电阻，一般都接成 Y 形。在开始起动时，起动电阻全部接入，以减小起动电流，保持较高的起动转矩。随着起动过程的进行，起动电阻应逐段切除。起动完毕时，起动电阻全部被切除，电动机在额定转速下运行。

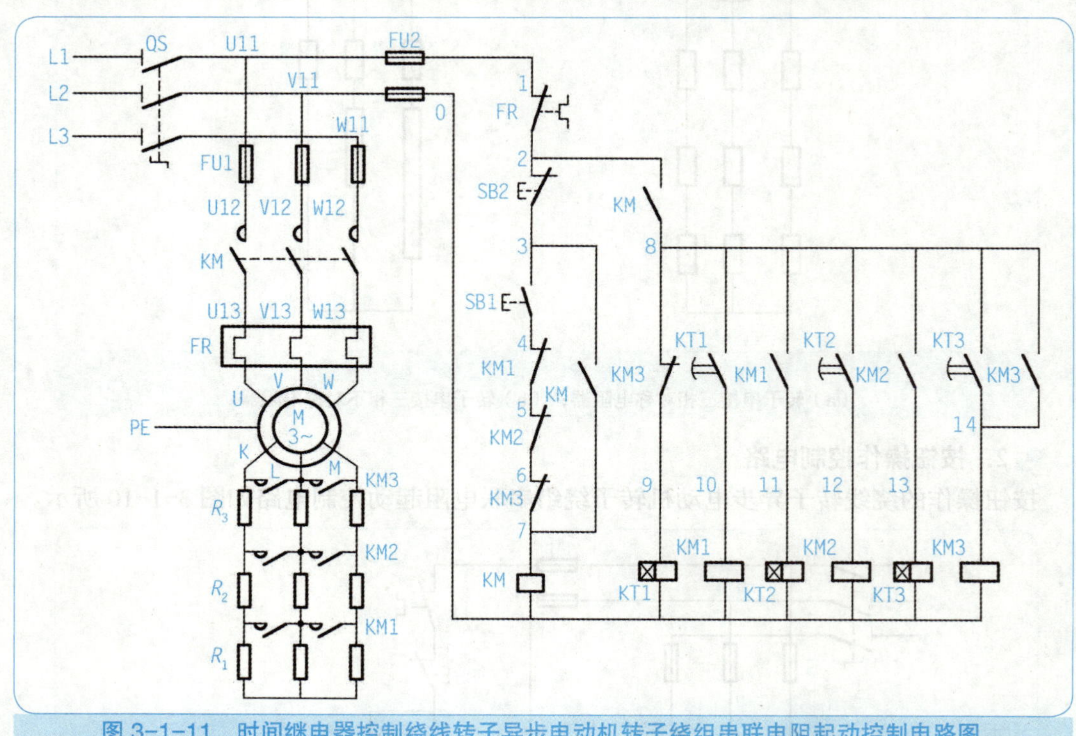


图 3-1-11 时间继电器控制绕线转子异步电动机转子绕组串联电阻起动控制电路图

该电路利用三个时间继电器 KT1、KT2、KT3 和三个接触器 KM1、KM2、KM3 的相互配合来依次自动切除转子绕组中的三级电阻。

线路的工作原理如下：合上电源开关 QS。

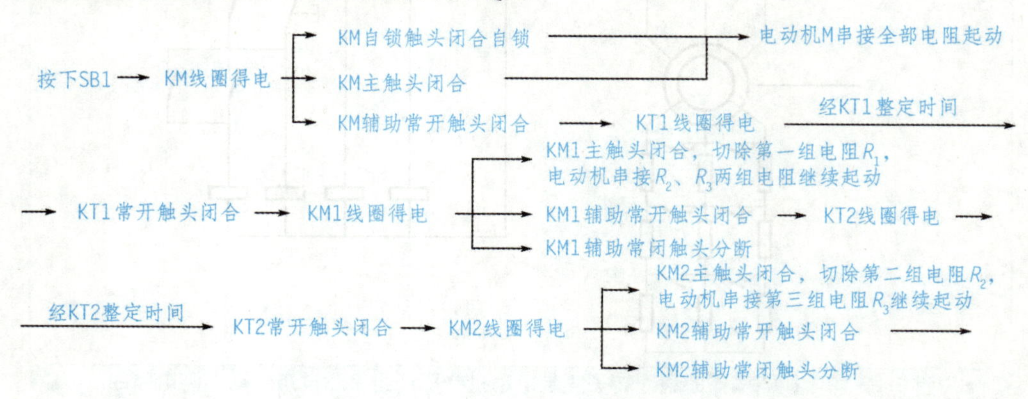

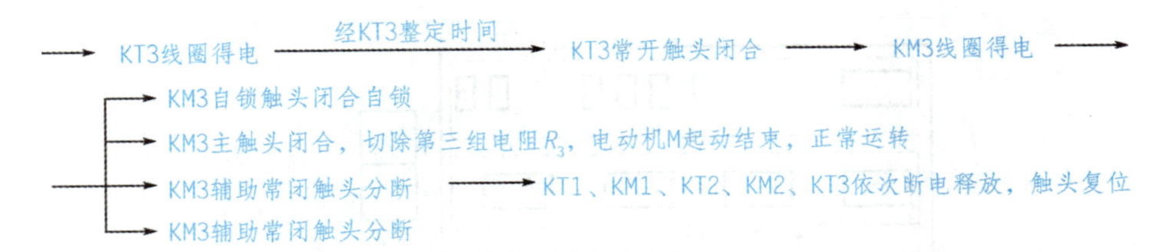


为保证电动机只有在转子绕组串入全部外加电阻的条件下才能起动，将接触器KM1、KM2、KM3的辅助常闭触头与起动按钮SB1串接，这样，如果接触器KM1、KM2、KM3中的任何一个因触头熔焊或机械故障而不能正常释放时，即使按下起动按钮SB1，控制电路也不会得电，电动机就不会接通电源起动运转。

停止时，按下SB2即可。

## 任务实施

## 一、工作准备

### 1. 工具、仪表与材料准备

（1）完成本任务所需工具与仪表为：螺钉旋具、尖嘴钳、斜口钳、剥线钳、压线钳、万用表、钳形电流表等。

（2）完成本任务所需材料明细表如表3-1-3所示。

表3-1-3　时间继电器控制绕线转子异步电动机转子绕组串联电阻起动控制电路电气元件明细表

| 序号 | 代号 | 名称 | 型号 | 规格 | 数量 |
|---|---|---|---|---|---|
| 1 | M | 绕线转子异步电动机 | YZR-132M1-6 | 2.2 kW，380 V，6 A/15.4 A，908 r/min | 1 |
| 2 | QF | 断路器 | DZ47-63 | 380 V，25 A，整定 10 A | 1 |
| 3 | FU1 | 熔断器 | RL18-32 | 500 V，配 25 A 熔体 | 3 |
| 4 | FU2 | 熔断器 | RT18-32 | 500 V，配 2 A 熔体 | 2 |
| 5 | KM1 ～ KM3 | 接触器 | CJX-22 | 线圈电压 220 V，20 A | 3 |
| 6 | FR | 热断电器 | JR16-20/3 | 三相，20 A，整定电流 6 V | 1 |
| 7 | SB1、SB2 | 按钮 | LA-18 | 5 A | 2 |
| 8 | XT | 端子排 | TB1510 | 600 V，15 A | 1 |
| 9 | KT | 速度继电器 | YJ1 | 线圈电压 220 V | 1 |
| 10 |  | 起动电阻器 | 2K1-12-6/1 |  | 1 |
| 11 |  | 控制板安装套件 |  |  | 1 |

### 2. 绘制电气元件布置图

根据原理图绘制电气元件布置图，如图3-1-12所示。

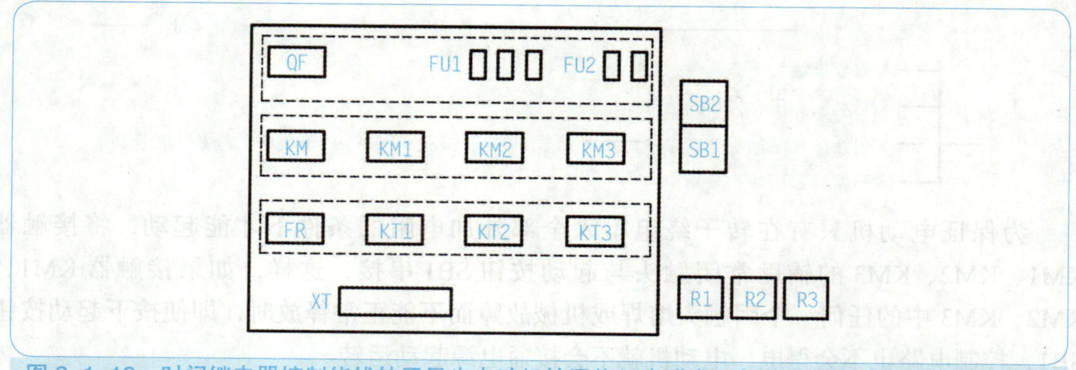

图 3-1-12 时间继电器控制绕线转子异步电动机转子绕组串联电阻起动控制电路电气元件布置图

3. 绘制电路接线图

时间继电器控制绕线转子异步电动机转子绕组串联电阻起动控制电路接线图如图 3-1-13 所示。

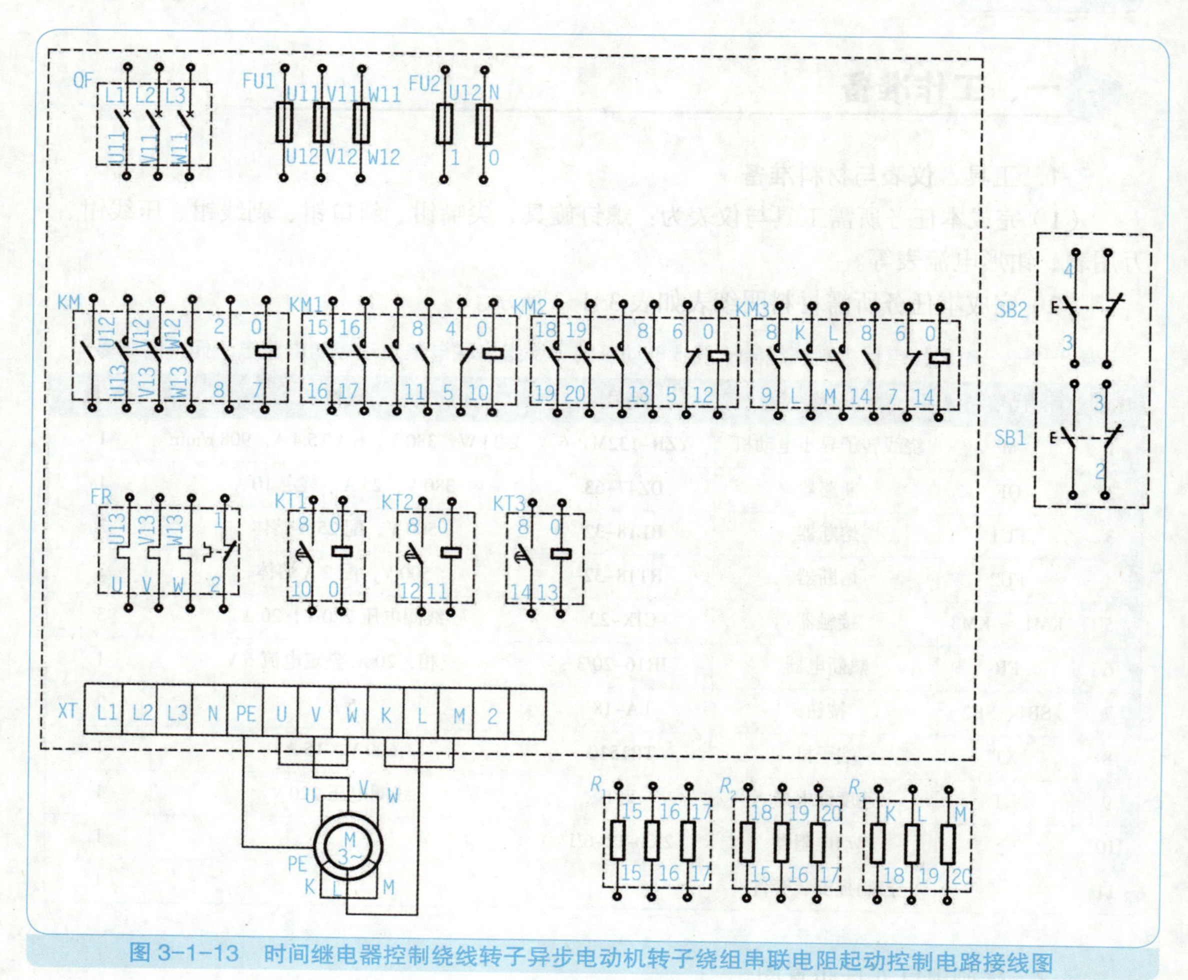

图 3-1-13 时间继电器控制绕线转子异步电动机转子绕组串联电阻起动控制电路接线图

## 二、安装、调试步骤及工艺要求

### 1. 检测电气元件

根据表 3-1-3 配齐所用电气元件，其各项技术指标均应符合规定要求，目测其外观无损坏，手动触头动作灵活，并用万用表进行质量检验，如不符合要求，则予以更换。

### 2. 安装电路

1）安装电气元件

在控制板上按图 3-1-12 安装电气元件。各元件的安装位置整齐、匀称，间距合理，便于元件的更换，元件紧固时用力适当，无松动现象。工艺要求参照以前任务，实物布置图如图 3-1-14 所示。

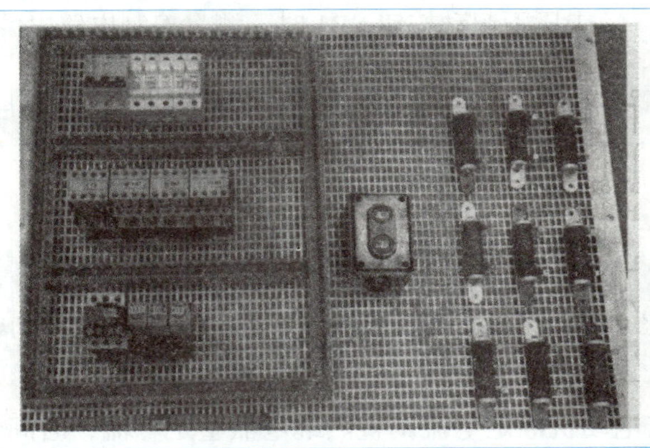

图 3-1-14　时间继电器控制绕线转子异步电动机转子绕组串联电阻起动控制电路电气元件实物布置图

2）布线

在控制板上按照图 3-1-11 和图 3-1-13 进行板前线槽布线，并在导线两端套编码套管和冷压接线头，如图 3-1-15 所示。板前线槽配线的工艺要求请参照项目一。

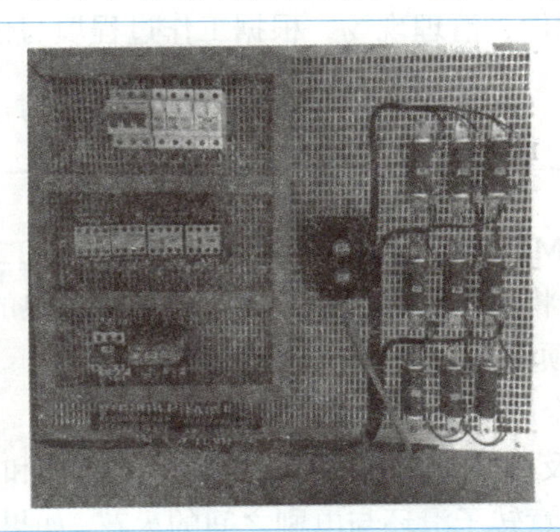

图 3-1-15　时间继电器控制绕线转子异步电动机转子绕组串联电阻起动控制电路板

3）安装电阻器

电阻器要尽可能放在箱体内，若置于箱体外，必须采取遮护或隔离措施，以防止发生触电事故。

4）安装电动机

具体操作可参考以前的任务内容。

5）通电前检测

（1）对照原理图、接线图检查，连接无遗漏。

（2）万用表检测：确保电源切断情况下，分别测量主电路、控制电路，检查通断是否正常。

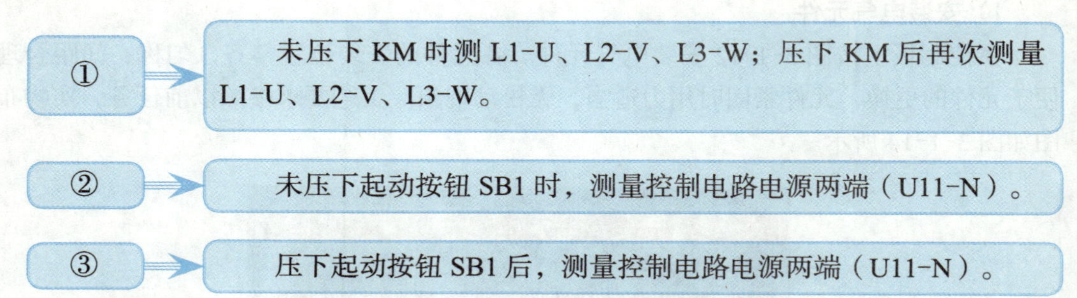

①
未压下 KM 时测 L1-U、L2-V、L3-W；压下 KM 后再次测量 L1-U、L2-V、L3-W。
②
未压下起动按钮 SB1 时，测量控制电路电源两端（U11-N）。
③
压下起动按钮 SB1 后，测量控制电路电源两端（U11-N）。


### 3. 通电试车

**特别提示：**

通电试车前要检查安全措施，试车时要遵守安全操作规程，出现故障时要停电检查。

按 0.95 ～ 1.05 倍电动机额定电流调整热继电器整定电流；时间继电器延时时间要在通电前进行整定，并在试车时校正，检查熔体规格是否符合要求。在指导教师监护下进行，根据电路图的控制要求独立测试。观察电动机有无震动及异常噪声，若出现故障则及时断电查找排除。通电试车后，断开电源，先拆除三相电源线，再拆除电动机负载线。

### 4. 整理现场

整理现场工具及电气元件，清理现场，根据工作过程填写任务书，整理工作资料。

## 三、注意事项

（1）接触器 KM1、KM2、KM3 与时间继电器 KT1、KT2、KT3 的接线务必正确，否则会造成按下起动按钮会将电阻全部切除起动、电动机过热的现象。

（2）控制板外配线必须用套管加以防护，以确保安全。

（3）电动机、按钮等金属外壳必须保护接地。

（4）通电试车、调试及检修时，必须在指导教师的监护和允许下进行。

（5）电动机旋转时，注意转子滑环与电刷之间的火花，如果火花大或滑环有灼伤痕迹，应立即停车检查。

（6）要做到安全操作和文明生产。

## 任务评价

学生完成本任务的考核评价细则见评分记录表 3-1-4。

表 3-1-4　技能训练考核评分记录表

| 评价项目 | 评价内容 | 配分 | 评分标准 | 得分 |
|---|---|---|---|---|
| 识读电路图 | （1）正确识读时间继电器控制绕线转子异步电动机转子绕组串联电阻起动控制电路中的电气元件；<br>（2）能正确分析该电路的工作原理 | 15 | （1）不能正确识读电气元件，每处扣 3 分；<br>（2）不能正确分析该电路工作原理扣 5 分 | |
| 装前检查 | 检查电气元件质量完好 | 5 | 电气元件漏检或错检，每处扣 1 分 | |
| 安装元件 | （1）按布置图安装电气元件；<br>（2）安装电气元件牢固、整齐、匀称、合理 | 15 | （1）不按布置图安装扣 15 分；<br>（2）元件安装不牢固，每只扣 3 分；<br>（3）元件安装不整齐、不均匀、不合理，每只扣 2 分；<br>（4）损坏元件扣 15 分 | |
| 布线 | （1）接线紧固、无压绝缘、无损伤导线绝缘或线芯；<br>（2）按照电路图接线，思路清晰 | 20 | （1）不按电路图接线扣 20 分；<br>（2）布线不符合要求：<br>对主电路，每根扣 4 分；<br>对控制电路，每根扣 2 分；<br>（3）接点不符合要求，每个接点扣 1 分；<br>（4）损伤导线绝缘或线芯，每根扣 5 分；<br>（5）漏装或套错编码套管，每个扣 1 分 | |
| 通电前检查 | （1）自查电路；<br>（2）仪器、仪表使用正确 | 10 | （1）漏检，每处扣 2 分；<br>（2）万用表使用错误，每次扣 3 分 | |
| 通电试车 | 在安全规范操作下，通电试车一次成功 | 20 | （1）第一次试车不成功，扣 10 分；<br>（2）第二次试车不成功，扣 20 分 | |
| 故障排查 | （1）仪器、仪表使用正确；<br>（2）在安全规范操作下，故障一次排除 | 10 | （1）第一次故障排查不成功，扣 5 分；<br>（2）第二次故障排查不成功，扣 10 分 | |
| 资料整理 | 资料书写整齐、规范 | 5 | 任务单填写不完整，扣 2 ~ 5 分 | |
| 安全文明生产 | | 违反安全文明生产规程扣 2 ~ 40 分 | | |
| 定额时间 2 h | | 每超时 5 min 以内以扣 3 分计算，但总扣分不超过 10 分 | | |
| 备 注 | | 除定额时间外，各情境的最高扣分不应超过配分数 | | |
| 开始时间 | | 结束时间 | | 总得分 |

## 任务拓展

### 电流继电器控制绕线转子异步电动机转子绕组串联电阻起动控制电路

图 3-1-16 为电流继电器自动控制绕线转子异步电动机转子绕组串联电阻起动控制电路，它是根据电动机在起动过程中转子回路里电流的大小来逐级切除电阻的。三个过电流继电器 KA1、KA2 和 KA3 的线圈串接在转子回路中，它们的吸合电流都一样，但释放电流不同，KA1 最大，KA2 次之，KA3 最小，从而能根据转子电流的变化，控制接触器 KM1、KM2、KM3 依次动作，逐级切除起动电阻。

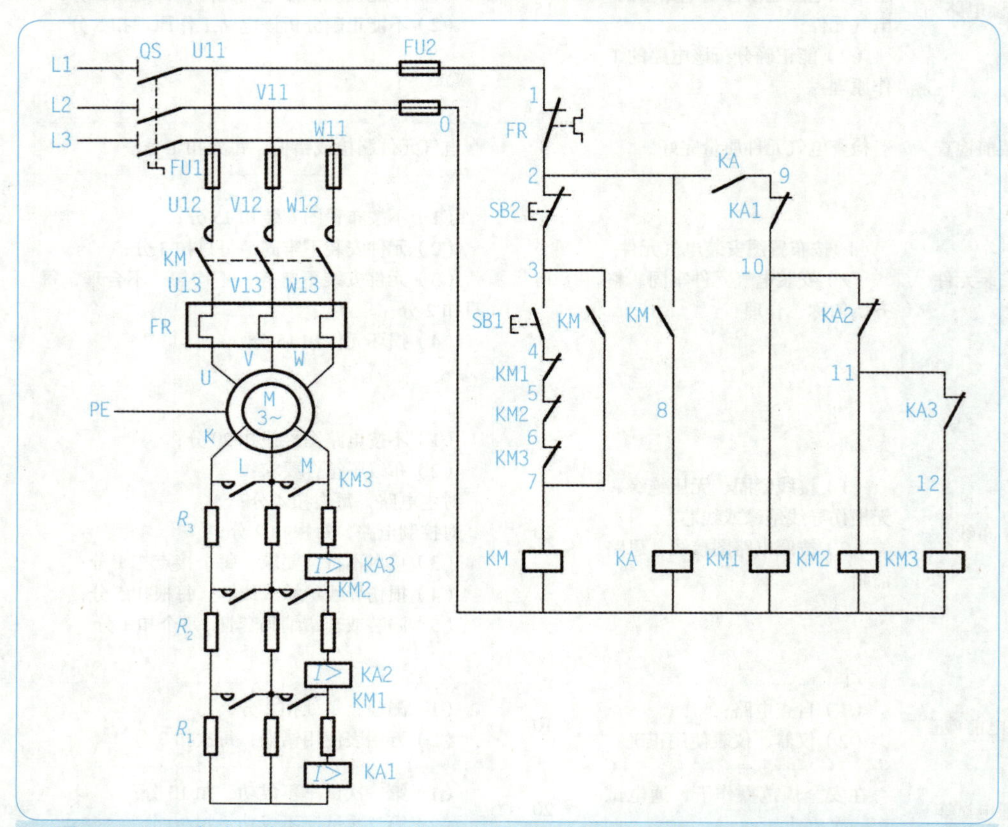


图 3-1-16 电流继电器自动控制绕线转子异步电动机转子绕组串接电阻起动控制电路

线路的工作原理如下：合上电源开关 QS。

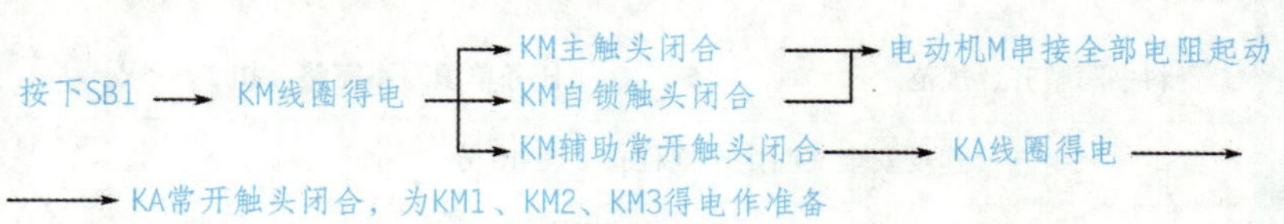


由于电动机 M 起动时转子电流较大，三个过电流继电器 KA1、KA2 和 KA3 均吸合，它们接在控制电路中的常闭触头均断开，使接触器 KM1、KM2，KM3 的线圈都不

能得电，接在转子电路中的常开触头都处于断开状态，起动电阻被全部串接在转子绕组中。随着电动机转速的升高，转子电流逐渐减小，当减小至KA1的释放电流时，KA1首先释放，其常闭触头恢复闭合，接触器KM1得电，主触头闭合，切除第一组电阻 $R_1$。当 $R_1$ 被切除后，转子电流重新增大，但随着电动机转速的继续升高，转子电流又会减小，待减小至KA2的释放电流时，KA2释放，接触器KM2动作，切除第二组电阻 $R_2$，如此继续下去，直至全部电阻被切除，电动机起动完毕，进入正常运转状态。

中间继电器KA的作用是保证电动机在转子电路中接入全部电阻的情况下开始起动。因为电动机开始起动时，转子电流从零增大到最大值需要一定的时间，这样有可能电流继电器KA1、KA2和KA3还未动作，接触器KM1、KM2、KM3就已经吸合而把电阻 $R_1$、$R_2$、$R_3$ 短接，造成电动机直接起动。接入KA后，起动时由KA的常开触头断开KM1、KM2、KM3线圈的通电回路，保证了起动时转子回路串入全部电阻。

请完成上述电路的安装与调试。

## 思考与练习

1．叙述绕线转子异步电动机转子串联电阻起动时间继电器自动控制电路的工作原理。

2．安装、调试电流继电器控制绕线转子异步电动机转子绕组串联电阻起动控制电路。

3．比较过电流继电器与时间继电器在控制绕线转子异步电动机转子绕组串联电阻起动控制电路的不同。

# 任务二　安装与检修绕线转子异步电动机凸轮控制器控制电路

## 任务描述

凸轮控制器是利用凸轮来操作动触头动作的控制器，主要用于控制容量不大于30 kW的中小型绕线转子异步电动机的起动、调速和换向。在桥式起重机等设备中有着广泛的应用。

某工厂机加工车间需安装桥式起重机电气控制柜，要求通过凸轮控制器来实现启动、调速及正反转控制，设置相应的过载、短路、欠压、失压保护。起重机用绕线转子异步电动机型号为 YZR-132M1-6、额定电压为 380 V、额定功率为 2.2 kW、额定转速为 908 r/min、额定电流为 15.4 A。完成上述绕线转子异步电动机凸轮控制器控制电路的安装、调试，并进行简单故障排查。

## 能力目标

（1）识别凸轮控制器，掌握其结构、符号、原理及作用，并能正确使用。

（2）正确识读转子绕组凸轮控制器控制电路原理图，会分析其工作原理。

（3）能根据转子绕组凸轮控制器控制电路图正确安装、调试电路。

（4）能根据故障现象对转子绕组凸轮控制器控制电路的简单故障进行排查。

## 知识准备

### 一、凸轮控制器

凸轮控制器是利用凸轮来操作动触头动作的控制器，中、小容量绕线转子异步电动机的起动、调速及正反转控制，常常采用凸轮控制器来实现，以简化操作。图 3-2-1 所示是常用凸轮控制器的外形图。

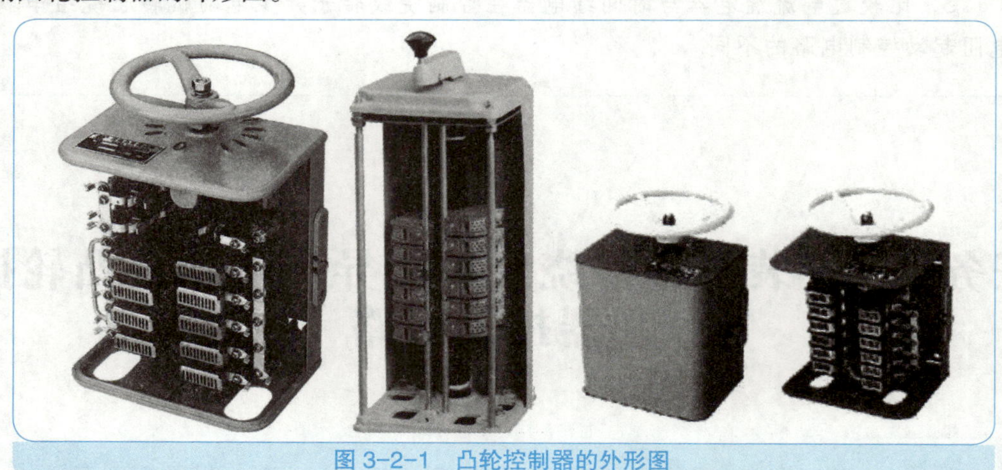

图 3-2-1 凸轮控制器的外形图

#### 1. 凸轮控制器的结构原理

KTJ1 系列凸轮控制器的结构如图 3-2-2 所示。它主要由手轮、触头系统、转轴、凸轮和外壳等部分组成。其触头系统共有 12 对触头，9 对常开，3 对常闭。其中，4 对常开触头接在主电路中，用于控制电动机的正反转，配有石棉水泥制成的灭弧罩。其余 8 对触头用于控制电路中，不带灭弧罩。

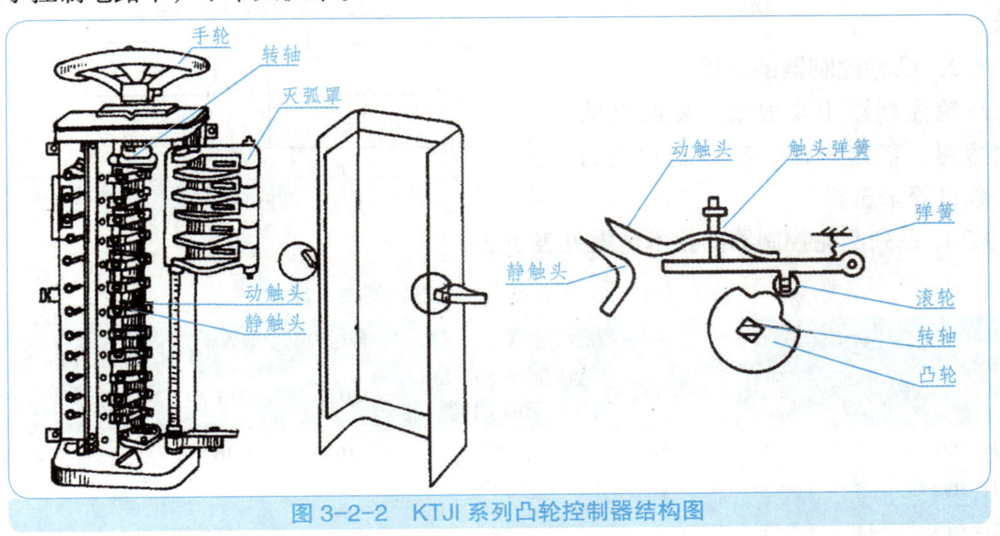


图 3-2-2　KTJI 系列凸轮控制器结构图

凸轮控制器的触头分合情况，通常用触头分合表来表示。KTJ1-50/1 型凸轮控制器的触头分合表如图 3-2-3 所示。图中的上面两行表示手轮的 11 个位置，左侧表示凸轮控制器的 12 对触头。各触头在手轮处于某一位置时的接通状态用符号“×”标记，无此符号表示触头是分断的。

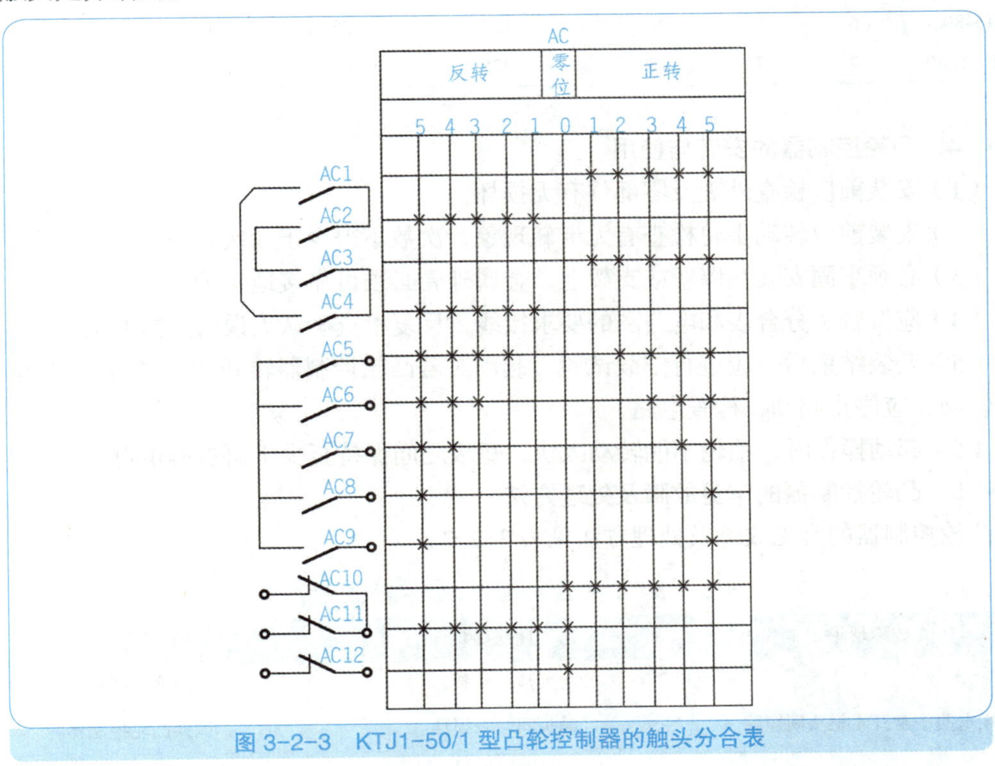


图 3-2-3　KTJ1-50/1 型凸轮控制器的触头分合表

### 2. 凸轮控制器的型号含义

凸轮控制器的型号含义如图 3-2-4 所示。

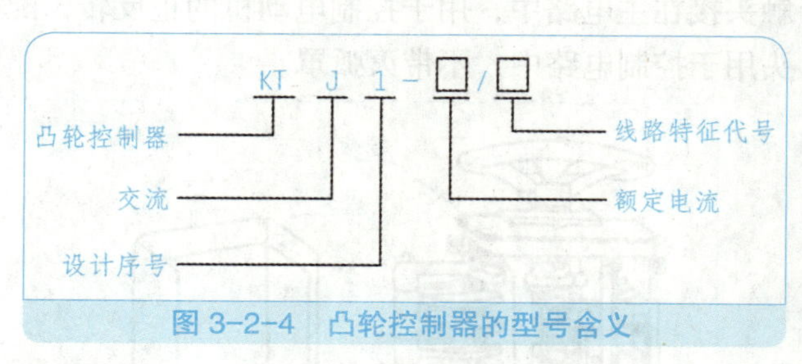


图 3-2-4 凸轮控制器的型号含义

### 3. 凸轮控制器的选用

凸轮控制器主要根据所控制电动机的容量、额定电流、工作制和控制位置数目等来选择。

KTJ1 系列凸轮控制器的技术数据见表 3-2-1。

表 3-2-1 KTJ1 系列凸轮控制器的技术数据

| 型号 | 位置数 | | 额定电流 /A | | 额定控制功率 /kW | | 每小时操作次数不高于 | 质量 / kg |
|---|---|---|---|---|---|---|---|---|
| | 向前（上升） | 向后（下降） | 长期工作制 | 通电持续率在 40% 以下的工作制 | 220 V | 380 V | | |
| KTJ1-50/1 | 5 | 5 | 50 | 75 | 16 | 16 | | 28 |
| KTJ1-50/2 | 5 | 5 | 50 | 75 | * | * | | 26 |
| KTJ1-50/3 | 1 | 1 | 50 | 75 | 11 | 11 | | 28 |
| KTJ1-50/4 | 5 | 5 | 50 | 75 | 11 | 11 | | 23 |
| KTJ1-50/5 | 5 | 5 | 50 | 75 | 2×11 | 2×11 | 600 | 28 |
| KTJ1-50/6 | 5 | 5 | 50 | 75 | 11 | 11 | | 32 |
| KTJ1-80/1 | 6 | 6 | 80 | 120 | 22 | 30 | | 38 |
| KTJ1-80/3 | 6 | 6 | 80 | 120 | 22 | 30 | | 38 |
| KTJ1-150/1 | 7 | 7 | 150 | 225 | 60 | 100 | | — |

### 4. 凸轮控制器的安装与使用

（1）安装前应检查外观及零部件有无损坏。

（2）安装前应转动手轮检查有无卡轧现象，次数不得少于 5 次。

（3）必须牢固安装在墙壁或支架上，金属外壳必须可靠接地保护。

（4）应按触头分合表和电路图的要求接线，反复检查确认无误后才能通电。

（5）安装结束后，应进行空载试验。起动时若凸轮控制器转到“2”位置后电动机仍没有转动，应停止起动，检查电路。

（6）起动操作时，手轮不能转动太快，每级之间保持至少 1 s 的时间间隔。

### 5. 凸轮控制器的常见故障及处理方法

凸轮控制器的常见故障及处理方法见表 3-2-2。

表 3-2-2 凸轮控制器的常见故障及处理方法

| 故障现象 | 可能原因 | 处理方法 |
|---|---|---|
| 主电路中常开主触头间短路 | 灭弧罩破裂 | 调换灭弧罩 |
| | 触头间绝缘损坏 | 调换凸轮控制器 |
| | 手轮转动过快 | 降低手轮转动速度 |

续表

| 故障现象 | 可能原因 | 处理方法 |
| --- | --- | --- |
| 触头过热使触头支持件烧焦 | 触头接触不良 | 修整触头 |
| | 触头压力变小 | 调整或更换触头压力弹簧 |
| | 触头上连接螺钉松动 | 旋紧螺钉 |
| | 触头容量过小 | 调换控制器 |
| 触头熔焊 | 触头弹簧脱落或断裂 | 调换触头弹簧 |
| | 触头脱落或磨光 | 更换触头 |
| 操作时有卡轧现象及噪声 | 滚动轴承损坏 | 调换轴承 |
| | 异物嵌入凸轮鼓或触头 | 清除异物 |

## 二、凸轮控制器控制电路

绕线转子异步电动机凸轮控制器控制电路如图 3-2-5（a）所示。接触器 KM 控制电动机电源的通断，同时起欠压和失压保护作用；行程开关 SQ1、SQ2 分别作电动机正反转时工作机构的限位保护；主电路中的过电流继电器 KA1、KA2 作电动机的过载保护；*R* 是不对称电阻；AC 为凸轮控制器，其触头分合状态如图 3-2-5（b）所示。

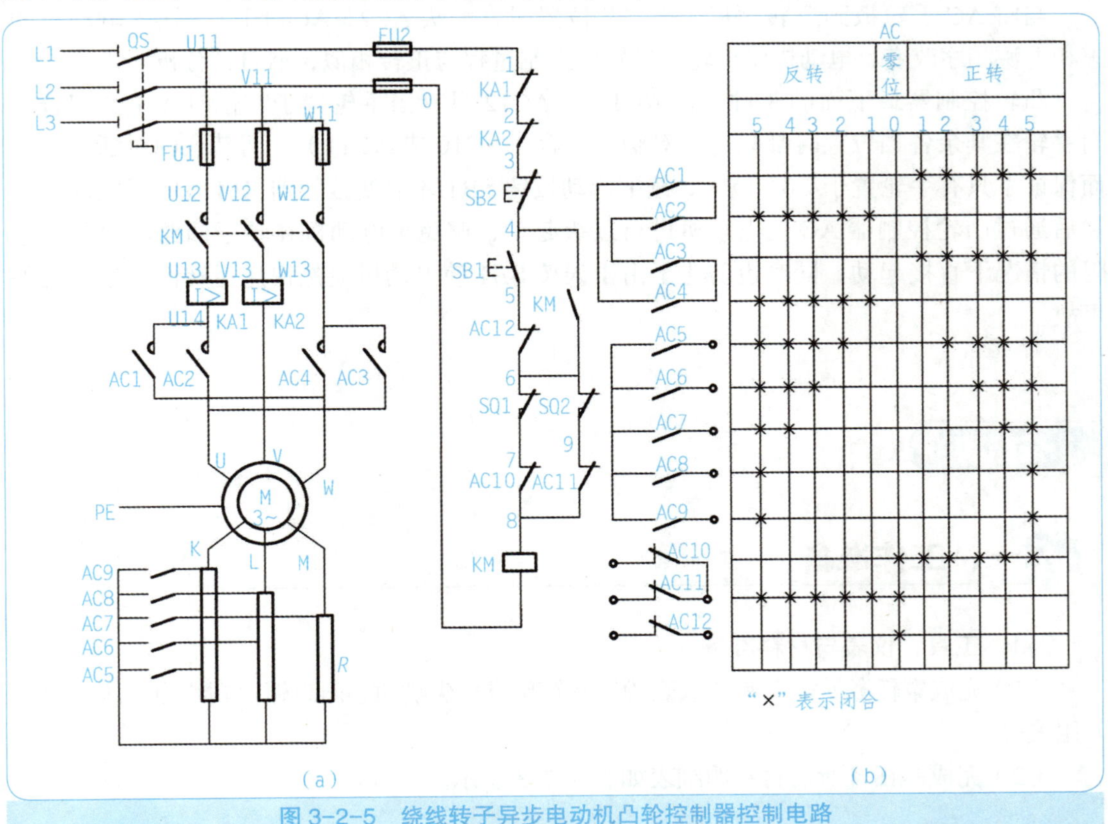


图 3-2-5　绕线转子异步电动机凸轮控制器控制电路
（a）电路图；（b）触头分合表

**原理分析**：将凸轮控制器AC的手轮置于“0”位后，合上电源开关QS，这时AC最下面的3对触头AC10～AC12闭合，为控制电路的接通作准备。按下SB1，接触器KM得电自锁，为电动机的起动作准备。

### 1．正转控制

将凸轮控制器AC的手轮从“0”位转到正转“1”位置，这时触头AC10仍闭合，保持控制电路接通；触头AC1、AC3闭合，电动机M接通三相电源正转起动，此时由于AC的触头AC5～AC9均断开，转子绕组串接全部电阻$R$起动，所以起动电流较小，起动转矩也较小。如果电动机此时负载较重，则不能起动，但可起到消除传动齿轮间隙和拉紧钢丝绳的作用。

当AC手轮从正转“1”位转到“2”位时，触头AC10、AC1、AC3仍闭合，AC5闭合，把电阻器$R$上的一级电阻短接切除，电动机转矩增加，正转加速。同理，当AC手轮依次转到正转“3”和“4”位置时，触头AC10、AC1、AC3、AC5仍闭合，AC6、AC7先后闭合，把电阻器$R$上的两级电阻相继短接，电动机M继续加速正转。当手轮转到“5”位置时，AC5～AC9五对触头全部闭合，转子回路电阻被全部切除，电动机起动完毕进入正常运转。

停止时，将AC手轮扳回零位即可。

### 2．反转控制

当将AC手轮扳到反转“1”～“5”位置时，触头AC2、AC4闭合，接入电动机的三相电源相序改变，电动机将反转。反转的控制过程与正转相似，请自行分析。

凸轮控制器最下面的3对触头AC10～AC12只有当手轮置于零位时才全部闭合，而手轮在其余各挡位置时都只有一对触头闭合（AC10或AC11），而其余两对断开。从而保证了只有手轮置于“0”位时，按下起动按钮SB1才能使接触器KM线圈得电动作，然后通过凸轮控制器AC使电动机进行逐级起动，避免了电动机在转子回路不串起动电阻的情况下直接起动，同时也防止了由于误按SB1使电动机突然快速运转而产生的意外事故。

## 任务实施

## 一、工作准备

### 1．工具、仪表与材料准备

（1）完成本任务所需工具与仪表为：螺钉旋具、尖嘴钳、斜口钳、剥线钳、压线钳、万用表等。

（2）完成本任务所需材料明细表如表3-2-3所示。

表 3-2-3 绕线转子异步电动机凸轮控制器控制电路电气元件明细表

| 图上代号 | 元件名称 | 型号规格 | 数量 | 备注 |
| --- | --- | --- | --- | --- |
| M | 绕线式异步电动机 | YZR-132M1-6，2.2 kW，Y 形接法，定子电压 380 V，电流 6.1 A；转子电压 132 V，电流 12.6 A；908 r/min | 1 | |
| QS | 转换开关 | HZ10-25/3 | 1 | |
| FU1 | 熔断器 | RL1-60/25A | 3 | |
| FU2 | 熔断器 | RL1-15/2A | 2 | |
| KM | 交流接触器 | CJ10-10，380 V | 1 | |
| KA1，KA2 | 过流继电器 | JL12-10 | 2 | |
| *R* | 电阻器 | RT12-6/1B,2.2 kW | 1 | |
| AC | 凸轮控制器 | KTJ1-50/2 | 1 | |
| SQ1，SQ2 | 行程开关 | JLXK1-111 | 2 | |
| SB1，SB2 | 起动按钮 | LA10-2H | 1 | 绿色 |
| | 停止按钮 | | | 红色 |
| | 接线端子 | JX2-Y010 | 2 | |
| | 导线 | BV2.5 $mm^2$，BVR1 $mm^2$ | 若干 | |
| | 冷压接头 | 1 $mm^2$ | 若干 | |
| | 异形管 | 1.5 $mm^2$ | 若干 | |
| | 开关板 | 木制 500 mm × 400 mm | 1 | |

## 2. 绘制电气元件布置图

根据原理图绘制电气元件布置图，如图 3-2-6 所示。

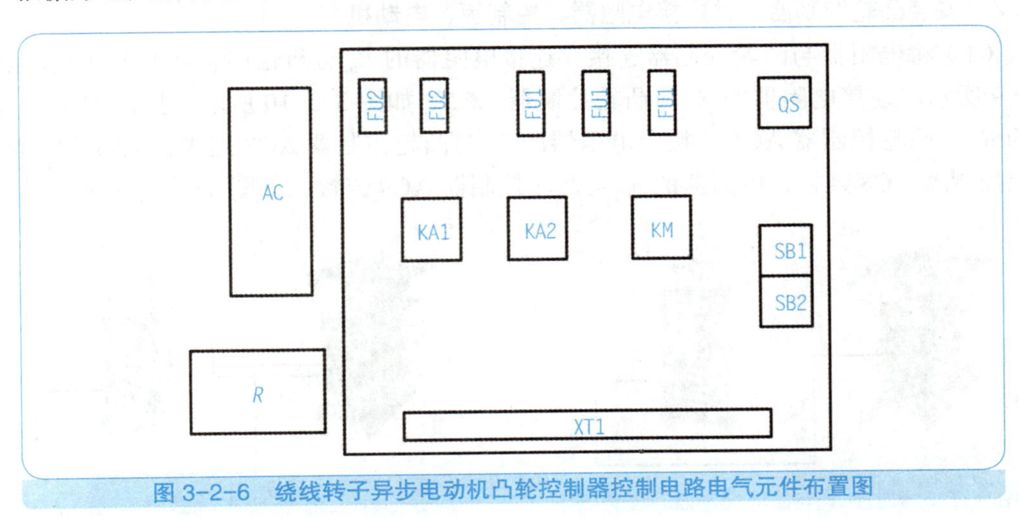


图 3-2-6 绕线转子异步电动机凸轮控制器控制电路电气元件布置图

## 二、安装、调试步骤及工艺要求

### 1. 检测电气元件

根据表 3-2-3 配齐所用电气元件，其各项技术指标均应符合规定要求，目测其外观无损坏，手动触头动作灵活，并用万用表进行质量检验，如不符合要求，则予以更换。

### 2. 安装电路

1）安装电气元件

在控制板上按图 3-2-6 安装电气元件。各元件的安装位置整齐、匀称，间距合理，便于元件的更换，元件紧固时用力适当，无松动现象。

2）布线

布线时以接触器为中心，由里向外、由低至高，先控制电路、后主电路进行，以不妨碍后续布线为原则。布线完成后如图 3-2-7 所示。配线的工艺要求请参照项目一。

3）安装并连接行程开关

安装并连接行程开关后如图 3-2-8 所示（实际应用中行程开关安装在设备上）。

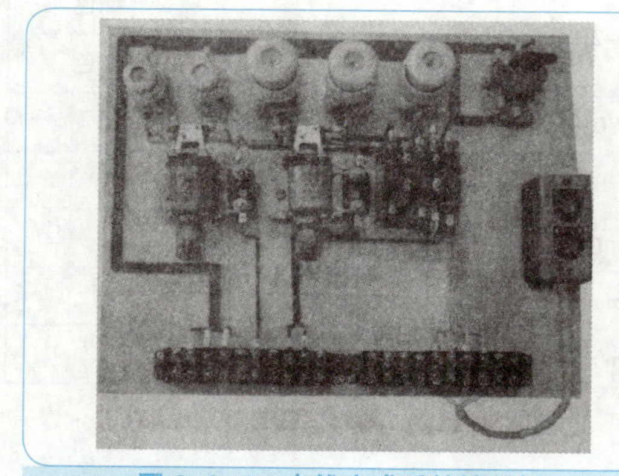

图 3-2-7 布线完成后的控制板

图 3-2-8 安装并连接行程开关

4）安装凸轮控制器，并连接电阻器、控制板、电动机

（1）将电阻器与凸轮控制器连接。连接电阻器的 $R_6$ 与凸轮控制器的公共点，如图 3-2-9 所示。连接电阻器的 $R_5$ 与凸轮控制器 AC5，如图 3-2-10 所示。按此方法将电阻器的 $R_4$ 与凸轮控制器 AC6 连接，电阻器的 $R_3$ 与凸轮控制器 AC7 连接，电阻器的 $R_2$ 与凸轮控制器 AC8 连接，电阻器的 $R_1$ 与凸轮控制器 AC9 连接，如图 3-2-11 所示。

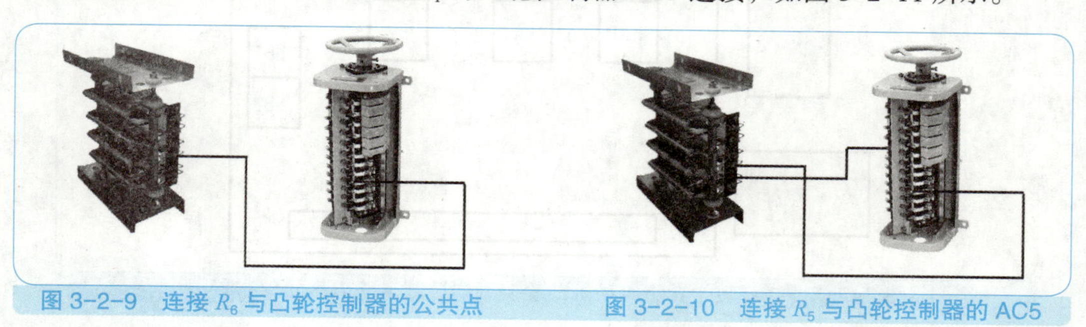

图 3-2-9 连接 $R_6$ 与凸轮控制器的公共点

图 3-2-10 连接 $R_5$ 与凸轮控制器的 AC5

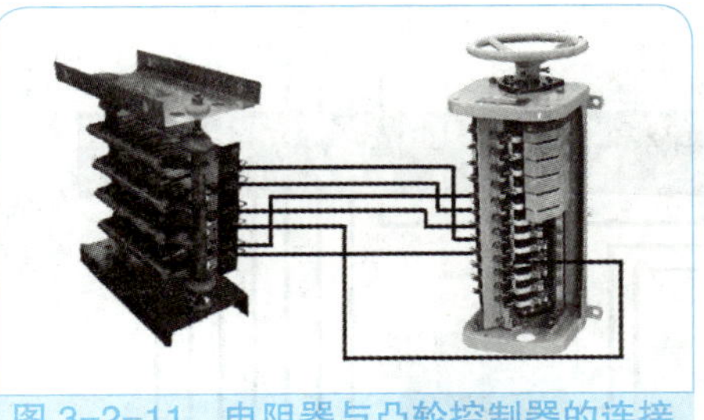

图 3-2-11　电阻器与凸轮控制器的连接

（2）将控制板与凸轮控制器连接。连接控制板的 8# 线与凸轮控制器 AC10 和 AC11 的公共点，如图 3-2-12 所示；连接控制板的 7# 线与凸轮控制器 AC10，如图 3-2-13 所示；按此方法将控制板的 9# 线与凸轮控制器 AC11 连接，控制板的 5# 线与凸轮控制器 AC12 连接，控制板的 6# 线与凸轮控制器 AC12 连接，连接结果如图 3-2-14 所示。

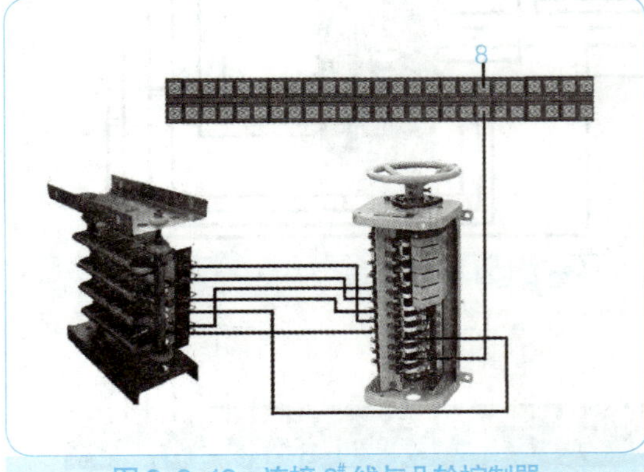


图 3-2-12　连接 8# 线与凸轮控制器 AC10 和 AC11 的公共点

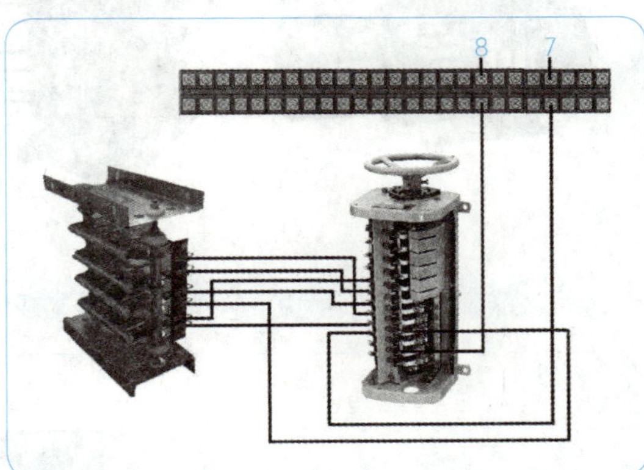


图 3-2-13　连接 7# 线与凸轮控制器 AC10

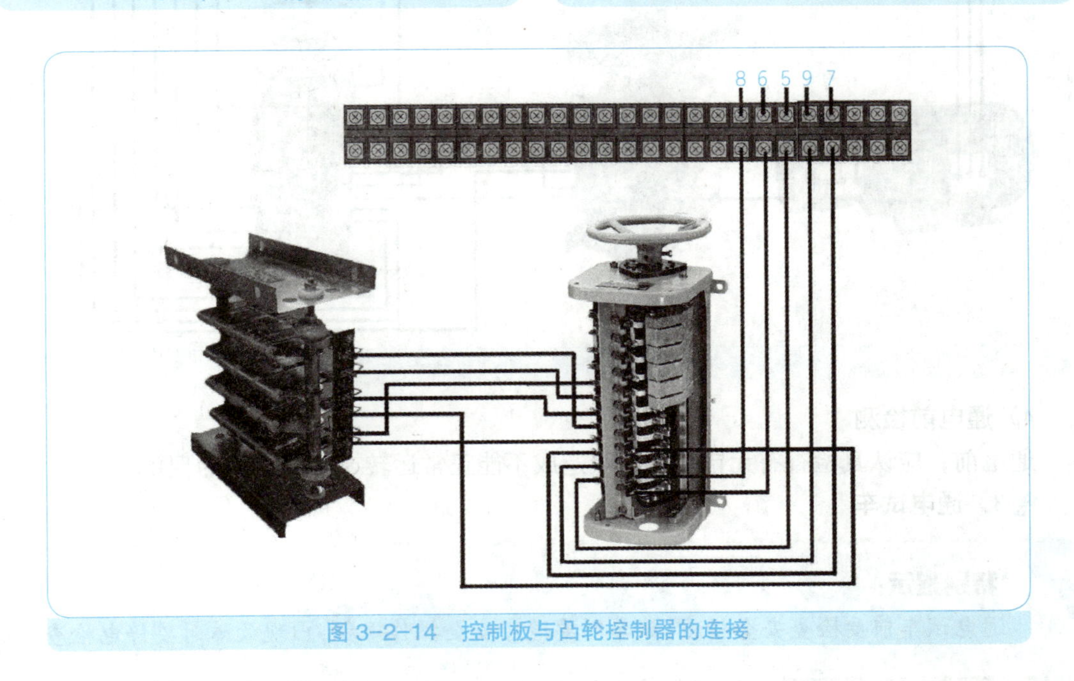


图 3-2-14　控制板与凸轮控制器的连接

（3）将电动机与凸轮控制器连接。连接控制板的主电路与凸轮控制器，连接凸轮控制器与电动机的定子绕组，如图 3-2-15 所示，连接凸轮控制器与电动机的转子绕组，如图 3-2-16 所示。

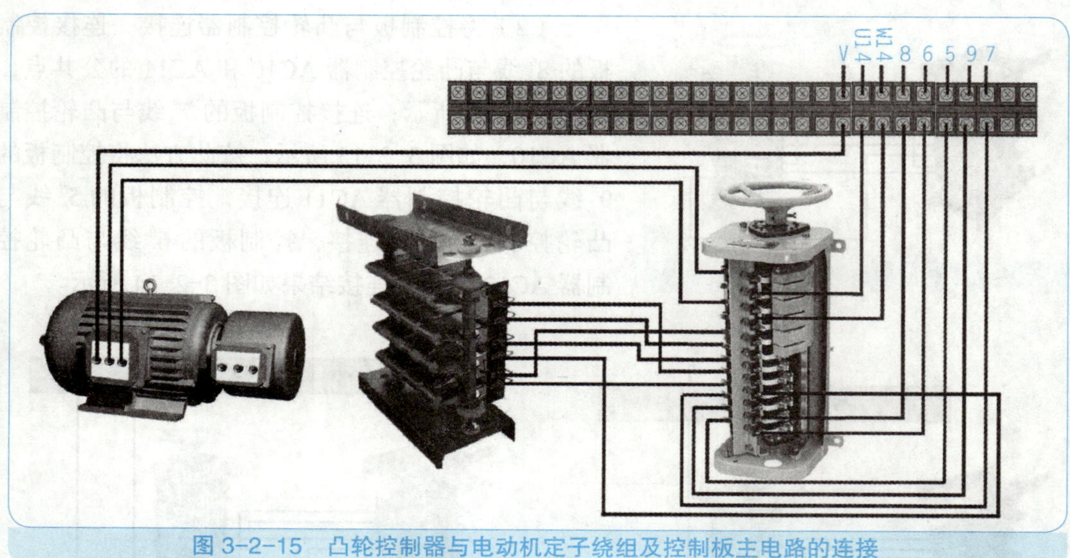

图 3-2-15　凸轮控制器与电动机定子绕组及控制板主电路的连接

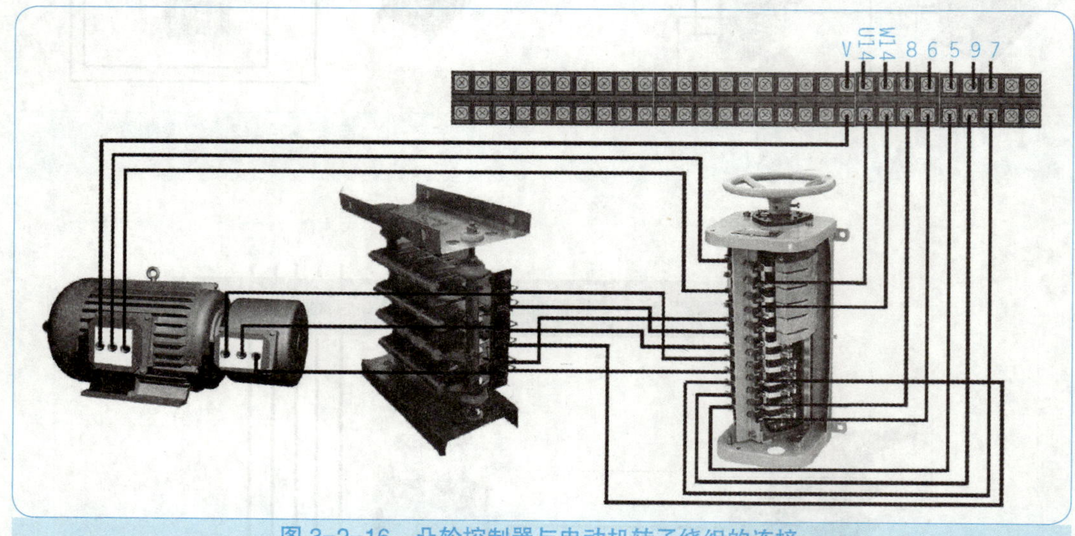

图 3-2-16　凸轮控制器与电动机转子绕组的连接

4）通电前检测

通电前，应认真检查有无错接、漏接造成不能正常运转或短路事故的现象。

3．通电试车

**特别提示：**

通电试车前要检查安全措施，试车时要遵守安全操作规程，出现故障时要停电检查。

连接电源，将电流继电器的整定值调整到合适值。通电试车的操作顺序是：将 AC 的手轮置于“0”挡位→合上电源开关 QS →按下起动按钮 SB1 使 KM 吸合→将 AC 的手轮依次正转到 1 ～ 5 挡的位置并分别测量电动机的转速→将 AC 的手轮从正转“5”挡逐渐恢复到“0”挡位→将 AC 的手轮依次反转到 1 ～ 5 挡的位置并分别测量电动机的转速→将 AC 的手轮从反转“5”挡逐渐恢复到“0”挡位→按下停止按钮 SB2 →切断电源开关 QS。

试车时，注意观察接触器情况。观察电动机运转是否正常，若有异常现象应马上停车。

### 4. 整理现场

整理现场工具及电气元件，清理现场，根据工作过程填写任务书，整理工作资料。

## 三、注意事项

（1）凸轮控制器安装前，应转动手轮，检查运动系统是否灵活、触头分合顺序是否与分合表相符合。

（2）凸轮控制器必须牢固安装在墙壁或支架上。

（3）凸轮控制器接线务必正确，接线后必须盖上灭弧罩。

（4）电阻器接线前应检查电阻片的连接线是否牢固、有无松动现象。

（5）控制板外配线必须用套管加以防护，以确保安全。

（6）电动机、电阻器及按钮金属外壳必须保护接地。

（7）通电试车、调试及检修时，必须在指导教师的监护和允许下进行。

（8）起动操作凸轮控制器时，转动手轮不能太快，应逐级起动，每级之间保持至少 1 s 的时间间隔。

（9）电动机旋转时，注意转子滑环与电刷之间的火花，如果火花大或滑环有灼伤痕迹，应立即停车检查。

（10）电阻器必须采取遮护或隔离措施，以防止发生触电事故。

（11）要做到安全操作和文明生产。

## 任务评价

学生完成本任务的考核评价细则见评分记录表 3-2-4。

表 3-2-4　技能训练考核评分记录表

| 评价项目 | 评价内容 | 配分 | 评 分 标 准 | 得分 |
|---|---|---|---|---|
| 识读电路图 | （1）正确识读绕线转子异步电动机凸轮控制器控制电路中的电气元件；<br>（2）能正确分析该电路的工作原理 | 15 | （1）不能正确识读电气元件，每处扣 3 分；<br>（2）不能正确分析该电路工作原理扣 5 分 | |
| 装前检查 | 检查电气元件质量完好 | 5 | 电气元件漏检或错检，每处扣 1 分 | |
| 安装元件 | （1）按布置图安装电气元件；<br>（2）安装电气元件牢固、整齐、匀称、合理 | 15 | （1）不按布置图安装扣 15 分；<br>（2）元件安装不牢固，每只扣 3 分；<br>（3）元件安装不整齐、不均匀、不合理，每只扣 2 分；<br>（4）损坏元件扣 15 分 | |

续表

| 评价项目 | 评价内容 | 配分 | 评 分 标 准 | 得分 |
|---|---|---|---|---|
| 布线 | （1）接线紧固、无压绝缘、无损伤导线绝缘或线芯；<br>（2）按照电路图接线，思路清晰 | 20 | （1）不按电路图接线扣20分；<br>（2）布线不符合要求：<br>对主电路，每根扣4分；<br>对控制电路，每根扣2分；<br>（3）接点不符合要求，每个接点扣1分；<br>（4）损伤导线绝缘或线芯，每根扣5分；<br>（5）漏装或套错编码套管，每个扣1分 | |
| 通电前检查 | （1）自查电路；<br>（2）仪器、仪表使用正确 | 10 | （1）漏检，每处扣2分；<br>（2）万用表使用错误，每次扣3分 | |
| 通电试车 | 在安全规范操作下，通电试车一次成功 | 20 | （1）第一次试车不成功，扣10分；<br>（2）第二次试车不成功，扣20分 | |
| 故障排查 | （1）仪器、仪表使用正确；<br>（2）在安全规范操作下，故障一次排除 | 10 | （1）第一次故障排查不成功，扣5分；<br>（2）第二次故障排查不成功，扣10分 | |
| 资料整理 | 资料书写整齐、规范 | 5 | 任务单填写不完整，扣2～5分 | |
| 安全文明生产 | 违反安全文明生产规程扣2～40分 | | | |
| 定额时间2 h | 每超时5 min以内以扣3分计算，但总扣分不超过10分 | | | |
| 备 注 | 除定额时间外，各情境的最高扣分不应超过配分数 | | | |
| 开始时间 | | 结束时间 | | 总得分 |

## 任务拓展

### 20 t/5 t桥式起重机电气控制电路

桥式起重机主要由大车（桥架）、小车（移动机构）和起重提升机构组成，如图3-2-17所示。大车在轨道上行走，大车上架有小车轨道，小车在小车轨道上行走，小车上装有提升机。这样，起重机就可以在大车的行车范围内进行起重运输。

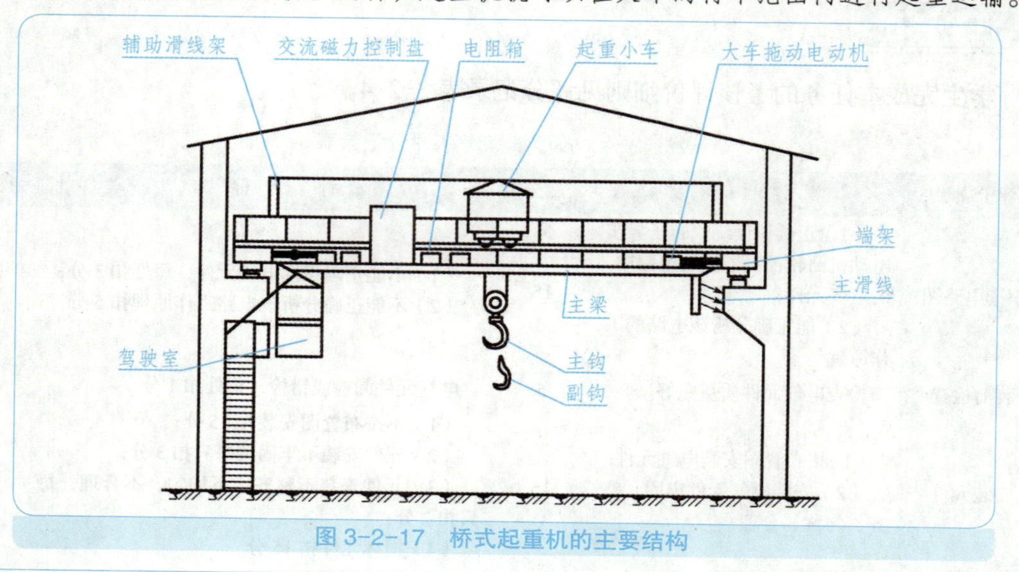


图3-2-17　桥式起重机的主要结构

桥式起重机的电力拖动特点及控制要求如下：

（1）提升用的电动机，经常是有载起动，起动转矩要大，起动电流要小，有一定的调速范围，因此用绕线转子式异步电动机。

（2）要有合理的升降速度，空载、轻载要快，重载要慢。

（3）要有适当的低速区，这在起吊和重物快要下降到地面时特别有用。

（4）提升的第一挡作为预备级，用以消除传动间隙、张紧钢丝绳，以避免过大的机械冲击。

（5）当负载下放时，根据负载大小，电动机可自动转换到电动状态、倒拉反接状态或再生制动状态。

（6）有完备的保护环节：短路、过载和终端保护等。

（7）采用电气、机械双重制动。为了安全，起重机采用失电制动方式的机械抱闸制动，以避免由于停电造成的无制动力矩，导致重物自由下落而引发事故。

一般来讲，起重量在 10 t 以下的桥式起重机只有一只吊钩，用一台绕线式异步电动机拖动。当起重量在 10 t 以上时，就需要主钩和副钩，需要用两台绕线式异步电动机拖动。这些吊钩的调速和制动的要求都比较高，调速时采用转子串接电阻的方法，有些起重机用反接制动等方法来满足制动要求。吊钩、钢丝卷筒及机械变速结构都安装在小车上。

大车、小车、吊钩提升机构运行时由行程限位开关进行限位保护。每台电动机上都装有过电流继电器进行过流保护。另外，每台电动机上还接有电磁制动器，以保证运行位置的准确、可靠。电动机转子中串接的电阻安装在大车上。在驾驶室内装有各种操纵机构，如电动机起动和调速用的凸轮控制器、照明开关、电铃开关、事故紧急开关等。在驾驶室的上方有通向桥架走台的舱口，舱口门上装有安全开关，安全开关串联在控制电路中，要求只有在舱口门关好后，桥式起重机才能得电工作。

请查阅相关资料，分析桥式起重机的工作原理。

## 思考与练习

1．参照图 3-2-5，简述用凸轮控制器控制绕线转子异步电动机反转的控制过程。

2．凸轮控制器控制电路中，如何实现零压保护？

3．查阅 20 t/5 t 桥式起重机电气控制电路资料，分析桥式起重机的工作原理。

# 任务三　安装与检修绕线转子异步电动机串联频敏变阻器起动控制电路

## 任务描述

绕线转子异步电动机采用转子绕组串联电阻的方法起动，要想获得良好的起动特性，一般需要将起动电阻分为多级，这样所用的电器较多，控制电路复杂，设备投资大，维修不便，并且在逐级切除电阻的过程中，会产生一定的机械冲击。因此，在工矿企业中对于不频繁起动的设备，广泛采用频敏变阻器代替起动电阻来控制绕线转子异步电动机的起动。

现要求将任务一的绕线转子异步电动机串联电阻起动控制电路改接成绕线转子异步电动机串联频敏变阻器起动控制电路，设置相应的过载、短路、欠压、失压保护。起重机用绕线转子异步电动机型号为 YZR−132M1−6、额定电压为 380 V、额定功率为 2.2 kW、额定转速为 908 r/min、额定电流为 15.4 A。完成上述绕线转子异步电动机串联频敏变阻器起动控制电路的安装、调试，并进行简单故障排查。

## 能力目标

（1）识别频敏变阻器，掌握其结构、符号、原理及作用，并能正确使用。

（2）正确识读绕线转子异步电动机串联频敏变阻器起动控制电路原理图，会分析其工作原理。

（3）能根据绕线转子异步电动机串联频敏变阻器起动控制电路图正确安装、调试电路。

（4）能根据故障现象对绕线转子异步电动机串联频敏变阻器起动控制电路的简单故障进行排查。

## 知识准备

### 一、频敏变阻器

频敏变阻器是一种阻抗值随频率明显变化、静止的无触点电磁元件。它实质上是一个铁芯损耗非常大的三相电抗器，其外形如图 3-3-1（a）所示。适用于绕线转子异步电动机的转子回路作起动电阻用。在电动机起动时，将频敏变阻器串接在转子绕组中，由于频敏变阻器的等效阻抗随转子电流频率的减小而减小，从而减小机械和电流冲击，实现电动机的平稳无级起动。

频敏变阻器起动绕线转子异步电动机的优点是：起动性能好，无电流和机械冲击，结构简单，价格低廉，使用维护方便。但功率因数较低，起动转矩较小，不宜用于重载起动的场合。

常用的频敏变阻器有BP1、BP2、BP3、BP4和BP6等系列，其在电路图中的符号如图3-3-1（b）所示。

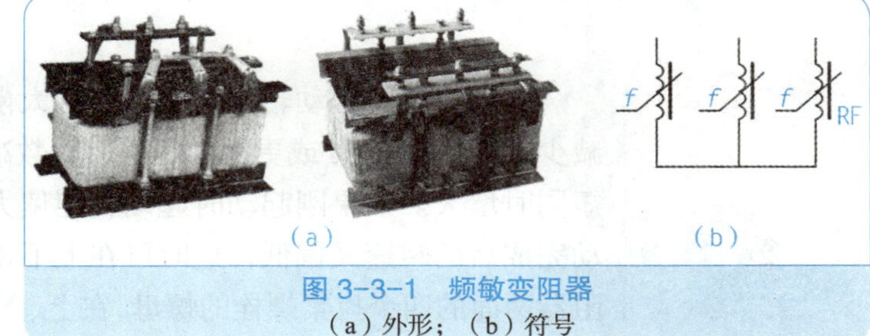


图3-3-1　频敏变阻器
（a）外形；（b）符号

### 1. 频敏变阻器的结构

频敏变阻器主要由铁芯和绕组两部分组成。它的上、下铁芯用四根拉紧螺栓固定，拧开螺栓上的螺母，可以在上下铁芯之间增减非磁性垫片，以调整空气隙长度。出厂时上下铁芯间的空气隙为零。

频敏变阻器的绕组备有四个抽头，一个抽头在绕组背面，标号为N；另外三个抽头在绕组的正面，标号分别为1、2、3。抽头1—N之间为100%匝数，2—N之间为85%匝数，3—N之间为71%匝数。出厂时三组线圈均接在85%匝数抽头处，并接成Y形。

### 2. 频敏变阻器的型号含义

频敏变阻器的型号含义如图3-3-2所示。

### 3. 频敏变阻器的选用

频敏变阻器的系列应根据电动机所拖动生产机械的起动负载特性和操作频繁程度来选择，再按电动机功率选择其规格。频敏变阻器大致的适用场合见表3-3-1。

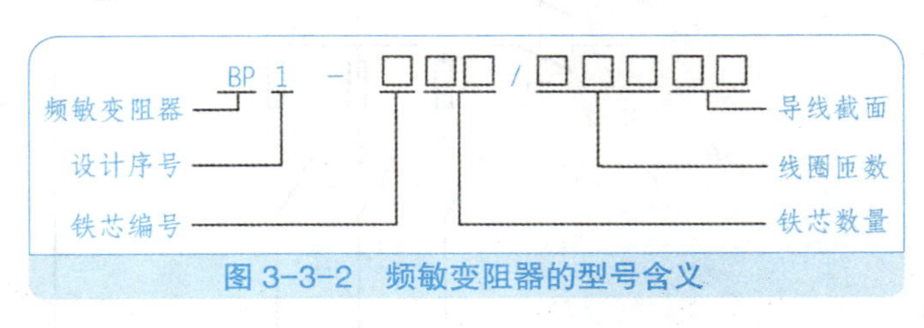


图3-3-2　频敏变阻器的型号含义

表3-3-1　频敏变阻器大致的适用场合

| 负载特性 | | | 轻载 | 重载 |
|---|---|---|---|---|
| 适用频敏变阻器系列 | 频繁程度 | 偶尔 | BP1、BP2、BP4 | BP4G、BP6 |
| | | 频繁 | BP3、BP1、BP2 | |

### 4. 频敏变阻器的安装与使用

（1）频敏变阻器应牢固地固定在基座上，当基座为铁磁物质时应在中间垫放10 mm以上的非磁性垫片，以防影响频敏变阻器的特性。同时变阻器还应可靠接地。

（2）连接线应按电动机转子额定电流选用相应截面的电缆线。

（3）试车前，应先测量频敏变阻器对地绝缘电阻，其值应不小于1 MΩ，否则须先进行烘干处理后方可使用。

（4）试车时，如发现起动转矩或起动电流过大或过小，应按以下方法对频敏变阻器的匝数和气隙进行调整。

①

起动电流过大、起动过快时，应换接抽头，使匝数增加。增加匝数可使起动电流和起动转矩减小。

②

起动电流和起动转矩过小、起动太慢时，应换接抽头，使匝数减少。可使用 80% 或更少的匝数，匝数减少将使起动电流和起动转矩同时增大。如果刚起动时起动转矩偏大，有机械冲击现象，而起动完成后的转速又偏低，这时可在上下铁芯间增加气隙。可拧开变阻器两面的四个拉紧螺栓的螺母，在上、下铁芯之间增加非磁性垫片。增加气隙将使起动电流略微增加，起动转矩稍有减小，但起动完毕后的转矩稍有增加。

（5）使用过程中应定期清除尘垢，并检查线圈的绝缘电阻。

## 二、转子绕组串联频敏变阻器起动控制电路

转子绕组串联频敏变阻器起动控制电路如图 3-3-3 所示。

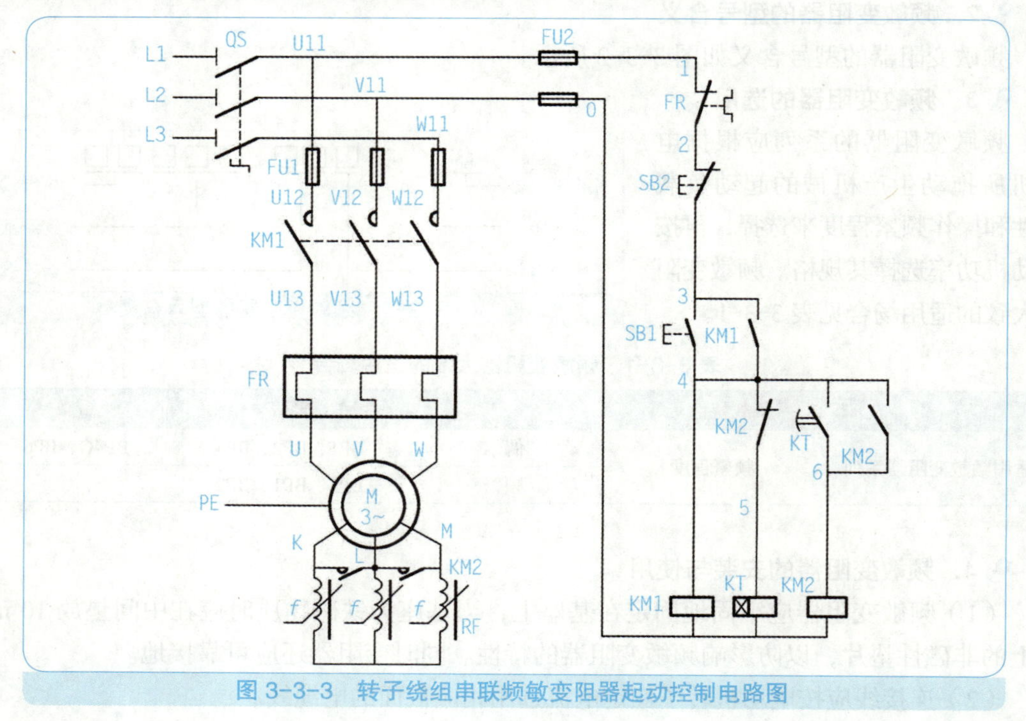


图 3-3-3 转子绕组串联频敏变阻器起动控制电路图

电路的工作原理如下：先合上电源开关 QS。

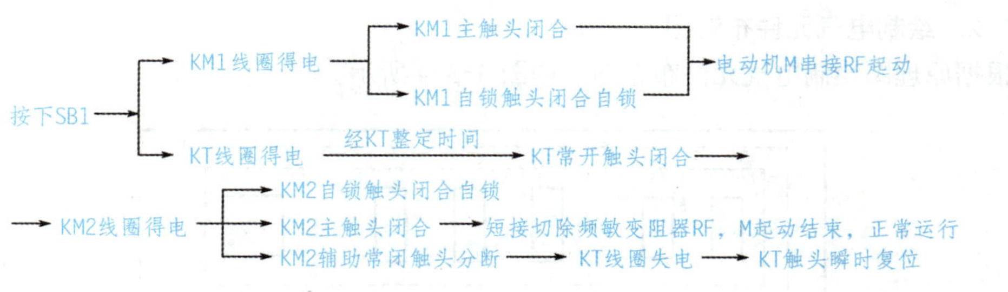


停止时，按下 SB2 即可。

## 任务实施

## 一、工作准备

### 1．工具、仪表与材料准备

（1）完成本任务所需工具与仪表为：螺钉旋具、尖嘴钳、斜口钳、剥线钳、万用表、压线钳、钳形电流表等。

（2）完成本任务所需材料明细表如表 3-3-2 所示。

表 3-3-2　绕线转子异步电动机串联频敏变阻器起动控制电路电气元件明细表

| 图上代号 | 元件名称 | 型号规格 | 数量 | 备注 |
|---|---|---|---|---|
| M | 绕线式异步电动机 | YZR-132M1-6，2.2 kW,Y 形接法，定子电压 380 V，电流 6.1 A；转子电压 132 V，电流 12.6 A；908 r/min | 1 | |
| QS | 转换开关 | HZ10-25/3 | 1 | |
| FU1 | 熔断器 | RL1-60/25A | 3 | |
| FU2 | 熔断器 | RL1-15/2A | 2 | |
| KM1，KM2 | 交流接触器 | CJ10-10，380 V | 2 | |
| KT | 时间继电器 | JS7-2A，380 V | 1 | |
| RF | 频敏变阻器 | BP1-004/10003 | 1 | |
| SB1，SB2 | 起动按钮 | LA10-2H | 1 | 绿色 |
| | 停止按钮 | | | 红色 |
| | 接线端子 | JX2-Y010 | 2 | |
| | 导线 | BVR—2.5 $mm^2$,1 $mm^2$ | 若干 | |
| | 塑料线槽 | 40 mm × 40 mm | 5 m | |
| | 冷压接头 | 2.5 $mm^2$,1 $mm^2$ | 若干 | |
| | 异形管 | 1.5 $mm^2$ | 若干 | |
| | 开关板 | 木制，500 mm × 400 mm | 1 | |

### 2. 绘制电气元件布置图

根据原理图绘制电气元件布置图，如图 3-3-4 所示。

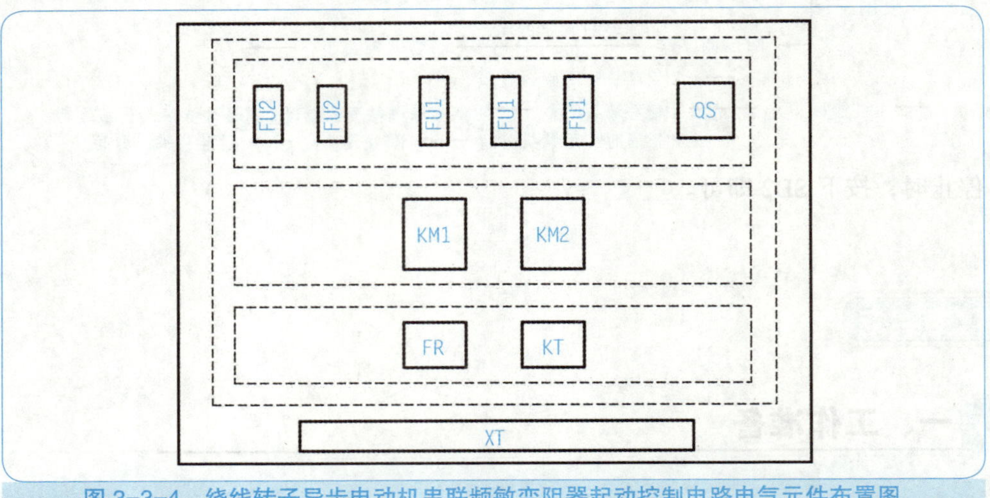


图 3-3-4　绕线转子异步电动机串联频敏变阻器起动控制电路电气元件布置图

## 二、安装、调试步骤及工艺要求

### 1. 检测电气元件

根据表 3-3-2 配齐所用电气元件，其各项技术指标均应符合规定要求，目测其外观无损坏，手动触头动作灵活，并用万用表进行质量检验，如不符合要求，则予以更换。

### 2. 安装电路

1）安装电气元件

在控制板上按图 3-3-4 安装电气元件。各元件的安装位置整齐、匀称，间距合理，便于元件的更换，元件紧固时用力适当，无松动现象。

图 3-3-5　布线完成后的控制板

2）布线

布线时以接触器为中心，由里向外、由低至高，先电源电路、再控制电路、后主电路进行，以不妨碍后续布线为原则。同时，布线应层次分明，不得交叉。布线完成后如图 3-3-5 所示。配线的工艺要求请参照项目一。

3）安装并连接频敏变阻器、控制板、电动机

（1）将频敏变阻器与控制板连接，如图 3-3-6 所示。

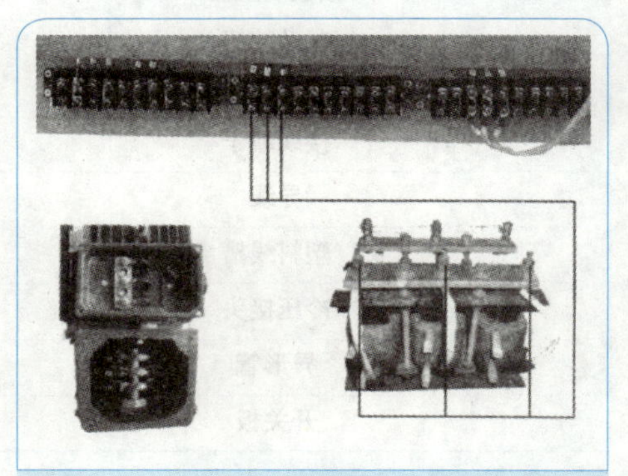

图 3-3-6　频敏变阻器与控制板连接

（2）将频敏变阻器与电动机转子连接，如图 3-3-7 所示。

（3）将电动机定子绕组与控制板连接，如图 3-3-8 所示。

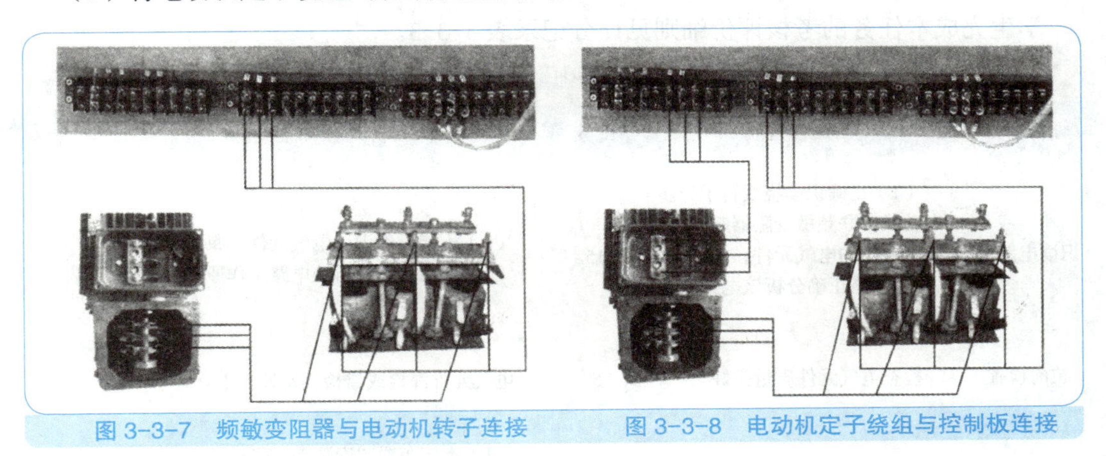

图 3-3-7　频敏变阻器与电动机转子连接　　图 3-3-8　电动机定子绕组与控制板连接

### 3. 通电试车

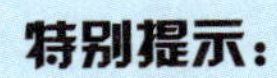

**特别提示：**

通电试车前要检查安全措施，试车时要遵守安全操作规程，出现故障时要停电检查。

试车时，用钳形电流表测量并观察电动机起动电流。试车完毕，应遵循停转、切断电源、拆除三相电流线、拆除电动机定子绕组线和转子绕组线的顺序。

### 4. 整理现场

整理现场工具及电气元件，清理现场，根据工作过程填写任务书，整理工作资料。

## 三、注意事项

（1）频敏变阻器必须采取遮护或隔离措施，以防止发生触电事故。

（2）控制板外配线必须用套管加以防护，以确保安全。

（3）通电试车、调试及检修时，必须在指导教师的监护和允许下进行。

（4）如果起动电流过小、起动转矩太小、起动时间过长，应换接频敏变阻器的抽头，使匝数减少，一般使用 80% 的抽头。

（5）如果起动电流过大、起动时间过短，应换接频敏变阻器的全部抽头。

（6）如果起动时伴有机械冲击现象，起动完毕后转速又偏低，应增加频敏变阻器的铁芯气隙。

（7）电动机、频敏变阻器及按钮金属外壳必须保护接地。

（8）要做到安全操作和文明生产。

## 任务评价

学生完成本任务的考核评价细则见评分记录表 3-3-3。

表 3-3-3 技能训练考核评分记录表

| 评价项目 | 评价内容 | 配分 | 评 分 标 准 | 得分 |
| --- | --- | --- | --- | --- |
| 识读电路图 | （1）正确识读绕线转子异步电动机串联频敏变阻器起动控制电路中的电气元件；<br>（2）能正确分析该电路的工作原理 | 15 | （1）不能正确识读电气元件，每处扣 3 分；<br>（2）不能正确分析该电路工作原理扣 5 分 | |
| 装前检查 | 检查电气元件质量完好 | 5 | 电气元件漏检或错检，每处扣 1 分 | |
| 安装元件 | （1）按布置图安装电气元件；<br>（2）安装电气元件牢固、整齐、匀称、合理 | 15 | （1）不按布置图安装扣 15 分；<br>（2）元件安装不牢固，每只扣 3 分；<br>（3）元件安装不整齐、不均匀、不合理，每只扣 2 分；<br>（4）损坏元件扣 15 分 | |
| 布线 | （1）接线紧固、无压绝缘、无损伤导线绝缘或线芯；<br>（2）按照电路图接线，思路清晰 | 20 | （1）不按电路图接线扣 20 分；<br>（2）布线不符合要求：<br>对主电路，每根扣 4 分；<br>对控制电路，每根扣 2 分；<br>（3）接点不符合要求，每个接点扣 1 分；<br>（4）损伤导线绝缘或线芯，每根扣 5 分；<br>（5）漏装或套错编码套管，每个扣 1 分 | |
| 通电前检查 | （1）自查电路；<br>（2）仪器、仪表使用正确 | 10 | （1）漏检，每处扣 2 分；<br>（2）万用表使用错误，每次扣 3 分 | |
| 通电试车 | 在安全规范操作下，通电试车一次成功 | 20 | （1）第一次试车不成功，扣 10 分；<br>（2）第二次试车不成功，扣 20 分 | |
| 故障排查 | （1）仪器、仪表使用正确；<br>（2）在安全规范操作下，故障一次排除 | 10 | （1）第一次故障排查不成功，扣 5 分；<br>（2）第二次故障排查不成功，扣 10 分 | |
| 资料整理 | 资料书写整齐、规范 | 5 | 任务单填写不完整，扣 2 ～ 5 分 | |
| 安全文明生产 | 违反安全文明生产规程扣 2 ～ 40 分 | | | |
| 定额时间 2 h | 每超时 5 min 以内以扣 3 分计算，但总扣分不超过 10 分 | | | |
| 备 注 | 除定额时间外，各情境的最高扣分不应超过配分数 | | | |
| 开始时间 | | 结束时间 | | 总得分 |

## 任务拓展

### 自动与手动相互转换的绕线转子异步电动机串联频敏变阻器起动控制电路

自动与手动相互转换的绕线转子异步电动机串联频敏变阻器起动控制电路如图 3-3-9 所示，起动过程可以利用转换开关 SA 实现自动控制与手动控制的转换。

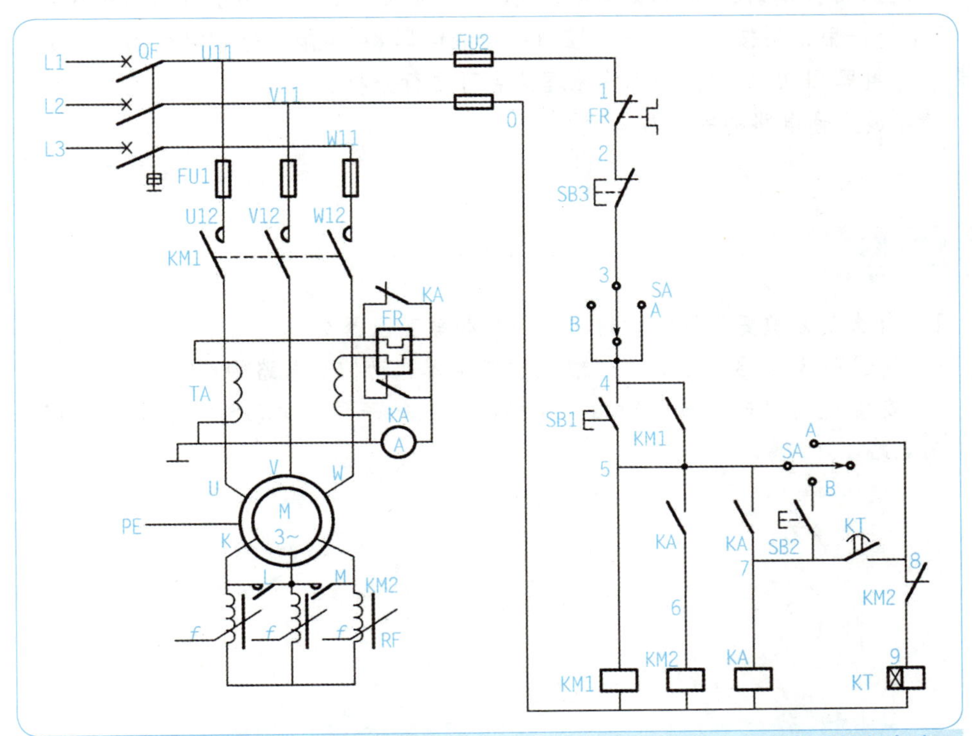


图 3-3-9　自动与手动相互转换的绕线转子异步电动机串联频敏变阻器起动控制电路

采用自动控制时，将转换开关 SA 扳到自动位置（即 A 位置）即可。

电路的工作原理如下：先合上电源开关 QF。

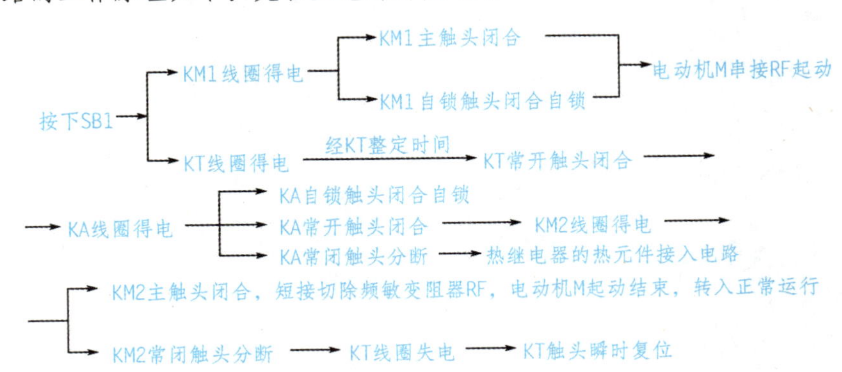


需停止时，按下 SB3 即可。

起动过程中，中间继电器 KA 未得电，KA 的两对常开触头将热继电器 FR 的热元件短接，以免因起动时间过长，而使热继电器过热产生误动作。起动结束后，中间继电器KA得电动作，其两对常闭触头分断，FR的热元件接入主电路工作。电流互感器TA的作用是将主电路的大电流变换成小电流后串入热继电器的热元件反映过载程度。

采用手动控制时，将转换开关SA扳到手动位置（即B位置），这样时间继电器KT不起作用，用按钮SB2手动控制中间继电器KA和接触器KM2的动作，完成短接频敏变阻器RF的工作，其工作原理读者可自行分析。

请完成上述电路的安装与调试。

## 思考与练习

1．什么是频敏变阻器？如何正确调整频敏变阻器？

2．简述图3-3-3转子绕组串联频敏变阻器起动控制电路的控制过程。

3．安装、调试自动与手动相互转换的绕线转子异步电动机串联频敏变阻器起动控制电路。

# 项目四

# 调试与检修典型机床控制电路

## 项目描述

机床是指制造机器的机器，亦称工作母机或工具机，习惯上简称为机床，一般分为金属切削机床、锻压机床和木工机床等。典型的金属切削机床有：车床、磨床、钻床、铣床、镗床等，如图 4-0-1 所示。

机床设备是人们进行生产加工的重要工具，是减轻人们劳动强度、提高工作质量和效率的主要手段，在国民经济现代化的建设中起着重大作用。机床设备的正确维修与保养，对延长使用寿命，发挥设备潜力，减小生产成本，创造更大经济效益，具有重要的意义。

本项目主要了解车床、磨床、钻床、铣床、镗床等的基本组成结构、运动形式、控制要求等基础知识，学会典型金属切削机床电气控制原理图的识读方法，掌握典型机床电气故障的分析方法，从而能够熟练进行调试与检修典型机床的电气故障。

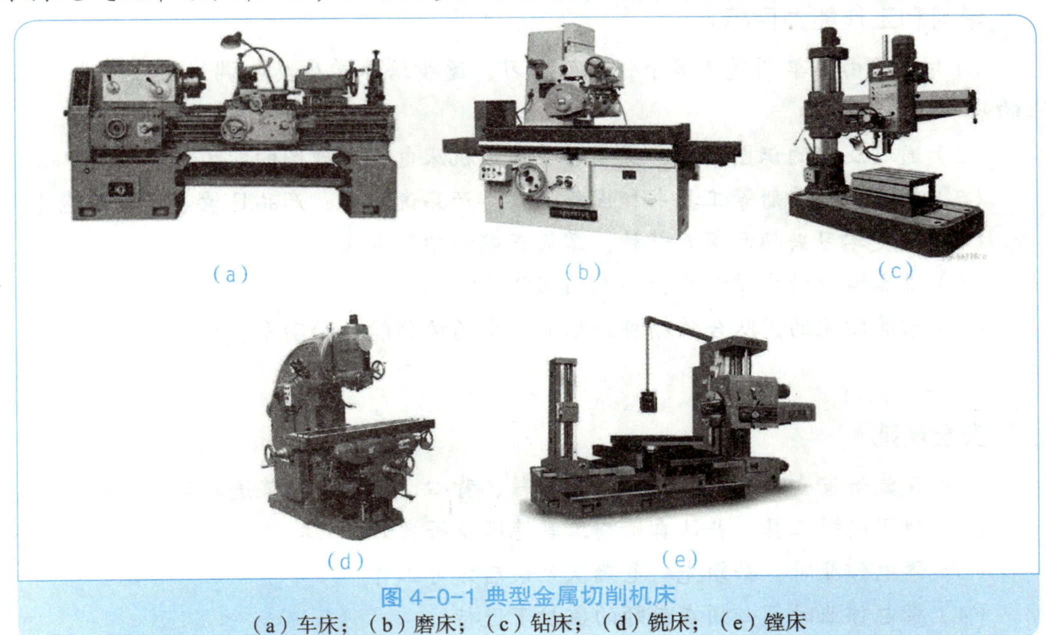


图 4-0-1 典型金属切削机床

（a）车床；（b）磨床；（c）钻床；（d）铣床；（e）镗床

## 教学目标

### 知识目标

（1）了解车床、磨床、钻床、铣床、镗床等典型金属切削机床的基本结构、运动形式与控制要求。

（2）了解车床、磨床、钻床、铣床、镗床等典型金属切削机床的型号含义。

（3）掌握典型金属切削机床的电气控制原理的识读方法。

（4）掌握典型金属切削机床维护与保养的基本原则。

### 技能目标

（1）能够正确识读车床、磨床、钻床、铣床、镗床等典型金属切削机床的电气控制原理图。

（2）能够根据典型机床金属切削电气控制原理图和故障现象进行机床故障点的诊断与分析。

（3）学会机床电气故障检修工具和仪表的基本使用方法。

（4）学会典型金属切削机床电气故障检修的基本原则、基本方法和基本步骤。

（5）学会填写机床故障检修记录单和验收单等维修过程资料。

### 学习和工作能力目标

（1）通过由简单到复杂多个任务的学习，逐步培养学生具备调试与检修典型机床的基本能力。

（2）通过反复的识图训练，提高学生识读机床电气原理图的能力。

（3）具备查阅手册等工具书和设备铭牌、产品说明书、产品目录等资料的能力。

（4）激发学习兴趣和探索精神，掌握正确的学习方法。

（5）培养学生的自学能力，与人沟通能力。

（6）培养学生的团队合作精神，形成优良的协作能力和动手能力。

### 安全规范

（1）穿戴好安全防护用具，严禁穿凉鞋、背心、短裤、裙装进入实训场所。

（2）使用绝缘工具，并认真检查工具绝缘是否良好。

（3）停电作业时，必须先验电确认无误后方可工作。

（4）带电作业时，必须在教师的监护下进行。

（5）树立安全和文明生产意识。

# 任务一 调试与检修 CA6140 型车床电气控制电路

## 任务描述

车床是用车刀对旋转的工件进行车削加工的机床，CA6140 型车床是一种能对轴、盘、环等多种类型工件进行多种工序加工的卧式车床，常用于加工工件的内外回转表面、端面和各种内外螺纹，采用相应的刀具和附件，还可进行钻孔、扩孔、攻丝和滚花等。CA6140 型卧式车床是车床中应用最广泛的一种，约占车床类总数的 65%，因其主轴以水平方式放置故称为卧式车床。

某精密机械厂有多台 CA6140 型卧式车床进行轴类零件的加工，现有一台 CA6140 型卧式车床出现故障无法正常使用，需要机床维修技术员进行设备维修，为了不影响工期，该机械厂希望能在一天时间内将机床维修完工。该机械厂将机床维修的任务全部外包给 ×× 机床设备公司，该公司接到维修工作任务后迅速委派售后维修技术员进行维修。维修工作任务单见表 4-1-1。

表 4-1-1 维修工作任务单

流水号：201412250001　　　　日期：2014 年 12 月 25 日

| 报修记录 | 报修单位 | ××××精密机械厂 | 报修部门 | 机加工部 | 联系人 | 张三 |
|---|---|---|---|---|---|---|
| | 单位地址 | ××××市××××区××××路 208 号 | | | 联系电话 | 1388530×××× |
| | 故障设备名称型号 | CA6140 型普通车床 | 设备编号 | 001 | | |
| | 报修时间 | 2014 年 12 月 25 日 | 希望完工时间 | 2014 年 12 月 26 日 | | |
| | 故障现象描述 | 机床在加工过程中突然主轴停止运行，无法加工，随后操作人员重新上电后操作该机床，按下起动按钮 SB2 主轴无法起动，冷却泵也无法起动，但是快速移动电机可以正常运行 | | | | |
| | 维修单位 | ××机床设备公司 | 维修部门 | 售后维修部 | | |
| | 接单人 | 王明 | 联系电话 | 1357412×××× | | |
| | 接单时间 | 2014 年 12 月 25 日 | 完工时间 | 2014 年 12 月 26 日 | | |

## 任务目标

（1）了解 CA6140 型车床的基本结构、主要运动形式及控制要求。

（2）正确识读 CA6140 型车床电气控制原理图，并分析其工作原理。

（3）正确选择和使用常用电工工具和检测仪表进行线路故障检测。

（4）根据故障现象现场分析、判断并排除 CA6140 型车床的电气故障。

（5）在要求的时间内检修完 CA6140 型车床的电气故障，并填写相关维修数据。

知识准备

## 一、CA6140 车床基本概述

### 1. 车床的定义与用途

车床是用车刀对旋转的工件进行车削加工的机床，主要用于加工零件的各种回转表面，如内外圆柱表面、内外圆锥表面、成型回转表面以及回转体的端面等。在车床上，除使用车刀进行加工外，还可以使用各种孔加工刀具（如钻头、铰刀等）进行孔加工或者用镗刀加工较大的内孔表面。

### 2. 车床分类

按用途和结构的不同，车床主要分为卧式车床和落地车床、立式车床、转塔车床、单轴自动车床、多轴自动和半自动车床、仿形车床及多刀车床和各种专业化车床，如凸轮轴车床、曲轴车床、车轮车床、铲齿车床。在所有车床中，以卧式车床应用最为广泛。图 4-1-1 所示为几种典型普通车床实物图。

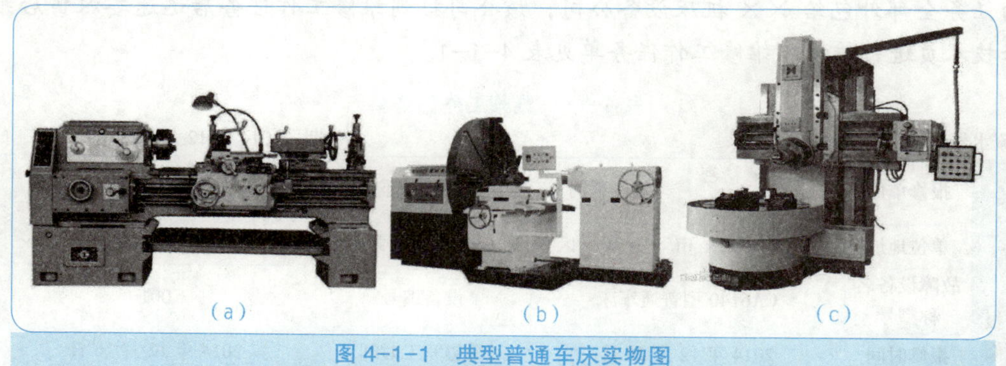

图 4-1-1 典型普通车床实物图
(a) 卧式车床；(b) 落地车床；(c) 立式车床

### 3. CA6140 型车床型号含义

机床的型号是机床产品的代号，用以简明地表示机床的类型、主要技术参数、性能和结构特点等。GB/T 15375—1994《金属切削机床型号编制方法》规定，我国的机床型号由汉语拼音字母和阿拉伯数字按一定规律组合而成，适用于各类通用机床和专用机床（组合机床除外）。

CA6140 型车床的型号含义如图 4-1-2 所示：

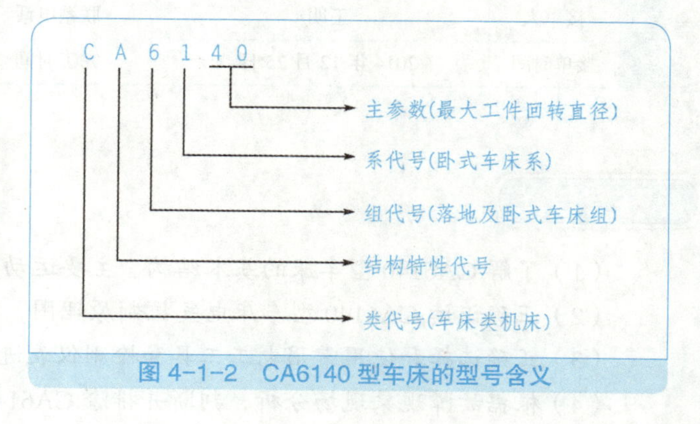


图 4-1-2 CA6140 型车床的型号含义

### 4. CA6140 型车床的主要结构

CA6140 型车床主要组成部件有：主轴箱、进给箱、溜板箱、刀架、尾架、光杠、丝杠、床身、床脚和冷却装置，其基本结构如图 4-1-3 所示。

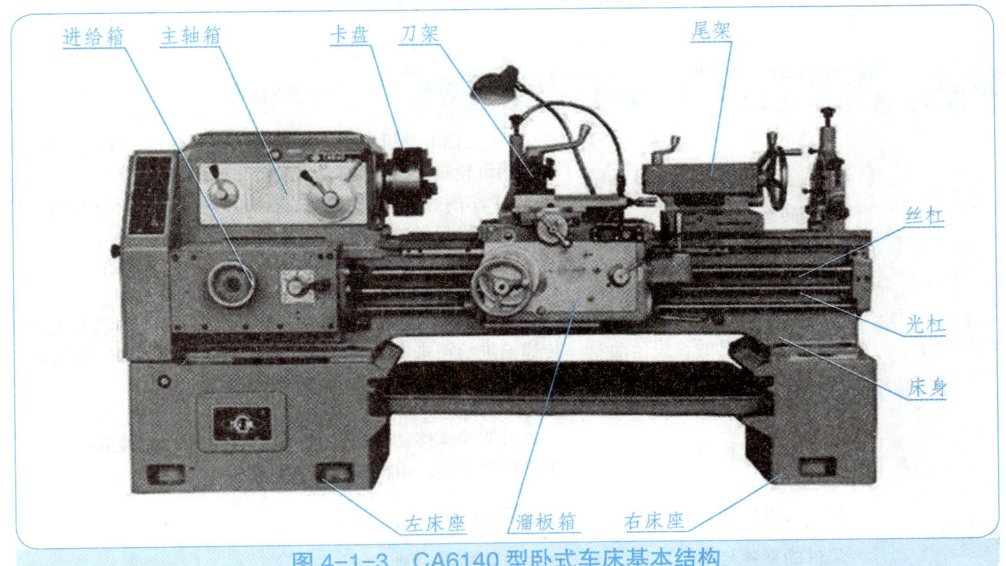


图 4-1-3　CA6140 型卧式车床基本结构

主轴箱：又称床头箱，它的主要任务是将主电机传来的旋转运动经过一系列的变速机构使主轴得到所需的正反两种转向的不同转速，同时主轴箱分出部分动力将运动传给进给箱。主轴箱中的主轴是车床的关键零件，主轴在轴承上运转的平稳性直接影响工件的加工质量，一旦主轴的旋转精度降低，则机床的使用价值就会降低。

进给箱：又称走刀箱，进给箱中装有进给运动的变速机构，调整其变速机构，可得到所需的进给量或螺距，通过光杠或丝杠将运动传至刀架以进行切削。

丝杠与光杠：用以连接进给箱与溜板箱，并把进给箱的运动和动力传给溜板箱，使溜板箱获得纵向直线运动。丝杠是专门用来车削各种螺纹而设置的，在进行工件的其他表面车削时，只用光杠，不用丝杠。

溜板箱：是车床进给运动的操纵箱，内装有将光杠和丝杠的旋转运动变成刀架直线运动的机构，通过光杠传动实现刀架的纵向进给运动、横向进给运动和快速移动，通过丝杠带动刀架做纵向直线运动，以便车削螺纹。

刀架：由两层滑板（中、小滑板）、床鞍与刀架体共同组成，用于安装车刀并带动车刀作纵向、横向或斜向运动。

尾架：安装在床身导轨上，并沿此导轨纵向移动，以调整其工作位置，尾架主要用来安装后顶尖，以支撑较长工件，也可安装钻头、铰刀等进行孔加工。

床身：是车床带有精度要求很高的导轨（山形导轨和平导轨）的一个大型基础部件，用于支撑和连接车床各个部件，并保证各部件在工作时有准确的相对位置。

冷却装置：冷却装置主要通过冷却水泵将水箱中的切削液加压后喷射到切削区域，降低切削温度，冲走切屑，润滑加工表面，以提高刀具使用寿命和工件的表面加工质量。

## 二、CA6140 型车床的运动形式与控制要求

CA6140 型车床的运动形式与控制要求如表 4-1-2 所示。

表 4-1-2 CA6140 车床的运动形式与控制要求

| 运动种类 | 运动形式 | 控制要求 |
| --- | --- | --- |
| 主运动 | 主轴通过卡盘或顶尖带动工件的旋转运动 | （1）主轴电动机选用三相笼型异步电动机，不进行调速，主轴采用齿轮箱进行机械有级调速；<br>（2）车削螺纹时要求主轴有正反转，一般由机械方法实现，主轴电动机只做单向旋转；<br>（3）主轴电动机的容量不大，可采用直接起动 |
| 进给运动 | 刀架带动刀具的直线运动 | 进给运动也由主轴电动机拖动，主轴电动机的动力通过挂轮箱传递给进给箱来实现刀具的纵向和横向进给。加工螺纹时，要求刀具移动和主轴转动有固定的比例关系 |
| 辅助运动 | 刀架的快速移动 | 由刀架快速移动电动机拖动，该电动机可直接起动，也不需要正反转和调速，由机械机构实现刀架正反转 |
| | 尾架的纵向移动 | 由手动操作控制 |
| | 工件的夹紧与放松 | 由手动操作控制 |
| | 加工过程的冷却 | 冷却泵电动机和主轴电动机要实现顺序控制，冷却泵电动机也不需要正反转和调速 |

## 三、CA6140 型车床电气原理图分析

### 1. 电气原理图的基本组成

电气控制系统图一般有三种：电气控制原理图、电气元件布局图和电气安装接线图。如图 4-1-4 所示为 CA6140 卧式车床电气控制原理图。

电气原理图是用来表明电气设备的工作原理及各电气元件的作用、相互之间的关系的一种表示方式。电气原理图的目的是便于阅读和分析控制线路，应根据结构简单、层次分明清晰的原则，采用电气元件展开形式绘制。它包括所有电气元件的导电部件和接线端子，但并不按照电气元件的实际布置位置来绘制，也不反映电气元件的实际大小。

电气原理图一般由主电路、控制电路、图区与功能栏等多个部分组成。

主电路是电气控制线路中大电流通过的部分，包括从电源到电机之间相连的电气元件，一般由组合开关、主熔断器、接触器主触点、热继电器的热元件和电动机等组成。

控制电路是除主电路以外的电路，其流过的电流比较小，控制电路包括线圈控制电路、照明电路、信号指示电路和保护电路等，其中线圈控制电路是由按钮、接触器和继电器的线圈及辅助触点、热继电器触点、保护电器触点等组成。

图区是将电气原理图划分为多个区域，便于识读和标记电气原理图中的各部分电路，图区号一般设置在原理图的下方，从左到右依次用数字标注。

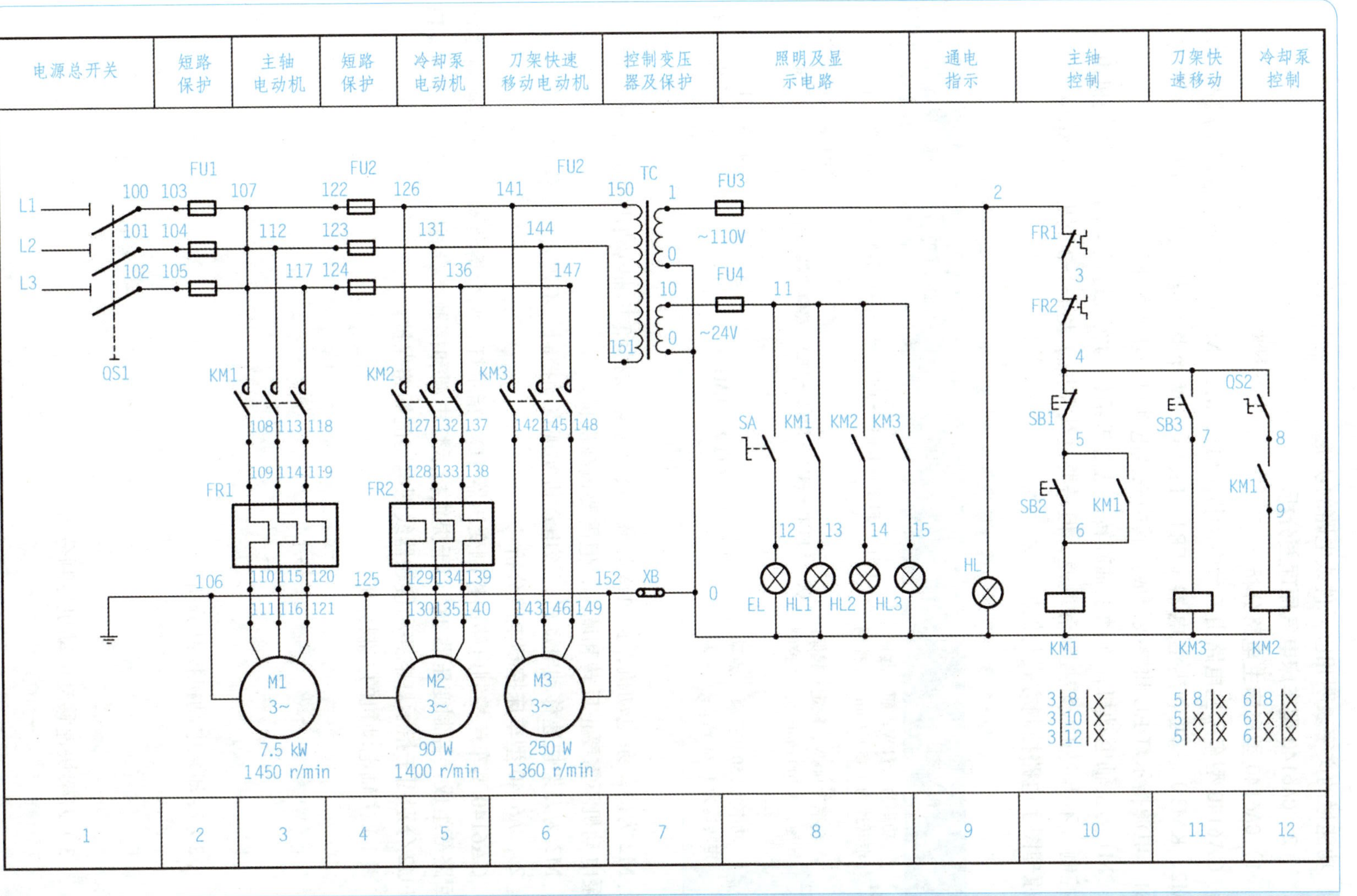

图 4-1-4　CA6140 卧式车床电气控制原理图

功能栏的文字表明相应元件或电路的功能。

### 2. CA6140 型车床电气原理图分析

#### 1）CA6140 型车床主电路分析

CA6140 型车床主电路由三台电动机（M1、M2、M3）、三个接触器主触点（KM1、KM2、KM3）、两个热继电器（FR1、FR2）、两个熔断器（FU1、FU2）、转换开关 QS1、电源指示灯 EL 和导线组成。其中三台电动机的功能如下：

M1 为主轴电动机，拖动主轴旋转，通过进给机构实现进给运动，该电动机由起停按钮控制，不需要正反转控制和调速，但需要过载保护。表 4-1-3 列出了 CA6140 型车床电气原理图主电路控制方式与保护方法。

表 4-1-3 CA6140 型车床电气原理图主电路控制方式与保护方法

| 被控对象 | 相关参数 | 控制方式 | 控制电器 | 过载保护 | 短路保护 | 接地保护 |
| --- | --- | --- | --- | --- | --- | --- |
| M1 | 功率为 7.5 kW；额定转速为 1 450 r/min | 起保停控制 | QS1 → FU1 → KM1 → FR1 | 热继电器 FR1 | 熔断器 FU1 | 有 |
| M2 | 功率为 90 W；额定转速为 1 400 r/min | 起保停控制 | QS1 → FU1 → FU2 → KM2 → FR2 | 热继电器 FR2 | 熔断器 FU1、FU2（FU1 额定电流大于 FU2） | 有 |
| M3 | 功率为 250 W；额定转速为 1 360 r/min | 点动控制 | QS1 → FU1 → FU2 → KM3 | 无 | 熔断器 FU1、FU2（FU1 熔断电流大于 FU2） | 有 |

M2 为冷却泵电动机，提供冷却液，冷却泵电动机和主轴电动机要实现顺序控制，冷却泵电动机不需要正反转和调速，但需要过载保护。

M3 为刀架快速移动电动机，该电动机实现点动控制，不需要过载保护。

#### 2）CA6140 型车床控制电路分析

CA6140 型车床控制电路由控制变压器 TC、指示灯、两个熔断器、三个接触器线圈控制回路等组成。控制变压器 TC 用于提供指示灯电源和接触器线圈回路电源，熔断器 FU1 和 FU2 分别用于指示灯电路和接触器线圈电路的短路保护。

（1）主轴电动机的控制分析：

按下起动按钮 SB2 → KM1 线圈得电 →
- KM1 主触点闭合 → 主轴电动机 M1 得电运行
- KM1 常开辅助触点闭合 → KM1 线圈自锁得电
- KM1 常开辅助触点闭合 → 为 KM2 线圈得电作准备

按下停止按钮 SB1 → KM1 线圈失电 → 主轴电机 M1 失电停止

（2）冷却泵电动机控制分析：

闭合 QS2 → 按下起动按钮 SB2 → KM1 线圈得电 → KM1 常开辅助触点闭合 → KM2 线圈得电 → 冷却泵电动机 M2 运行；

按下停止按钮 SB1 → KM1 线圈失电 → KM1 常开触点断开 → KM2 线圈失电 → 冷却泵电动机 M2 停止；

关闭 QS2 → 冷却泵电动机 M2 停止。

（3）刀架快速移动电动机控制分析：

按下点动按钮 SB3 → KM2 线圈得电 → 快速移动电动机 M3 得电运行；

松开点动按钮 SB3 → KM2 线圈失电 → 快速移动电动机 M3 失电停止。

（4）照明与指示电路分析：

EL 为照明灯，由 SA 开关控制；

HL1 为主轴电动机运行指示灯，由 KM1 常开触点控制；

HL2 为冷却泵电动机运行指示灯，由 KM2 常开触点控制；

HL3 为快速移动电动机运行指示灯，由 KM3 常开触点控制；

HL 为接触器线圈电路电源指示灯，TC 得电，HL 就点亮。

## 四、机床电气维修的基本原则和基本方法

### 1. 机床电气维修的十大原则

（1）先动口再动手。对于有故障的电气设备，不应急于动手，应先询问产生故障的前后经过及故障现象。对于生疏的设备，还应先熟悉电路原理和结构特点，遵守相应规则。拆卸前要充分熟悉每个电气部件的功能、位置、连接方式以及与周围其他器件的关系，在没有组装图的情况下，应一边拆卸，一边画草图，并记上标记。

（2）先外部后内部。应先检查设备有无明显裂痕、缺损，了解其维修史、使用年限等，然后再对机内进行检查。拆卸前应排除周边的故障因素，确定为机内故障后才能拆卸，否则，盲目拆卸可能将设备越修越坏。

（3）先机械后电气。只有在确定机械零件无故障后，再进行电气方面的检查。检查电路故障时，应利用检测仪器寻找故障部位，确认无接触不良故障后，再有针对性地查看线路与机械的运作关系，以免误判。

（4）先静态后动态。在设备未通电时，判断电气设备按钮、接触器、热继电器以及保险丝的好坏，从而判定故障的所在。通电试验，听其声、测参数、判断故障，最后进行维修。如在电动机缺相时，若测量三相电压值无法判别时，就应该听其声，单独测每相对地电压，方可判断哪一相缺损。

（5）先清洁后维修。对污染较重的电气设备，先对其按钮、接线点、接触点进行清洁，检查外部控制键是否失灵。许多故障都是由脏污及导电尘块引起的，一经清洁故障往往会排除。

（6）先电源后设备。电源部分的故障率在整个故障设备中占的比例很高，所以先检修电源往往可以事半功倍。

（7）先普遍后特殊。因装配配件质量或其他设备故障而引起的故障，一般占常见故障的 50% 左右。电气设备的特殊故障多为软故障，要靠经验和仪表来测量和维修。

（8）先外围后内部。先不要急于更换损坏的电气部件，在确认外围设备电路正常时，再考虑更换损坏的电气部件。

（9）先直流后交流。检修时，必须先检查直流回路静态工作点，再检查交流回路动态工作点。

（10）先故障后调试。对于调试和故障并存的电气设备，应先排除故障，再进行调试，调试必须在故障排除的前提下进行。

### 2. 机床电气维修的基本方法——直观法

直观法是通过“问、看、听、摸、闻”来发现异常情况，从而找出故障电路和故障所在部位。

（1）问：向现场操作人员询问故障发生前后的情况，如故障发生前是否过载、频繁起动和停止；故障发生时是否有异常声音和振动，有没有冒烟、冒火等现象。

（2）看：仔细察看各种电气元件的外观变化情况。如看触点是否烧融、氧化，熔断器熔体熔断指示器是否跳出，热继电器是否脱扣，导线是否烧焦，热继电器整定值是否合适，瞬时动作整定电流是否符合要求等。

（3）听：主要听有关电器在故障发生前后声音有否差异，如听电动机起动时是否只“嗡嗡”响而不转；接触器线圈得电后是否噪声很大等。

（4）摸：故障发生后，断开电源，用手触摸或轻轻推拉导线及电器的某些部位，以察觉异常变化，如摸电动机、变压器和电磁线圈表面，感觉温度是否过高；轻拉导线，看连接是否松动；轻推电器活动机构，看移动是否灵活等。

（5）闻：故障出现后，断开电源，将鼻子靠近电动机、变压器、继电器、接触器、绝缘导线等处，闻闻是否有焦味，如有焦味，则表明电器绝缘层已被烧坏，主要原因则是过载、短路或三相电流严重不平衡等故障所造成。

## 任务实施

根据机床的故障现象，结合 CA6140 型卧式车床电气原理图进行分析，判断出可能产生故障的原因和存在的区域，并做针对性检查，以正确的步骤检查并排除故障，即工作准备→故障调查→电路分析→故障测量→故障排除→通电测试，记录相应维修数据。

## 一、工作准备

### 1. 电气维修安全防护措施准备

机床维修技术员需要与电气设备进行接触，为有效防止触电事故，既要有技术措施又要有组织管理措施，并制订正确合理的维修工作计划和工作方案。

（1）合理使用防护用具。在电气作业中，合理匹配和使用绝缘防护用具，对防止触电事故，保障操作人员在生产过程中的安全健康具有重要意义。绝缘防护用具可分为两类，一类是基本安全防护用具，如绝缘棒、绝缘钳、高压验电笔等；另一类是辅助安全防护用具，如绝缘手套、绝缘（靴）鞋、橡皮垫、绝缘台、“维修进行中，暂停作业”标记牌等。

（2）安全用电组织措施 。防止触电事故，技术措施十分重要，组织管理措施亦必不可少，其中包括制定安全用电措施计划和规章制度，进行安全用电检查、教育和培训，组织事故分析，建立安全资料档案等。

### 2. 维修工具与仪表准备

在进行机床电气维修时，需要具备如表 4-1-4 所示工量具，并能够正确使用。

表 4-1-4　机床电气维修常用工量具

| 序号 | 类别 | 名称 | 用途 |
| --- | --- | --- | --- |
| 1 | 测量仪表类 | 数字万用表 | 测量电压、电阻、电容、二极管和三极管极性 |
| 2 | | 数字转速表 | 测量与调整电动机的转速 |
| 3 | | 示波器 | 检测信号的动态波形 |
| 4 | | 长度测量工具：千分尺 | 机床的定位精度、重复定位精度、加工精度 |
| 5 | | 钳形电流表 | 不拆分电路情况下测量电流 |
| 6 | | 兆欧表 | 测量绝缘性能 |
| 7 | 电工类 | 电烙铁 | 焊接电路或元器件 |
| 8 | | 吸锡器 | 拆分电路或元器件 |
| 9 | | 焊锡丝 | 焊接电路 |
| 10 | | 松香 | 焊接电路 |
| 11 | | 验电笔 | 测量有无电流 |
| 12 | 旋具类 | 一字螺丝刀 | 旋转一字螺丝 |
| 13 | | 十字螺丝刀 | 旋转十字螺丝 |
| 14 | | 内六角扳手 | 旋转内六角螺丝 |
| 15 | | 活动扳手 | 旋转六边螺帽 |
| 16 | 钳具类 | 斜口钳 | 剪断导线 |
| 17 | | 尖嘴钳 | 夹持元器件 |
| 18 | | 剥线钳 | 剥除导线绝缘层 |
| 19 | | 镊子 | 夹持小元器件 |
| 20 | | 压线钳 | 压导线端子 |
| 21 | 其他 | 剪刀 | 剪断导线等 |
| 22 | | 吹尘器 | 吹除灰尘 |
| 23 | | 卷尺 | 测量尺寸 |

## 二、故障调查

故障调查是进行故障维修的必要环节，经验丰富的维修技术员可以从多个方面进行故障调查，常见的故障调查方法如下：

（1）识读并分析工作任务单，提取故障信息。

（2）询问机床操作人员机床运行状况。

（3）操作与观察机床，了解故障现象。

（4）使用工具和仪表进行线路故障测量。

## 三、电路分析

根据工作任务单中的故障现象描述，进行故障原因分析。

故障现象：操作人员操作该机床时，按下起动按钮 SB2 主轴无法起动，冷却泵也无法起动，但是快速移动电动机可以正常运行。

分析过程：首先判断故障是在主电路还是在控制回路上。将主轴电动机电源线拆下，合上电源开关，按下起动按钮 SB2 后：

（1）若 KM1 吸合，则故障在主回路。应依次检查主回路熔断器是否熔断；检查断路器是否接触不良；检查 KM1 触点接触是否良好；检查热继电器热元件是否熔断及电动机 M1 及其连线是否断开；最后检查电动机机械部分，排除故障后便可重新起动。

（2）若 KM1 不吸合，则故障在控制回路，应逐一检查控制回路的各电器接线是否良好或接触不良。

## 四、故障测量

（1）若 KM1 吸合，可按图 4-1-5 所示步骤测量。

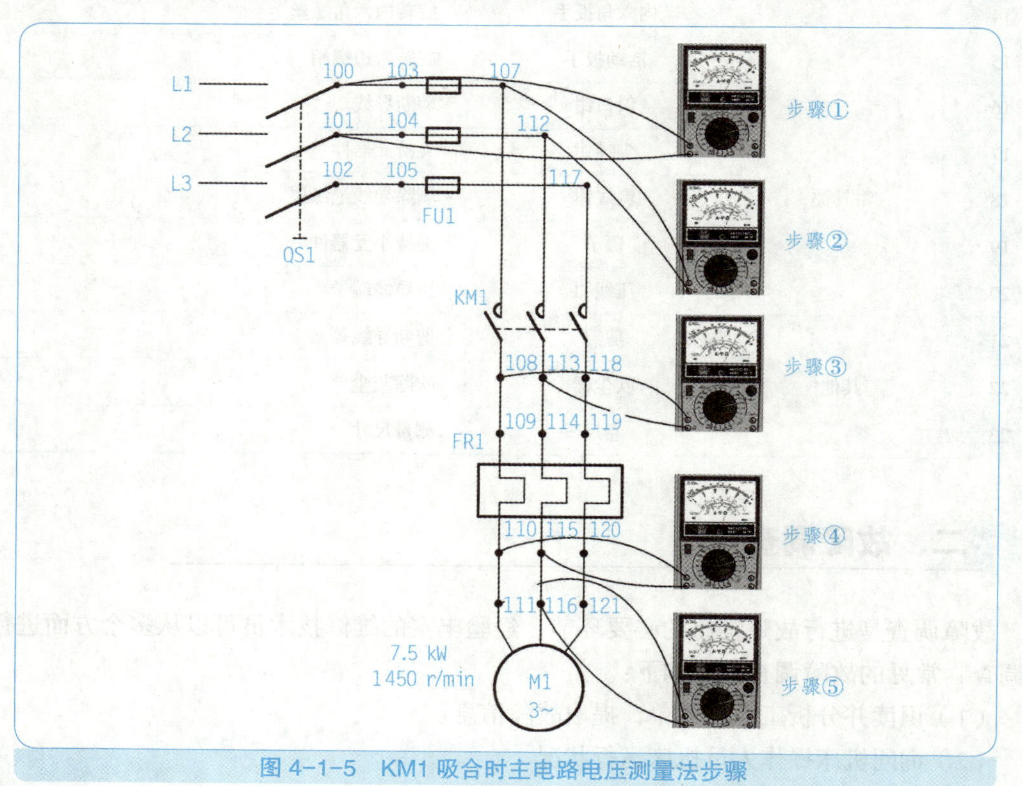


图 4-1-5　KM1 吸合时主电路电压测量法步骤

①

合上断路器 QS1，用万用表 500 V 交流电压挡测断路器的下桩头 100、101、102 号端子两两之间的电压，如果均约为 380 V，则电源电压正常；否则电源电压不正常，此时需检查电源供电设备。

②

如上述步骤测量电压正常，然后用万用表 500 V 交流电压挡测 FU1 熔断器下桩头 107、112、117 号端子两两之间的电压，如果均约为 380 V，则电压正常；否则电压不正常，此时需检查 FU1 熔断器熔芯是否烧断或接触不良。

③

如上述步骤测量电压正常，然后用万用表 500 V 交流电压挡测 KM1 接触器下桩头 108、113、118 号端子两两之间的电压，如果均约为 380 V，则电压正常；否则电压不正常，此时需检查 KM1 接触器主触头是否烧断或接触不良。

④

如上述步骤测量电压正常，然后用万用表 500 V 交流电压挡测 FR1 热继电器下桩头 110、115、120 号端子两两之间的电压，如果均约为 380 V，则电压正常；否则电压不正常，此时需检查 FR1 热继电器主触头是否烧断或接触不良。

⑤

如上述步骤测量电压正常，然后用万用表 500 V 交流电压挡测 M1 电动机进线头 111、116、121 号端子两两之间的电压，如果均约为 380 V，则电压正常；否则电压不正常，此时需检查 FR1 热继电器主触头与 M1 电动机的连接导线是否烧断或接触不良。

⑥

如上述步骤测量电压正常，此时需用万用表电阻挡“$R\times10\ \Omega$”测量 M1 电动机线圈三相绕组的电阻值，如三相绕组电阻值不相等，说明电动机绕组有问题，电动机损坏，需要更换电动机。

根据如上步骤查明损坏原因后，更换相同规格和型号的熔体、断路器、接触器、热继电器、电动机及连接导线，排除故障。

（2）若 KM1 不吸合，可按图 4-1-6 所示步骤测量。

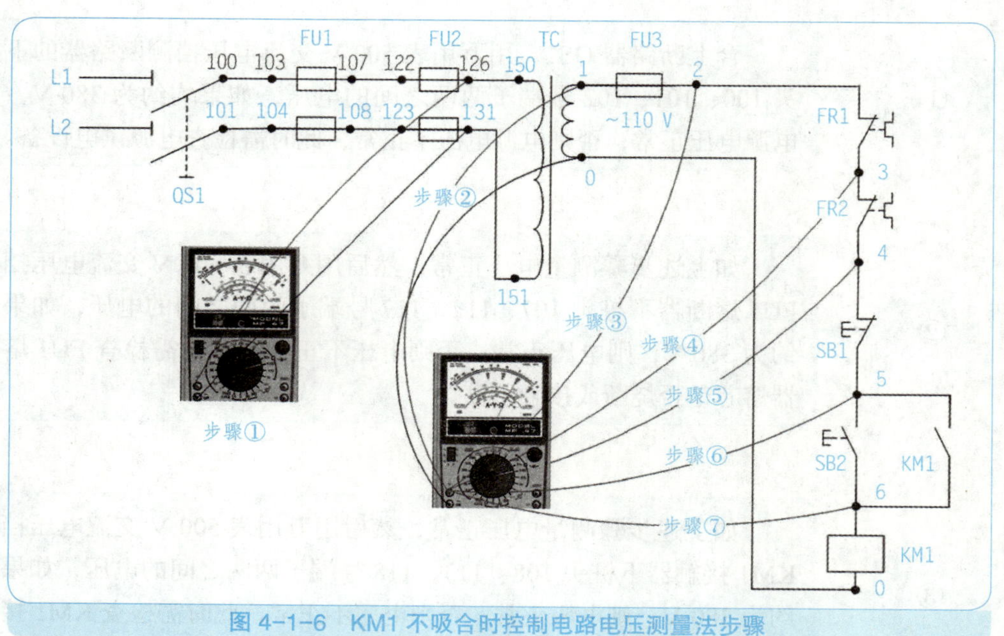


图 4-1-6 KM1 不吸合时控制电路电压测量法步骤

① 先闭合 QS1，然后用万用表 500 V 交流电压挡测量 FU2 下桩头 126、131 号端子两端电压，若约为 380 V，则电压正常；否则电压不正常，此时需检查 FU2 熔断器熔芯是否烧断或接触不良。

② 如上述步骤测量电压正常，然后用万用表 500 V 交流电压挡测 TC 控制变压器出线端 0 号和 1 号端子之间的电压，如果约为 110 V，则电压正常；否则电压不正常，此时需检查 TC 控制变压器连接导线是否烧断或接触不良。

③ 如上述步骤测量电压正常，然后用万用表 250 V 交流电压挡测 FU3 熔断器出线端 0 号和 2 号端子之间的电压，如果约为 110 V，则电压正常；否则电压不正常，此时需检查 FU3 熔断器熔芯是否烧断或接触不良。

④ 如上述步骤测量电压正常，然后用万用表 250 V 交流电压挡测 FR1 热继电器常闭触点 0 号和 3 号端子之间的电压，如果约为 110 V，则电压正常；否则电压不正常，此时需检查 FR1 热继电器常闭触点是否烧断或接触不良。

⑤ 如上述步骤测量电压正常，然后用万用表 250 V 交流电压挡测 FR2 热继电器常闭触点 0 号和 4 号端子之间的电压，如果约为 110 V，则电压正常；否则电压不正常，此时需检查 FR2 热继电器常闭触点是否烧断或接触不良。

⑥ 如上述步骤测量电压正常，然后用万用表 250 V 交流电压挡测 SB1 停止按钮常闭触点 0 号和 5 号端子之间的电压，如果约为 110 V，则电压正常；否则电压不正常，此时需检查 SB1 停止按钮常闭触点是否烧断或接触不良。

⑦ 如上述步骤测量电压正常，然后按住 SB2 起动按钮不放，用万用表 250 V 交流电压挡测 SB2 起动按钮常开触点 0 号和 6 号端子之间的电压，如果约为 110 V，则电压正常；否则电压不正常，此时需检查 SB2 起动按钮常开触点是否烧断或接触不良。

⑧ 如上述步骤测量电压正常，此时需用万用表电阻挡“$R\times10\ \Omega$”测量 KM1 接触器线圈电阻值，如电阻值约为 500 Ω，说明接触器线圈正常；如阻值不正常（0 Ω 为短路，∞为开路），此时 KM1 接触器损坏，需要更换 KM1 接触器。

## 五、故障排除

根据故障测量具体方法和步骤，逐步寻找故障原因，假设该维修任务最终故障原因为 KM1 接触器损坏，此时需要更换 KM1 接触器。

更换 KM1 接触器的步骤如下：

（1）查看损坏接触器的铭牌参数：CJX2-09，$U_1$=110 V。

（2）购买或仓库领取同样型号的接触器。

（3）接触器质量检测：进行线圈电阻检测，主触点、常开常闭触点通断检测。

（4）更换接触器。

（5）通电调试，排除故障。

## 六、维修记录

维修技术员完成维修任务后，需要填写维修记录单，见表 4-1-5。

表 4-1-5　维修记录单

<table>
<tr><td rowspan="6">维修内容</td><td>故障现象</td><td colspan="6">操作人员操作该机床时，按下起动按钮 SB2 主轴无法起动，冷却泵也无法起动，但是快速移动电动机可以正常运行</td></tr>
<tr><td>维修情况</td><td colspan="6">在规定时间内完成维修，维修人员工作认真</td></tr>
<tr><td rowspan="3">元件更换情况</td><td>元件编码</td><td>元件名称及型号</td><td>单位</td><td>数量</td><td>金 额</td><td>备 注</td></tr>
<tr><td>KM1</td><td>交流接触器<br>CJX2-09，$U_1$=110 V</td><td>个</td><td>1</td><td>50 元</td><td rowspan="2">无</td></tr>
<tr><td></td><td></td><td></td><td></td><td></td></tr>
<tr><td>维修结果</td><td colspan="6">故障排除，设备正常运行</td></tr>
</table>

## 任务评价

维修技术员完成本任务后需要客户验收，完成任务验收单和任务评价表，如表 4-1-6、表 4-1-7 所示。

表 4-1-6 任务验收单

| 维修结果 | 故障原因 | 接触器损坏 | 维修人员签字 | 张文涛 |
|---|---|---|---|---|
| | 维修结果 | 正常使用 | 部门领导签字 | 赵健 |
| 验收记录 | 维修人员工作态度是否端正：□ 非常端正 □ 基本端正 □ 不端正<br>本次维修是否已解决问题：□ 已经解决 □ 未能解决<br>是否按时完成：□ 按时完成 □ 超时完成<br>客户评价：□ 非常满意 □ 基本满意 □ 不满意<br>客户意见或建议： | | | |
| | 客户签字 | | 日期 | |

表 4-1-7 任务评价表

| 项目内容 | 配分 | 评分标准 | | 得分 |
|---|---|---|---|---|
| | | 考核内容 | 配分细化 | |
| 知识准备 | 25 分 | （1）机床的型号含义 | 3 分 | |
| | | （2）CA6140 型车床的主要结构 | 6 分 | |
| | | （3）CA6140 型车床的运动形式与控制要求 | 6 分 | |
| | | （4）CA6140 型车床电气原理图分析 | 10 分 | |
| 技能准备 | 15 分 | （1）维修工量具使用 | 5 分 | |
| | | （2）CA6140 车床的基本操作 | 10 分 | |
| 故障调查 | 5 分 | （1）故障调查方法的使用 | 5 分 | |
| 故障分析 | 10 分 | （1）故障分析、排除故障思路正确 | 5 分 | |
| | | （2）能标出最小故障范围 | 5 分 | |
| 故障检测<br>故障排除 | 35 分 | （1）正确使用万用表进行线路检测 | 10 分 | |
| | | （2）确定故障原因 | 10 分 | |
| | | （3）排除故障原因 | 10 分 | |
| | | （4）排除故障后通电试车成功 | 5 分 | |
| 安全规范 | 10 分 | 遵守安全文明生产规程 | 10 分 | |
| 维修时间 | 1 小时，训练不允许超时，每超 5 分钟 | | 扣 5 分 | |
| | 开始时间 | 结束时间 | 得分 | |

## 任务拓展

### CA6140 型车床常见故障整理

（1）故障现象：主轴电动机缺相运行。

现象分析：开机时缺相，按下起动按钮，电动机不起动或运转很慢，并发出“嗡嗡”声。出现缺相运行，应立即切断电源，以免烧毁电动机。

排除方法：故障原因是三相电源中有一相断路，检查断路点，排除故障。

（2）故障现象：主轴电动机起动后不能自锁。

现象分析：按下起动按钮，电动机运转，松开起动按钮，电动机停转。检查接触器 KM1 的常开辅助触点接头是否接触不良或连接导线松脱。

排除方法：合上 QS1，将交流接触器动铁芯手动按下，采用万用表电压“AC 250 V”挡测量 0—5 号线和 0—6 号线的电压，若 0—5 号线电压正常为 110 V，0—6 号线电压正常为 0 V，则可判断故障原因为自锁触头接触不良，连线（5—6 号线）断线或脱落。

（3）故障现象：照明灯不亮。

现象分析：接通照明开关，灯不亮，故障原因可能是照明电路熔丝烧断，灯泡损坏或照明电路出现断路。

排除方法：应首先检查照明变压器接线，排除变压器接线松脱，初、次级线圈断线等故障，更换熔断器或灯泡，便可恢复正常照明。

（4）故障现象：刀架快速移动电动机不能起动。

现象分析：首先检查 FU1、FU2、FU3 熔丝是否熔断，其次检查热继电器 FR1、FR2 常闭触头的接触是否良好。按下 SB3 时，若交流接触器 KM3 不吸合，则故障必定在控制电路中。

排除方法：检查FR1、FR2常闭触头，点动按钮SB3，交流接触器KM3线圈是否断路。

（5）故障现象：主轴电动机运行中停止。

现象分析：热继电器 FR1 动作，动作原因可能是电源电压不平衡或过低、整定值偏小、负载过重、连接导线接触不良等。

排除方法：找出 FR1 动作的原因，排除后使其复位。

## 思考与练习

1．金属切削机床是一种用切削方法加工金属零件的工作机械，它是制造机器的机器，因此又称为__________或__________。

2．CA6140 表示机床的最大加工直径为__________mm。

3．CA6140 型车床主要组成部件有：__________、进给箱、溜板箱、__________、尾架、光杠、丝杠、床身、床脚和冷却装置。

4．写出 CA6140 型车床冷却泵电动机不能正常工作的故障排除方法和思路。

5．写出 CA6140 型车床刀架快速移动电动机不能正常工作的故障排除方法和思路。

# 任务二 调试与检修 M7130 型平面磨床电气控制电路

## 任务描述

磨床是一种利用磨具研磨工件之多余量，以获得所需之形状、尺寸及精密加工面的工具机。大多数的磨床是使用高速旋转的砂轮进行磨削加工，少数的是使用油石、砂带等其他磨具和游离磨料进行加工，如超精加工机床、研磨机和抛光机等。磨床能加工硬度较高的材料，如硬质合金等；也能加工脆性材料，如玻璃、花岗石。磨床能作高精度和表面粗糙度很小的磨削，也能进行高效率的磨削，如强力磨削等。磨削加工应用较为广泛，是机器零件精密加工的主要方法之一。

某职业学校机电工程系有十台 M7130 型平面磨床作为学生磨床操作实训，现有一台 M7130 型平面磨床出现故障无法正常使用，需要机床维修技术员进行设备维修，为了不影响学生正常实训，该学校机电工程系实训管理员希望维修人员能在一天时间内将机床维修完工。该学校将机床维修的任务全部外包给 ×× 机床设备公司，该公司接到维修工作任务后迅速委派售后维修技术员进行维修。维修工作任务单见表 4-2-1。

表 4-2-1 维修工作任务单

流水号：201412300001　　　　日期：2014 年 12 月 30 日

| | | | | | | |
|---|---|---|---|---|---|---|
| 报修记录 | 报修单位 | ×××× 职业技术学校 | 报修部门 | 机电工程系 | 联系人 | 李四 |
| | 单位地址 | ×××× 市 ×××× 区 ×××× 路 108 号 | | | 联系电话 | 1387519×××× |
| | 故障设备名称型号 | M7130 型平面磨床 | | 设备编号 | 008 | |
| | 报修时间 | 2014 年 12 月 30 日 | | 希望完工时间 | 2014 年 12 月 31 日 | |
| | 故障现象描述 | 该机床无法正常工作，冷却泵电动机、砂轮电动机均无法起动，电磁吸盘和砂轮升降电动机可以正常运行 | | | | |
| | 维修单位 | ×× 机床设备公司 | | 维修部门 | 售后维修部 | |
| | 接单人 | 王明 | | 联系电话 | 1357412×××× | |
| | 接单时间 | 2014 年 12 月 30 日 | | 完工时间 | 2014 年 12 月 31 日 | |

## 任务目标

（1）了解 M7130 型平面磨床的基本结构、主要运动形式及控制要求。

（2）正确识读 M7130 型平面磨床电气控制原理图，并分析其工作原理。

（3）正确选择和使用常用电工工具和检测仪表进行线路故障检测。
（4）根据故障现象现场分析、判断并排除 M7130 型平面磨床的电气故障。
（5）在要求的时间内检修完 M7130 型平面磨床的电气故障，并填写维修数据。

知识准备

## 一、M7130 型平面磨床基本概述

### 1. 磨床的定义和用途

磨床是一种利用磨具研磨工件之多余量，以获得所需之形状、尺寸及精密加工面的工具机。大多数的磨床是使用高速旋转的砂轮进行磨削加工，少数的是使用油石、砂带等其他磨具和游离磨料进行加工。磨床能加工硬度较高的材料，也能加工脆性材料。磨床能作高精度和表面粗糙度很小的磨削，也能进行高效率的磨削。磨削加工应用较为广泛，是机器零件精密加工的主要方法之一。

### 2. 磨床的分类

随着高精度、高硬度机械零件数量的增加，以及精密铸造和精密锻造工艺的发展，磨床的性能、品种和产量都在不断的提高和增长。根据磨床的功能和作用，常见的磨床分类如下：

（1）外圆磨床：是普通型的基型系列，主要用于磨削圆柱形和圆锥形外表面的磨床。
（2）内圆磨床：是普通型的基型系列，主要用于磨削圆柱形和圆锥形内表面的磨床。
（3）坐标磨床：具有精密坐标定位装置的内圆磨床。
（4）无心磨床：工件采用无心夹持，一般支承在导轮和托架之间，由导轮驱动工件旋转，主要用于磨削圆柱形表面的磨床，例如轴承轴支等。
（5）平面磨床：主要用于磨削工件平面的磨床。

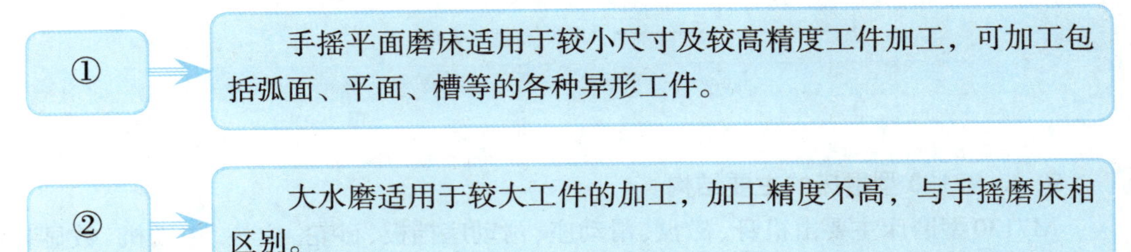

①
手摇平面磨床适用于较小尺寸及较高精度工件加工，可加工包括弧面、平面、槽等的各种异形工件。
②
大水磨适用于较大工件的加工，加工精度不高，与手摇磨床相区别。


典型磨床实物图如图 4-2-1 所示。

### 3. M7130 型磨床的型号含义

根据 GB/T 15375—1994《金属切削机床型号编制方法》规定，M7130 型磨床的型号含义如图 4-2-2 所示。

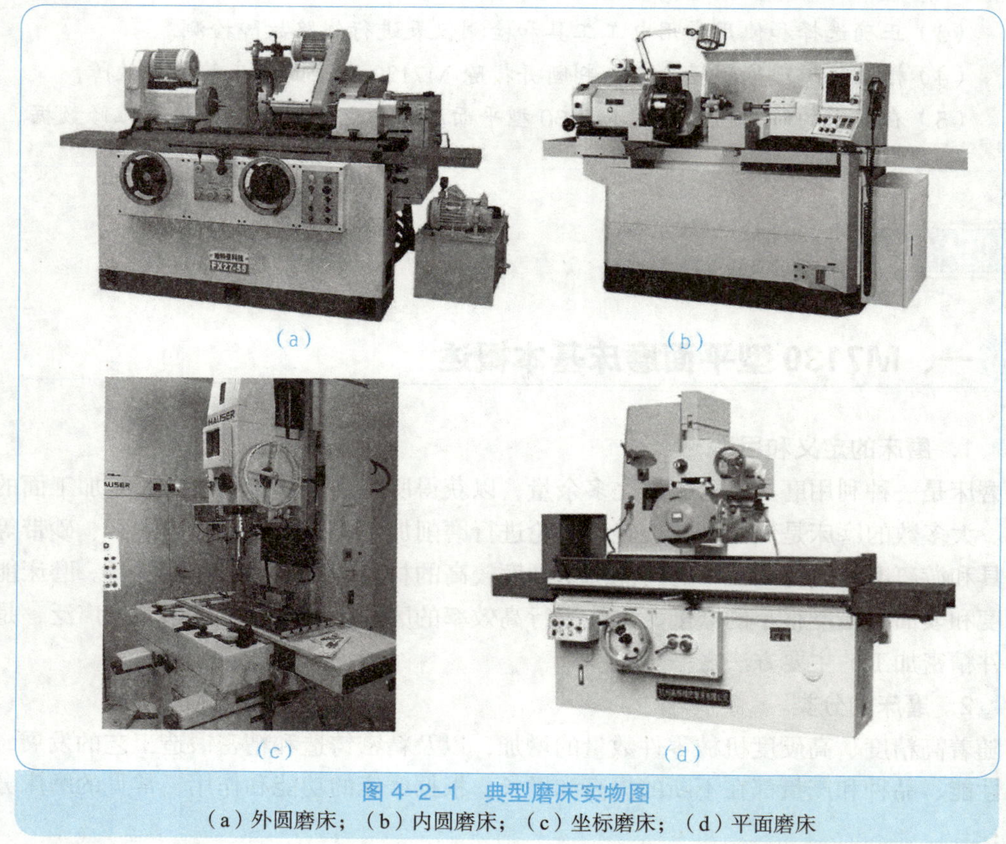


图 4-2-1 典型磨床实物图

（a）外圆磨床；（b）内圆磨床；（c）坐标磨床；（d）平面磨床

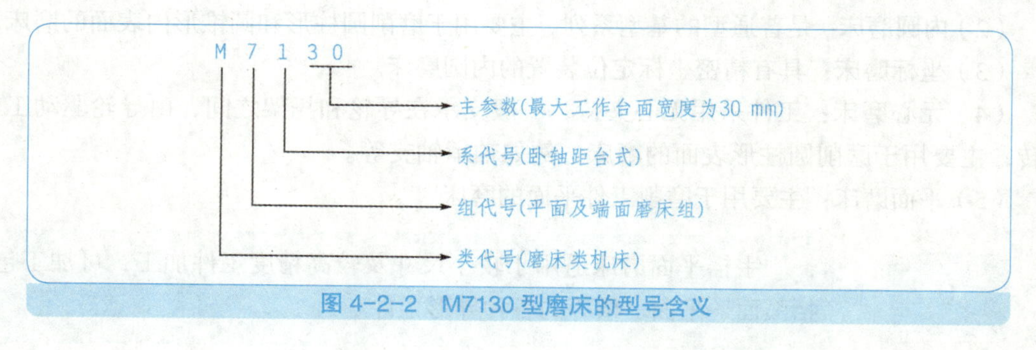


图 4-2-2 M7130 型磨床的型号含义

### 4. M7130 型磨床的主要结构

M7130 型磨床主要由机身、磁盘、滑动座、滑动座挡板、砂轮、立柱、电动机、数显装置、供水系统等组成。其结构如图 4-2-3 所示。

（1）机身。机身是支承整台机器、机械部分运动的平台，是机床的重要组成部分，平面磨床除了供水系统不是安装在机身上之外，其余的所有组件都是安装在机身上，机身的大小、重量将直接影响整台机器的平稳性，这对平面磨床来讲是至关重要的。

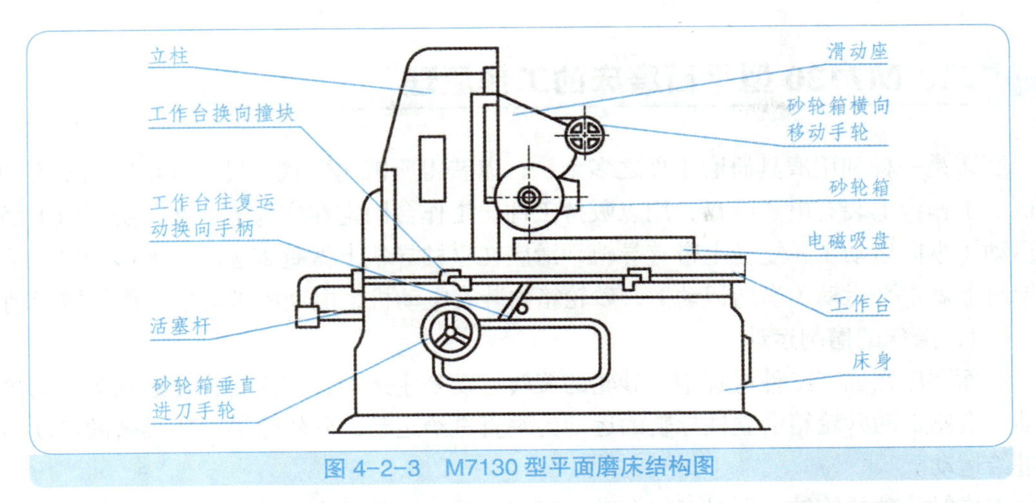


图 4-2-3　M7130 型平面磨床结构图

（2）电磁吸盘。电磁吸盘是平面磨床的主要部件，因为磨床的加工对象主要为钢材，利用电磁吸盘磁性吸铁的特性，就可以把工件紧紧固定在磁盘上，不用再进行其他复杂的装夹，从而可大大提高工件的装夹速度，电磁吸盘是磨床必须配置的主要部件。

（3）滑动座。滑动座是能够让工件做水平往复运动的平台，也是对工件进行磨削的动力，它能否运动平稳和顺畅，将直接影响加工表面的质量、平面度、直线度和尺寸控制的精度等。滑动座作为水平往复运动的动力有两种，一种是手动，是通过人力摇动手柄来带动滑动座运动的，通常在小平面磨床上使用；另一种是机动，是通过机械动力来带动的，可以做自动往复运动和自动纵向进给运动，通常在大平面磨床上使用。

（4）滑动座挡板。滑动座挡板是与滑动座连在一起的，严格上讲它是滑动座的一个结构部位，不是一个部件，它的作用是，当工件因为在磨削力太大超过磁盘吸力而飞出时挡住工件，不让工件飞出伤人或其他周边设备。

（5）砂轮。砂轮是磨床进行磨削加工的磨具，相当于铣床上的刀具，它是磨床上的主要部件之一，它的大小、磨粒尺寸，将直接影响加工工件的表面质量、平面度、直线度和尺寸的精度，所以对砂轮的选择是一项非常重要的任务。

（6）立柱。立柱是用来调节砂轮高、低、上、下运动的支架，也是砂轮座运动的轨道。

（7）砂轮电动机。砂轮电动机提供砂轮运转的动力，在加工时它是跟砂轮同步升降的。

（8）数显装置。数显装置是进行磨床加工时尺寸精度的保证，数显装置的现实精度为小数点后第三位，即显示微米级，可以同时现实 $X$、$Y$、$Z$ 三轴的坐标尺，可以进行归零位、分中、$R$ 角计算、斜度计算等，在进行复杂直纹面加工时，它是必备组件，没有它平面磨床的加工精度将受损。

（9）供水系统。在进行磨削加工时，因为砂轮高速磨掉钢材时会产生很高的温度，当一件工件磨削完成时，有时烫得让你不敢去碰，这样会使工件变形，影响工件的精度。再者，在加工时灰尘很大，影响了加工的环境，伤害了周边的设备，也损害了操作员的身体健康。所以要进行水磨，就是一边加水，一边磨削，让灰尘被水冲跑而无法飞扬，解决了上述所讲的各项缺点，所以它也是平面磨床必备的组件之一。

## 二、M7130型平面磨床的工作原理

磨床是一种利用磨具研磨工件之多余量，以获得所需之形状、尺寸及精密加工面的工具机。工作台上装有电磁吸盘，用以吸持工件。工作台固定在床身上，在床身导轨上做往复运动（纵向运动），立柱上带有导轨，滑座在立柱导轨上做垂直运动；而砂轮箱在滑座的导轨上做水平运动（横向运动），砂轮箱内装有电动机，电动机带动砂轮作旋转运动。

### 1. 磨床的磨削运动

平面磨床在加工工件过程中，砂轮的旋转运动是主运动，工作台往复运动为纵向进给运动，滑座带动砂轮箱沿立柱导轨的运动为垂直进给运动，砂轮箱沿滑座导轨的运动为横向进给运动。

工作时，砂轮旋转，同时工作台带动工件右移，工件被磨削；然后工作台带动工件快速左移，砂轮向前做进给运动，工作台再次右移，工件上新的部位被磨削。这样不断重复，直至整个待加工平面都被磨削。矩形工作台平面磨床工作图如图 4-2-4 所示。

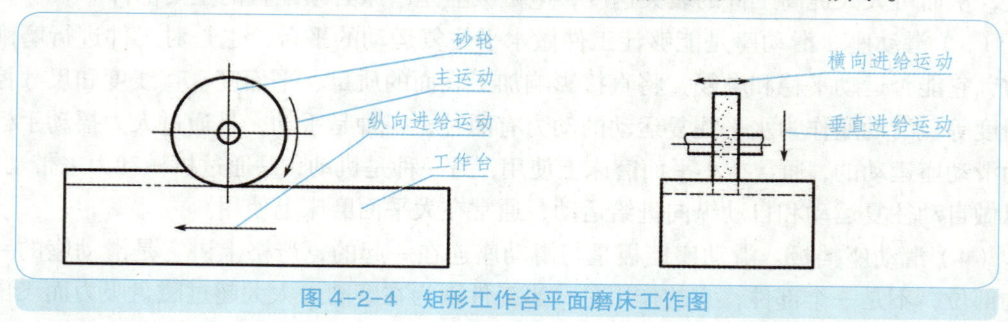


图 4-2-4 矩形工作台平面磨床工作图

### 2. 电磁吸盘的构造与原理

电磁吸盘是用来固定加工工件的一种夹具。它与机械夹具比较，具有夹紧迅速、操作快速简便、不损伤工件、一次能吸牢多个小工件，以及磨削中工件发热可自由伸缩、不会变形等优点。不足之处是只能吸住铁磁材料的工件，不能吸牢非磁性材料（如铝、铜等）的工件。电磁吸盘的构造原理，如图 4-2-5 所示。

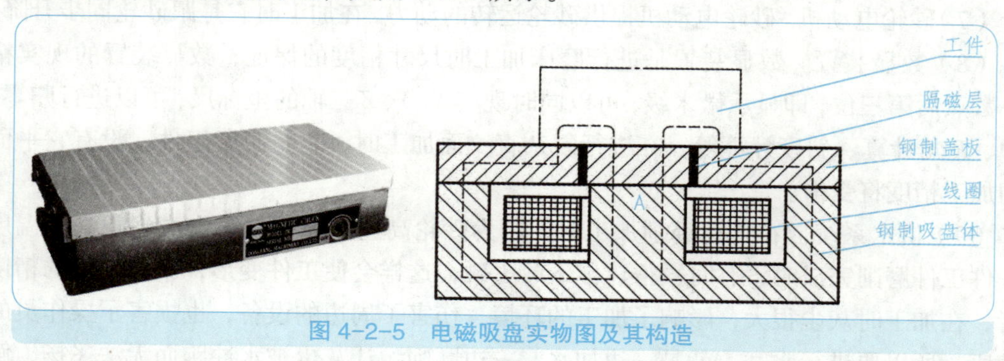


图 4-2-5 电磁吸盘实物图及其构造

电磁吸盘线圈通以直流电，使芯体被磁化，将工件牢牢吸住。在钢制吸盘体的中部凸起的芯体 A 上绕有线圈，钢制盖板被隔磁层隔开。在线圈中通入直流电流，芯体磁化，

磁通经由盖板、工件、盖板、吸盘体、芯体 A 形成闭合回路，将工件牢牢吸住。盖板中的隔磁层由铅、钢、黄铜及巴氏合金等非磁性材料制成，其作用是使磁力线都通过工件再回到吸盘体，不致直接通过盖板闭合，以增强对工件的吸持力。

## 三、M7130 型磨床的运动形式与控制要求

M7130 型磨床主运动和进给运动如图 4-2-6 所示，其运动形式与控制要求如表 4-2-2 所示。

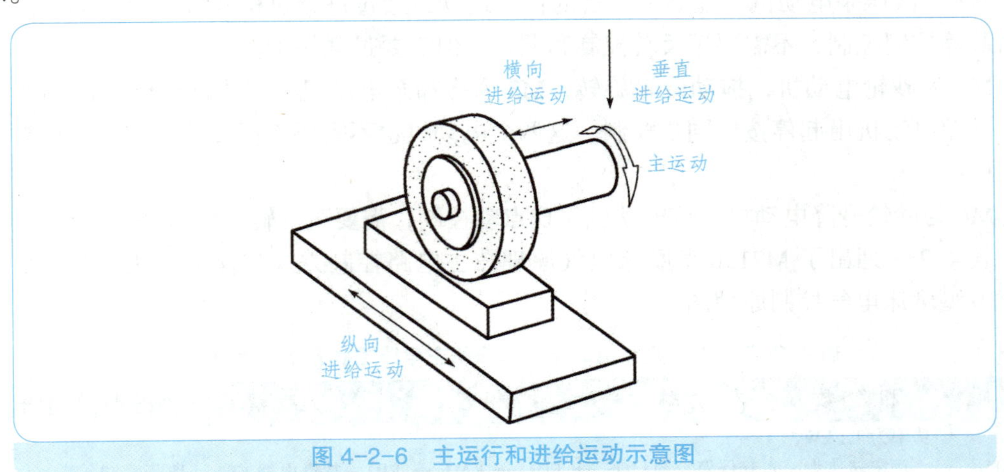


图 4-2-6　主运行和进给运动示意图

表 4-2-2　M7130 型磨床的运动形式与控制要求

| 运动种类 | 运动形式 | 控制要求 |
| --- | --- | --- |
| 主运动 | 砂轮的高速旋转 | （1）为保证磨削加工质量，要求砂轮有较高的转速，通常采用两极笼型异步电动机拖动；<br>（2）为提高主轴的刚度，简化机械结构，采用装入式电动机，将砂轮直接装到电动机轴上 |
| 进给运动 | 工作台的往复运动（纵向进给） | （1）液压传动，因液压传动换向平稳，易于实现无级调速，液压泵电动机拖动液压泵，工作台在液压作用下做纵向运动；<br>（2）由装在工作台前侧的换向挡铁碰撞床身上的液压换向开关 |
| | 砂轮架的横向（前后）进给 | （1）在磨削的过程中，工作台换向一次，砂轮架就横向进给一次；<br>（2）在修正砂轮或调整砂轮的前后位置时，可连续横向移动；<br>（3）砂轮架的横向进给运动可由液压传动，也可用手轮来操作 |
| | 砂轮架的升降运动（垂直进给） | 滑座沿立柱的导轨垂直上下移动，以调整砂轮架的上下位置，或使砂轮磨入工件，以控制磨削平面时工件的尺寸 |
| 辅助运动 | 工件的夹紧 | （1）工件可以用螺钉和压板直接固定在工作台上；<br>（2）在工作台上也可以装电磁吸盘，将工件吸附在电磁吸盘上。此时要有充磁和退磁控制环节。为保证安全，电磁吸盘与三台电动机 M1、M2、M3 之间有电气联锁装置，即电磁吸盘吸合后三台电动机方可起动 |
| | 工作台的快速移动 | 工作台能在纵向、横向和垂直三个方向快速移动，由液压传动机构实现 |
| | 工件冷却 | 冷却泵电动机 M2 拖动冷却泵旋转供给冷却液；要求砂轮电动机 M1 和冷却泵电动机 M2 实现顺序控制 |

## 四、M7130 型磨床电气原理图分析

### 1. M7130 型磨床主电路分析

M7130 型磨床主电路由四台电动机（M1、M2、M3、M4）、四个接触器主触点（KM1、KM2、KM3、KM4）、三个热继电器（FR1、FR2、FR3）、一个熔断器（FU1）、转换开关 QS 和若干导线组成，其中四台电动机功能如下：

M1 为液压泵电动机，拖动工作台的往复运动，通过进给机构实现进给运动，该电动机由起停按钮控制，不需要正反转控制和调速，但需要过载保护。

M2 为砂轮电动机，拖动砂轮旋转，M3 为冷却泵电动机，提供冷却液。冷却泵电动机和砂轮电动机由起停按钮同步控制，这两个电动机也不需要正反转和调速，但均需要过载保护。

M4 为砂轮升降电动机，该电动机实现点动控制，需要正反转，但不需要过载保护。

表 4-2-3 列出了 M7130 型磨床电气原理图主电路控制方式与保护方法，图 4-2-7 为 M7130 型磨床电气控制原理图。

表 4-2-3　M7130 型磨床电气原理图主电路控制方式与保护方法

| 被控对象 | 相关参数 | 控制方式 | 控制电器 | 过载保护 | 短路保护 | 接地保护 |
| --- | --- | --- | --- | --- | --- | --- |
| M1 | 功率为 1.1 kW，额定转速为 1 410 r/min | 起保停控制 | QS → FU1 → KM1 → FR1 | 热继电器 FR1 | 熔断器 FU1 | 有 |
| M2 | 功率为 3 kW，额定转速为 2 360 r/min | 起保停控制 | QS → FU1 → KM2 → FR2 | 热继电器 FR2 | 熔断器 FU1 | 有 |
| M3 | 功率为 120 W，额定转速为 1 450 r/min | 起保停控制 | QS → FU1 → KM2 → FR2 | 热继电器 FR2 | 熔断器 FU1 | 有 |
| M3 | 功率为 750 W，额定转速为 1 410 r/min | 点动控制 | QS1 → FU1 → KM3 / KM4 | 无 | 熔断器 FU1 | 有 |

### 2. M7130 型磨床控制电路分析

M7130 型磨床控制电路由控制变压器 TC、三个熔断器、六个接触器线圈、整流器、电压继电器控制回路等组成。整流器可以将交流电整流成直流电，用于电磁吸盘的充磁和去磁。

首先闭合 QS，系统上电后，电压继电器 KV 得电工作，其常开触点闭合，允许液压泵电动机和砂轮电动机工作。

（1）液压泵电动机的控制分析。

启动控制：按下 SB3 → KM1 线圈自锁得电→ KM1 主触点闭合→ M1 得电运行；

停机控制：按下 SB2 → KM1 线圈失电→ KM1 主触点断开→ M1 失电停止运行。

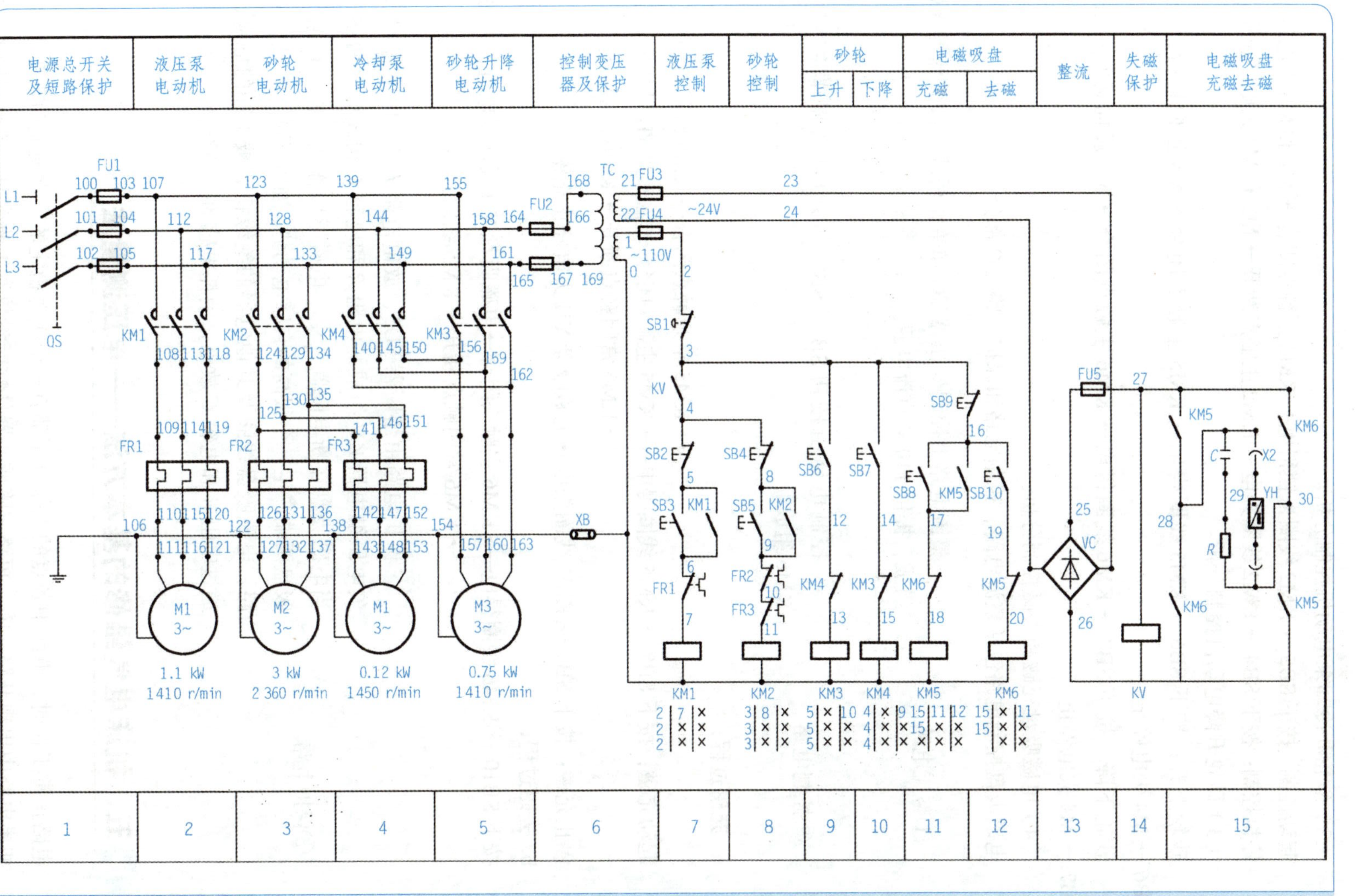


图 4-2-7　M7130型磨床电气控制原理图

（2）砂轮和冷却泵电动机控制分析。

起动控制：按下 SB5 → KM2 线圈自锁得电 → KM2 主触点闭合 → M2 和 M3 得电运行；

停机控制：按下 SB4 → KM2 线圈失电 → KM2 主触点断开 → M2 和 M3 失电停止运行。

（3）砂轮升降电动机控制分析。

砂轮上升：按下 SB6 → KM5 线圈得电 → KM5 主触点闭合 → M4 正向运行；松开 SB6 → M4 失电停止。

砂轮下降：按下 SB7 → KM6 线圈得电 → KM6 主触点闭合 → M4 反向运行；松开 SB7 → M4 失电停止。

（4）电磁吸盘充磁和去磁控制分析。

电磁吸盘控制电路包括整流电路、控制电路和保护电路三个部分。

①整流电路。 → 整流电路由控制变压器 TC 和单相桥式全波整流器 VC 组成，提供 110 V 直流电源。

②控制电路。 → 控制电路由按钮 SB8、SB9、SB10 和接触器 KM5、KM6 组成。

a. 充磁过程：

起动充磁：按下 SB8 → KM5 线圈得电 →
- KM5 常开触点闭合 → KM5 线圈自锁
- KM5 主触头闭合 → 电磁吸盘 YH 得电进行充磁
- KM5 常闭触点断开 → KM6 线圈互锁

停止充磁：按下 SB9 → KM5 线圈失电 → 电磁吸盘 YH 失电停止充磁

b. 去磁过程：

按下 SB10 → KM6 线圈得电 →
- KM6 主触头闭合 → 电磁吸盘 YH 反向得电进行去磁
- KM6 常闭触点断开 → KM5 线圈互锁

③保护电路。 → 保护电路由熔断器 FU5、放电电阻 *R*、充电电容 *C* 及欠电压继电器 KV 组成。电阻 *R* 和电容 *C* 构成放电回路，当电磁吸盘在断电瞬间，由于电磁感应作用，将会在电磁吸盘两端产生一个很高的自感电动势，如果没有 *RC* 放电电路，电磁吸盘线圈及其他电器的绝缘将有被击穿的危险，通过电阻 *R* 和电容 *C* 放电，消耗电感的磁场能量。

## 五、机床电气维修的基本方法——电压测量法

电路正常工作时，电路中各点的工作电压都有一个相对稳定的正常值或动态变化的范围。如果电路中出现开路故障、短路故障或元器件性能参数发生改变时，该电路中的工作

电压也会跟着发生改变。所以电压测量法就能通过检测电路中某些关键点的工作电压有或者没有、偏大或偏小、动态变化是否正常，然后根据不同的故障现象，结合电路的工作原理进行分析，找出故障的原因。

### 1. 万用表电压测量法的基本方法

常见的电压测量法有：电压分阶测量法、电压分段测量法和电压二分测量法，如图4-2-8所示。

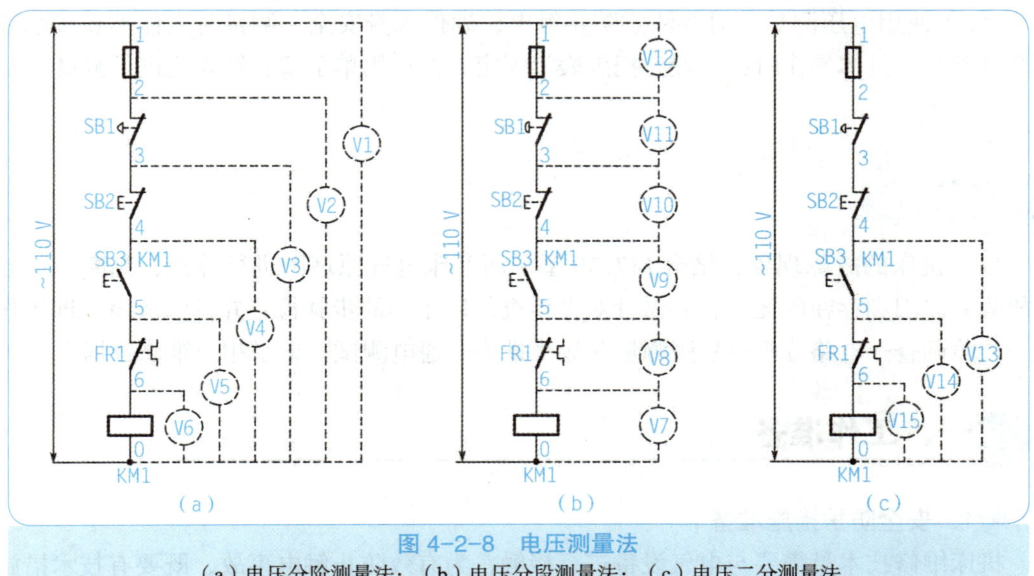


图 4-2-8　电压测量法

（a）电压分阶测量法；（b）电压分段测量法；（c）电压二分测量法

（1）电压分阶测量法。所谓电压分阶测量法是指将万用表一表棒（如黑表棒）不动，另一表棒（如红表棒）根据电路回路节点逐阶靠近固定不动的那个表棒进行电压测量，并根据测量数据进行故障分析和判断。如图 4-2-8（a）所示，按住 SB1 按钮不放，依次顺序测量电压 $U_1 \to U_2 \to U_3 \to U_4 \to U_5 \to U_6$，如测量结果为 $U_2$ 电压为 110 V，$U_3$ 电压为 0 V，则可判断 SB2 常闭按钮故障或 3、4 号线接线端子有开路，然后进行故障排除。

（2）电压分段测量法。所谓电压分段测量法是指根据电路回路中的电气元件，将万用表两表棒依次对每段电气元件进行电压测量，并根据测量数据进行故障分析和判断。如图 4-2-8（b）所示，按住 SB1 按钮不放，依次顺序测量电压 $U_7 \to U_8 \to U_9 \to U_{10} \to U_{11} \to U_{12}$，如测量结果为 $U_{11}$ 电压为 110 V，其他电压值均为 0 V，则可判断 SB1 急停按钮故障或 2、3 号线接线端子有开路，然后进行故障排除。

（3）电压二分测量法。所谓电压二分测量法是指将电路回路一分为二找到一个节点进行测量，如测量有电压值则可判断另一半电路是完好的，故障在被测电路范围内；如测量无电压值则可判断另一半电路有故障，被测电路完好；然后继续将故障电路一分为二进行测量，如上方法进行测量和判断，直到找出故障点。如图 4-2-8（c）所示，按住 SB1 按钮不放，依次顺序测量电压 $U_{13} \to U_{14} \to U_{15}$，如测量结果为 $U_{13}$、$U_{14}$ 电压均为 110 V，$U_{15}$ 电压值为 0 V，则可判断 FR1 热继电器常闭触点故障或 5、6 号线接线端子有开路，然后进行故障排除。

### 2. 电压测量法的注意事项

（1）使用电压测量法检测电路时。必须先了解被测电路的情况、被测电压的种类、被测电压的高低范围，然后根据实际情况合理选择测量设备（例如万用表）的挡位，以防止烧毁测试仪表。

（2）测量前必须分清被测电压是交流还是直流电压，确保万用表红表笔接电位高的测试点，黑表笔接电位低的测试点，防止因指针反向偏转而损坏电表。

（3）使用电压测量法时要注意防止触电，确保人身安全。测量时人体不要接触表笔的金属部分。具体操作时，一般先把黑表笔固定，然后用单手拿着红表笔进行测量。

## 任务实施

根据机床的故障现象，结合 M7130 型平面磨床电气原理图进行分析，判断出可能产生故障的原因和存在的区域，并做针对性检查，以正确的步骤检查并排除故障，即工作准备→故障调查→电路分析→故障测量→故障排除→通电测试，记录相应维修数据。

## 一、工作准备

### 1. 安全防护措施准备

机床维修技术员需要与电气设备进行接触，为有效防止触电事故，既要有技术措施又要有组织管理措施，并制订正确合理的维修工作计划和工作方案。

### 2. 维修工具与仪表准备

在进行机床电气维修时，需要准备表 4-1-4 所示工量具，并能够正确使用。

## 二、故障调查

故障调查是进行故障维修的必要环节，经验丰富的维修技术员可以从多个方面进行故障调查，常见的故障调查方法如下：

（1）识读并分析工作任务单，提取故障信息。

（2）询问机床操作人员机床运行状况。

（3）操作与观察机床，了解故障现象。

（4）使用工具和仪表进行线路故障测量。

## 三、电路分析

根据工作任务单中的故障现象描述，进行故障原因分析。

故障现象：该机床无法正常工作，冷却泵电动机、砂轮电动机均无法起动，电磁吸盘和砂轮升降电动机可以正常运行。

分析过程：首先判断故障是在主电路还是在控制回路上。将冷却泵电动机和砂轮电动机电源线拆下，合上电源开关，按下启动按钮 SB5 后：

（1）若 KM2 吸合，则故障在主回路。应依次检查主回路熔断器是否熔断；检查断路器是否接触不良；检查 KM2 触点接触是否良好；检查热继电器热元件是否熔断及电动机 M2、M3 及其连线是否断开；最后检查电动机机械部分。排除故障后便可重新起动。

（2）若 KM2 不吸合，则故障在控制回路，应逐一检查控制回路的各电器接线是否良好或接触不良。

## 四、故障测量

根据电路分析和故障现象，KM2 不吸合，可以判定该机床的故障是在液压泵电动机和砂轮电动机的控制电路，利用电压二分测量法可按下列步骤进行线路测量，如图 4-2-9 所示。

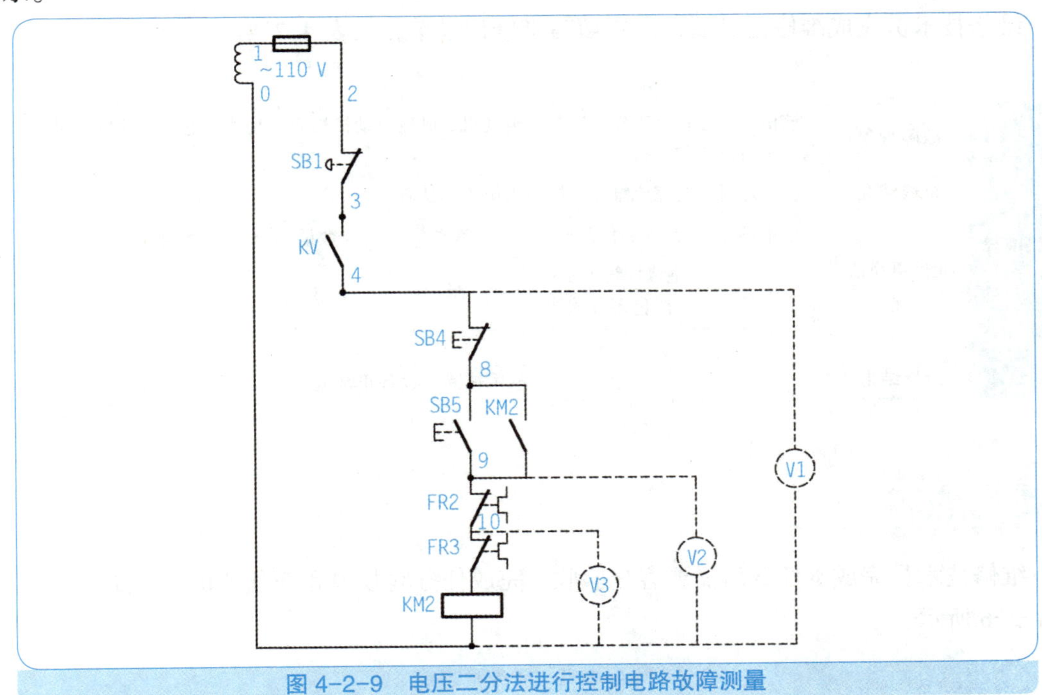


图 4-2-9　电压二分法进行控制电路故障测量

（1）先闭合 QS，KV 欠电压继电器自动得电，KV 常开触点吸合。

（2）将万用表选择合适的量程：交流电压在 250 V 挡位。

（3）利用电压二分测量法选择 0—4 节点进行电压测量，如电压测量值为 110 V，则可判断 1—4 号电路正常。

（4）利用电压二分测量法选择 0—9 节点进行电压测量，按住 SB5 不放，如电压测量值为 110 V，则可判断 4—9 号电路正常。

（5）利用电压二分测量法选择 0—10 节点进行电压测量，按住 SB5 不放，如电压测量值为 0 V，则可判断 FR2 热继电器常闭触点 9、10 号接线端子有开路。

## 五、故障排除

根据故障测量具体方法和步骤，逐步寻找故障原因，假设该维修任务最终故障原因为 FR2 热继电器常闭触点 10 号线接线端子烧断开路，此时需要更换导线重新连接。

更换 FR2 导线的步骤如下：

（1）查看烧毁导线的线径、导线种类和线号：1 mm 黑色多股软芯线，线号为 10 号线。

（2）拆除原来损毁导线，按照规范套好线号，做好 U 形端子头，然后进行导线安装。

（3）通电调试，排除故障。

## 六、维修记录

维修技术员完成维修任务后，需要填写维修记录单，见表 4-2-4。

表 4-2-4 维修记录单

| 维修内容 | 故障现象 | 该机床无法正常工作，冷却泵电动机、砂轮电动机均无法起动，电磁吸盘和砂轮升降电动机可以正常运行 | | | | | |
|---|---|---|---|---|---|---|---|
| | 维修情况 | 在规定时间内完成维修，维修人员工作认真 | | | | | |
| | 元件更换情况 | 元件编码 | 元件名称及型号 | 单位 | 数量 | 金 额 | 备 注 |
| | | 导线 | 绝缘导线 1 mm，黑色多股软线 | 米 | 3 | 10 元 | 无 |
| | | | | | | | |
| | 维修结果 | 故障排除，设备正常运行 | | | | | |

### 任务评价

维修技术员完成本任务后需要客户验收，完成任务验收单和任务评价表，如表 4-2-5、表 4-2-6 所示。

表 4-2-5 任务验收单

| 维修结果 | 故障原因 | FR2 热继电器导线开路 | 维修人员签字 | 张文涛 |
|---|---|---|---|---|
| | 维修结果 | 正常使用 | 部门领导签字 | 赵健 |
| 验收记录 | 维修人员工作态度是否端正：☐ 非常端正 ☐ 基本端正 ☐ 不端正<br>本次维修是否已解决问题：☐ 已经解决 ☐ 未能解决<br>是否按时完成：☐ 按时完成 ☐ 超时完成<br>客户评价：☐ 非常满意 ☐ 基本满意 ☐ 不满意<br>客户意见或建议：________ | | | |
| | 客户签字 | | 日 期 | |

表 4-2-6　任务评价表

| 项目内容 | 配分 | 评分标准 | | | 得分 |
|---|---|---|---|---|---|
| | | 考核内容 | | 配分细化 | |
| 知识准备 | 25 分 | （1）机床型号的含义 | | 3 分 | |
| | | （2）M7130 型磨床的主要结构 | | 6 分 | |
| | | （3）M7130 型磨床的运动形式与控制要求 | | 6 分 | |
| | | （4）M7130 型磨床电气原理图分析 | | 10 分 | |
| 技能准备 | 15 分 | （1）维修工量具使用 | | 5 分 | |
| | | （2）M7130 磨床的基本操作 | | 10 分 | |
| 故障调查 | 5 分 | （1）故障调查方法的使用 | | 5 分 | |
| 故障分析 | 10 分 | （1）故障分析、排除故障思路正确 | | 5 分 | |
| | | （2）能标出最小故障范围 | | 5 分 | |
| 故障检测<br>故障排除 | 35 分 | （1）正确使用万用表进行线路检测 | | 10 分 | |
| | | （2）确定故障原因 | | 10 分 | |
| | | （3）排除故障原因 | | 10 分 | |
| | | （4）排除故障后通电试车成功 | | 5 分 | |
| 安全规范 | 10 分 | 遵守安全文明生产规程 | | 10 分 | |
| 维修时间 | 1 小时，训练不允许超时，每超 5 分钟 | | | 扣 5 分 | |
| | 开始时间 | | 结束时间 | 得分 | |

## 任务拓展

### M7130 型磨床常见故障整理

（1）三台电动机不能起动维修过程。

故障现象一：U12、V12、W12 三相交流电源故障。用万用表测量 103、104、105 号线两两之间的电压是否为 380 V，若不是则用数字式万用表测量电源开关 QS 出线端 100、101、102 号线两两之间的电压是否是 380 V，如果是，则说明熔断器 FU1 熔芯损坏。

处理方法：查看熔芯型号，尤其是额定电流，更换型号相同的熔芯。

故障现象二：控制变压器输入端 168—169 电源电压不是 380 V。用数字式万用表分别测量 168 和 169 接线端电压是否是 380 V，如果不是 380 V，则说明熔断器 FU1 熔芯损坏。

处理方法：查看熔芯型号，尤其是额定电流，更换型号相同的熔芯。

故障现象三：闭合 QS，欠电压继电器常开触点 KV（3—4）未导通。检查欠电压继电器常开触点 KV（3—4）端子是否开路，如正常然后用万用表测量欠电压继电器 KV 线圈两端（26—27）电压是否正常，如电压正常，可说明欠电压继电器故障。

处理方法：更换欠电压继电器 KV。

故障现象四：电阻器 FR1 和 FR2 触头接触不良。用万用表分别测量 FR1 和 FR2 的触头，若电阻变大，则说明接触不良，需重新连接。

处理方法：重新连接牢固。

（2）电磁吸盘无吸力故障的维修过程。

故障现象一：TC 一次侧电压不是 24 V。用万用表测量 TC 输出端电压是否是 24 V。若不是说明是 TC 损坏或是熔断器 FU2 损坏，再用万用表测量熔断器 FU2 两端是否有电阻；若有说明 TC 损坏，若无说明 FU2 损坏。

处理方法：更换变压器 TC 或更换熔断器 FU2。

故障现象二：输出 25、26 两端电压不是 24 V。用数字式万用表分别测量整流器 25、26 输出端电压是否是 24 V。若不是，则说明熔断器 FU5 或硅整流器 VC 故障。用万用表测 FU5 电阻，若正常，说明硅整流器损坏；若不正常说明熔断器 FU5 损坏，或两者皆损坏。

处理方法：更换熔断器 FU5 或硅整流器 VC。

故障现象三：闭合 QS，欠电压继电器常开触点 KV（3—4）未导通。检查欠电压继电器常开触点 KV（3—4）端子是否开路，如正常然后用万用表测量欠电压继电器 KV 线圈两端（26—27）电压是否正常，如电压正常，可说明欠电压继电器故障。

处理方法：更换欠电压继电器 KV。

故障现象四：电磁吸盘接插器 X2 接触不良。用数字式万用表测量接插器两端电阻，若无电阻，说明接插器 X2 损坏；若电阻过大，说明接插器 X2 接触不良。

处理方法：更换接插器 X2 或重新连接牢固。

故障现象五：电磁吸盘断电。用数字式万用表测量电磁吸盘两端是否有电压，若无，说明电磁吸盘断电。

处理方法：通电试车。

## 思考与练习

1. 平面磨床的作用是______________________________。
2. 平面磨床工作台的往返运动由____________实现，电动机没有正反转。
3. 为防止工件在磨削时发热变形，使用____________进行冷却。
4. 为了让工件在磨削过程中能自由伸缩，采用____________来吸持工件。
5. 冷却泵电动机与砂轮电动机具有顺序联锁关系，在控制过程中________先起动。

6. 为保证磨削安全，采用了____________保护。

7. 磨削加工时，SA1 处于____________状态。

8. 平面磨床采用电磁吸盘来夹持工件有什么好处？电磁吸盘线圈为何要用直流供电而不用交流供电？

9. M7130 平面磨床控制电路中欠电流继电器 KA 起什么作用？

10. M7130 平面磨床的电磁吸盘没有吸力或吸力不足，试分析可能的原因。

11. 在 M7130 平面磨床电气控制线路中，若将热继电器 FR1、FR2 保护触点分别串接在 KM1、KM2 线圈电路中，有何缺点？

# 任务三　调试与检修 Z3040 型钻床电气控制电路

## 任务描述

钻床指主要用钻头在工件上加工孔的机床。通常钻头旋转为主运动，钻头轴向移动为进给运动。钻床是具有广泛用途的通用性机床，可对零件进行钻孔、扩孔、铰孔、锪平面和攻螺纹等加工。

某机械加工厂有多台 Z3040 型钻床进行零件的加工，现有一台钻床出现故障无法正常使用，需要机床维修技术员进行设备维修，为了不影响工期，某机械加工厂希望能在一天时间内将机床维修完工。该机械加工厂将机床维修的任务全部外包给 ×× 机床设备公司，该公司接到维修工作任务后迅速委派售后维修技术员进行维修。维修工作任务单见表 4-3-1。

表 4-3-1　维修工作任务单

流水号：201501040001　　　　日期：2015 年 01 月 04 日

<table>
<tr><td rowspan="8">报修记录</td><td>报修单位</td><td>××××机械加工厂</td><td>报修部门</td><td>机电工程系</td><td>联系人</td><td>王明</td></tr>
<tr><td>单位地址</td><td colspan="3">××××市××××区××××路 18 号</td><td>联系电话</td><td>1385423××××</td></tr>
<tr><td>故障设备名称型号</td><td colspan="2">Z3040 型钻床</td><td>设备编号</td><td colspan="2">003</td></tr>
<tr><td>报修时间</td><td colspan="2">2015 年 01 月 04 日</td><td>希望完工时间</td><td colspan="2">2015 年 01 月 05 日</td></tr>
<tr><td>故障现象描述</td><td colspan="5">机床摇臂无法上升，但是可以正常下降，其他主轴与冷却电动机均正常</td></tr>
<tr><td>维修单位</td><td colspan="2">××机床设备公司</td><td>维修部门</td><td colspan="2">售后维修部</td></tr>
<tr><td>接单人</td><td colspan="2">王明</td><td>联系电话</td><td colspan="2">1357412××××</td></tr>
<tr><td>接单时间</td><td colspan="2">2015 年 01 月 04 日</td><td>完工时间</td><td colspan="2">2015 年 01 月 05 日</td></tr>
</table>

## 任务目标

（1）了解 Z3040 型钻床的基本结构、主要运动形式及控制要求。
（2）正确识读 Z3040 型钻床电气控制原理图，并分析其工作原理。
（3）正确选择和使用常用电工工具和检测仪表进行线路故障检测。
（4）根据故障现象进行现场分析、判断并排除 Z3040 型钻床的电气故障。
（5）在要求的时间内检修完 Z3040 型钻床的电气故障，并填写相关维修数据。

## 知识准备

### 一、Z3040 型钻床基本概述

#### 1. 钻床的定义和用途

钻床指主要用钻头在工件上加工孔的机床。通常钻头旋转为主运动，钻头轴向移动为进给运动。钻床结构简单，加工精度相对较低，加工过程中工件不动，让刀具移动，将刀具中心对正孔中心，并使刀具转动（主运动）。钻床的特点是工件固定不动，刀具做旋转运动。

钻床是具有广泛用途的通用性机床，可对零件进行钻孔、扩孔、铰孔、锪平面和攻螺纹等加工。在钻床上配有工艺装备时，还可以进行镗孔，在钻床上配万能工作台还能进行钻孔、扩孔、铰孔，如图 4-3-1 所示。

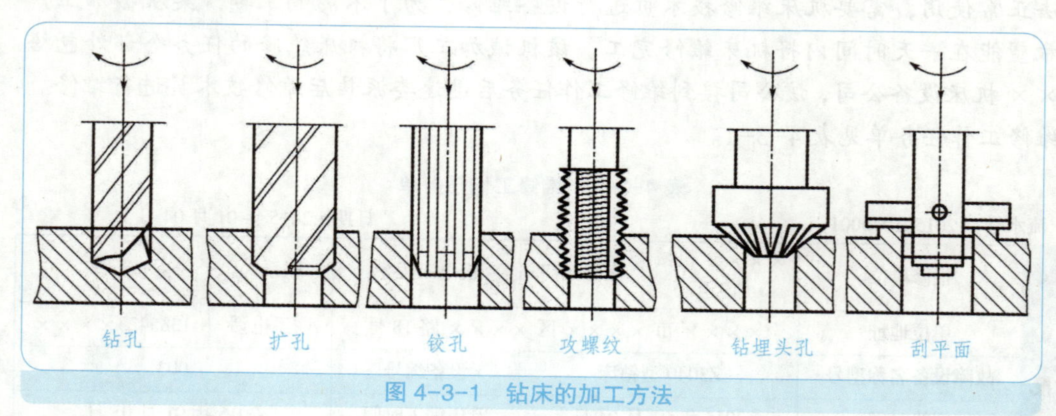

图 4-3-1　钻床的加工方法

#### 2. 钻床的分类

钻床主要是用钻头在工件上加工孔（如钻孔、扩孔、铰孔、攻丝、锪孔等）的机床，是机械制造和各种修配工厂必不可少的设备。根据用途和结构主要分为以下几类，如图 4-3-2 所示。

图 4-3-2　典型钻床实物图
(a) 立式钻床；(b) 台式钻床；(c) 摇臂钻床；(d) 卧式钻床

（1）立式钻床。其工作台和主轴箱可以在立柱上垂直移动，用于加工中小型工件。

（2）台式钻床。台式钻床简称台钻，是一种小型立式钻床，最大钻孔直径为 12 ~ 15 mm，安装在钳工台上使用，多为手动进钻，常用来加工小型工件的小孔等。

（3）摇臂钻床。其主轴箱能在摇臂上移动，摇臂能回转和升降，工件固定不动，适用于加工大而重和多孔的工件，广泛应用于机械制造中。

（4）深孔钻床。深孔钻床是用深孔钻钻削深度比直径大得多的孔（如枪管、炮筒和机床主轴等零件的深孔）的专门化机床，为便于除切屑及避免机床过于高大，一般为卧式布局，常备有冷却液输送装置（由刀具内部输入冷却液至切削部位）及周期退刀排屑装置等。

（5）中心孔钻床。中心孔钻床用于加工轴类零件两端的中心孔。

（6）铣钻床。它是工作台可纵横向移动，钻轴垂直布置，能进行铣削的钻床。

（7）卧式钻床。它是主轴水平布置，主轴箱可垂直移动的钻床。一般比立式钻床加工效率高，可多面同时加工。

### 3. Z3040 型钻床的型号含义

根据 GB/T 15375—1994《金属切削机床型号编制方法》规定，Z3040 型钻床的型号含义如图 4-3-3 所示。

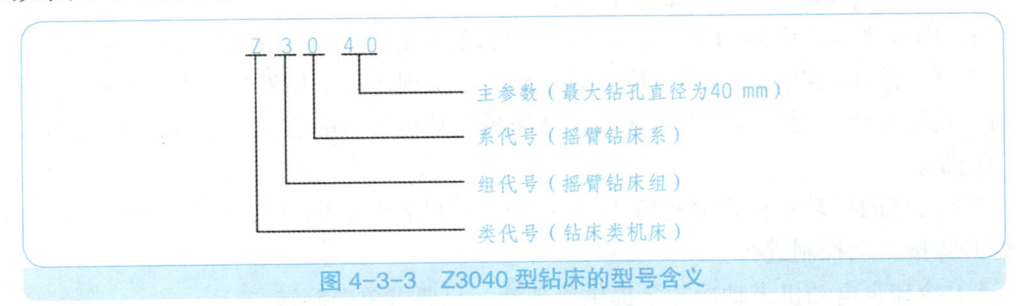

图 4-3-3　Z3040 型钻床的型号含义

### 4. Z3040 型钻床的主要结构

Z3040 型摇臂钻床主要由底座、内立柱、外立柱、摇臂、主轴箱及工作台等部分组成，如图 4-3-4 所示。

内立柱固定在底座的一端，在它的外面套有外立柱，外立柱可绕内立柱回转 360° 。摇臂的一端为套筒，它套装在外立柱做上下移动。由于丝杠与外立柱连成一体，而升降螺母固定在摇臂上，因此摇臂不能绕外立柱转动，只能与外立柱一起绕内立柱回转。主轴箱是一个复合部件，由主传动电动机、主轴和主轴传动机构、进给和变速机构、机床的操作机构等部分组成。主轴箱安装在摇臂的水平导轨上，可以通过手轮操作，使其在水平导轨上沿摇臂移动。

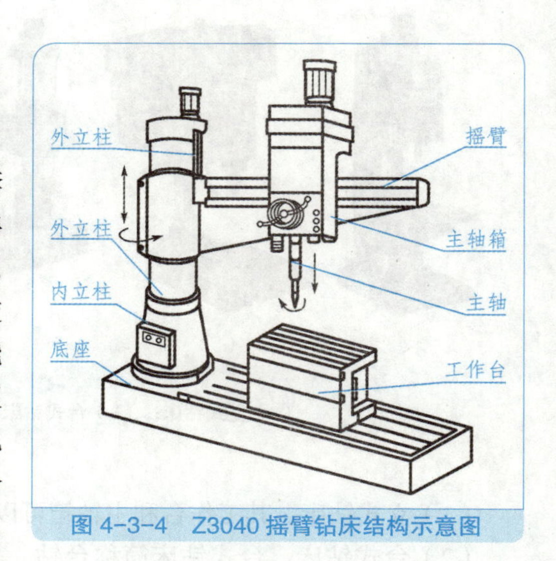

图 4-3-4 Z3040 摇臂钻床结构示意图

## 二、Z3040 型钻床的运动形式与控制要求

摇臂钻床电气拖动的特点及控制要求如下：

（1）摇臂钻床运动部件较多，为了简化传动装置，采用多台电动机拖动。Z3040 型摇臂钻床采用 4 台电动机拖动，他们分别是主轴电动机、摇臂升降电动机、液压泵电动机和冷却泵电动机，这些电动机都采用直接起动方式。

（2）为了适应多种形式的加工要求，摇臂钻床主轴的旋转及进给运动有较大的调速范围，一般情况下多由机械变速机构实现。主轴变速机构与进给变速机构均装在主轴箱内。

（3）摇臂钻床的主运动和进给运动均为主轴的运动，为此这两项运动有一台主轴电动机拖动，分别经主轴传动机构、进给传动机构实现主轴的旋转和进给。

（4）在加工螺纹时，要求主轴能正反转。摇臂钻床主轴正反转一般采用机械方法实现。因此主轴电动机仅需要单向旋转。

（5）摇臂升降电动机要求能正反向旋转。

（6）内外主轴的夹紧与放松、主轴与摇臂的夹紧与放松可用机械操作、电气 - 机械装置，电气 - 液压或电气 - 液压 - 机械等控制方法实现。若采用液压装置，则备有液压泵电动机，拖动液压泵提供压力油来实现，液压泵电动机要求能正反向旋转，并根据要求采用点动控制。

（7）摇臂的移动严格按照摇臂松开→移动→摇臂夹紧的程序进行。因此摇臂的夹紧与摇臂升降按自动控制进行。

（8）冷却泵电动机带动冷却泵提供冷却液，只要求单向旋转。

（9）具有联锁与保护环节以及安全照明、信号指示电路。

表 4-3-2 列出了 M7130 型磨床的运动形式与控制要求。

表 4-3-2　M7130 型磨床的运动形式与控制要求

| 运动种类 | 运动形式 | 控制要求 |
|---|---|---|
| 主运动 | 主轴拖动钻头旋转 | 主轴电机采用一台三相交流异步电动机（3 kW）驱动，需要过载保护，需要起保停控制，但不需要正反转和调速控制 |
| 进给运动 | 主轴箱沿摇臂的横向移动 | 由机械机构人力手动操作，无须电动机驱动 |
| | 摇臂的上升和下降运动 | 采用一台三相交流异步电动机（1.5 kW）驱动，需要正反转起停控制，需要上下极限位置行程开关保护，无须过载保护 |
| | 主轴立柱箱夹紧与松开 | 采用一台三相交流异步电动机（0.75 kW）驱动，需要正反转起停控制，还具有正反转点动控制，需要夹紧和松开极限位置行程开关保护，需过载保护 |
| 辅助运动 | 工件的夹紧与放松 | 人力操作，由机械机构夹紧和放松 |
| | 工件冷却 | 冷却泵电动机 M1 拖动冷却泵旋转供给冷却液。采用容量为 90 W 的三相交流异步电动机，只需转换开关直接起动 |

## 三、Z3040 型钻床电气原理图分析

### 1. Z3040 型钻床主电路分析

Z3040 型钻床主电路由四台电动机（M1、M2、M3、M4）、五个接触器主触点（KM1、KM2、KM3、KM4、KM5）、两个热继电器（FR1、FR2）、两个熔断器（FU1、FU2）、两个转换开关（QS1、QS2）和若干导线组成，其中四台电动机功能如下：

M1 为冷却泵电动机，用于机床加工时注射冷却液，该电动机由转换开关 QS2 控制，不需要正反转控制和调速，不需要过载保护。

M2 为主轴电动机，拖动钻头旋转运动，该电动机由起停按钮控制，不需要正反转控制和调速，但需要过载保护。

M3 为摇臂升降电动机，拖动摇臂上升和下降，由按钮和行程开关控制，该电动机需要正反转，但不需要调速，不需要过载保护。

M4 为液压泵电动机，用于主轴立柱箱的夹紧和松开，由按钮和行程开关控制，该电动机需要正反转，需要过载保护，但不需要调速。

表 4-3-3 列出了 Z3040 型钻床电气原理图主电路的控制方式与保护方法。

表 4-3-3　Z3040 型钻床电气原理图主电路的控制方式与保护方法

| 被控对象 | 相关参数 | 控制方式 | 控制电器 | 过载保护 | 短路保护 | 接地保护 |
|---|---|---|---|---|---|---|
| M1 | 功率为 90 W，额定转速为 2 800 r/min | 直接起停 | QS1 → FU1 → QS2 | 无 | 熔断器 FU1 | 有 |
| M2 | 功率为 3 kW，额定转速为 1 400 r/min | 起保停控制 | QS1 → FU1 → KM1 → FR1 | 热继电器 FR1 | 熔断器 FU1 | 有 |
| M3 | 功率为 1.5 kW，额定转速为 1 450 r/min | 点动控制 | QS1 → FU1 → FU2 → KM2（KM3） | 无 | 熔断器 FU1、FU2 | 有 |

续表

| 被控对象 | 相关参数 | 控制方式 | 控制电器 | 过载保护 | 短路保护 | 接地保护 |
|---|---|---|---|---|---|---|
| M3 | 功率为 0.75 kW，额定转速为 1 410 r/min | 起保停控制 | QS1 → FU1 → FU2 → KM4（KM5）→ FR2 | 热继电器 FR2 | 熔断器 FU1、FU2 | 有 |

### 2. Z3040 型钻床控制电路分析

Z3040 型钻床控制电路由控制变压器 TC、指示灯、照明灯、三个熔断器、五个接触器、一个断电延时时间继电器、一个电磁阀等电气元件组成，如图 4-3-5 所示。

（1）冷却泵电动机的控制分析。

起动控制：旋转 QS2 → M1 得电运行；

停机控制：回旋 QS2 → M1 失电停止运行。

（2）主轴电动机的控制分析。

起动控制：按下 SB2 → KM1 线圈自锁得电→ KM1 主触点闭合→ M2 得电运行；

停机控制：按下 SB1 → KM1 线圈失电→ KM1 主触点断开→ M2 失电停止运行。

（3）摇臂升降电动机和液压泵电动机的控制分析。

摇臂上升和下降控制是通过摇臂升降电动机和液压泵电动机顺序动作控制实现。

摇臂上升动作过程：主轴立柱箱松开→摇臂上升→主轴立柱箱夹紧；

摇臂下降动作过程：主轴立柱箱松开→摇臂下降→主轴立柱箱夹紧。

①主轴立柱箱松开控制过程：

按住上升按钮 SB3→KT 得电延时
- →KT 常闭触点（18—19）断开→KM5 不能得电→立柱不能夹紧
- →KT 常开触点（2—18）接通→ Ⅴ 电磁阀得电
- →KT 常开触点（14—15）接通→KM4 得电→立柱松开

②摇臂上升控制过程：

按住上升按钮 SB3，主轴立柱箱松开
- → SQ2 常闭触点断开→KM4 失电→主轴立柱箱停止松开
- → SQ2 常开触点断开→KM2 得电→摇臂上升

③摇臂下降控制过程：

按住上升按钮 SB4，主轴立柱箱松开
- → SQ2 常闭触点断开→KM4 失电→主轴立柱箱停止松开
- → SQ2 常开触点断开→KM2 得电→摇臂下降

④主轴立柱箱夹紧控制过程：

摇臂上升到位后，松开 SB3，KM2 失电，摇臂停止上升，KT 失电；或摇臂下降到位后，松开 SB4，KM3 失电，摇臂停止下降，KT 失电。KT 失电后引起的动作如下：

KT 失电→延时 1 ~3 秒
- →KT 常开触点（2—18）断开→YV 电磁阀失电
- →KT 常闭触点（18—19）闭合→KM5 得电→立柱夹紧

SB5、SB6 用于主轴立柱箱的松开和夹紧点动控制。

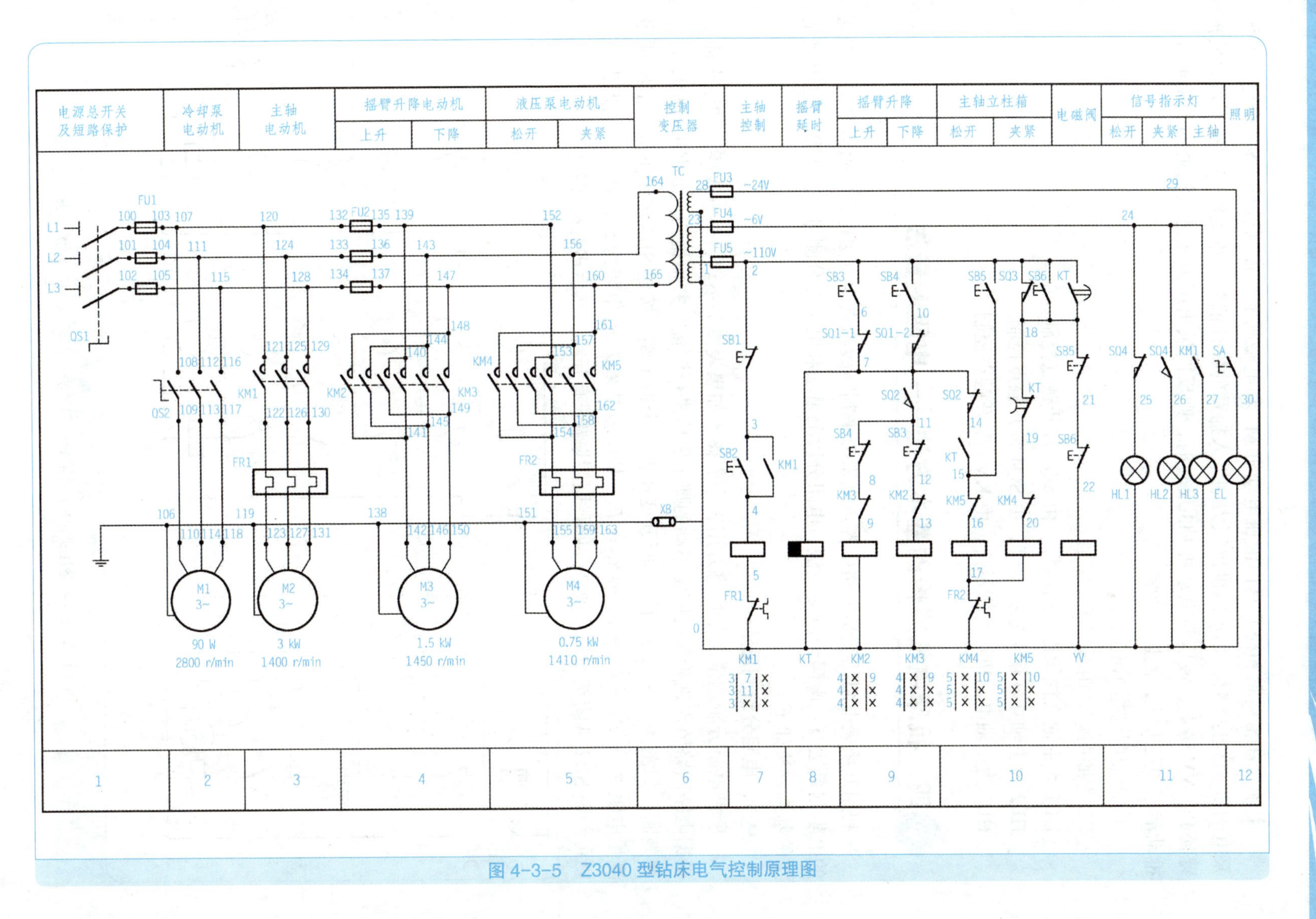


图 4-3-5　Z3040 型钻床电气控制原理图

主轴立柱箱夹紧和松开是由液压电动机 M3 和电磁阀配合控制进行，YV 得电、液压泵电动机 M3 正转时，则正向供出压力油进入摇臂的松开油腔，推动活塞和菱形块，使摇臂松开；YV 得电、液压泵电动机 M3 反转时，则反向供出压力油进入摇臂的夹紧油腔，推动活塞和菱形块，使摇臂夹紧。

（4）照明与指示电路分析：

EL 为照明灯，由 SA 开关控制。

HL1 为主轴立柱箱松开指示灯，由 SQ4 常开触点控制。

HL2 为主轴立柱箱夹紧指示灯，由 SQ4 常开触点控制。

HL3 为主轴电动机运行指示灯，由 KM1 常开触点控制。

## 四、机床电气维修的基本方法——电阻测量法

利用万用表电阻挡测量电路中各点电阻值来判断故障点的方法称为电阻测量法，常见的电阻测量法有：电阻分阶测量法、电阻分段测量法和电阻二分测量法。万用表电阻测量法的基本方法如下。

### 1. 电阻分阶测量法

所谓电阻分阶测量法是指将万用表一表棒（如黑表棒）不动，另一表棒（如红表棒）根据电路回路节点逐阶靠近固定不动的那个表棒进行测量，并根据测量数据进行故障分析和判断。如图 4-3-6（a）所示，断开变压器一个输出端，按住 SB3 按钮不放，依次顺序测量电阻 $R_1 \to R_2 \to R_3 \to R_4 \to R_5 \to R_6$，如测量结果为 $R_4$ 电阻为 500 Ω，$R_5$ 电阻为∞，则可判断 SB2 常闭按钮故障或 3、4 号线接线端子有开路，然后进行故障排除。

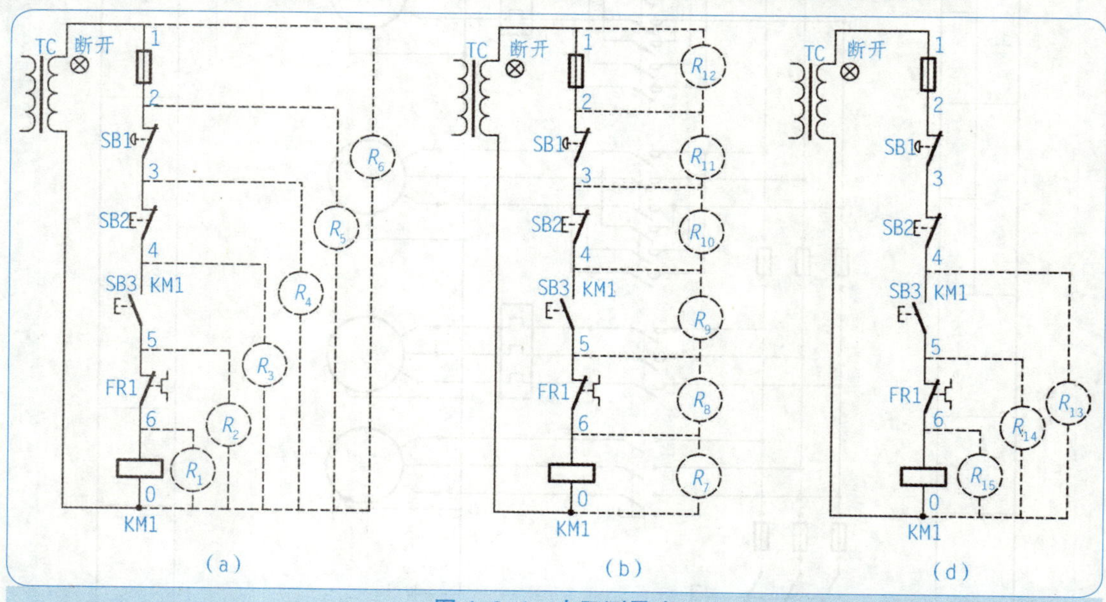


图 4-3-6 电阻测量法

（a）电阻分阶测量法；（b）电阻分段测量法；（c）电阻二分测量法

### 2. 电阻分段测量法

所谓电阻分段测量法是指根据电路回路中的电气元件，将万用表两表棒依次对每段电气元件进行电阻测量，并根据测量数据进行故障分析和判断。如图 4-3-6（b）所示，断开变压器一个输出端，按住 SB3 按钮不放，依次顺序测量电阻 $R_7 \rightarrow R_8 \rightarrow R_9 \rightarrow R_{10} \rightarrow R_{11} \rightarrow R_{12}$，如测量结果为 $R_7$ 电阻为 500 Ω，$R_8 \sim R_{10}$、$R_{12}$ 电阻为 0 Ω，$R_{11}$ 电阻为∞，则可判断 SB1 急停按钮故障或 2、3 号线接线端子有开路，然后进行故障排除。

### 3. 电阻二分测量法

所谓电阻二分测量法是指将电路回路一分为二找到一个节点进行测量，如测量电阻为 0 Ω，则可判断被测电路完好，故障在另一半电路中；如测量电阻值为∞，则可判断在被测电路中有故障，但不能肯定另一半电路没有故障；然后继续将故障电路一分为二进行测量，如上方法进行测量和判断，直到找出故障点。如图 4-3-6（c）所示，断开变压器一个输出端，按住 SB1 按钮不放，依次顺序测量电阻 $R_{13} \rightarrow R_{14} \rightarrow R_{15}$，如测量结果为 $R_{13}$、$R_{14}$ 电阻均为∞，$R_{15}$ 电阻值为 500 Ω，则可判断 FR1 热继电器常闭触点故障或 5、6 号线接线端子有开路，然后进行故障排除。

## 任务实施

根据机床的故障现象，结合 Z3040 型摇臂钻床电气原理图进行分析，判断出可能产生故障的原因和存在的区域，并做针对性检查。以正确的步骤检查并排除故障，即工作准备→故障调查→电路分析→故障测量→故障排除→通电测试，记录相应维修数据。

## 一、工作准备

### 1. 安全防护措施准备

机床维修技术员需要与电气设备进行接触，为有效防止触电事故，既要有技术措施又要有组织管理措施，并制订正确合理的维修工作计划和工作方案。

### 2. 维修工具与仪表准备

在进行机床电气维修时，需要准备表 4-1-4 所示工量具，并能够正确使用。

## 二、故障调查

故障调查是进行故障维修的必要环节，经验丰富的维修技术员可以从多个方面进行故障调查，常见的故障调查方法如下：

（1）识读并分析工作任务单，提取故障信息。

（2）询问机床操作人员机床运行状况。

（3）操作与观察机床，了解故障现象。

（4）使用工具和仪表进行线路故障测量。

## 三、电路分析

根据工作任务单中的故障现象描述，进行故障原因分析。

故障现象：机床摇臂无法上升，但是可以正常下降，其他主轴与冷却泵电动机均正常。

分析过程：首先判断故障是在主电路还是在控制回路上。闭合上电源开关，按下摇臂上升起动按钮 SB3：

（1）若 KM2 吸合，则故障在主回路。应依次检查主回路熔断器是否熔断；检查断路器是否接触不良；检查 KM2 触点接触是否良好；检查热继电器热元件是否熔断及电动机 M2 及其连线是否断开；最后检查电动机机械部分。排除故障后便可重新起动。

（2）若 KM2 不吸合，则故障在控制回路，应逐一检查控制回路的各电器接线是否良好或接触不良。

## 四、故障测量

根据电路分析和故障现象，假设 KM2 不吸合，可以判定该机床的故障是在摇臂上升 KM2 线圈的控制电路中，可按下列步骤测量：

（1）先断开机床电源开关，机床得电。

（2）将万用表选择合适的量程：电阻挡“$R\times 1K$”挡位。

（3）利用电阻分阶测量法选择 0—11 节点进行电阻测量（见图 4-3-7），如电阻测量值 $R_1=\infty$，则可判断故障在被测电路内。

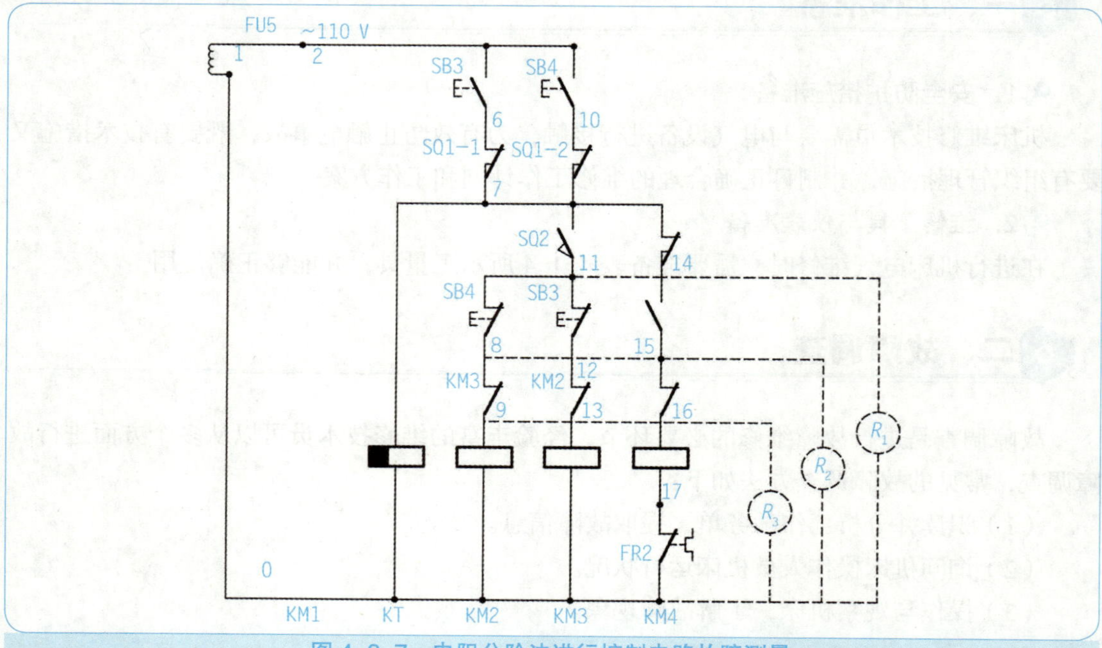


图 4-3-7　电阻分阶法进行控制电路故障测量

（4）利用电阻分阶测量法选择 0—8 节点进行电阻测量（见图 4-3-7），如电阻测量值 $R_2$=500 Ω，则可判断故障不在被测电路内。

（5）根据测量数据可以分析得出，故障原因为 SB4 常闭按钮损坏或 8—11 号线开路。

## 五、故障排除

根据故障测量具体方法和步骤，逐步寻找故障原因，假设该维修任务最终故障原因为 SB4 按钮损坏，此时需要更换 SB4 按钮。

更换 SB4 按钮的步骤如下：

（1）查看损坏按钮的型号：LAY3-11（白色复合按钮）。

（2）购买或在仓库领取同样型号的按钮。

（3）利用电阻挡检测按钮质量：

两表棒接到常开触点上，指针不动，按下按钮，指针右偏，常开触点完好；

两表棒接到常闭触点上，指针右偏，按下按钮，指针为∞，常闭触点完好。

（4）更换按钮。

（5）通电调试，排除故障。

## 六、维修记录

维修技术员完成维修任务后，需要填写维修记录单，见表 4-3-4。

表 4-3-4　维修记录单

<table>
<tr><td rowspan="6">维修内容</td><td>故障现象</td><td colspan="6">机床摇臂无法上升，但是可以正常下降，其他主轴与冷却泵电动机均正常</td></tr>
<tr><td>维修情况</td><td colspan="6">在规定时间内完成维修，维修人员工作认真</td></tr>
<tr><td rowspan="3">元件更换情况</td><td>元件编码</td><td>元件名称及型号</td><td>单位</td><td>数量</td><td>金 额</td><td>备 注</td></tr>
<tr><td>SB4</td><td>复合按钮<br>LAY3-11</td><td>个</td><td>1</td><td>5 元</td><td rowspan="2">无</td></tr>
<tr><td></td><td></td><td></td><td></td><td></td></tr>
<tr><td>维修结果</td><td colspan="6">故障排除，设备正常运行</td></tr>
</table>

## 任务评价

维修技术员完成本任务后需要客户验收，完成任务验收单和任务评价表，如表 4-3-5、表 4-3-6 所示。

表 4-3-5 任务验收单

| 维修结果 | 故障原因 | 复合按钮损坏 | 维修人员签字 | 张文涛 |
| --- | --- | --- | --- | --- |
| | 维修结果 | 正常使用 | 部门领导签字 | 赵健 |
| 验收记录 | 维修人员工作态度是否端正：☐ 非常端正 ☐ 基本端正 ☐ 不端正<br>本次维修是否已解决问题：☐ 已经解决 ☐ 未能解决<br>是否按时完成：☐ 按时完成 ☐ 超时完成<br>客户评价：☐ 非常满意 ☐ 基本满意 ☐ 不满意<br>客户意见或建议：________________ | | | |
| | 客户签字 | | 日期 | |

表 4-3-6 任务评价表

| 项目内容 | 配分 | 评分标准 | | 得分 |
| --- | --- | --- | --- | --- |
| | | 考核内容 | 配分细化 | |
| 知识准备 | 25 分 | （1）机床型号含义 | 3 分 | |
| | | （2）Z3040 型钻床的主要结构 | 6 分 | |
| | | （3）Z3040 型钻床的运动形式与控制要求 | 6 分 | |
| | | （4）Z3040 型钻床电气原理图分析 | 10 分 | |
| 技能准备 | 15 分 | （1）维修工量具使用 | 5 分 | |
| | | （2）Z3040 型钻床的基本操作 | 10 分 | |
| 故障调查 | 5 分 | （1）故障调查方法的使用 | 5 分 | |
| 故障分析 | 10 分 | （1）故障分析、排除故障思路正确 | 5 分 | |
| | | （2）能标出最小故障范围 | 5 分 | |
| 故障检测<br>故障排除 | 35 分 | （1）正确使用万用表进行线路检测 | 10 分 | |
| | | （2）确定故障原因 | 10 分 | |
| | | （3）排除故障原因 | 10 分 | |
| | | （4）排除故障后通电试车成功 | 5 分 | |
| 安全规范 | 10 分 | 遵守安全文明生产规程 | 10 分 | |
| 维修时间 | 1 小时，训练不允许超时，每超 5 分钟 | | 扣 5 分 | |
| | 开始时间 | 结束时间 | 得分 | |

任务拓展

## Z3040 型钻床常见故障整理

**1. 故障现象：摇臂不能上升**

排除方法：

（1）检查行程开关 SQ2 常开触点、安装位置或损坏情况，并予以修复。

（2）检查接触器 KM2 或摇臂升降电动机 M2，并予以修复。

（3）检查相序，并予以修复。

（4）检查液压系统故障原因，并予以修复。

**2. 故障现象：摇臂上升（下降）到预定位置后，摇臂不能夹紧**

排除方法：

（1）调整 SQ3 的动作行程，并紧固好定位螺钉。

（2）调整活塞杆、弹簧片的位置。

（3）检查接触器 KM3、电磁铁 YV 是否正常及电动机 M3 是否完好，并予以修复。

**3. 故障现象：立柱和主轴箱不能夹紧（或松开）**

排除方法：

（1）检查按钮 SB5（SB6）和接触器 KM4（KM5）是否良好，并予以修复或更换。

（2）检查油路堵塞情况，并予以修复。

**4. 故障现象：按 SB6 按钮，立柱、主轴箱能夹紧，但放开按钮后，立柱、主轴箱却松开**

排除方法：

（1）调整菱形块或承压快的角度与距离。

（2）调整夹紧力或液压系统压力。

**5. 故障现象：摇臂上升或下降到位却不动作**

排除方法：

（1）如果是 SQ1 损坏，SQ1 触头不能动作或接触不良，使线路断开，导致摇臂不能上升或下降。

（2）如摇臂上升或下降到达极限位置后，摇臂升降电动机 M2 发生堵转，这时应该立即松开 SB4 或 SB5，该限位保护开关 SQ1 触头很可能熔焊，使线路始终处于接通状态，此时应根据具体情况进行分析，找出故障原因，更换或修理组合开关 SQ1。

思考与练习

1．钻床指主要用________在工件上加工孔的机床。

2．Z3040 型摇臂钻床主要由________________________________等部分组成。

3．描述 Z3040 型钻床摇臂上升的动作过程。

4．描述 Z3040 型钻床控制电路中时间继电器 KT 的作用。

5．描述 Z3040 型钻床控制电路中 SQ1、SQ2、SQ3、SQ4 四个行程开关的作用。

6．分析 Z3040 型摇臂钻床出现摇臂夹紧后，液压泵不能停止，FR2 过载保护的故障原因是什么？

# 任务四　调试与检修 X62W 型万能铣床电气控制电路

## 任务描述

铣床是指主要用铣刀在工件上加工各种表面的机床。通常铣刀旋转运动为主运动，工件(和)铣刀的移动为进给运动。它可以加工平面、沟槽，也可以加工各种曲面、齿轮等。铣床作为机械加工的通用设备在内燃机配件的生产中一直起着不可替代的作用。自动铣床具有工作平稳可靠，操作维护方便，运转费用低的特点，已成为现代生产中的主要设备。

某市维修电工技能培训学校有两台 X62W 型万能铣床作为学员技能培训使用，现有一台 X62W 型万能铣床出现故障无法正常使用，需要机床维修技术员进行设备维修，为了不影响学员正常上课，该培训学校负责人希望能在一天时间内将机床维修完工。该培训学校将机床维修的任务全部外包给 ×× 机床设备公司，该公司接到维修工作任务后迅速委派售后维修技术员进行维修。维修工作任务单见表 4-4-1。

表 4-4-1　维修工作任务单

流水号：201501100001　　　　日期：2015 年 01 月 10 日

<table>
<tr><td rowspan="8">报修记录</td><td>报修单位</td><td>某市维修电工技能培训学校</td><td>报修部门</td><td>机电工程系</td><td>联系人</td><td>王良</td></tr>
<tr><td>单位地址</td><td colspan="3">××××市××××区××××路 208 号</td><td>联系电话</td><td>1387519××××</td></tr>
<tr><td>故障设备名称型号</td><td colspan="2">X62W 型万能铣床</td><td>设备编号</td><td colspan="2">008</td></tr>
<tr><td>报修时间</td><td colspan="2">2015 年 01 月 10 日</td><td>希望完工时间</td><td colspan="2">2015 年 01 月 10 日</td></tr>
<tr><td>故障现象描述</td><td colspan="5">主轴可以正常起动，但是工作台各个方向都无法实现进给运动</td></tr>
<tr><td>维修单位</td><td colspan="2">×× 机床设备公司</td><td>维修部门</td><td colspan="2">售后维修部</td></tr>
<tr><td>接单人</td><td colspan="2">王明</td><td>联系电话</td><td colspan="2">1357412××××</td></tr>
<tr><td>接单时间</td><td colspan="2">2015 年 01 月 10 日</td><td>完工时间</td><td colspan="2">2015 年 01 月 11 日</td></tr>
</table>

## 任务目标

（1）了解 X62W 型万能铣床的基本结构、主要运动形式及控制要求。
（2）正确识读 X62W 型万能铣床电气控制原理图，并分析其工作原理。
（3）正确选择和使用常用电工工具和检测仪表进行线路故障检测。
（4）根据故障现象现场分析、判断并排除 X62W 型万能铣床的电气故障。
（5）在要求的时间内检修完X62W 型万能铣床的电气故障，并填写相关维修数据。

## 知识准备

## 一、X62W 型万能铣床基本概述

### 1．铣床的定义和用途

铣床主要指用铣刀在工件上加工各种表面的机床。它是一种用途广泛的机床，在铣床上可以加工平面（水平面、垂直面）、沟槽（键槽、T 形槽、燕尾槽等）、分齿零件（齿轮、花键轴、链轮）、螺旋形表面（螺纹、螺旋槽）及各种曲面，如图 4-4-1 所示。此外，还可用于对回转体表面、内孔进行加工及进行切断工作等。

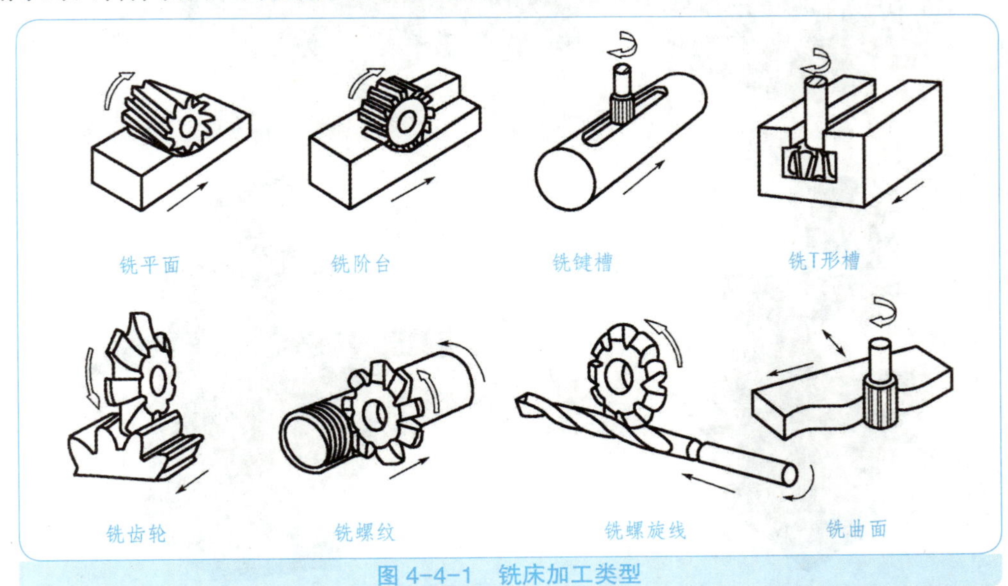


图 4-4-1 铣床加工类型

铣床在工作时，工件装在工作台上或分度头等附件上，铣刀旋转为主运动，辅以工作台或铣头的进给运动，工件即可获得所需的加工表面。由于是多刃断续切削，因而铣床的生产率较高。简单来说，铣床可以对工件进行铣削、钻削和镗孔加工。

### 2．铣床的分类

按布局形式和适用范围可以将铣床分为：

（1）升降台铣床：有万能式、卧式和立式等，主要用于加工中小型零件，应用最广。

（2）龙门铣床：包括龙门铣镗床、龙门铣刨床和双柱铣床，均用于加工大型零件。

（3）单柱铣床和单臂铣床：前者的水平铣头可沿立柱导轨移动，工作台做纵向进给；后者的立铣头可沿悬臂导轨水平移动，悬臂也可沿立柱导轨调整高度，两者均用于加工大型零件。

（4）工作台不升降铣床：有矩形工作台式和圆工作台式两种，是介于升降台铣床和龙门铣床之间的一种中等规格的铣床，其垂直方向的运动由铣头在立柱上的升降来完成。

（5）仪表铣床：是一种小型的升降台铣床，用于加工仪器仪表和其他小型零件。

（6）工具铣床：用于模具和工具制造，配有立铣头、万能角度工作台和插头等多种附件，还可进行钻削、镗削和插削等加工。

典型铣床实物图如图 4-4-2 所示。

（a）　　（b）

（c）　　（d）

图 4-4-2　典型铣床实物图

（a）升降台铣床；（b）内圆磨床；（c）单柱铣床和单臂铣床；（d）工具铣床

### 3. X62W 型万能铣床的型号含义

根据 GB/T 15375—1994《金属切削机床型号编制方法》规定，X62W 型万能铣床的型号含义如图 4-4-3 所示：

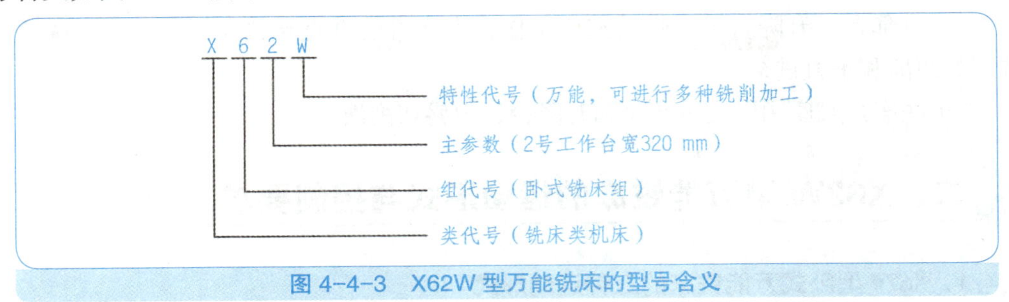


图 4-4-3　X62W 型万能铣床的型号含义

### 4. X62W 型万能铣床的主要结构

X62W 型万能铣床主要由床身、横梁、主轴、纵向工作台、横向工作台、转台、升降台、底座等组成，如图 4-4-4 所示。

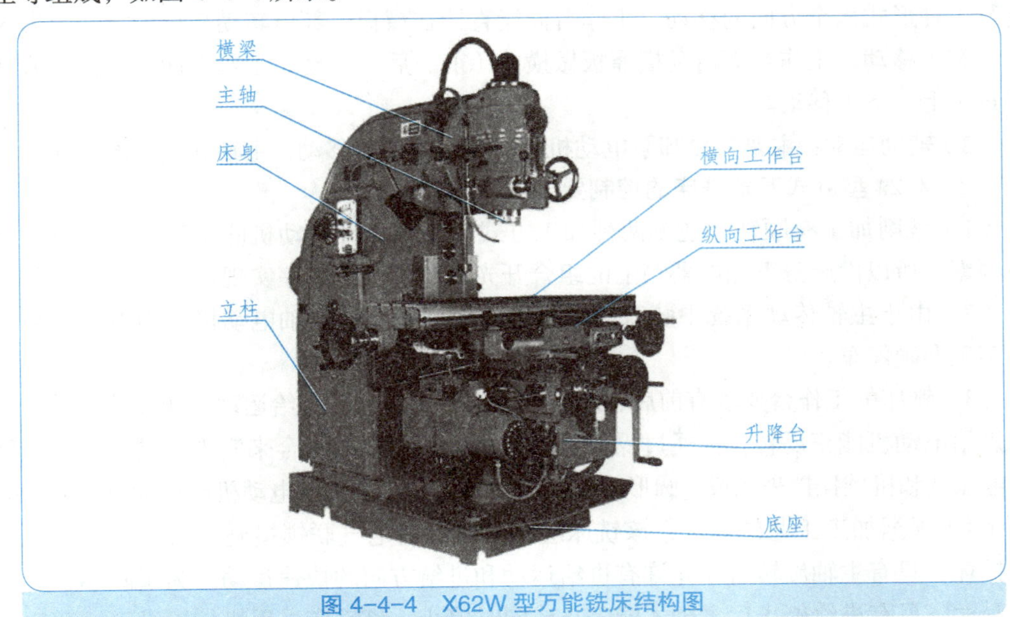


图 4-4-4　X62W 型万能铣床结构图

（1）床身。床身用来固定和支承铣床各部件。顶面上有供横梁移动用的水平导轨。前壁有燕尾形垂直导轨，供升降台上下移动。内部装有主电动机、主轴变速机构、主轴、电器设备及润滑油泵等部件。

（2）横梁。横梁一端装有吊架，用以支承刀杆，以减少刀杆的弯曲与振动。横梁可沿床身的水平导轨移动，其伸出长度由刀杆长度来进行调整。

（3）主轴。主轴是用来安装刀杆并带动铣刀旋转的。

（4）纵向工作台。纵向工作台由纵向丝杠带动在转台的导轨上做纵向移动，以带动台面上的工件做纵向进给。台面上的 T 形槽用以安装夹具或工件。

（5）横向工作台。横向工作台位于升降台上面的水平导轨上，可带动纵向工作台一起做横向进给。

（6）转台。转台可将纵向工作台在水平面内扳转一定的角度（正、反均为 $0^{\circ} \sim 45^{\circ}$），以便铣削螺旋槽等，具有转台的卧式铣床称为卧式万能铣床。

（7）升降台。升降台可以带动整个工作台沿床身的垂直导轨上下移动，以调整工件与铣刀的距离和垂直进给。

（8）底座。底座用以支承床身和升降台，内盛切削液。

## 二、X62W 型万能铣床的运动形式与控制要求

### 1. X62W 型卧式万能铣床的三种运动形式

（1）主运动：主轴转动是由主轴电动机通过弹性联轴器来驱动传动机构，当机构中的一个双联滑动齿轮块啮合时，主轴即可旋转。

（2）进给运动：工作台面的移动是由进给电动机驱动的，它通过机械机构使工作台能进行三种形式六个方向的移动，工作台面能直接在溜板上部可转动部分的导轨上做纵向（左、右）移动；工作台面借助横溜板做横向（前、后）移动；工作台面还能借助升降台做垂直（上、下）移动。

（3）辅助运动：主要为冷却泵电动机、工作台的快速移动，主轴和进给的变速冲动。

### 2. X62W 型卧式万能铣床的控制要求

（1）铣削加工有顺铣和逆铣两种加工方式，要求主轴电动机能正反转，因正反操作并不频繁，所以由床身下侧电器箱上的组合开光来改变电源相序实现。

（2）由于主轴传动系统中装有避免震荡的惯性轮，故主轴电动机采用电磁离合器制动以实现准确停车。

（3）铣床的工作台要求有前后、左右、上下 6 个方向的进给运动和快速移动，所以也要求进给电动机能正反转，并通过操作手柄和机械离合器相配合来实现。进给的快速移动通过电磁铁和机械挂挡来完成。圆形工作台的回转运动是由进给电动机经传动机构驱动的。

（4）根据加工工艺的要求，该铣床应具有以下的电气联锁措施：为了防止刀具和铣床的损坏，只有主轴旋转后才允许有进给运动和进给方向的快速运动。为了减小加工表面的粗糙度，只有进给停止后主轴才能停止或同时停止。该铣床采用机械操纵手柄和位置开关相配合的方式实现进给运动 6 个方向的联锁。主轴运动和进给运动采用变速盘来进行速度选择，为保证变速齿轮进入良好的啮合状态，两种运动都要求变速后顺时点动。当主轴电动机或冷却泵过载时，进给运动必须立即停止，以免损坏刀具和铣床。

（5）要求有冷却系统、照明设备及各种保护措施。

## 三、M7130 型磨床电气原理图分析

X62W 万能铣床电气原理图分析如下：

### 1. X62W 万能铣床主电路分析

X62W 万能铣床主电路由三台电动机（M1、M2、M3）、三个接触器主触点（KM1、KM3、KM4）、三个热继电器（FR1、FR2、FR3）、两个熔断器（FU1、FU2）、两个转

换开关（QS1、QS2）、一个倒顺开关 SA3 和导线组成，如图 4-4-5 所示。其中三台电动机功能如下：

M1 为主轴电动机，拖动主轴旋转，由一台笼型异步电动机拖动，直接起动，能够正反转，并设有电气制动环节，能进行变速冲动，该电动机由起停按钮控制，需要倒顺开关手动控制正反转，需要过载保护。

M2 为冷却泵电动机，提供冷却液，冷却泵电动机和主轴电动机要实现顺序控制，冷却泵电动机也不需要正反转和调速，但需要过载保护。

M3 为进给电动机，工作台的进给运动和快速移动均由同一台笼型异步电动机拖动，直接起动，能够正反转，也要求有变速冲动环节。该电机由起停按钮控制，需要过载保护。

表 4-4-2 列出了 X62W 万能铣床电气原理图主电路的控制方式与保护方法。

表 4-4-2　X62W 万能铣床电气原理图主电路的控制方式与保护方法

| 被控对象 | 相关参数 | 控制方式 | 控制电器 | 过载保护 | 短路保护 | 接地保护 |
|---|---|---|---|---|---|---|
| M1 | 功率为 7.5 kW；额定转速为 1 450 r/min | 起保停控制 + 手动控制 | QS1 → FU1 → KM1 → FR1 → SA3 | 热继电器 FR1 | 熔断器 FU1 | 有 |
| M2 | 功率为 1.5 kW；额定转速为 1 410 r/min | 起保停控制 + 手动控制 | QS1 → FU1 → KM1 → FR2 → QS2 | 热继电器 FR2 | 熔断器 FU1 | 有 |
| M3 | 功率为 0.125 kW；额定转速为 2 790 为 r/min | 点动控制 | QS1 → FU1 → FU2 → FR3 → KM3（KM4） | 热继电器 FR3 | 熔断器 FU1、FU2（FU1 熔断电流大于 FU2） | 有 |

## 2. X62W 万能铣床控制电路分析

X62W 万能铣床控制电路由控制变压器 TC、指示灯、熔断器、接触器线圈控制回路等组成。

（1）主轴电动机的控制分析。

主轴电动机起动：

按下 SB1 或 SB2 → KM1 自锁得电→ KM1 主触点闭合→拨动 SA3 实现主轴正向或反向运行；

主轴电动机停止：

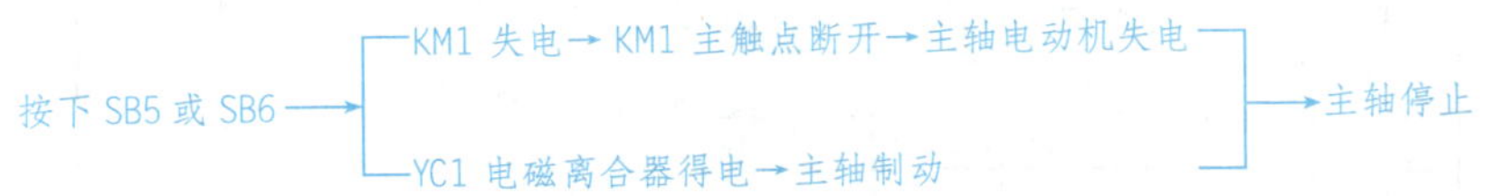


将 SA3 打到中间位置也能将主轴电动机失电，但是 KM1 主触点未断开。

主轴电动机变速冲动：

主轴运行或停止时可以利用变速手柄与冲动位置开关 SQ1 通过机械联动机构进行控制。

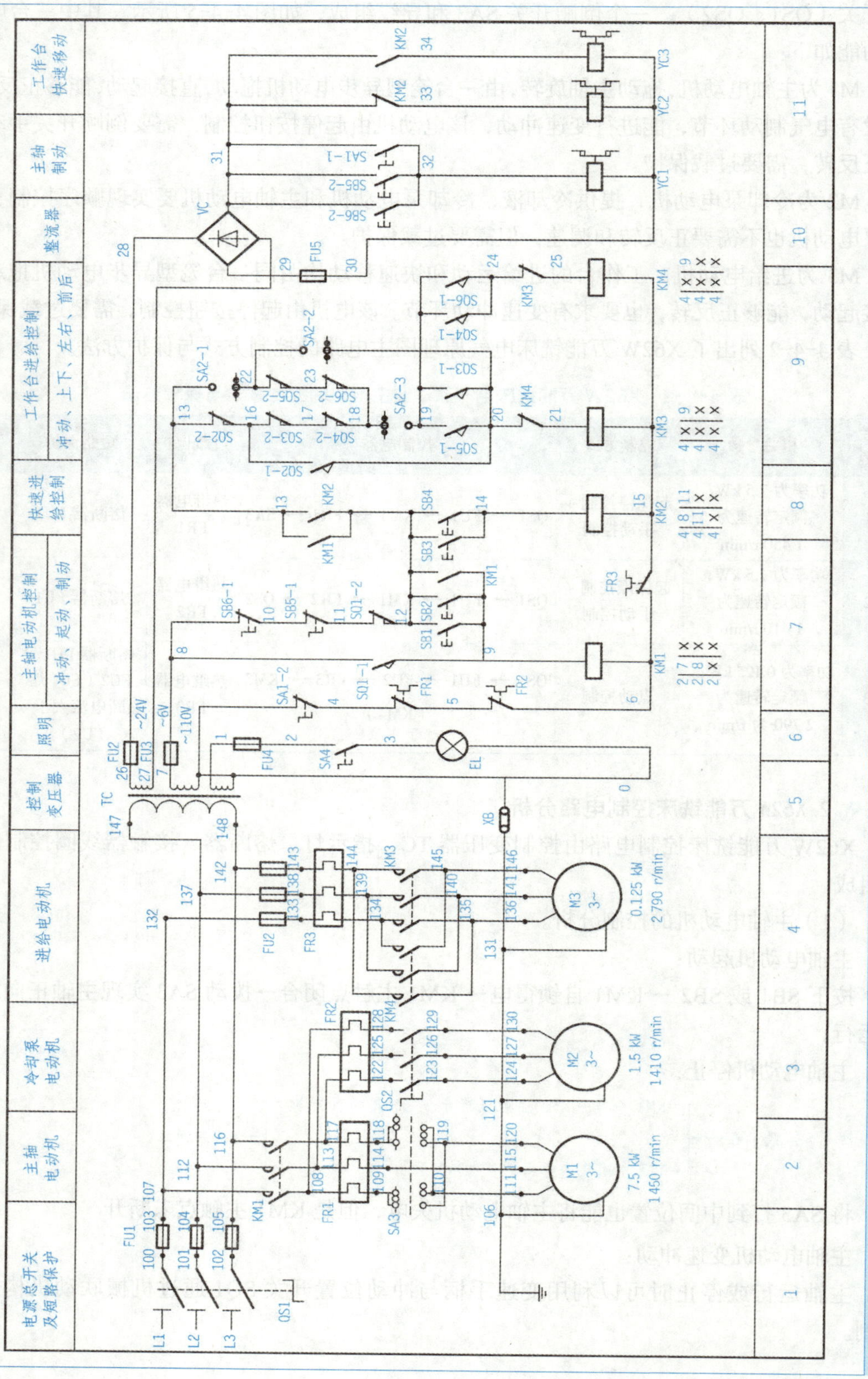

图 4-4-5 X62W 万能铣床电气控制原理图

主轴换刀：

将 SA1 拨至换刀位置→ SA1 常开触点闭合→ YC1 电磁离合器得电→主轴制动→主轴停止→换刀。

（2）冷却泵电动机控制分析。

按下 SB1 或 SB2 → KM1 自锁得电→ KM1 主触点闭合→拨动 QS2 冷却泵电动机运行；

按下 SB5 或 SB6 → KM1 失电→ KM1 主触点断开→冷却泵电动机失电停止；

将 QS2 打到停止位置也能将冷却泵电动机失电停止，但是 KM1 主触点未断开。

（3）进给电动机控制分析。

SA2 是控制圆工作台转换开关，在不需要圆工作台时，可以将 SA2 扳到“断开”位置，此时 SA2-1 闭合，SA2-2 断开，SA2-3 闭合；不要圆工作台时，将 SA2 扳到“接通”位置，此时 SA2-1 断开，SA2-2 闭合，SA2-3 断开。

工作台左右进给运动：

工作台向右运动：主轴电动机 M1 起动→操作进给手柄向右→常开触点 SQ5-1 闭合，常闭触点 SQ5-2 断开→ KM3 线圈通过路径（13—16—17—18—19—20—21—15）得电→ M2 电动机正向运行带动工作台右行。

工作台向左运动：主轴电动机 M1 起动→操作进给手柄向左→常开触点 SQ6-1 闭合，常闭触点 SQ6-2 断开→ KM4 线圈通过路径（13—16—17—18—19—24—25—15）得电→ M2 电动机反向运行带动工作台左行。

工作台上下、前后进给运动：

操纵工作台的上下和前后是用同一个手柄完成的，该手柄具有上、下、前、后、中间五个位置，对应操纵工作台向上、向下、向前、向后和停止控制。

工作台向上运动：将手柄向上扳动→常开触点 SQ3-1 闭合，常闭触点 SQ3-2 断开→ KM3 线圈通过路径（13—22—23—18—19—20—21—15）得电→ M2 电动机正向运行带动工作台上行。

工作台进给操作手柄功能如表 4-4-3 所示。

表 4-4-3　工作台进给操作手柄功能

| 序号 | 手柄位置 | 行程开关动作 | 接触器动作 | M2 转向 | 工作台运动方向 |
|---|---|---|---|---|---|
| 1 | 右 | SQ5 | KM3 | 正转 | 右行 |
| 2 | 中 | — | — | — | 停止 |
| 3 | 左 | SQ6 | KM4 | 反转 | 左行 |
| 4 | 上 | SQ3 | KM3 | 正转 | 上行 |
| 5 | 中 | — | — | — | 停止 |
| 6 | 下 | SQ4 | KM4 | 反转 | 下行 |
| 7 | 前 | SQ3 | KM3 | 正转 | 前行 |
| 8 | 中 | — | — | — | 停止 |
| 9 | 后 | SQ4 | KM4 | 反转 | 后行 |

工作台向下运动：将手柄向下扳动→常开触点 SQ4-1 闭合，常闭触点 SQ4-2 断开

→ KM4 线圈通过路径（13—22—23—18—19—24—25—15）得电→ M2 电动机反向运行带动工作台下行。

工作台向前运动：将手柄向前扳动→常开触点 SQ3-1 闭合，常闭触点 SQ3-2 断开→ KM3 线圈通过路径（13—22—23—18—19—20—21—15）得电→ M2 电动机正向运行带动工作台前行。

工作台向后运动：将手柄向后扳动→常开触点 SQ4-1 闭合，常闭触点 SQ4-2 断开→ KM4 线圈通过路径（13—22—23—18—19—24—25—15）得电→ M2 电动机反向运行带动工作台后行。

进给快速冲动：

在改变工作台进给速度时，为使齿轮易于啮合，需要让进给电动机瞬时点动一下，该运动称为进给快速冲动。其操作过程是：先将进给变速的蘑菇形手柄拉出，转动变速盘，选择好速度，然后将手柄继续向外拉到极限位置，随即推向原位，变速结束。就在手柄拉到极限位置的瞬间，行程开关 SQ2 被压动，SQ2-2 先断开，SQ2-1 后接通，KM3 接触器通过路径（12—13—22—23—24—18—17—16—20—21—15）得电，进给电动机瞬时正转；在手柄推回原位时，SQ2 复位，KM3 线圈失电，进给电动机只瞬动一下。由 KM3 路径可知，进给变速只有各进给手柄均在零位时才可进行。

工作台快速移动：

按下快速移动按钮 SB3 或 SB4（两地控制）→接触器 KM2 得电吸合→

→ KM2 常闭触点（31—33）断开→电磁离合器 YC2 失电断开正常工作进给传动链

→ KM2 常开触点（31—34）闭合→电磁离合器 YC3 得电接通快速移动传动链

→ KM2 常开触点（12—13）闭合→操纵工作台进给方向手柄→工作台沿对应方向快速移动圆工作台的控制

当需要加工螺旋槽、弧形槽和弧形面时，可在工作台上加装圆工作台，圆工作台的回转运动也是由进给电动机 M2 拖动。圆工作台只能沿一个方向运动，SQ3、SQ4、SQ5、SQ6 四个行程开关均可停止圆工作台，保证工作台的进给和圆工作台回转不能同时进行。

首先将 SA2 扳到圆工作台“接通”位置，此时 SA2-1 断开，SA2-2 闭合，SA2-3 断开。然后按下主轴起动按钮 SB1 或 SB2，主轴起动，接触器 KM3 线圈通过路径（13—16—17—18—23—22—20—21—15）得电吸合，进给电动机 M2 正转带动圆工作台旋转运动。

（4）照明电路分析。

EL 为照明灯，由 SA4 开关控制。

## 四、三相交流异步电动机的质量检测与维修

三相交流异步电动机应用广泛，普通金属切削机床中的主轴、冷却泵等一般都利用三相交流异步电动机来驱动，但三相交流异步电动机通过长期运行后，会发生各种故障，从而影响机床正常运行。因此，正确掌握三相交流异步电动机的质量检测方法，及时判断故障原因，并进行相应处理，是保证机床设备正常运行的一项重要的工作。

三相交流异步电动机的质量检测一般要利用万用表、兆欧表、转速表和钳形电流表，如图 4-4-6 所示。检测的主要内容包括三相绕组冷态直流电阻、测量绕组绝缘电阻、各相空载电流、绕组相电压及转速等。

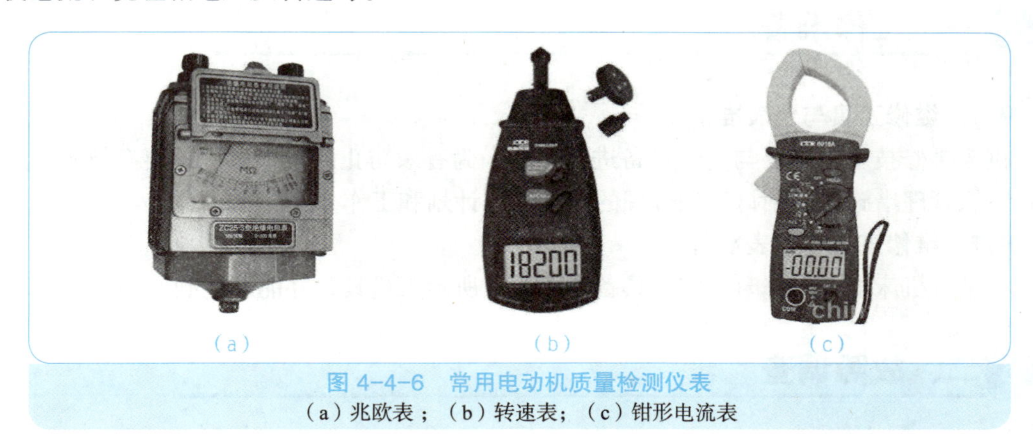


图 4-4-6　常用电动机质量检测仪表

（a）兆欧表；（b）转速表；（c）钳形电流表

### 1. 三相绕组冷态直流电阻

将万用表置于低电阻量程挡，在电动机接线盒中，取下全部连接铜片，依次测量 U1-U2、V1-V2、W1-W2 之间的直流电阻。若阻值小，为正常现象；若阻值为 0 Ω，说明绕组内部短路；若阻值为∞，说明绕组内部开路。三相绕组直流电阻值相互的差不得大于 2%。

### 2. 测量绕组绝缘电阻

检测前应检验一下兆欧表的好坏。将兆欧表水平放置，空摇兆欧表，指针应该指到∞处；再慢慢摇动手柄，使 L 和 E 两接线柱输出线瞬时短接，指针应迅速指零。注意在摇动手柄时不得让 L 和 E 短接时间过长，否则将损坏兆欧表。

在拆去接线盒中三相绕组全部连接铜片的前提下，将兆欧表的接地端（E）接在电动机外壳上，线路端（L）分别接电动机绕组的任一接线端，然后以每秒 2 转匀速摇兆欧表的手柄，表针稳定后读数，该数值即为所测绕组的对地绝缘电阻值；再用兆欧表检测三相绕组之间的绝缘电阻值，阻值应大于 500 MΩ 为正常。

### 3. 各相空载电流、绕组相电压及转速

将电动机接通 380 V 三相电源，使其运转，用万用表 500 V 交流电压挡测三相绕组相电压 $U_U$、$U_V$、$U_W$。电动机三相电压不平衡会引起电动机发热，因此，三相电压不平衡度不得超过 5%。

用钳形电流表测出三相绕组空载电流 $I_U$、$I_V$、$I_W$，再用转速表顶住轴端测出电动机空载转速，并判断这些数据是否正常，任何一相电流与三相电流平均值偏差不得大于 10%。

## 任务实施

根据机床的故障现象，结合 X62W 型万能铣床电气原理图进行分析，判断出可能产生

故障的原因和存在的区域，并做针对性检查。以正确的步骤检查并排除故障，即工作准备→故障调查→电路分析→故障测量→故障排除→通电测试，记录相应维修数据。

## 一、工作准备

### 1. 维修工具与仪表准备

机床维修技术员需要与电气设备进行接触，为有效防止触电事故，既要有技术措施又要有组织管理措施，并制订正确合理的维修工作计划和工作方案。

### 2. 维修工具与仪表准备

在进行机床电气维修时，需要具备表 4-1-4 所示工量具，并能够正确使用。

## 二、故障调查

故障调查是进行故障维修的必要环节，经验丰富的维修技术员可以从多个方面进行故障调查，常见的故障调查方法如下：

（1）识读并分析工作任务单，提取故障信息。

（2）询问机床操作人员机床运行状况。

（3）操作与观察机床，了解故障现象。

（4）使用工具和仪表进行线路故障测量。

## 三、电路分析

根据工作任务单中的故障现象描述，进行故障原因分析。

故障现象：主轴可以正常起动，但是工作台各个方向都无法实现进给运动。

分析过程：首先判断故障是在主电路还是在控制回路上。闭合电源开关，按下主轴起动按钮 SB1 或 SB2，将 SA2 扳到圆工作台“断开”位置，操作 SQ3、SQ4、SQ5、SQ6，观察接触器 KM3 线圈是否吸合。

（1）若 KM3 和 KM4 吸合，则故障在主回路。应依次检查主回路熔断器 FU2 是否熔断；检查热继电器热元件是否损坏；检查接触器 KM3、KM4 主触点接触是否良好；检查电动机 M2 质量及其连线是否断开；最后检查电动机机械部分。排除故障后便可重新起动。

（2）若 KM3 和 KM4 不吸合，则故障在控制回路，而且主轴电动机可以正常运行，经分析可知故障应该在 KM3 和 KM4 线圈控制回路，应逐一检查 KM3 和 KM4 线圈控制回路的各电器接线是否良好或接触不良。

## 四、故障测量

（1）若接触器 KM3 和 KM4 吸合，应按如图 4-4-7 所示步骤进行主电路电压测量。

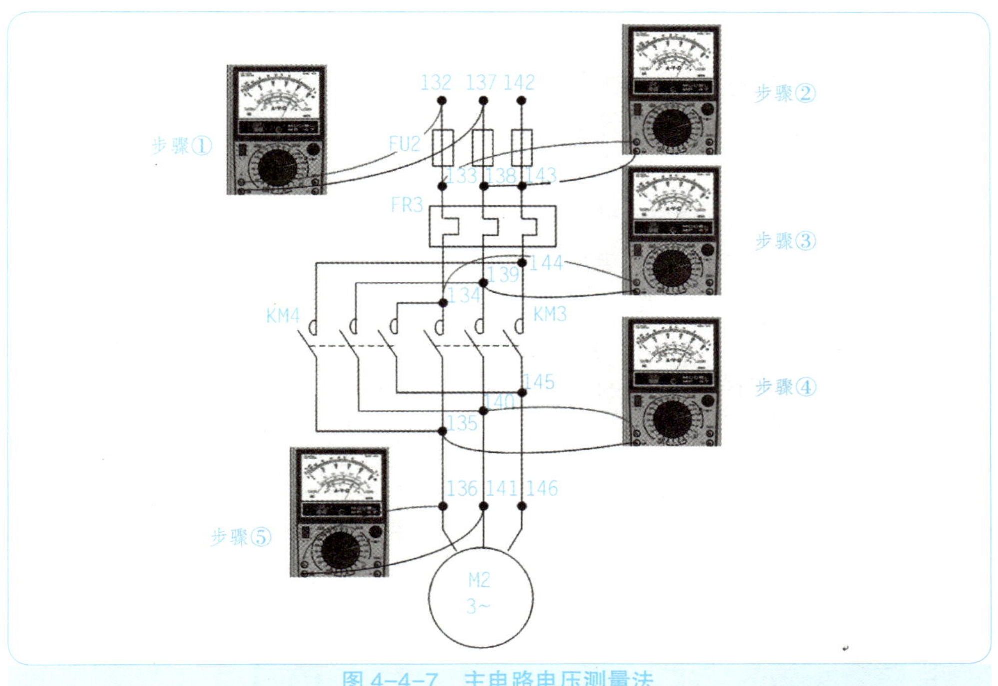


图 4-4-7　主电路电压测量法

①

测量熔断器 FU2 上端（132、137、142）两两之间的电压是否约为 380 V，如是则熔断器 FU2 进线端电压正常，故障应该在下游；若电压不正常，应检查上游线路。

②

测量熔断器 FU2 下端（133、138、143）两两之间的电压是否约为 380 V，如是则熔断器 FU2 正常，故障应该在下游；若电压不正常，则检查熔芯是否烧坏。

③

测量热继电器 FR3 下端（134、139、144）两两之间的电压是否约为 380 V，如是则 FR3 正常，故障应该在下游；若电压不正常，应检查 FR3 主触点线路是否开路或 FR3 热元件是否烧坏。

④

测量接触器 KM3 下端（135、140、145）两两之间的电压，操作 SQ3 和 SQ4，使 KM3 和 KM4 分时吸合，观察测量电压是否约为 380 V，若 KM3 吸合时两两电压正常，KM4 吸合无电压，则 KM4 主触点开路，应检查 KM4 主触点线路是否有开路；若 KM4 吸合时两两电压正常，KM3 吸合无电压，则 KM3 主触点开路，应检查 KM3 主触点线路是否有开路；如两者电压均正常，故障应该在下游。

⑤ 测量 M2 电动机进线端（136、141、146）两两之间的电压是否约为 380 V，如是则 M2 主电路线路正常，故障应该是电动机损坏，此时需检测电动机的质量。

⑥ 三相交流异步电动机 M2 的质量检测：

用万用表电阻挡测量三相冷态直流电阻，测量电阻值相互的差不得大于 2%；

用兆欧表测量绕组与绕组、绕组对地之间的绝缘性能，绝缘电阻阻值应大于 500 MΩ 为正常；

通电使电动机运行，测量电动机的相电流和相电压，任何一相电流与三相电流平均值偏差不得大于 10%，三相电压不平衡度不得超过 5%。

（2）若接触器 KM3 和 KM4 不吸合，应按如图 4-4-8 所示步骤进行主电路测量。

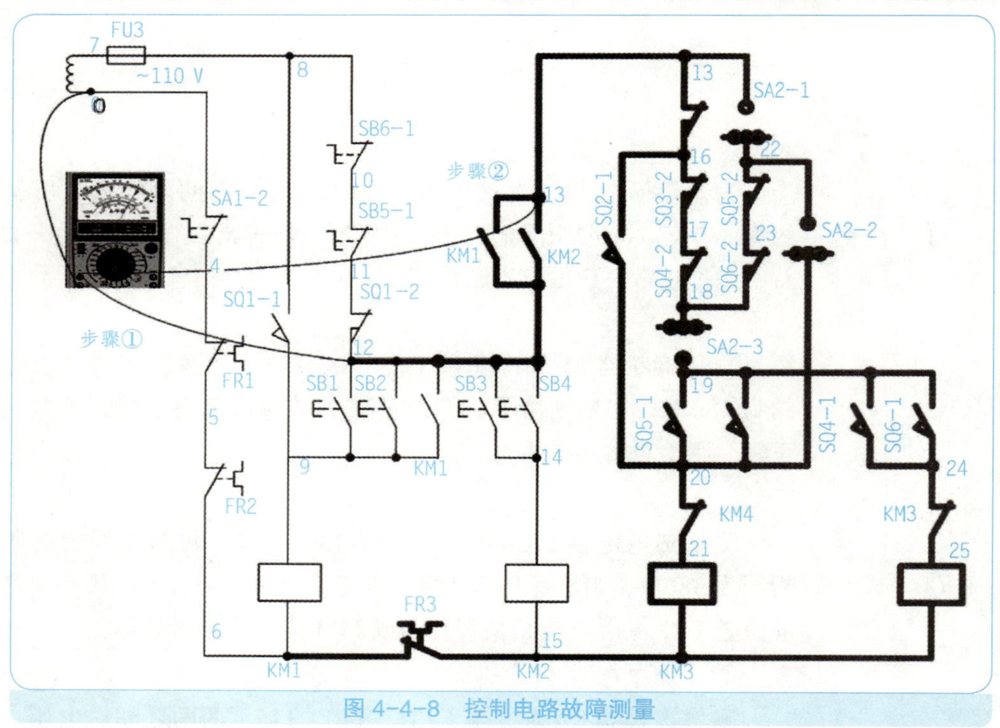

图 4-4-8　控制电路故障测量

经电路分析可知，故障应该在 KM3 和 KM4 线圈控制回路。

首先将万用表选用 250 V 交流电压挡，按下主轴起动按钮 SB1，主轴起动，KM1 常开触点（12、13）应该闭合。

① 将万用表选用 250 V 交流电压挡，黑表笔打到 0 号线，红表笔打到 12 号线，测量电压应该为 110 V。

② → 将万用表选用 250 V 交流电压挡，黑表笔打到 0 号线，红表笔打到 13 号线，测量电压应该为 0 V。

此时可以判断故障应该在 KM1 常开触点（12、13），可能为 12、13 号线断开或者 KM1 接触器常开辅助触点损坏。

## 五、故障排除

根据故障测量的具体方法和步骤，逐步寻找故障原因，假设该维修任务最终故障原因为三相交流异步电动机绕组短路，电动机损坏，此时需要更换三相交流异步电动机。

更换三相交流异步电动机的步骤如下：

（1）查看损坏电动机的铭牌参数：J042-4，380 V，0.125 kW，2 790 r/min。

（2）购买或在仓库领取同样型号的电动机。

（3）电动机质量检测：检测绕组电阻、绝缘性能，在电动机通电试运行时测量电压和电流。

（4）更换电动机。

（5）机床通电调试，排除故障。

## 六、维修记录

维修技术员完成维修任务后，需要填写维修记录单，见表 4-4-4。

表 4-4-4　维修记录单

<table>
<tr><td rowspan="8">维修内容</td><td>故障现象</td><td colspan="6">主轴可以正常起动，但是工作台各个方向都无法实现进给运动</td></tr>
<tr><td>维修情况</td><td colspan="6">在规定时间内完成维修，维修人员工作认真</td></tr>
<tr><td rowspan="3">元件更换情况</td><td>元件编码</td><td>元件名称及型号</td><td>单位</td><td>数量</td><td>金 额</td><td>备 注</td></tr>
<tr><td>M3</td><td>J042-4，0.125 kW，2 790 r/min</td><td>个</td><td>1</td><td>200 元</td><td rowspan="4">无</td></tr>
<tr><td></td><td></td><td></td><td></td><td></td></tr>
<tr><td></td><td></td><td></td><td></td><td></td><td></td></tr>
<tr><td></td><td></td><td></td><td></td><td></td><td></td></tr>
<tr><td>维修结果</td><td colspan="6">故障排除，设备正常运行</td></tr>
</table>

## 任务评价

维修技术员完成本任务后需要客户验收，完成任务验收单和任务评价表，如表 4-4-5、

表 4-4-6 所示。

表 4-4-5 任务验收单

<table>
<tr><td rowspan="2">维修结果</td><td>故障原因</td><td>接触器常开辅助触点损坏</td><td>维修人员签字</td><td>张文涛</td></tr>
<tr><td>维修结果</td><td>正常使用</td><td>部门领导签字</td><td>赵健</td></tr>
<tr><td rowspan="2">验收记录</td><td colspan="4">维修人员工作态度是否端正：□ 非常端正 □ 基本端正 □ 不端正<br>本次维修是否已解决问题：□ 已经解决 □ 未能解决<br>是否按时完成：□ 按时完成 □ 超时完成<br>客户评价：□ 非常满意 □ 基本满意 □ 不满意<br>客户意见或建议：________________</td></tr>
<tr><td>客户签字</td><td></td><td>日 期</td><td></td></tr>
</table>

表 4-2-6 任务评价表

<table>
<tr><td rowspan="2">项目内容</td><td rowspan="2">配分</td><td colspan="2">评分标准</td><td rowspan="2">得分</td></tr>
<tr><td>考核内容</td><td>配分细化</td></tr>
<tr><td rowspan="4">知识准备</td><td rowspan="4">25 分</td><td>（1）机床型号的含义</td><td>3 分</td><td></td></tr>
<tr><td>（2）X62W 万能铣床的主要结构</td><td>6 分</td><td></td></tr>
<tr><td>（3）X62W 万能铣床的运动形式与控制要求</td><td>6 分</td><td></td></tr>
<tr><td>（4）X62W 万能铣床电气原理图分析</td><td>10 分</td><td></td></tr>
<tr><td rowspan="2">技能准备</td><td rowspan="2">15 分</td><td>（1）维修工量具使用</td><td>5 分</td><td></td></tr>
<tr><td>（2）X62W 万能铣床的基本操作</td><td>10 分</td><td></td></tr>
<tr><td>故障调查</td><td>5 分</td><td>（1）故障调查方法的使用</td><td>5 分</td><td></td></tr>
<tr><td rowspan="2">故障分析</td><td rowspan="2">10 分</td><td>（1）故障分析、排除故障思路正确</td><td>5 分</td><td></td></tr>
<tr><td>（2）能标出最小故障范围</td><td>5 分</td><td></td></tr>
<tr><td rowspan="4">故障检测<br>故障排除</td><td rowspan="4">35 分</td><td>（1）正确使用万用表进行线路检测</td><td>10 分</td><td></td></tr>
<tr><td>（2）确定故障原因</td><td>10 分</td><td></td></tr>
<tr><td>（3）排除故障原因</td><td>10 分</td><td></td></tr>
<tr><td>（4）排除故障后通电试车成功</td><td>5 分</td><td></td></tr>
<tr><td>安全规范</td><td>10 分</td><td>遵守安全文明生产规程</td><td>10 分</td><td></td></tr>
<tr><td rowspan="2">维修时间</td><td colspan="2">1 小时，训练不允许超时，每超 5 分钟</td><td>扣 5 分</td><td></td></tr>
<tr><td>开始时间</td><td>结束时间</td><td>得分</td><td></td></tr>
</table>

任务拓展

## X62W 铣床故障整理

**1．故障现象：主轴电动机不能起动运行**

排除方法：合上电源后按下起动按钮 SB1 和 SB2。

（1）若 KM1 吸合，则主电路发生故障。原因如下：

①各开关是否置于原位。

②熔断器 FU1 有一相熔断；用低压测电笔测熔断器 FU1 下桩头有无电压，若全无电压，则应测上桩头；若仍无电压说明线路停电，应从线路上查找原因。若下桩头的一相或两相有电压应查熔断器 FU1。如接触不良，要把熔断器压紧；若熔断，要更换同规格的熔断器。

③ FR1 发热元件烧断一相。

④ KM1 一对主触点不通。

⑤电动机 M1 接线松动等。

其中后四种情况都会出现“嗡嗡”声。

（2）若 KM1 不吸合，则控制电路发生故障，按图中顺序分析：测量变压器电压，初始应为 380 V，次级控制电压应为 110 V，若无电压或电压不正常，说明变压器 TC 已烧坏或熔断器 FU1 熔断。检测 TC 输出是否正常，如果正常，检查控制电路中的 FR1 的常闭触头，按钮 SB1、SB2、SB5、SB6，行程开关 SQ1 及接触器 KM1 的情况。

**2．故障现象：主轴电动机在停车过程中不能制动**

排除方法：

（1）熔断器 FU2、FU5 烧断。

（2）整流器 VC、变压器 TC 损坏。

（3）按钮 SB5-2、SB6-2 接触不良。

（4）电磁离合器 YC1 线圈熔断。

**3．故障现象：工作台不能快速移动**

排除方法：

（1）按钮 SB3、SB4 接触不良。

（2）交流接触器 KM2 线圈开路，KM2 触点接触不好。

（3）电磁离合器 YC3 线圈开路。

（4）TC 损坏，VC 损坏，熔断器 FU2、FU3 或 FU5 熔断。

**4．故障现象：铣床主轴起动后，变速时不会冲动**

排除方法：操作时用力向外拉蘑菇形手柄，使内部行程开关可靠动作。

**5．故障现象：主轴起动后冷却泵电动机操作后不能工作**

排除方法：

（1）在断开电源的情况下，用万用表电阻挡测开关 SQ1 在操作后是否能闭合，若不能闭合，则要更换开关 SQ1。

（2）用万用表电阻挡测 FR2 与接触器 KM1 是否断线。

（3）用万用表电阻挡测热继电器 FR2 常闭触点是否通路，若已动作而不通，应检查 M3 电动机是否过载，处理后再使热继电器 FR2 复位。若热继电器本身常闭触点接触不好，则要更换热继电器。

（4）用 500 V 兆欧表测 M3 电动机线圈，若绝缘对地为零或三相线圈相间短路时，则要更换电动机线圈。

**6. 故障现象：工作台 6 个方向均无进给**

排除方法：

（1）用万用表检测变压器输出电压是否正常，若正常，则将手柄扳到某一方向，看其接触器是否吸合。

（2）如接触器吸合，则判断控制回路正常，检查主回路，检查接触器 KM3、KM4 主触头是否接触不良，电动机 M2 接线是否脱落，热继电器 FR3 是否熔断。

（3）如接触器不吸合，则判断控制回路有问题，检查 12—13 间的 KM1 常开触头，SA2-3 开关接线，交流接触器 KM3、KM4 与 KM2 的线圈公共端的连接线是否断开。

**7. 故障现象：工作台前后进给正常，不能左右进给**

排除方法：检查 SQ2-2、SQ3-2、SQ4-2、SQ5-1、SQ6-1 是否正常。故障元件出现频率较高的是常闭触点 SQ3-2 和 SQ4-2，找到故障后，对故障元件进行修理或更换。

## 思考与练习

1. 铣床主要是指用__________在工件上加工各种表面的机床。

2. X62W 型万能铣床主要由床身、横梁、__________、__________、__________、转台、升降台、底座等组成。

3. X62W 主轴更换铣刀时，应将__________扳倒换刀位置，其常开触头闭合，使电磁离合器 YC1 获电，将主轴抱住，同时__________的常闭触头断开，切断控制电路，保证人身安全。

4. X62W 主轴电动机采用__________控制方式，因此起动按钮______和______的常开触头是并联的，停止按钮__________和__________的常闭触头是串联的。

5. X62W 铣床的进给运动是指工件随工作台在________、________和________ 6 个方向的运动以及圆工作台的旋转运动。

# 任务五　调试与检修 T68 型卧式镗床电气控制电路

## 任务描述

镗床是指主要用镗刀对工件已有的孔进行镗削的机床，使用不同的刀具和附件还可进行钻削、铣削、攻螺纹及加工外圆和端面等。通常，镗刀旋转为主运动，镗刀或工件的移动为进给运动。它主要用于加工高精度孔或一次定位完成多个孔的精加工，此外还可以从事与孔精加工有关的其他加工面的加工。

某市维修电工技能鉴定站有八台 T68 型镗床作为学员技能鉴定考核使用，现有一台 T68 型镗床出现故障无法正常使用，需要机床维修技术员进行设备维修，为了不影响学员技能考核，该技能鉴定站管理员希望能在一天时间内将机床维修完工。该鉴定站将机床维修的任务全部外包给 ×× 机床设备公司，该公司接到维修工作任务后迅速委派售后维修技术员进行维修。维修工作任务单见表 4-5-1。

表 4-5-1　维修工作任务单

流水号：201501280001　　　　　　　　　　　　日期：2015 年 01 月 28 日

<table>
<tr><td rowspan="8">报修记录</td><td>报修单位</td><td>某市维修电工技能鉴定站</td><td>报修部门</td><td>机电工程系</td><td>联系人</td><td>王敏</td></tr>
<tr><td>单位地址</td><td colspan="3">××××市××××区××××路68号</td><td>联系电话</td><td>1387519××××</td></tr>
<tr><td>故障设备名称型号</td><td colspan="2">T68 型镗床</td><td>设备编号</td><td colspan="2">003</td></tr>
<tr><td>报修时间</td><td colspan="2">2015 年 01 月 28 日</td><td>希望完工时间</td><td colspan="2">2015 年 01 月 29 日</td></tr>
<tr><td>故障现象描述</td><td colspan="5">快速移动电动机正常运行，主轴低速能够正常运行，但是打到高速挡时主轴无法实现高速运行</td></tr>
<tr><td>维修单位</td><td colspan="2">×× 机床设备公司</td><td>维修部门</td><td colspan="2">售后维修部</td></tr>
<tr><td>接单人</td><td colspan="2">王明</td><td>联系电话</td><td colspan="2">1357412××××</td></tr>
<tr><td>接单时间</td><td colspan="2">2015 年 01 月 28 日</td><td>完工时间</td><td colspan="2">2015 年 01 月 29 日</td></tr>
</table>

## 任务目标

（1）了解 T68 型镗床的基本结构、主要运动形式及控制要求。

（2）正确识读 T68 型镗床电气控制原理图，并分析其工作原理。

（3）正确选择和使用常用电工工具和检测仪表进行线路故障检测。

（4）根据故障现象进行现场分析、判断并排除 T68 型镗床的电气故障。

（5）在要求的时间内检修完 T68 型镗床的电气故障，并填写相关维修数据。

## 知识准备

## 一、T68 型镗床基本概述

### 1. 镗床的定义和用途

镗床是指主要用镗刀对工件已有的孔进行镗削的机床，使用不同的刀具和附件还可进行钻削、铣削、攻螺纹及加工外圆和端面等。通常，镗刀旋转为主运动，镗刀或工件的移动为进给运动。它主要用于加工高精度孔或一次定位完成多个孔的精加工，此外还可以从事与孔精加工有关的其他加工面的加工。

### 2. 镗床的分类

根据镗床的结构和功能，镗床可以分为卧式镗床、坐标镗床、金刚镗床、深孔钻镗床和落地镗床。

（1）卧式镗床。卧式镗床是镗床中应用最广泛的一种。其主轴水平布置并可轴向进给，主轴箱沿前立柱导轨垂向运动，工作台可纵向或横向或纵、横向运动，除镗孔外，还可钻、扩、铰孔，车削内外螺纹、攻螺纹、车外圆柱面和端面及用端铣刀与圆柱铣刀平面等。

卧式镗床结构较复杂，生产率不高，主要用于加工尺寸较大、形状复杂的零件，如各种箱体、床身、机架等。

（2）坐标镗床。坐标镗床是高精度机床的一种。它的结构特点是有坐标位置的精密测量装置。坐标镗床可分为单柱式坐标镗床、双柱式坐标镗床和卧式坐标镗床。具有精密坐标定位装置的镗床，它主要用于镗削尺寸、形状，特别是位置精度要求较高的孔系，也可用于精密坐标测量、样板划线、刻度等工作。

（3）金刚镗床。金刚镗床的特点是以很小的进给量和很高的切削速度进行加工，因而加工的工件具有较高的尺寸精度（IT6），表面粗糙度可达到 0.2 μm。它是一种用金刚石或硬质合金等刀具进行精密镗孔的镗床。

（4）深孔钻镗床。深孔钻镗床本身刚性强，精度保持好，主轴转速范围广，进给系统由交流伺服电动机驱动，能适应各种深孔加工工艺的需要。授油器紧固和工件顶紧采用液压装置，仪表显示、安全可靠。

（5）落地镗床。落地镗床是加工大型工件和重型机械构件的镗床，一般不设工作台，工件安装在与机床分开的大型平台上，故称为落地镗床。典型的落地镗床由床身、滑板、立柱、主轴、平旋盘和主轴箱等部件组成。

典型镗床实物图如图 4-5-1 所示。

图 4-5-1　典型镗床实物图

（a）卧式镗床；（b）深孔钻镗床；（c）金刚镗床；（d）坐标镗床；（e）落地镗床

### 3. T68 型镗床的型号含义

根据 GB/T 15375—1994《金属切削机床型号编制方法》规定，T68 型镗床的型号含义如图 4-5-2 所示。

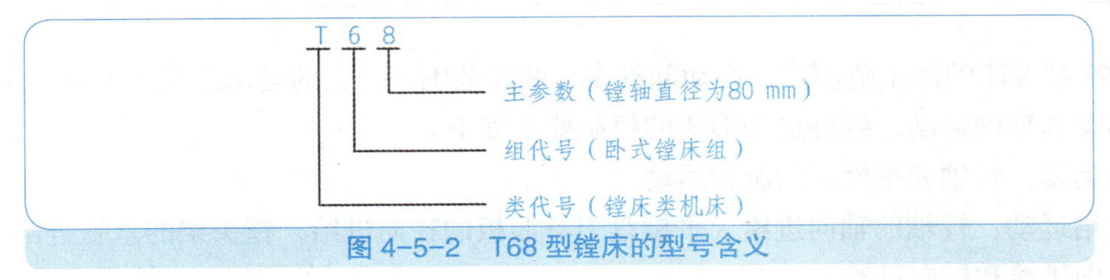


图 4-5-2　T68 型镗床的型号含义

### 4. T68 型镗床的主要结构

T68 型卧式镗床主要由床身、前立柱、镗床架、后立柱、尾座、下溜板、上溜板、工作台等几部分组成，如图 4-5-3 所示。

T68 型镗床的床身是一个整体的铸件，在它的一端固定有前立柱，在前立柱的垂直导轨上装有镗床架，镗床架可沿导轨垂直移动。镗床架上装有主轴、主轴变速箱、进给变速箱与操纵机构等部件。切削刀具固定在镗轴前端的锥形孔里，或装在平旋盘的刀具溜板上。在镗削加工时，镗轴一面旋转，一面沿轴向做进给运动。平行盘只能旋转，装在其上的溜板做径向进给运动。镗轴和平行盘轴径由各自的传动链传动，因此可以独自旋转，也可以不同转速同时旋转。

在床身的另一端装有后立柱，后立柱可沿床身导轨在镗轴轴线方向调整位置。在后立柱导轨上安装有尾架，用来支撑镗轴的末端，尾架与镗头架同时升降，保证两者的轴芯在同一水平线上。

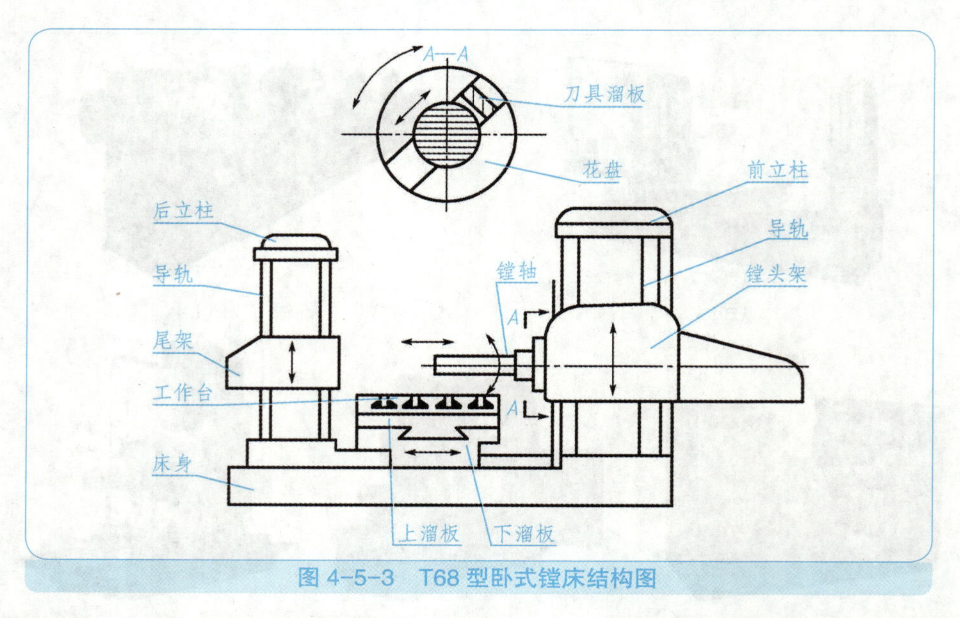

图 4-5-3 T68 型卧式镗床结构图

安装工件的工作台安放在床身中部的导轨上，它由下溜板、上溜板与可转动的工作台组成。下溜板可沿床身顶面上的水平导轨做纵向移动，上溜板可沿下溜板顶部的导轨做横向移动，回转工作台可以在上溜板的环形导轨上绕垂直轴线转位，能使要件在水平面内调整至一定角度位置，以便在一次安装中对互相平等或成一角度的孔与平面进行加工。

## 二、T68 型镗床的运动形式与控制要求

T68 型镗床的加工范围广，运动部件多，调速范围广，它的运动形式主要有：主运动、进给运动和辅助运动，各种运动形式的控制要求如下。

主运动：镗轴和平旋盘的旋转运动。

进给运动：镗轴的轴向进给，平旋盘刀具溜板的径向进给，镗头架的垂直进给，工作台的纵向进给和横向进给。

辅助运动：工作台的回转，后立柱的轴向移动，尾架的垂直移动及各部分的快速移动等。

T68 型镗床运动对电气控制电路的要求如下：

（1）主运动与进给运动由一台双速电动机拖动，高低速可选择。

（2）主电动机用低速时，可直接起动；但用高速时，则由控制线路先起动到低速，延时后再自动转换到高速，以减少起动电流。

（3）主电动机要求正反转以及点动控制。

（4）主电动机应设有快速准确的停车环节。

（5）主轴变速应有变速冲动环节。

（6）快速移动电动机采用正反转点动控制方式。

（7）进给运动和工作台移动两者只能取一，必须要有互锁。

## 三、T68 型镗床电气原理图分析

### 1．T68 型镗床主电路分析

T68 型镗床主电路由两台电动机（M1、M2）、七个接触器主触点（KM1、KM2、KM3、KM4、KM5、KM6、KM7）、一个热继电器（FR1）、两个熔断器（FU1、FU2）、转换开关 QS 和导线组成，如图 4-5-4 所示。其中两台电动机功能如下：

M1 为主轴电动机，拖动主轴旋转，该电机采用一台双速电动机驱动，可以实现低速和高速两种速度运行。该电动机由起停按钮控制，需要反接制动控制和调速，需要过载保护。

M2 为快速移动电动机，该电机采用一台三相交流异步电动机驱动，需要正反转控制，不需要调速，不需要过载保护。

表 4-5-2 列出了 T68 型镗床电气原理图主电路的控制方式与保护方法。

表 4-5-2　T68 型镗床电气原理图主电路的控制方式与保护方法

| 被控对象 | 相关参数 | 控制方式 | 控制电器 | 过载保护 | 短路保护 | 接地保护 |
| --- | --- | --- | --- | --- | --- | --- |
| M1 | 功率为 7/5.2 kW；额定转速为 2 900/1 440 r/min | 起保停控制 | QS → FU1 → KM1 → FR1 → KM3（KM4、KM5） | 热继电器 FR1 | 熔断器 FU1 | 有 |
| M2 | 功率为 3 kW；额定转速为 1 420 r/min | 起保停控制 | QS → FU1 → FU2 → KM6（KM7） | 无 | 熔断器 FU1、FU2（FU1 额定电流大于 FU2 的） | 有 |

### 2．T68 型镗床控制电路分析

T68 型镗床控制电路由控制变压器 TC、指示灯、照明灯、三个熔断器、五个接触器线圈、一个通电延时时间继电器等组成。

（1）主轴电动机的控制分析。

①主轴低速运行。

将主轴变速开关 SQ1 拨到低速挡（15—21 常开触点断开）。

按下主轴正向起动按钮 SB3 → KM1 自锁得电→ KM3 得电→主轴正向低速连续运行；

按下主轴反向起动按钮 SB2 → KM2 自锁得电→ KM3 得电→主轴反向低速连续运行。

按下主轴正向点动按钮 SB4 → KM1 得电→ KM3 得电→主轴正向低速点动运行；

按下主轴反向起动按钮 SB5 → KM2 得电→ KM3 得电→主轴反向低速点动运行。

②主轴高速运行。

将主轴变速开关 SQ1 拨到高速挡（15—21 常开触点闭合）。

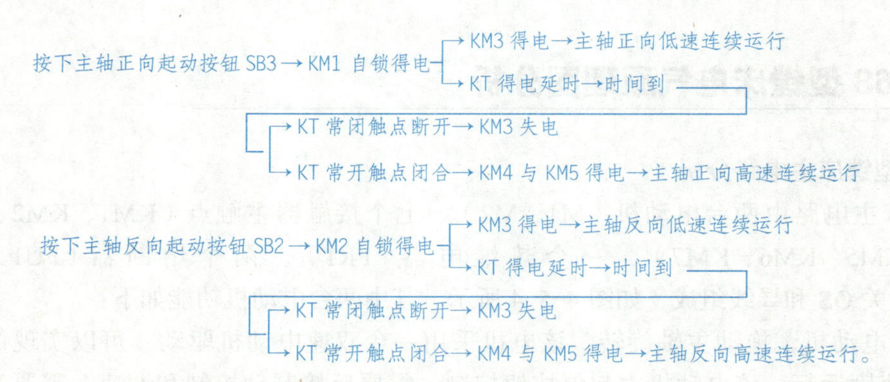


（2）快速移动电动机的控制分析。

T68 型镗床主轴箱具有升降、横向和纵向 6 个方向进给运行，主轴箱 6 个方向的进给运行由快速移动电动机和机械传动机构共同驱动。

①将进给转换开关打到“升降”挡。

闭合 SQ6 → KM6 得电→快速移动电动机正向运行→主轴箱上升；

闭合 SQ5 → KM7 得电→快速移动电动机反向运行→主轴箱下降。

②将进给转换开关打到“横向”挡。

闭合 SQ6 → KM6 得电→快速移动电动机正向运行→主轴箱右移；

闭合 SQ5 → KM7 得电→快速移动电动机反向运行→主轴箱左移。

③将进给转换开关打到“纵向”挡。

闭合 SQ6 → KM6 得电→快速移动电动机正向运行→主轴箱前进；

闭合 SQ5 → KM7 得电→快速移动电动机反向运行→主轴箱后退。

（3）照明与指示电路分析。

EL 为照明灯，由 SA 开关控制。

HL1 为主轴电动机正向高速运行指示灯，由 KM1 和 KM4 常开触点控制。

HL2 为主轴电动机反向高速运行指示灯，由 KM2 和 KM5 常开触点控制。

HL3 为主轴电动机正向低速运行指示灯，由 KM1 和 KM3 常开触点控制。

HL4 为主轴电动机反向低速运行指示灯，由 KM2 和 KM3 常开触点控制。

HL5 为快速移动电动机反向移动运行指示灯，由 KM7 常开触点控制。

HL6 为快速移动电动机正向移动运行指示灯，由 KM6 常开触点控制。

## 四、机床电气故障检修的注意事项

在检修机床电气故障时应注意以下问题：

（1）检修前应将机床清理干净。

（2）将机床电源断开。

（3）当电动机不能转动时，要从电动机有无通电，控制电动机的接触器是否吸合入手，决不能立即拆修电动机。通电检查时，一定要先排除短路故障，在确认无短路故障后方可通电，否则，会造成更大的事故。

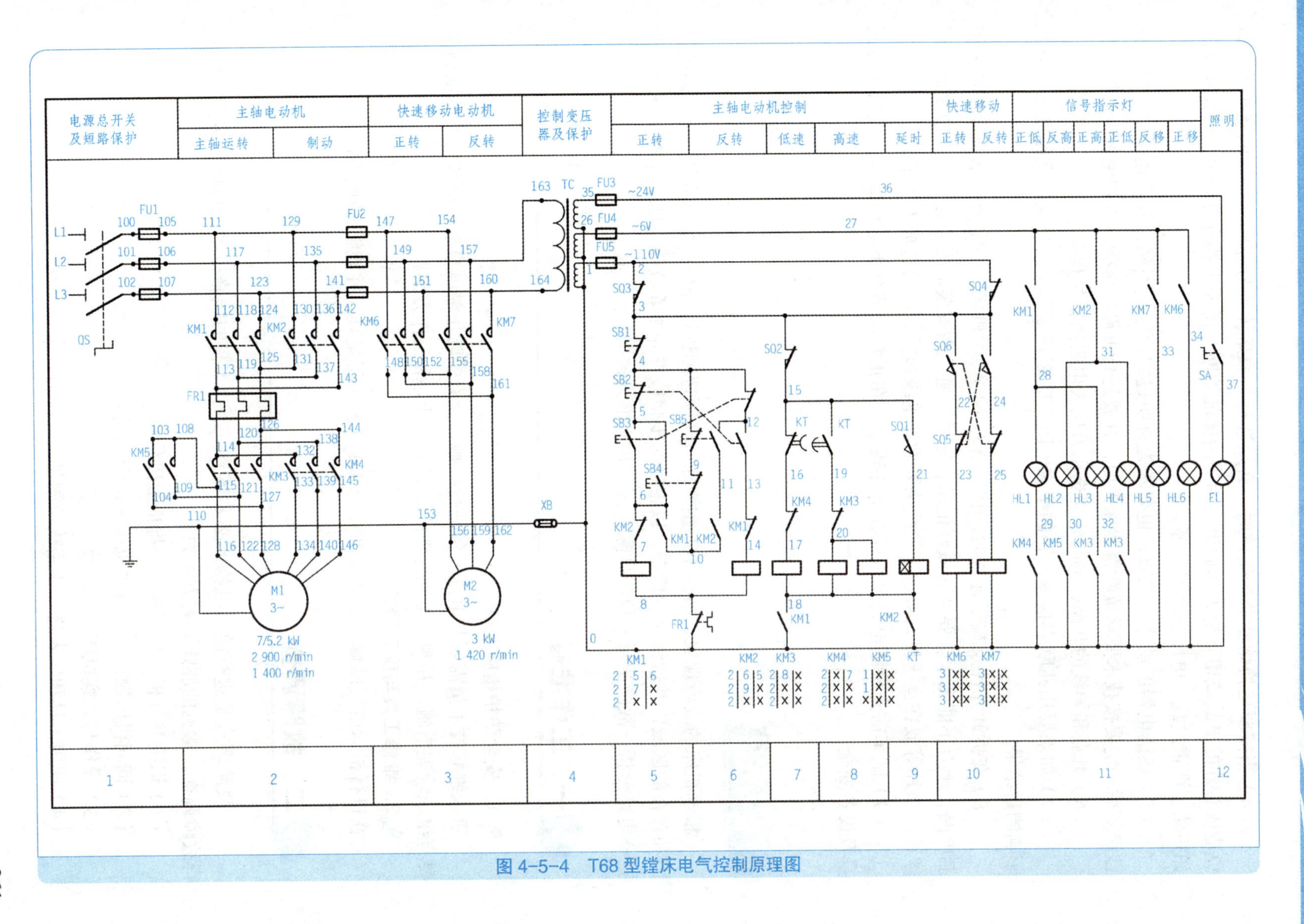


图 4-5-4　T68 型镗床电气控制原理图

（4）当需要更换熔断器的熔体时，必须选择与原熔体型号相同，不得随意扩大，以免造成意外的事故或留下更大的后患。因为熔体的熔断，说明电路存在较大的冲击电流，如短路、严重过载、电压波动很大等。

（5）热继电器的动作、烧毁，也要求先查明过载原因，不然，故障还是会复发。并且修复后一定要按技术要求重新整定保护值，并要进行可靠性试验，以避免发生失控。

（6）触点和导线的开路检测时，应选用万用表电阻挡，量程置于“×1 Ω”挡。

（7）如果要用兆欧表检测电路的绝缘电阻，应断开被测支路与其他支路联系，避免影响测量结果。

（8）在拆卸元件及端子连线时，特别是对不熟悉的机床，一定要仔细观察，理清控制电路，千万不能蛮干。要及时做好记录、标号，避免在安装时发生错误，方便复原。螺丝钉、垫片等放在盒子里，被拆下的线头要做好绝缘包扎，以免造成人为事故。

（9）试车前先检测电路是否存在短路现象。在正常的情况下进行试车，应当注意人身及设备安全。

## 任务实施

根据机床的故障现象，结合 T68 型镗床电气原理图进行分析，指出可能产生故障的原因和存在的区域，并做针对性检查，以正确的步骤检查并排除故障，即工作准备→故障调查→电路分析→故障测量→故障排除，记录相应维修数据。

## 一、工作准备

### 1. 安全防护措施准备

机床维修技术员需要与电气设备进行接触，为有效防止触电事故，既要有技术措施又要有组织管理措施，并制订正确合理的维修工作计划和工作方案。

### 2. 维修工具与仪表准备

在进行机床电气维修时，需要准备表 4-1-4 所示工量具，并能够正确使用。

## 二、故障调查

故障调查是进行故障维修的必要环节，经验丰富的维修技术员可以从多个方面进行故障调查，常见的故障调查方法如下：

（1）识读并分析工作任务单，提取故障信息。

（2）询问机床操作人员有关机床的运行状况。

（3）操作与观察机床，了解故障现象。

（4）使用工具和仪表进行线路故障测量。

## 三、电路分析

根据工作任务单中的故障现象描述，进行故障原因分析。

故障现象：快速移动电动机正常运行，主轴低速能够正常运行，但是打到高速挡时主轴无法实现高速运行。

分析过程：首先判断故障是在主电路还是在控制回路上。闭合电源开关，将主轴变速开关打到高速挡（SQ1 常开触点 15—21 闭合），按下起动按钮 SB3，KM1 和 KM3 线圈吸合，主轴低速运行，此时观察时间继电器 KT 是否得电，KM4 和 KM5 线圈是否吸合。

（1）若时间继电器 KT 不得电，KM4 和 KM5 线圈不吸合，则故障可能在 KT 线圈控制电路中。

（2）若时间继电器 KT 得电，KM4 和 KM5 线圈不吸合，则故障可能在 KM4 和 KM5 线圈控制电路中。

（3）若时间继电器 KT 得电，KM4 和 KM5 线圈吸合，则故障可能在主电路中，KM4 和 KM5 主触点可能有开路。

## 四、故障测量

（1）若时间继电器 KT 不得电，KM4 和 KM5 线圈不吸合。

如图 4-5-5（a）所示，切断机床电源，断开 16 号线，将主轴变速开关打到高速挡（SQ1 闭合），利用电阻分阶测量法测量 18—21 号和 18—15 号间的电阻值 $R_1$ 和 $R_2$，如测量结果 $R_1$=40 Ω，$R_2$= ∞，则可判断主轴变速开关 SQ6 有故障或 SQ6 上的 15 或 21 号线断开。

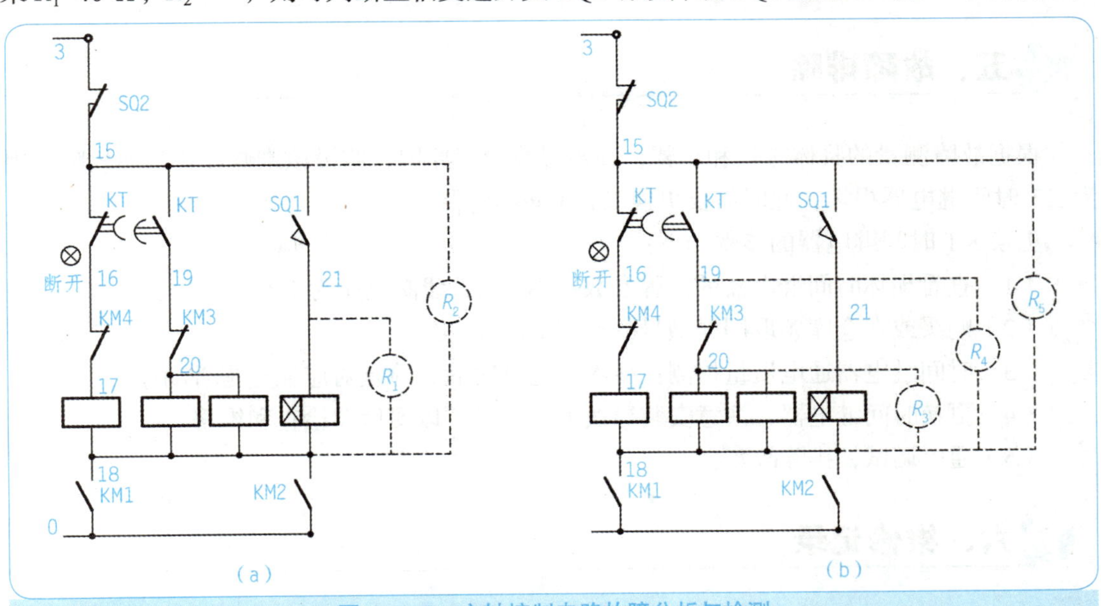


图 4-5-5　主轴控制电路故障分析与检测

（a）KT 线圈电路故障测量；（b）KM4、KM5 线圈电路故障测量

（2）若时间继电器 KT 得电，KM4 和 KM5 线圈不吸合。

如图 4-5-5（b）所示，切断机床电压，断开 16 号线，短接 KT 常开触点（15—19），将主轴变速开关打到低速挡（SQ1 断开），利用电阻分阶测量法测量 18—20 号、18—19 号和 18—15 号间的电阻值 $R_3$、$R_4$ 和 $R_5$，如测量结果 $R_3$=500 Ω，$R_4$= ∞，$R_5$= ∞，则可判断 KM3 常闭触点开路或 KM3 常闭触点上的 19 或 20 号线断开。

（3）若时间继电器 KT 得电，KM4 和 KM5 线圈吸合。

如图 4-5-6 所示，故障可能在主电路中的 KM4、KM5 主触点上，应检查 103—104、108—109、132—133、138—139、144—145 五对主触点。

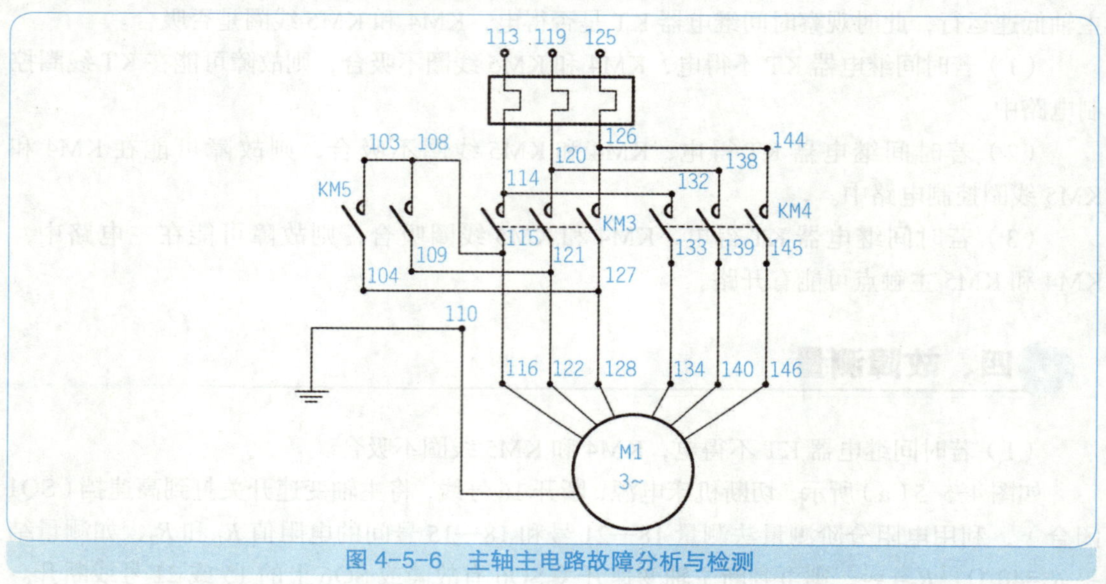


图 4-5-6 主轴主电路故障分析与检测

## 五、故障排除

根据故障测量的具体方法和步骤，逐步寻找故障原因，假设该维修任务最终故障原因为 KT 时间继电器损坏，此时需要更换 KT 时间继电器。

更换 KT 时间继电器的步骤如下：

（1）查看损坏时间继电器的铭牌参数：JSZ3A，线圈电压为 110 V 。

（2）购买或在仓库领取同样型号的时间继电器。

（3）时间继电器通电质量检测：线圈通电延时后，检查对应触点是否动作。

（4）更换时间继电器，注意安装导线上的线号，以便后期检查和维修。

（5）通电调试，排除故障。

## 六、维修记录

维修技术员完成维修任务后，需要填写维修记录单，见表 4-5-3。

表 4-5-3　维修记录单

<table>
<tr><td rowspan="5">维修内容</td><td>故障现象</td><td colspan="6">快速移动电动机正常运行，主轴低速能够正常运行，但是打到高速挡时主轴无法实现高速运行</td></tr>
<tr><td>维修情况</td><td colspan="6">在规定时间内完成维修，维修人员工作认真</td></tr>
<tr><td rowspan="2">元件更换情况</td><td>元件编码</td><td>元件名称及型号</td><td>单位</td><td>数量</td><td>金 额</td><td>备 注</td></tr>
<tr><td>KT</td><td>时间继电器 JSZ3A，线圈电压为 110 V</td><td>个</td><td>1</td><td>35 元</td><td>无</td></tr>
<tr><td>维修结果</td><td colspan="6">故障排除，设备正常运行</td></tr>
</table>

## 任务评价

维修技术员完成本任务后需要客户验收，完成任务验收单和任务评价表，如表 4-5-4、表 4-5-5 所示。

表 4-5-4　任务验收单

<table>
<tr><td rowspan="2">维修结果</td><td>故障原因</td><td>时间继电器损坏</td><td>维修人员签字</td><td>张文涛</td></tr>
<tr><td>维修结果</td><td>正常使用</td><td>部门领导签字</td><td>赵健</td></tr>
<tr><td rowspan="2">验收记录</td><td colspan="4">维修人员工作态度是否端正：☐ 非常端正　☐ 基本端正　☐ 不端正<br>本次维修是否已解决问题：☐ 已经解决　☐ 未能解决<br>是否按时完成：☐ 按时完成　☐ 超时完成<br>客户评价：☐ 非常满意　☐ 基本满意　☐ 不满意<br>客户意见或建议：________</td></tr>
<tr><td>客户签字</td><td></td><td>日 期</td><td></td></tr>
</table>

表 4-5-5　任务评价表

<table>
<tr><td rowspan="2">项目内容</td><td rowspan="2">配分</td><td colspan="2">评分标准</td><td rowspan="2">得分</td></tr>
<tr><td>考核内容</td><td>配分细化</td></tr>
<tr><td rowspan="4">知识准备</td><td rowspan="4">25 分</td><td>（1）机床型号的含义</td><td>3 分</td><td></td></tr>
<tr><td>（2）T68 型镗床的主要结构</td><td>6 分</td><td></td></tr>
<tr><td>（3）T68 型镗床的运动形式与控制要求</td><td>6 分</td><td></td></tr>
<tr><td>（4）T68 型镗床电气原理图分析</td><td>10 分</td><td></td></tr>
<tr><td rowspan="2">技能准备</td><td rowspan="2">15 分</td><td>（1）维修工量具使用</td><td>5 分</td><td></td></tr>
<tr><td>（2）T68 型镗床的基本操作</td><td>10 分</td><td></td></tr>
<tr><td>故障调查</td><td>5 分</td><td>（1）故障调查方法的使用</td><td>5 分</td><td></td></tr>
<tr><td rowspan="2">故障分析</td><td rowspan="2">10 分</td><td>（1）故障分析、排除故障思路正确</td><td>5 分</td><td></td></tr>
<tr><td>（2）能标出最小故障范围</td><td>5 分</td><td></td></tr>
</table>

续表

| 项目内容 | 配分 | 评分标准 | | 得分 |
|---|---|---|---|---|
| | | 考核内容 | 配分细化 | |
| 故障检测<br>故障排除 | 35分 | （1）正确使用万用表进行线路检测 | 10分 | |
| | | （2）确定故障原因 | 10分 | |
| | | （3）排除故障原因 | 10分 | |
| | | （4）排除故障后通电试车成功 | 5分 | |
| 安全规范 | 10分 | 遵守安全文明生产规程 | 10分 | |
| 维修时间 | 1小时，训练不允许超时，每超5分钟 | | 扣5分 | |
| | 开始时间 | 结束时间 | 得分 | |

## 任务拓展

### T68型卧式镗床常见故障整理

（1）故障现象：主轴电动机M1不能起动时T68型镗床故障的分析与排除 。

故障原因：主轴电动机M1是双速电动机，正、反转控制不可能同时损坏。熔断器FU1、FU2、FU5的其中一个有熔断，热继电器FR1动作，都有可能使电动机不能起动。

排除方法：查熔断器FU1熔体已熔断。查电路无短路，更换熔体后故障排除。（查FU1已熔断，说明电路中有大电流冲击，故障主要集中在M1主电路上）。

（2）故障现象：主轴只有高速挡，没有低速挡。

故障原因：接触器KM3已损坏；接触器KM4动断触点损坏；时间继电器KT延时断开动断触点坏了； SQ1一直处于通的状态，只有高速。

排除方法：查接触器KM3线圈已损坏，更换接触器后故障排除。

（3）故障现象：主轴只有低速挡，没有高速挡。

故障原因： 时间继电器KT是控制主轴电动机从低速向高速转换。时间继电器KT不动作；或行程开关SQ1安装的位置移动；SQ1一直处于断的状态；接触器KM4损坏；接触器KM5损坏；KM3动断触点损坏。

排除方法：查接触器KM5线圈是好的，查接触器KM4线圈与KM3动断触点（20号线）间电阻为无穷大，已开路，更换导线后故障排除。

（4）故障现象：主轴变速手柄拉出后，主轴电动机不能冲动；或变速完毕，合上手柄后，主轴电动机不能自动开车。

故障原因：位置开关SQ3、SQ4质量方面的问题，由绝缘击穿引起短路而接通无法变速。

排除方法：将主轴变速操作盘的操作手柄拉出，主轴电动机不停止。断电后，查SQ4的动合触点不能断开，更换SQ3后故障排除。

（5）故障现象：主轴电动机M1、进给电动机M2都不工作。

故障原因：熔断器FU1、FU2、FU5中有熔体熔断，变压器TC损坏。

排除方法：查看照明灯工作正常，说明FU1、FU2未熔断。在断电情况下，查FU5已熔断，更换熔断器后故障排除。

（6）故障现象：主轴电动机不能点动工作。

故障原因：SB1 至 SB4 或 SB5 线路断路（即 3—4—9—10 线路开路）。

排除方法：查 9 号线断路，给予复原即可。

（7）故障现象：进给电动机 M2 快速移动正常，主轴电动机 M1 不工作。

故障原因：热继电器 FR1 动断触点断开。

排除方法：查热继电器 FR1 动断触点已烧坏。

（8）故障现象：主轴电动机 M1 工作正常，进给电动机 M2 缺相。

故障原因：熔断器 FU2 中有一个熔体熔断。

排除方法：查 FU2 熔体熔断，更换熔体后故障排除。

（9）故障现象：低速没有转动，起动时就进入高速运转。

故障原因：时间继电器 KT 常闭触点断开、KM4 线圈常闭触点断开、KM3 线圈断开。

排除方法：查时间继电器 KT 延时断开动断触点已损坏，修复后故障排除。

（10）故障现象：主轴电动机 M1、进给电动机 M2 都缺相。

故障原因：熔断器 FU1 中有一个熔体熔断。电源总开关、电源引线有一相开路。

排除方法：查 FU1 熔体已熔断，更换熔体后故障排除。

注意：查电源总开关进线端、出线端的电源电压时，采用万用表的交流电压挡（AC 500 V）。

## 思考与练习

1. 在 T68 型卧式镗床电路中，当接触器 KM4 吸合时，主轴电动机定子绕组接成__________形，做__________速运行；当接触器 KM5 吸合时，主轴电动机定子绕组接成__________形，做__________速运行。

2. 若选择主轴电动机做高速运行，应使 SQ1 处于________________状态，使 KT 与 KM3 接触器得电同时工作。主轴电动机先低速起动，经过延时再转为高速运行，目的以__________。

3. 主轴电动机只有低速挡，没有高速挡。这类故障常见原因有：____或____。

4. T68 型卧式镗床主要由床身、__________、__________、__________、尾架、下溜板、上溜板、工作台等几部分组成。

5. 镗床是主要用__________对工件已有的孔进行镗削的机床，使用不同的刀具和附件还可进行钻削、铣削、攻螺纹及加工外圆和端面等。

6. T68 型镗床的运动形式有__________、__________、__________。

7. 镗床主拖动要求__________拖动，所以采用__________电动机。采用此电动机在扩大调速范围时，可精简机械传动机构。

8. 在 T68 型镗床中，哪些运动是由快速移动电动机来完成的？

9. T68 型镗床中的时间继电器 KT 线圈断路时，电路将会出现什么现象？

# 参 考 文 献

[1] 李长军. 数控机床电气控制系统安装与调试 [M]. 北京：机械工业出版社，2017

[2] 张立梅，等. 机床电气线路安装调试与故障排除 [M]. 北京：清华大学出版社，2018.

[3] 周建清. 机床电气控制 [M]. 北京：机械工业出版社，2018

[4] 李敬梅. 电力拖动控制线路与技能训练 [M]. 北京：中国劳动社会保障出版社，2007.

[5] 王洪 . 机床电气控制 [M]. 北京：科学出版社，2009.

[6] 岳丽英 . 电气控制基础电路安装与调试 [M. 北京：机械工业出版社， 2014.

[7] 刘玫，孙雨萍. 电机与拖动 [M]. 北京：机械工业出版社，2009.

[8] 范次猛 . 机电设备电气控制技术基础知识 [M]. 北京：高等教育出版社，2009.

[9] 王广仁 . 机床电气维修技术（第 2 版）[M]. 北京：中国电力出版社，2009.

[10] 潘毅，翟恩民，游建. 机床电气控制 [M]. 北京：科学出版社，2009.

[11] 谢敏玲. 电机与电气控制模块化实用教程 [M]. 北京：中国水利水电出版社，2010.

[12] 周元一 . 电机与电气控制 [M]. 北京：机械工业出版社，2006.

[13] 陈海波. 常用机床电气检修一点通 [M]. 北京：机械工业出版社，2013.

[14] 李响初，等. 机床电气控制线路识图 [M]. 北京：中国电力出版社，2010.

[15] 王建明. 电机及机床电气控制（第 2 版）[M]. 北京：北京理工大学出版社，2012.

[16] 刘武发，张瑞，赵江铭. 机床电气控制 [M]. 北京：化学工业出版社，2009.

[17] 王洪. 机床电气控制 [M]. 北京：科学出版社，2009.

[18] 连赛英. 机床电气控制技术 [M]. 北京：机械工业出版社，2007.

[19] 乐为. 机电设备装调与维护技术基础 [M]. 北京：机械工业出版社，2010.

[20] 邵泽强，万伟军. 机电设备装调技能训练与考级 [M]. 北京：北京理工大学出版社，2014.

[21] 宋涛. 电机控制线路安装与调试 [M]. 北京：机械工业出版社，2012.